住房和城乡建设部"十四五"规划教材
高等职业教育土建类专业"互联网+"数字化创新教材

建筑结构（第二版）

王光炎　主编

中国建筑工业出版社

图书在版编目（CIP）数据

建筑结构 / 王光炎主编. -- 2 版. -- 北京：中国建筑工业出版社，2024.9.（2025.5 重印） --（住房和城乡建设部"十四五"规划教材）（高等职业教育土建类专业"互联网＋"数字化创新教材）. -- ISBN 978-7-112-29957-7

I. TU3

中国国家版本馆 CIP 数据核字第 2024W4S437 号

本教材在编写过程中坚决贯彻党的二十大精神和理念，根据《高等职业教育建筑工程技术专业教学基本要求》和《工程结构通用规范》GB 55001—2021、《混凝土结构设计标准（2024 年版）》GB/T 50010—2010 等国家标准及规范进行编写。全书共分 9 个教学单元，即绪论、建筑结构计算基本知识、抗震基本知识、混凝土结构、装配式混凝土结构、砌体结构、钢结构、结构施工图、结构工程 BIM 应用。

本教材内容及时跟踪最新的国家标准规范和新型建筑工业化的需要。为便于信息化教学，书中附有二维码教学资源链接。本教材适合作为高等职业教育建筑工程技术等专业建筑结构课程教材和有关培训教材，同时可作为相关工程技术人员的工作参考用书。

为了便于本课程教学，作者自制免费课件资源，索取方式为：1. 邮箱：jckj@cabp.com.cn；2. 电话：(010) 58337285；3. QQ 服务群：162472981。

责任编辑：司 汉 李 阳
责任校对：赵 力

住房和城乡建设部"十四五"规划教材
高等职业教育土建类专业"互联网＋"数字化创新教材
建筑结构（第二版）
王光炎 主编

*

中国建筑工业出版社出版、发行（北京海淀三里河路 9 号）
各地新华书店、建筑书店经销
北京鸿文瀚海文化传媒有限公司制版
北京圣夫亚美印刷有限公司印刷

*

开本：787 毫米×1092 毫米 1/16 印张：23¼ 字数：577 千字
2024 年 12 月第二版 2025 年 5 月第二次印刷
定价：59.00 元（赠教师课件）
ISBN 978-7-112-29957-7
(42990)

版权所有 翻印必究
如有内容及印装质量问题，请与本社读者服务中心联系
电话：(010) 58337283 QQ：2885381756
（地址：北京海淀三里河路 9 号中国建筑工业出版社 604 室 邮政编码：100037）

教材编审委员会

主　编

王光炎　枣庄科技职业学院

副主编

吴　琳　枣庄科技职业学院
陆征然　广东石油化工学院

参　编

王文娟　山东城市建设职业学院
王　艳　江苏建筑职业技术学院
胡志明　甘肃建筑职业技术学院
宋贵彩　河南建筑职业技术学院
廉　静　滕州市工程建设监理技术服务中心
徐　洁　青岛特锐德电气股份有限公司
李运宝　天元建设集团有限公司

主　审

颜道淦　枣庄科技职业学院

出版说明

党和国家高度重视教材建设。2016年，中办国办印发了《关于加强和改进新形势下大中小学教材建设的意见》，提出要健全国家教材制度。2019年12月，教育部牵头制定了《普通高等学校教材管理办法》和《职业院校教材管理办法》，旨在全面加强党的领导，切实提高教材建设的科学化水平，打造精品教材。住房和城乡建设部历来重视土建类学科专业教材建设，从"九五"开始组织部级规划教材立项工作，经过近30年的不断建设，规划教材提升了住房和城乡建设行业教材质量和认可度，出版了一系列精品教材，有效促进了行业部门引导专业教育，推动了行业高质量发展。

为进一步加强高等教育、职业教育住房和城乡建设领域学科专业教材建设工作，提高住房和城乡建设行业人才培养质量，2020年12月，住房和城乡建设部办公厅印发《关于申报高等教育职业教育住房和城乡建设领域学科专业"十四五"规划教材的通知》（建办人函〔2020〕656号），开展了住房和城乡建设部"十四五"规划教材选题的申报工作。经过专家评审和部人事司审核，512项选题列入住房和城乡建设领域学科专业"十四五"规划教材（简称规划教材）。2021年9月，住房和城乡建设部印发了《高等教育职业教育住房和城乡建设领域学科专业"十四五"规划教材选题的通知》（建人函〔2021〕36号）。为做好"十四五"规划教材的编写、审核、出版等工作，《通知》要求：（1）规划教材的编著者应依据《住房和城乡建设领域学科专业"十四五"规划教材申请书》（简称《申请书》）中的立项目标、申报依据、工作安排及进度，按时编写出高质量的教材；（2）规划教材编著者所在单位应履行《申请书》中的学校保证计划实施的主要条件，支持编著者按计划完成书稿编写工作；（3）高等学校土建类专业课程教材与教学资源专家委员会、全国住房和城乡建设职业教育教学指导委员会、住房和城乡建设部中等职业教育专业指导委员会应做好规划教材的指导、协调和审稿等工作，保证编写质量；（4）规划教材出版单位应积极配合，做好编辑、出版、发行等工作；（5）规划教材封面和书脊应标注"住房和城乡建设部'十四五'规划教材"字样和统一标识；（6）规划教材应在"十四五"期间完成出版，逾期不能完成的，不再作为《住房和城乡建设领域学科专业"十四五"规划教材》。

住房和城乡建设领域学科专业"十四五"规划教材的特点，一是重点以修订教育部、住房和城乡建设部"十二五""十三五"规划教材为主；二是严格按照专业标准规范要求编写，体现新发展理念；三是系列教材具有明显特点，满足不同层次和类型的学校专业教学要求；四是配备了数字资源，适应现代化教学的要求。规划教材的出版凝聚了作者、主审及编辑的心血，得到了有关院校、出版单位的大力支持，教材建设管理过程有严格保障。希望广大院校及各专业师生在选用、使用过程中，对规划教材的编写、出版质量进行反馈，以促进规划教材建设质量不断提高。

住房和城乡建设部"十四五"规划教材办公室
2021年11月

第二版前言

为更好地贯彻落实党的二十大精神，更好地落实"立德树人"的教育教学目标，增强职业教育的适应性，为数字中国建设在建筑领域的落地实施培养高素质技术技能人才，我们及时对《建筑结构》进行了修订。

修订的内容主要有以下几个方面：

1. 为落实新时代背景下党中央加强高校思想政治工作的新要求，对课程教学的素养目标进行了修订完善，增加了部分精心设计的思政案例，使本课程与思想政治理论课形成"协同效应"，同向同行，共同做好大学生的思想政治教育工作，同时提升"建筑结构"课程的教学效果。

2. 根据《建筑与市政工程抗震通用规范》GB 55002—2021、《混凝土结构设计标准（2024年版）》GB/T 50010—2010、《建筑抗震设计标准（2024年版）》GB/T 50011—2010等最新实施的标准规范修订了部分内容，依据《工程结构通用规范》GB 55001—2021规定修订了教材中民用建筑楼面均布活荷载标准值及其组合值系数、频遇值系数和准永久值系数，增加了汽车通道及客车停车库的楼面均布荷载和活荷载按楼层的折减系数，修正了教材中屋面均布活荷载标准值及其组合值系数、频遇值系数和准永久值系数，使教材内容更加符合现行工程结构通用规范的规定。

3. 在教学单元5装配式混凝土结构中增加了装配式混凝土剪力墙结构和装配式混凝土框架结构相关知识内容。

4. 对教学单元6砌体结构、教学单元7钢结构的内容进行了优化，并对部分在当前工程中应用较少的知识内容进行了删减。

5. 根据"1＋X"建筑信息模型（BIM）职业技能等级标准考核内容和考核要求，对教学单元9结构工程BIM应用的内容进行了修订并补充。

6. 随着我国完全自主知识产权的BIM基础平台（BIMBase）的成功研发，国产软件强势崛起，解决了我国关键核心技术"卡脖子"问题，教材中根据国产结构设计软件和BIM软件更新换代，增加国产前沿适用性软件的介绍。

7. 对数字化微课教学视频进行了内容更新。

本教材由枣庄科技职业学院王光炎主持全书修订工作并担任主编，教学单元1由枣庄科技职业学院王光炎修订，教学单元2、教学单元3由山东城市建设职业学院王文娟修订，教学单元4由江苏建筑职业技术学院王艳修订，教学单元5、教学单元9由枣庄科技职业学院吴琳修订，教学单元 6 由甘肃建筑职业技术学院胡志明修订，教学单元 7 由广东石油化工学院陆征然修订，教学单元 8 由河南建筑职业技术学院宋贵彩修订。

在本次修订过程中，滕州市工程建设监理技术服务中心的正高级工程师廉静、青岛特锐德电气股份有限公司的高级工程师徐洁、天元建设集团有限公司的全国技能大师李运宝全面参与了企业调研和修订大纲的论证，对微课视频进行了审阅。本次修订得到了中国建筑出版传媒有限公司、天元建设集团有限公司建筑设计研究院的大力支持与帮助，在此一并表示衷心的感谢！

由于作者水平所限，难免会有不足之处，敬请广大师生与读者批评指正。

目 录

教学单元 1 绪论 ·········· 001
  思维导图 ·········· 002
  1.1 建筑结构基本知识 ·········· 002
  1.2 建筑结构的发展 ·········· 010
  1.3 本课程的学习内容及学习方法 ·········· 012
  单元总结 ·········· 014
  思考及练习 ·········· 014

教学单元 2 建筑结构计算基本知识 ·········· 017
  思维导图 ·········· 018
  2.1 结构的功能、极限状态 ·········· 018
  2.2 作用效应、结构抗力 ·········· 021
  2.3 结构设计方法概述 ·········· 027
  单元总结 ·········· 036
  思考及练习 ·········· 037

教学单元 3 抗震基本知识 ·········· 039
  思维导图 ·········· 040
  3.1 地震基本知识 ·········· 040
  3.2 抗震设防与概念设计概述 ·········· 042
  3.3 结构抗震构造措施概述 ·········· 045
  单元总结 ·········· 047
  思考及练习 ·········· 047

教学单元 4 混凝土结构 ·········· 049
  思维导图 ·········· 050
  4.1 钢筋和混凝土的材料性能 ·········· 052
  4.2 钢筋混凝土基本构件的受力特点与构造要求 ·········· 065
  4.3 钢筋混凝土楼（屋）盖的受力特点与构造要求 ·········· 104
  4.4 多高层混凝土结构基本知识 ·········· 124

4.5 单层混凝土结构排架厂房组成与构造要求 ·········· 128
单元总结 ·········· 131
思考及练习 ·········· 132

教学单元 5　装配式混凝土结构 ·········· 137
思维导图 ·········· 138
5.1 装配式建筑基本知识 ·········· 139
5.2 预制混凝土构件概述 ·········· 142
5.3 装配整体式混凝土结构设计 ·········· 152
5.4 "标准化、一体化、信息化方式"的装配式混凝土结构深化设计 ·········· 177
单元总结 ·········· 184
思考及练习 ·········· 185

教学单元 6　砌体结构 ·········· 187
思维导图 ·········· 188
6.1 砌体的组成材料及种类 ·········· 189
6.2 砌体结构的承载力计算概述 ·········· 195
6.3 混合结构房屋墙体设计 ·········· 206
6.4 过梁、挑梁及圈梁 ·········· 213
6.5 砌体结构房屋的抗震构造措施 ·········· 219
单元总结 ·········· 224
思考及练习 ·········· 224

教学单元 7　钢结构 ·········· 229
思维导图 ·········· 230
7.1 钢结构的特点 ·········· 230
7.2 钢结构的连接方法、形式和构造要求 ·········· 231
7.3 钢结构基本构件及其截面形式 ·········· 264
单元总结 ·········· 267
思考及练习 ·········· 267

教学单元 8　结构施工图 ·········· 269
思维导图 ·········· 270
8.1 结构施工图概述 ·········· 271
8.2 现浇钢筋混凝土结构施工图的组成与识读要点 ·········· 274
8.3 装配式混凝土剪力墙结构施工图识读 ·········· 294
8.4 钢结构施工图的组成与识读要点 ·········· 310
8.5 结构施工图纸的自审与会审 ·········· 317
单元总结 ·········· 319
思考及练习 ·········· 320

| 教学单元 9 | 结构工程 BIM 应用 | 323 |

思维导图 ······ 324
9.1 结构 BIM 应用知识与方法 ······ 324
9.2 主流结构 BIM 应用软件功能、建模及数据交互概述 ······ 326
9.3 结构计算、碰撞检查、预制化、施工布置等工程应用 ······ 330
9.4 "1+X"建筑信息模型（BIM）结构工程类专业应用 ······ 345
单元总结 ······ 353
思考及练习 ······ 354

附录 A	建筑结构相关资料	356
附录 B	知识点数字资源索引	357
参考文献		361

教学单元 1
绪论

Chapter 01

教学目标

1. 知识目标

（1）了解建筑结构在工程上的应用及发展方向；
（2）了解本课程的任务和我国的现行规范；
（3）了解本课程的学习方法；
（4）掌握建筑结构的分类及特点；
（5）掌握钢筋混凝土结构的定义、分类、优点和缺点。

2. 能力目标

（1）能够根据建筑形式分析建筑结构的特点；
（2）能够正确查阅相关的建筑结构设计标准。

3. 素质目标

（1）通过让学生了解我国建筑领域的科技创新成果，培养学生为中华民族伟大复兴而努力学习的使命感和责任感；

（2）帮助学生了解新型建筑工业化大环境下个人与行业面对的机遇和挑战，强调技术不断变革的背景下坚持终身学习的重要性，培养学生个人发展与国家发展息息相关的意识，重建"中华崛起而读书"的个人目标；

（3）通过学习建筑结构的发展趋势，让学生了解我国"碳达峰，碳中和"战略目标的意义，培养学生绿色、低碳的生活、工作价值观，为人类可持续发展做出应有的贡献。

思维导图

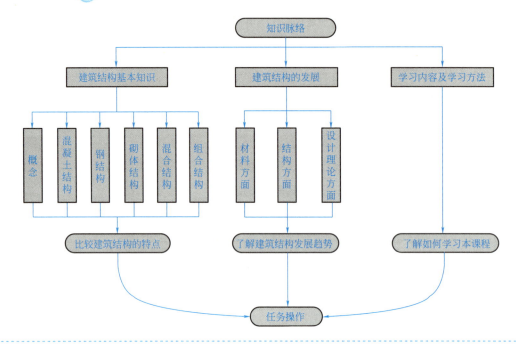

引入

经过了漫长的不断与自然环境进行改造与斗争的过程,人类的居住方式由原始人类的穴居逐渐发展到具有完善设施的室内空间。如今建筑结构与我们的生活息息相关,衣食住行都离不开建筑结构。那么我们对建筑结构又有哪些了解呢?让我们先来初步认识一下建筑结构。

1.1 建筑结构基本知识

1.1.1 建筑结构的概念

建筑结构是指在房屋建筑中,由各种构件(板、梁、柱、墙、楼梯、基础等)组成的能够承受各种作用的体系,如图 1-1 所示。所谓作用是指能够引起体系产生内力和变形的各种因素,如荷载、地震、温度变化以及基础沉降等因素。

在建筑物中,建筑结构的任务主要体现在以下 3 个方面,如图 1-2 所示。

1. 服务于空间应用和美观要求

建筑物是人类社会生活必要的物质条件,是社会生活中人为的物质环境,结构成为一

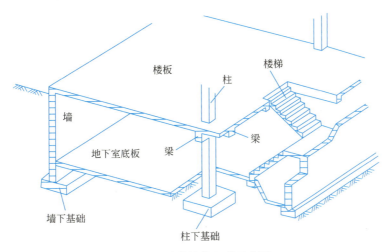

图 1-1　建筑结构组成示意图

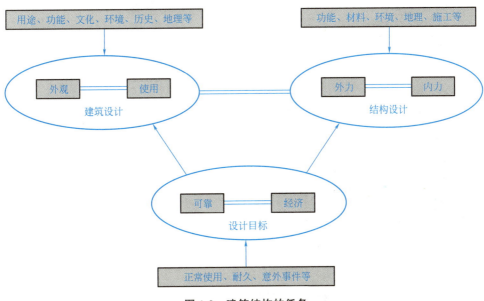

图 1-2　建筑结构的任务

个空间的组织者，如各类房间、门厅、楼梯、过道等。同时，建筑物也是历史、文化、艺术的产物，建筑物不仅要反映人类的物质需要，而且还要表现人类的精神需求，各类建筑物都要用结构来实现。可见，建筑结构服务于人类对空间的应用和美观的要求，是其存在的根本目的。

2. 抵御自然界或人为荷载的作用

建筑物要承受自然界或人为施加的各种荷载或作用，建筑结构就是这些荷载或作用的支承者，它要确保建筑物在这些作用力的施加下不破坏、不倒塌，并且要使建筑物持久地保持良好的使用状态。可见，建筑结构作为荷载或作用的支承者，是其存在的根本原因，也是其最核心的任务。

3. 充分发挥建筑材料的作用

建筑结构的物质基础是建筑材料，结构是由各种材料组成的，如用钢材做成的结构称为钢结构，用钢筋和混凝土做成的结构称为钢筋混凝土结构，用砖（或砌块）和砂浆做成的结构称为砌体结构。

按建筑结构所用材料的不同分为混凝土结构、砌体结构、钢结构、木结构、混合结构和组合结构。不同结构材料受力特性有很大差异，因此结构形式和体系也取决于所采用结构材料。

按建筑结构采用形式的不同可以分为砖混结构、拱结构、框架结构、排架结构、墙体结构、筒体结构、折板结构、网架结构、壳体结构、索结构、膜结构等，如图1-3和图1-4所示。

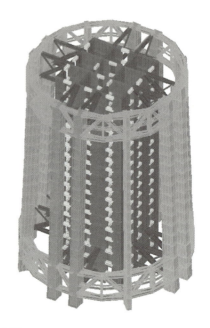

图1-3 上海中心大厦
（结构体系为混凝土核心筒＋SRC组合柱＋外伸钢臂＋箱形空间钢桁架）

图1-4 国家体育馆——鸟巢
（体育馆的混凝土看台为剪力墙结构＋钢结构形成整体的巨型空间马鞍形钢桁架）

1.1.2 混凝土结构

1. 混凝土结构的定义与分类

以混凝土为主要材料构成的结构称为混凝土结构,包括素混凝土结构、钢筋混凝土结构、预应力混凝土结构、钢骨混凝土结构等。

(1) 素混凝土结构指无筋或不配置钢材的混凝土结构,主要用于基础、堤坝等受压构件。

(2) 钢筋混凝土结构指配置有钢筋骨架的混凝土结构,广泛应用于梁、板、柱等主要承重构件,用于承受压力、拉力和弯矩。

(3) 预应力钢筋混凝土结构指构件在承受作用之前预先对混凝土受拉区施以压应力的结构,一般用于大跨度结构,具有抗裂性好、自重轻等特点。

(4) 钢骨混凝土结构指用型钢或用钢板作为配筋的混凝土结构。钢骨混凝土的内部钢骨与外包混凝土形成整体、共同受力,其受力性能优于钢结构和混凝土结构的简单叠加。为保证外包混凝土与钢骨的共同工作,必须在外包混凝土中配置必要的钢筋。

2. 钢筋混凝土结构的特点

钢筋混凝土结构由钢筋和混凝土两种材料组成。混凝土抗压强度较高而抗拉强度很低,钢材的抗压和抗拉强度都很高,把混凝土和钢筋两种材料结合在一起共同工作,使混凝土主要承受压力,钢筋主要承受拉力,因而可合理地利用混凝土和钢筋的受力性能。

(1) 钢筋混凝土结构的优点

1) 耐久性好

混凝土的强度随时间增长而增加,在混凝土的保护下,钢筋在正常情况下不易锈蚀,所以钢筋混凝土结构比其他结构耐久性好。

2) 整体性好

钢筋混凝土结构(特别是现浇钢筋混凝土结构)具有良好的整体性和良好的抗震性能。

3) 耐火性好

由于混凝土导热性较差,发生火灾时,被混凝土保护的钢筋不会很快达到软化温度而导致结构破坏,其耐火性能比钢结构好。

4) 可模性好

钢筋混凝土可以根据设计需要浇筑成各种形状和尺寸的结构构件,而其他结构则不具备这一特点。

5) 可就地取材

钢筋混凝土材料中用量最多的是砂和石,易于就地取材,从而减少了材料的运输费用,为降低工程造价提供了条件。

(2) 钢筋混凝土的缺点

1) 自重大

普通钢筋混凝土的宽度为 $2400\sim2500 \text{kg/m}^3$,由于自重大,对大跨度结构、高层建筑和抗震结构都不利。

2) 施工周期长

现浇钢筋混凝土结构费工、费模板、施工工期长、施工时间受季节条件限制。

3) 抗裂、隔热和隔声性能较差

4) 补强修复比较困难

随着科学的发展，钢筋混凝土结构的这些缺点已经或正在逐步得到克服。如采用轻质、高强混凝土以减轻结构自重；采用预应力混凝土以提高构件的抗裂性；采用预制装配式结构和工具式铝模板以克服现浇钢筋混凝土结构的缺点等。

1.1.3 钢结构

钢结构是由钢制材料组成的结构，是主要的建筑结构类型之一。结构主要由型钢和钢板等制成的钢梁、钢柱、钢桁架等构件组成，各构件或部件之间通常采用焊缝和螺栓连接。因其自重较轻，且施工简便，广泛应用于大型厂房、场馆、超高层等领域。

钢材具有以下特点：

(1) 材料强度高，自身重量轻

钢材强度较高，弹性模量也高。与混凝土和木材相比，其密度与屈服强度的比值相对较低，因而在同样受力条件下钢结构的构件截面小，自重轻，便于运输和安装，适于跨度大，高度高，承载重的结构。

(2) 钢材韧性、塑性好，材质均匀，结构可靠性高

钢材适于承受冲击和动力荷载，具有良好的抗震性能。钢材内部组织结构均匀，近于各向同性匀质体。钢结构的实际工作性能比较符合计算理论，所以钢结构可靠性高。

(3) 钢结构制造安装机械化程度高

钢结构构件便于在工厂制造、施工现场拼装。工厂机械化制造钢结构构件成品精度高、生产效率高，施工现场拼装速度快、工期短。钢结构是工业化程度最高的一种结构。

(4) 钢结构密封性能好

由于焊接结构可以做到完全密封，应用钢结构可以做成气密性和水密性均很好的高压容器、大型油池、压力管道等。

(5) 钢结构耐热但不耐火

当温度在150℃以下时，钢材性质变化很小。钢结构表面受150℃左右的热辐射时，要采用隔热板加以保护。温度在300～400℃时，钢材强度和弹性模量均显著下降，温度在600℃左右时，钢材的强度趋于零。在有特殊防火需求的建筑中，钢结构必须采用耐火材料加以保护以提高耐火等级。

(6) 钢结构耐腐蚀性差

特别是在潮湿和腐蚀性介质的环境中，钢结构容易锈蚀。一般钢结构要除锈、镀锌或涂刷防锈涂料，且要定期维护。对处于海水中的海洋平台、海洋风力发电等结构，需采用"锌块阳极保护"等特殊措施予以防腐蚀。

(7) 低碳、节能、绿色环保，可重复利用

钢结构建筑拆除几乎不会产生建筑垃圾，钢材可以回收再利用。

1.1.4 砌体结构

由块体和砂浆砌筑而成的墙柱作为建筑物主要受力构件的结构称为砌体结构,又称砖石结构,是砖砌体、砌块砌体和石砌体结构的统称。由于砌体的抗压强度较高而抗拉强度很低,因此,砌体结构构件主要承受轴心或小偏心压力,而很少受拉或受弯,一般民用和工业建筑的墙、柱和基础都可采用砌体结构。在采用钢筋混凝土框架和其他结构的建筑中,常用砌体墙做围护结构,如框架结构的填充墙。

砌体结构包括砖结构、石结构和其他材料的砌块结构。分为无筋砌体结构和配筋砌体结构。历史上砌体结构在我国应用很广泛,这是因为它可以就地取材,具有很好的耐久性及较好的化学稳定性和大气稳定性,有较好的保温隔热性能。较钢筋混凝土结构节约水泥和钢材,砌筑时不需模板及特殊的技术设备,可节约木材。砌体结构的缺点是自重大、体积大,砌筑工作繁重。由于砖、石、砌块和砂浆间粘结力较弱,因此无筋砌体的抗拉、抗弯及抗剪强度都很低。由于其组成的基本材料和连接方式决定了它的脆性性质,从而使其遭受地震时破坏较严重,抗震性能很差,因此对多层砌体结构抗震设计需要采用构造柱、圈梁及其他拉结等构造措施以提高其延性和抗倒塌能力。此外,砖砌体所用黏土砖用量很大,占用农田土地过多,因此把实心砖改成空心砖,特别发展高孔洞率、高强度、大块的空心砖以节约材料并利用工业废料,如粉煤灰、煤渣或者混凝土制成空心砖块代替红砖等都是今后砌体结构的发展方向。

1.1.5 混合结构与组合结构

混合结构是指不同部位的结构构件由两种或两种以上材料组成的结构,可以根据结构不同部位的受力特征,发挥不同材料构件的特长,使结构材料使用效率得到更充分的发挥、结构整体性能更为优越。如砌体－钢筋混凝土、钢－钢筋混凝土、钢管混凝土－钢筋混凝土等。

组合结构是指同一构件的不同部位由不同材料组成,如钢筋混凝土、钢骨混凝土、钢管混凝土、碳纤维混凝土、钢－混凝土组合楼板等。

1. 钢—混凝土组合楼板结构

钢—混凝土组合楼板下部用钢梁,上部用压型钢板和混凝土组合板。钢梁和混凝土板之间用剪力连接件连接,如图1-5所示。优点是能充分利用材料,提高钢梁的竖向和侧向刚度;缺点是钢材易腐蚀,耐火性差。

2. 钢骨混凝土结构(又称劲性混凝土结构)

钢骨混凝土是指配置钢骨,并按规定配置柔性钢筋的混凝土构件。有钢骨混凝土柱、钢骨混凝土梁、钢骨混凝土剪力墙和钢骨混凝土筒体等结构构件。钢骨是具有刚度和承载力、并配置于混凝土构件中的钢构件。采用钢板材或型材焊接拼制而成,也可直接采用轧制钢型材。分为实腹式和空腹式两种形式。

常见钢骨混凝土结构有:钢骨混凝土框架、钢骨混凝土组合框架、部分组合框架(部分高度内为钢骨混凝土柱的钢框架,或部分高度内为钢骨混凝土柱的钢筋混凝土框架)、

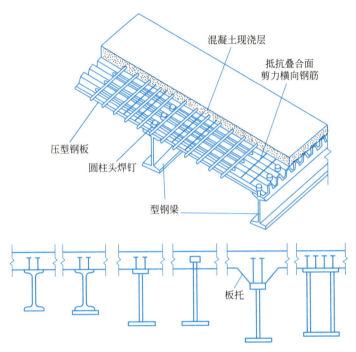

图 1-5 钢—混凝土组合楼板

钢骨混凝土剪力墙、钢骨混凝土核心筒、钢骨混凝土组合核心筒、混合结构（由部分钢骨混凝土构件和部分钢构件或钢筋混凝土构件组成的结构）等。钢骨混凝土梁的截面形式如图 1-6（a）所示，柱截面形式如图 1-6（b）所示。工程案例有深圳地王大厦，如图 1-7 所示，共 69 层，高约 384m，结构内筒采用钢骨混凝土柱。吉隆坡石油双塔，采用钢骨混凝土结构，共 88 层，高约 452m，如图 1-8 所示，双塔大厦是两个独立的塔楼并由裙房相

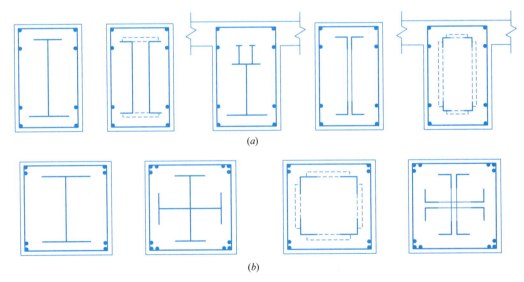

图 1-6 钢骨混凝土截面形式
（a）梁截面；（b）柱截面

连，位于马来西亚首都吉隆坡，占地约 40hm²，为综合办公楼建筑。在两座主楼第 41 和 42 层之间设计了一座空中过桥，将双塔相连，不但方便楼内的通信和交通，还可作为发生火灾时的安全疏散之用。

图 1-7 深圳地王大厦

图 1-8 吉隆坡石油双塔

在型钢混凝土结构中，由于在钢筋混凝土中增加了型钢，型钢具有高强度和良好的延性，以及型钢、钢筋、混凝土三位一体的协同工作使型钢混凝土结构具备了比传统的钢筋混凝土结构承载力大、刚度大、抗震性能好的优点。与钢结构相比，具有防火性能好，结构局部和整体稳定性好，节省钢材的优点。

3. 钢管混凝土结构

在封闭的薄壁钢管中浇筑混凝土形成的组合结构称为钢管混凝土结构。以东京某住宅为例，该住宅地上 33 层，高约 100m，采用钢管混凝土柱、钢骨混凝土梁结构，是钢—混凝土组合结构的一个成功范例。内部 2 排柱用圆管，外部 4 排柱用方管，如图 1-9 所示。

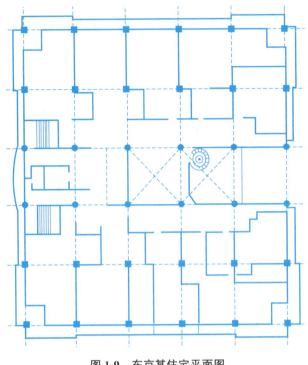

图 1-9　东京某住宅平面图

1.2　建筑结构的发展

钢筋混凝土结构是当今建筑工程中应用最多的一种结构。在民用建筑中，它不仅广泛用作混合结构房屋的楼盖、屋盖，还大量用于建造多层与高层房屋，如住宅、旅馆、办公楼等；还用于建造大跨度房屋，如会堂、剧院、展览馆等。工业建筑中的单层与多层厂房以及烟囱、水塔、水池等特种结构大多也是钢筋混凝土结构。此外，还用来建造地下结构、桥梁、隧道、水坝、海港以及各种国防工程。近年来，混凝土结构从材料、结构和计算理论三个方面都得到了进一步的发展。

1.2.1　材料方面

建筑材料的发展方向是高强、轻质、绿色、节能，目前我国常用的混凝土强度等级为 C20～C40，而近几年已研制成强度等级为 C100 的高强混凝土。为了减轻结构自重，我国正大力发展加气混凝土、陶粒混凝土、浮岩混凝土等各种轻骨料混凝土，它们的密度一般为 $800～1800kg/m^3$，强度为 $5.0～60N/mm^2$。

建筑用钢材的品种和强度等级也在不断地发展，过去多采用普通碳素钢，目前已普遍应用屈服点在 $295～400N/mm^2$ 的低合金钢，屈服点在 $500N/mm^2$ 及以上的新品种低合金钢也开始大量应用。此外,冷弯薄壁型钢板、钢和混凝土组合构件等新材料也开始应用。

1.2.2 结构方面

钢筋混凝土结构过去以现浇、非预应力为主。2016年起,我国开始大力推广应用装配式结构和预应力混凝土结构,它促进了钢筋混凝土结构设计的标准化、生产工厂化和施工机械化,使建筑工程逐步朝工业化建筑体系方向发展。从20世纪90年代开始,我国的高层和超高层建筑快速发展,仅2016年就竣工84座200m以上的超高层建筑。以广州周大福金融中心为例,其高约530m,地上111层,地下5层,地上建筑面积约37万m^2,建筑结构为钢—混凝土组合结构,如图1-10所示。与此同时,混凝土大跨度结构发展也很快。预应力轻骨料混凝土建造的飞机库屋盖结构跨度达90m,预应力箱形截面桥梁跨度达240m以上。以重庆石板坡长江大桥复线桥为例,2006年竣工通车,全长1103.5m,宽19m,其中5号和7号桥墩的跨度达到了330m,是当时世界第一跨径梁桥。

近年来用钢材建成的高层房屋结构和大跨度房屋结构也日益增多,北京市、上海市、广州市和深圳市等地相继建成了一批钢结构高层房屋。中央电视台总部大楼,占地18.7万m^2,总建筑面积约55万m^2,高234m,两座塔楼双向内倾斜6°,在163m以上由"L"形悬臂结构连为一体,其结构是由许多个不规则的菱形渔网状金属构架组成的,如图1-11所示。北京大兴国际机场南航基地1号机库钢结构屋架,该机库钢结构屋架长404.5m,宽97.5m,重7200t,是采用桁架和空间网架组合的"W"形混合结构体系。近年来,我国一直在刷新世界桥梁建设的纪录,世界十大拱桥、十大梁桥、十大斜拉桥、十大悬索桥,中国分别占据了"榜单"的半壁江山甚至一半以上。钢拱桥中的重庆朝天门大桥,跨

图1-10 广州周大福金融中心

图1-11 中央电视台总部大楼

径 552m；斜拉桥中的苏通长江公路大桥，跨径 1088m，如图 1-12 所示；悬索桥中的舢西堠门大桥，跨径 1650m，如图 1-13 所示。这些均是同类桥梁中跨径超群的大桥。

图 1-12　苏通长江公路大桥

图 1-13　舟山西堠门大桥

1.2.3　设计理论方面

由于结构工程中有着不确定性，为取得安全可靠性与经济合理性的均衡，在设计中需要考虑这些不确定性的影响。结构设计方法就是处理安全可靠与经济合理之间的矛盾。

建筑结构设计理论最初采用容许应力法，又经历了破损阶段计算法，到 20 世纪 50 年代末期出现了极限状态设计法。现行的结构设计方法是以概率论为基础的极限状态设计法，随着建筑科学技术的发展与应用，混凝土结构设计理论日趋完善合理。

1.3　本课程的学习内容及学习方法

建筑结构的主要任务是研究结构及其基本构件的设计原理、计算方法和构造要求，培养结构施工图识读能力，具有利用信息化技术手段在工程实际中分析和解决一般结构问题的能力。

建筑结构与建筑力学研究的对象不同。建筑力学中研究的是理想体或理想弹塑性体，而建筑结构不是，如钢筋混凝土属于复合材料，不仅是非匀质的、非弹性的，而且是非连续的。因此，不能单靠力学的理论和公式去解决结构设计计算中的问题，即结构和结构构件的计算理论和方法，主要是建立在科学试验和工程实践的基础上，有的计算理论比较成熟，有的还只能在科学试验和工程实践的基础上给出半理论半经验公式，这些公式中往往带有经验系数，并附加公式的适用范围，在学习时要特别注意这一点。建筑结构设计除满足各种使用功能要求外，还要注意经济效果和施工的可能性，即要考虑安全、适用、经济和施工等各方面的要求及合理性，因此计算的结果，不可能像数学、力学那样得出唯一的答案。

建筑结构课程的综合性较强，它不仅以数学、力学、建筑材料为基础，还与建筑设计、施工技术有密切关系。因此要学会运用已学的基础知识，特别是力学知识去解决结构中的问题，既要注意力学和结构研究对象的不同，还要注意与各门功课的联系，培养综合分析问题的能力。

建筑结构是一门理论性、实践性较强的课程，它的理论基于实践又直接服务于实践。一方面重视基本概念、基本原理的学习，另一方面要注意加强实践性环节，到工程现场参观学习，增加感性认识，通过试验加深对课堂知识的理解，不断总结实践经验。

学习过程中应逐步熟悉、掌握和运用国家颁布的各种结构设计标准、规范、规程、图集，例如《混凝土结构设计标准（2024年版）》GB/T 50010—2010、《建筑抗震设计标准（2024年版）》GB/T 50011—2010、《高层建筑混凝土结构技术规程》JGJ 3—2010、《钢结构设计标准》GB 50017—2017、《建筑结构荷载规范》GB 50009—2012、《混凝土结构施工图平面整体表示方法制图规则和构造详图》22G101等。

 知识链接

膜结构

膜结构又叫张拉膜结构（Tensioned Membrane Structure），是20世纪中期发展起来的一种新型建筑结构形式，膜结构是由多种高强薄膜材料（PVC或Teflon）及加强构件（钢架、钢柱或钢索）通过一定方式使其内部产生一定的预张应力以形成某种空间形状，作为覆盖结构，并能承受一定的外荷载作用的一种空间结构形式。它打破了纯直线建筑风格的模式，以其独有的优美曲面造型，简洁、明快、刚与柔、力与美的完美组合，给人以耳目一新的感觉，同时给建筑设计师提供了更大的想象和创造空间。

膜结构从结构上可分为：骨架式膜结构、张拉式膜结构、充气式膜结构3种形式。

1. 骨架式膜结构（Frame Supported Structure）

以钢构或是集成材料构成的屋顶骨架，在其上方张拉膜材的构造形式，下部支撑结构安定性高，因屋顶造型比较单纯，开口部不易受限制，且经济效益高等特点，广泛适用于任何大、小规模的空间。

2. 张拉式膜结构（Tension Suspension Structure）

以膜材、钢索及支柱构成，利用钢索与支柱在膜材中导入张力以达到安定的形式。除了可实现具有创意、创新且美观的造型外，也是最能展现膜结构精神的构造形式。大型跨距空间也多采用以钢索与压缩材构成钢索网来支撑上部膜材的形式。因施工精度要求高，结构性能强，且具丰富的表现力，所以造价略高于骨架式膜结构。

3. 充气式膜结构（Pneumatic Structure）

充气式膜结构是将膜材固定于屋顶结构周边，利用送风系统让室内气压上升到一定压力后，使屋顶内外产生压力差，以抵抗外力，因利用气压来支撑及钢索作为辅助材料，故无需任何梁、柱支撑，可获得更大的空间，施工快捷，经济效益高，但需维持24h送风机运转，在持续运行及机器维护费用的成本上较高。

> 目前膜结构应用广泛，发展前景较好，我国最典型的膜结构是 2008 年竣工的北京奥运会场馆"鸟巢"和"水立方"，其膜结构采用 ETFE 膜材，是目前国内最大的 ETFE 膜材结构建筑。"鸟巢"采用双层膜结构，外层用 ETFE 膜材，可防雨雪和紫外线；内层用 PTFE 膜材，达到保温、防结露、隔声和光效的目的。"水立方"采用双层 ETFE 充气膜结构，共 1437 块气枕，每一块都好像一个"水泡泡"，气枕可以通过控制充气量的多少，对遮光度和透光性进行调节，可有效地利用自然光，节省能源，有效降低了建筑碳排放，并且具有良好的保温隔热、消除回声的优点，为运动员和观众提供温馨、安逸的环境。

单元总结

建筑结构指在建筑中，由若干构件（即组成结构的单元如梁、板、柱等）通过合理可靠的连接而构成的能承受作用的平面或空间体系。建筑结构的功能主要是形成建筑物所需要的空间骨架，并能够长期安全可靠地承受各种荷载和变形作用及其影响。

建筑结构按所用材料的不同分为混凝土结构、砌体结构、钢结构、木结构和混合结构。不同结构材料受力特性有很大差异，因此结构形式和体系也取决于所采用结构材料。按建筑结构形式可以分为拱结构、框架结构、排架结构、墙体结构、筒体结构、折板结构、网架结构、壳体结构、索结构、膜结构等。

建筑结构选型要适应建筑功能的要求、满足建筑造型的需要、发挥结构自身的优势、考虑材料和施工的条件、合理降低造价、节能环保、减少碳排放、适于现阶段计算分析条件等。

思考及练习

一、填空题

1. 按照所用建筑材料的不同，建筑结构可分为_____、_____、_____、_____和_____等。
2. 按照常见结构受力体系类型及施工方法，建筑结构可以分为_____、_____、_____、_____等。
3. 混凝土结构包括_____、_____、_____、_____等。
4. 钢结构主要由型钢和钢板等制成，由_____、_____、_____等构件组成。
5. 钢筋混凝土结构的优点有_____、_____、_____、_____等。

二、选择题

1. 以（　　）为主要材料构成的结构称为混凝土结构。

A. 混凝土　　　　B. 钢筋混凝土　　　C. 素混凝土　　　　D. 预应力混凝土

2. 以下属于混凝土优点的是（　　）。

A. 自重大　　　　B. 施工周期长　　　C. 抗裂性好　　　　D. 整体性好

3. 以下属于钢结构优点的是（　　）。

A. 耐腐蚀　　　　B. 维护费用低　　　C. 抗震性好　　　　D. 耐火性好

4. 目前我国常用的混凝土强度等级为（　　）N/mm²。

A. 15～25　　　　B. 15～30　　　　　C. 20～40　　　　　D. 20～80

5. 钢骨混凝土结构中的钢骨是指配置于混凝土构件中的（　　）。

A. 钢筋　　　　　B. 型钢　　　　　　C. 钢管　　　　　　D. 钢构件

三、简答题

1. 什么是建筑结构？
2. 建筑结构根据使用材料的不同可以分为哪几类？
3. 建筑结构材料方面的发展趋势是什么？
4. 如何学好本门课程？谈谈自己的打算。

教学单元 2
建筑结构计算基本知识

Chapter 02

教学目标

1. 知识目标

(1) 了解设计状况与极限状态设计的关系；
(2) 熟悉建筑结构的功能要求、极限状态的概念；
(3) 熟悉结构构件承载力极限状态和正常使用极限状态的设计表达式以及表达式中各符号所代表的含义；
(4) 理解建筑结构的作用、作用效应、荷载效应、结构抗力的概念；
(5) 掌握荷载与荷载效应、结构抗力的概念；
(6) 掌握荷载效应的组合值计算。

2. 能力目标

(1) 能够计算荷载效应的基本组合值；
(2) 能够计算荷载效应的标准组合值；
(3) 能够计算荷载效应的频遇组合值；
(4) 能够计算荷载效应的准永久组合值。

3. 素质目标

(1) 通过学习本教学单元，让学生了解结构设计的相关规范和标准，培养学生细致、严谨、科学的工作态度；
(2) 帮助学生树立遵守规则、标准规范和法律的意识，引导学生做遵纪守法的社会主义公民。

思维导图

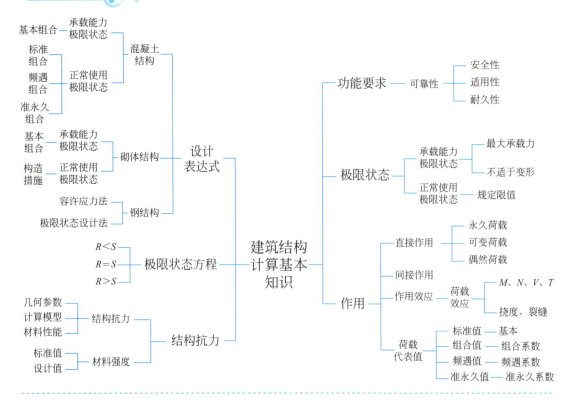

引入

《孟子·离娄上》——离娄之明，公输子之巧，不以规矩，不能成方圆。常强调做任何事都要有一定的规矩、规则、做法，否则无法成功。随着社会发展，越来越多高层建筑平地起，如何保证建筑安全呢？要严格执行国家现行的规范、标准等法律法规文件等。

现浇钢筋混凝土框架结构教学楼、教室的楼盖由梁和板组成，其上有桌椅、人群等荷载由梁和板承受，并通过梁、板传递到柱子，再传递到基础。

分析楼盖承受了哪些荷载，梁板上所承受的荷载是多少？怎样才能保证结构的可靠性？这些问题如何解决呢？

2.1 结构的功能、极限状态

2.1.1 结构的功能要求

结构设计的目的是使结构在设计使用年限内能完成预定的全部功能，而不需进行大修和加固。

设计任何建筑物或构筑物,都必须做到在其设计使用年限内,满足以下各预定功能的要求。

(1) 安全性要求:要求建筑结构在正常施工和正常使用时,能承受可能出现的各种作用;当发生火灾时,在规定的时间内可保持足够的承载力;当发生爆炸、撞击、人为错误等偶然事件时,结构能保持必要的整体稳固性,不出现与起因不相称的破坏后果,防止出现结构的连续倒塌。

(2) 适用性要求:要求建筑结构在正常使用时具有良好的工作性能。如受弯构件在正常使用时不出现过大的挠度和过宽的裂缝,不妨碍使用。

(3) 耐久性要求:要求在正常维护条件下结构能够正常使用到规定的设计使用年限。这里足够的耐久性能是指结构在规定的工作环境下,在预定的设计期限内,其材料性能的恶化不致导致结构出现不可接受的失效概率。

安全性、适用性、耐久性是衡量结构可靠的标志,总称为结构的可靠性,《建筑结构可靠性设计统一标准》GB 50068—2018 给出的定义是:结构在规定的时间内,在规定的条件下,完成预定功能的能力。但是由于结构可靠性随着各种作用、材料性能和几何参数的变异而不同,结构完成预定功能的能力不能事先确定,只能用概率来描述。为此,引入结构可靠性的概念。

结构可靠度是指结构在规定的时间内,在规定的条件下,完成预定功能的概率。规定的时间指设计使用年限;规定条件指正常设计、正常施工、正常使用和正常维护;预定功能指结构的安全性、适用性和耐久性等要求。结构的可靠度是结构可靠性的概率度量,即对结构可靠性的定量概述。

结构的设计、施工和维护应使结构在规定的设计使用年限内以适当的可靠度且经济的方式满足规定的各项功能要求。当建筑结构的使用年限到达后,并不意味着结构立刻报废不能使用了,而是表明它的可靠性水平从此要逐渐降低了,在做结构鉴定及必要加固后,仍可继续使用。

 知识链接

设计使用年限是指按规定指标设计的建筑结构或构件,在正常施工、正常使用和维护下,不需要进行大修即可达到其预定功能要求的使用年限。《建筑结构可靠性设计统一标准》GB 50068—2018 将设计使用年限分为四个类别,见表2-1。

结构设计使用年限分类   表2-1

类别	设计使用年限/年	示例	类别	设计使用年限/年	示例
1	5	临时性结构	3	50	普通房屋和构筑物
2	25	易于替换的结构构件	4	100	纪念性建筑和特别重要的建筑物

2.1.2 结构的极限状态

结构能够满足各项功能要求而良好地工作,称为结构可靠,反之则称结构失效。结构工作状态是处于可靠还是失效,其分界标志就是极限状态。当整个结构或结构一部分超过某一特定状态就不能满足设计规定的某一功能要求时,这种特定状态称为该功能的极限状态。

极限状态分为承载能力极限状态、正常使用极限状态和耐久性极限状态,并应符合下列要求:

(1) 承载能力极限状态

这种极限状态对应于结构或构件达到最大承载能力或不适于继续承载的变形。当结构或构件出现下列状态之一时,即认为超过了承载能力极限状态。

① 结构构件或连接因超过材料强度而被破坏(包括疲劳破坏),或因过度变形而不适于继续承载;

② 整个结构或结构的一部分作为刚体失去平衡(如倾覆或滑移等);

③ 结构转变为机动体系而丧失了承载能力;

④ 结构或构件因达到临界荷载而丧失稳定性(如柱的压屈失稳等);

⑤ 结构因局部破坏而发生连续倒塌;

⑥ 地基丧失承载力而破坏;

⑦ 结构或结构构件的疲劳破坏。

(2) 正常使用极限状态

这种极限状态对应于结构或结构构件达到正常使用或耐久性能的某项规定限值。当结构或结构构件出现下列状态之一时,即认为超过了正常使用极限状态。

① 影响正常使用或外观的变形;

② 影响正常使用或耐久性能的局部损坏(包括裂缝);

③ 影响正常使用的振动;

④ 影响正常使用的其他特定状态。

(3) 耐久性极限状态

当结构或结构构件出现下列状态之一时,应认定为超过耐久性极限状态。

① 影响承载能力和正常使用的材料性能劣化;

② 影响耐久性能的裂缝、变形、缺口、外观、材料削弱等;

③ 影响耐久性能的其他特定状态。

结构设计时应对结构的不同极限状态分别进行计算或验算;当某一极限状态的计算或验算起控制作用时,可仅对该极限状态进行计算或验算。

2.1.3　设计状况与极限状态设计

(1) 建筑结构设计时应区分下列设计状况:

① 持久设计状况:适用于结构使用时的正常情况;

② 短暂设计状况:适用于结构出现的临时情况,包括结构施工和维修时的情况;

③ 偶然设计状况:适用于结构出现的异常情况,包括结构遭受火灾、爆炸、撞击时的情况;

④ 地震设计状况:适用于结构遭受地震时的情况,在抗震设防地区必须考虑地震设

计情况。

（2）对于以上四种建筑结构设计状况应分别进行下列极限状态设计：

① 对四种设计状况，均应进行承载能力极限状态设计；

② 对持久设计状况，尚应进行正常使用极限状态设计，并宜进行耐久性极限状态设计；

③ 对短暂设计状况和地震设计状况，可根据需要进行正常使用极限状态设计；

④ 对偶然设计状况，可不进行正常使用极限状态设计和耐久性极限状态设计。

2.2 作用效应、结构抗力

2.2.1 结构的作用和作用效应

1. 作用与荷载

使结构产生内力或变形的原因称为作用，分直接作用和间接作用两种。施加在结构上的集中力或分布力是直接作用，也称为荷载；混凝土的收缩、温度变化、基础的差异沉降、地震等引起结构外加变形或约束变形的原因称为间接作用。间接作用不仅与外界因素有关，还与结构本身的特性有关。例如，地震时结构的作用，不仅与地震加速度有关，还与结构自身的动力特性有关，所以不能把地震作用称为"地震荷载"。

2. 作用效应与荷载效应

作用效应（S）是指各种作用在结构上的内力（弯矩、剪力、轴力、扭矩等）和变形（挠度、转角、侧移、裂缝等）。当作用为荷载时，引起的效应称为荷载效应。

一般情况下，荷载效应（S）与荷载（Q）的关系式见式（2-1）。

$$S = CQ \tag{2-1}$$

式中　C——荷载效应系数，由力学分析确定；

　　　Q——某荷载代表值；

　　　S——与荷载 Q 相应的荷载效应。

例如，某简支梁上作用有均布线荷载 q，其计算跨度为 l，由结构力学方法计算可知，其跨中最大弯矩值为 $M = \frac{1}{8}ql^2$，支座处剪力为 $V = \frac{1}{2}ql$。q 相当于荷载 Q，弯矩 M 和剪力 V 都相当于荷载效应 S，$\frac{1}{8}l^2$ 和 $\frac{1}{2}l$ 则相当于荷载效应系数 C。

> **知识链接**
>
> 梁在竖向均布荷载作用下产生的弯矩 M 和剪力 V，柱子在竖向荷载和风荷载作用下的轴力 N、弯矩 M 和剪力 V 等均是荷载效应 S。

3. 荷载的分类

在实际工程中，结构常见的作用多为直接作用，即荷载。所以本教材介绍的内容以直接作用为主。按照不同的分类方法可将荷载进行不同的分类。

（1）按作用时间的长短和性质，荷载可分为以下三类：

① 永久荷载。在结构设计使用期间，其值不随时间而变化，或其变化与平均值相比可以忽略不计，或其变化是单调的且能趋于限值的荷载。例如结构的自身重力、土压力、预应力等荷载，永久荷载又称恒荷载。

② 可变荷载。在结构设计使用期内其值随时间而变化，其变化与平均值相比不可忽略的荷载。例如楼面活荷载、吊车荷载、风荷载、雪荷载等，可变荷载又称活荷载。

③ 偶然荷载。在结构设计使用期内不一定出现，一旦出现，其值很大且持续时间很短的荷载。例如爆炸力、撞击力等。

（2）按荷载的作用范围分类

① 集中荷载。集中荷载是指荷载的作用面积与结构尺寸相比很小，可将其简化为作用于一点的荷载，单位是 kN 或 N。例如梁传给柱子的力、次梁传给主梁的力都可看成集中荷载。

② 分布荷载。分布荷载是指荷载连续地分布在整个结构或结构某一部分上，分布荷载又包括体荷载、面荷载、线荷载。体荷载是指分布在物体的体积内的荷载，单位是 N/mm^3 或 kN/m^3。面荷载是指分布在物体表面的荷载，单位是 N/mm^2 或 kN/m^2。线荷载是指将面荷载、体荷载简化成连续分布在一段长度上的荷载，单位是 N/mm 或 kN/m。

4. 荷载的代表值

结构设计时，对于不同的荷载和不同的设计情况应赋予荷载不同的量值，该量值即荷载代表值。《建筑结构荷载规范》GB 50009—2012 给出了 4 种荷载的代表值：标准值、组合值、频遇值和准永久值。荷载标准值是荷载的基本代表值，而其他代表值都可在标准值的基础上乘以相应的系数后得出。建筑结构设计时，对不同荷载应采用不同的代表值；对永久荷载应采用标准值作为代表值；对可变荷载应根据设计要求采用标准值、组合值、频遇值或准永久值作为代表值；对偶然荷载应按建筑结构使用的特点确定其代表值。

（1）荷载的标准值

实际作用在结构上的荷载大小具有不定性，应当按随机变量采用数理统计的方法加以处理。这样确定的荷载是具有一定概率的最大荷载值，称为荷载标准值。荷载的标准值对应于结构在设计基准期内最大荷载统计分布的特征值。

对于永久荷载而言，只有一个代表值，这就是它的标准值。

永久荷载标准值（G_k 或 g_k），对于结构自身重力可以根据结构的设计尺寸和材料的重力密度确定；我国《建筑结构荷载规范》GB 50009—2012 附录 A 给出了常用材料和构件的自重，使用时可查用。表 2-2 列出部分常用材料和构件自重。

部分常用材料和构件自重　　　　　　表 2-2

序号	名称	自重	单位	备注
1	素混凝土	22.0～24.0	kN/m^3	振捣或不振捣
2	钢筋混凝土	24.0～25.0	kN/m^3	

续表

序号	名称	自重	单位	备注
3	水泥砂浆	20.0	kN/m³	
4	浆砌普通砖	18.0	kN/m³	
5	浆砌机砖	19.0	kN/m³	
6	水磨石地面	0.65	kN/m²	10mm 面层,20mm 水泥地面砂浆打底
7	贴瓷砖墙面	0.50	kN/m²	包括水泥砂浆打底,共厚 25mm
8	钢框玻璃窗	0.40~0.45	kN/m²	

设计时可计算求得永久荷载标准值。例如,构件自重可以根据结构的设计尺寸和材料的重力密度确定。

工程应用2-1

某矩形截面钢筋混凝土梁,计算跨度为 4.8m,截面尺寸为 $b=250$mm,$h=500$mm,求该梁自重(即永久荷载)标准值g_k。

解：

梁自重为均布线荷载的形式,梁自重标准值应按照 $g_k=\gamma bh$ 计算,其中钢筋混凝土的重力密度 $\gamma=25$kN/m³,$b=250$mm,$h=500$mm,故:

梁自重标准值 $g_k=\gamma bh=25\times 0.25\times 0.5=3.125$kN/m

提示：计算过程中应注意物理量量纲的换算。梁的自重标准值用 g_k 表示。

工程应用2-2

某建筑楼面做法为：30mm 水磨石地面,120mm 现浇钢筋混凝土板,板底水泥砂浆厚20mm,求楼板自重标准值。

解：

板自重为均布面荷载的形式,其楼面做法中每一层标准值均应按照 $g_k=\gamma h$ 计算,然后把三个值加在一起就是楼板的自重标准值。

查表 2-2 得：30mm 水磨石地面的重力密度 $\gamma_1=0.65$kN/m²,钢筋混凝土的重力密度 $\gamma_2=25.0$kN/m³,水泥砂浆的重力密度 $\gamma_3=20.0$kN/m³,故:

楼面做法：30mm 水磨石地面：0.65kN/m²

120mm 现浇钢筋混凝土板自重：25.0kN/m³$\times 0.12$m$=3$kN/m²

板底水泥砂浆：20.0kN/m³$\times 0.02$m$=0.4$kN/m²

板每平方米总重力(面荷载)标准值：$g_k=4.05$kN/m²

可变荷载标准值(Q_k 或 q_k),是可变荷载的基本代表值,《建筑结构荷载规范》GB 50009—2012 中,对于楼面和屋面活荷载、吊车荷载、雪荷载和风荷载等可变荷载的标准值,规定了具体数值或计算方法,设计时可以查用。例如,民用建筑楼面均布活荷载标准值可由表 2-3 中查得；房屋建筑的屋面,其水平投影上的屋面均布活荷载,可由表 2-4 查得。

民用建筑楼面均布活荷载标准值及其组合值系数、频遇值系数和准永久值系数　　表 2-3

项次	类别		标准值 (kN/m²)	组合值系数 ψ_c	频遇值系数 ψ_f	准永久值系数 ψ_q
1	(1)住宅、宿舍、旅馆、医院病房、托儿所、幼儿园		2.0	0.7	0.5	0.4
	(2)办公楼、教室、医院门诊室		2.5	0.7	0.6	0.5
2	食堂、餐厅、试验室、阅览室、会议室、一般资料档案室		3.0	0.7	0.6	0.5
3	礼堂、剧场、影院、有固定座位的看台、公共洗衣房		3.5	0.7	0.5	0.3
4	(1)商店、展览厅、车站、港口、机场大厅及其旅客等候室		4.0	0.7	0.6	0.5
	(2)无固定座位的看台		4.0	0.7	0.5	0.3
5	(1)健身房、演出舞台		4.5	0.7	0.6	0.5
	(2)运动场、舞厅		4.5	0.7	0.6	0.3
6	(1)书库、档案库、储藏室(书架高度不超过2.5m)		6.0	0.9	0.9	0.8
	(2)密集柜书库(书架高度不超过2.5m)		12.0	0.9	0.9	0.8
7	通风机房、电梯机房		8.0	0.9	0.9	0.8
8	厨房	(1)餐厅	4.0	0.7	0.7	0.7
		(2)其他	2.0	0.7	0.6	0.5
9	浴室、卫生间、盥洗室		2.5	0.7	0.6	0.5
10	走廊、门厅	(1)宿舍、旅馆、医院病房、托儿所、幼儿园、住宅	2.0	0.7	0.5	0.4
		(2)办公楼、餐厅、医院门诊部	3.0	0.7	0.6	0.5
		(3)教学楼及其他可能出现人员密集的情况	3.5	0.7	0.5	0.3
11	楼梯	(1)多层住宅	2.0	0.7	0.5	0.4
		(2)其他	3.5	0.7	0.5	0.3
12	阳台	(1)可能出现人员密集的情况	3.5	0.7	0.6	0.5
		(2)其他	2.5	0.7	0.6	0.5

注：1. 当采用楼面等效均布活荷载方法设计楼面梁时，本表中的楼面活荷载标准值的折减系数取值应符合下列规定：
 (1) 第1(1)项当楼面梁从属面积不超过25m²（含）时，不应折减；超过25m²时，不应小于0.9；
 (2) 第1(2)项～7项当楼面梁从属面积不超过50m²（含）时，不应折减；超过50m²时，不应小于0.9；
 (3) 第8～12项应采用与所属房屋类别相同的折减系数。
　　2. 当采用楼面等效均布活荷载方法设计墙、柱和基础时，减系数取值应符合下列规定：
 (1) 第1(1)项单层建筑楼面梁的从属面积超过25m²时，不应小于0.9；其他情况应按表2-5规定采用；
 (2) 第1(2)～7项应采用与其楼面梁相同的折减系数；
 (3) 第8～12项应采用与所属房屋类别相同的折减系数。

教学单元 2　建筑结构计算基本知识

汽车通道及客车停车库的楼面均布活荷载　　　　表 2-4

类别		标准值 (kN/m²)	组合值系数 ψ_c	频遇值系数 ψ_f	准永久值系数 ψ_q
单向板楼盖 (2m≤板跨 L)	定员不超过9人的小型客车	4.0	0.7	0.7	0.6
	满载总重不大于 300kN 的消防车	35.0	0.7	0.5	0.0
双向板楼盖 (3m≤板跨短边 L＜6m)	定员不超过9人的小型客车	5.5−0.5L	0.7	0.7	0.6
	满载总重不大于 300kN 的消防车	50.0−5.0L	0.7	0.5	0.0
双向板楼盖 (6m≤板跨短边 L) 和无梁楼盖 (柱网不小于 6m×6m)	定员不超过9人的小型客车	2.5	0.7	0.7	0.6
	满载总重不大于 300kN 的消防车	20.0	0.7	0.5	0.0

注：1. 当采用楼面等效均布活荷载方法设计楼面梁时，本表中的楼面活荷载标准值的折减系数取值不应小于下列规定值：对单向板楼盖的次梁和槽形板的纵肋不应小于 0.8，对单向板楼盖的主梁不应小于 0.6，对双向板楼盖的梁不应小于 0.8。
　　2. 当采用楼面等效均布活荷载方法设计墙、柱和基础时，减系数取值应符合下列规定：应根据实际情况决定是否考虑本表中的消防车荷载；对本表中的客车，对单向板楼盖不应小于 0.5，对双向板楼盖和无梁楼盖不应小于 0.8。

活荷载按楼层的折减系数　　　　表 2-5

墙、柱、基础计算截面以上的层数	2～3	4～5	6～8	9～20	＞20
计算截面以上各楼层活荷载总和的折减系数	0.85	0.70	0.65	0.60	0.55

注：当考虑覆土影响对消防车活荷载进行折减时，折减系数应根据可靠资料确定。

屋面均布活荷载标准值及其组合值系数、频遇值系数和准永久值系数　　　　表 2-6

项次	类别	标准值(kN/m²)	组合值系数 ψ_c	频遇值系数 ψ_f	准永久值系数 ψ_q
1	不上人的屋面	0.5	0.7	0.5	0.0
2	上人的屋面	2.0	0.7	0.5	0.4
3	屋顶花园	3.0	0.7	0.6	0.5
4	屋顶运动场地	4.5	0.7	0.6	0.4

注：1. 不上人的屋面，当施工或维修荷载较大时，应按实际情况采用；当上人屋面兼做其他用途时，应按相应楼面活荷载采用；屋顶花园的活荷载不应包括花圃土石等材料自重。
　　2. 对于因屋面排水不畅、堵塞等引起的积水荷载，应采取构造措施加以防止；必要时，应按积水的可能深度确定屋面活荷载。
　　3. 地下室顶板施工活荷载标准值不应小于 5.0kN/m²，当有临时堆积荷载以及有重型车辆通过时，施工组织设计中应按实际荷载验算并采取相应措施。

(2) 可变荷载组合值 $\psi_c Q_k$

当结构承受两种或两种以上可变荷载,且承载力极限状态按基本组合设计和正常使用极限状态荷载标准组合设计时,考虑到这两种或两种以上可变荷载同时达到最大值的可能性较小,因此,可以将它们的标准值乘以一个小于或等于1的荷载组合系数。这种将可变荷载标准值乘以荷载组合系数 ψ_c 以后的数值,称为可变荷载的组合值。因此,可变荷载的组合值是当结构承受两种或两种以上可变荷载时的代表值。ψ_c 取值参见表2-3~表2-6。

(3) 频遇值 $\psi_f Q_k$

对可变荷载,在设计基准期内,其超越的总时间仅为设计基准期一小部分的作用值,或在设计基准期内其超越频率为某一给定频率的作用值,称为可变荷载的频遇值。可变荷载的频遇值为可变荷载的标准值乘以荷载频遇值系数 ψ_f。ψ_f 取值见表2-3~表2-6。

(4) 准永久值 $\psi_q Q_k$

可变荷载虽然在设计基准期内其值会随时间而发生变化,但是,研究表明,不同的可变荷载在结构上的变化情况不一样。可变荷载中在整个设计基准期内出现时间较长的(可以理解为总的持续时间不低于25年)那部分荷载值,称为该可变荷载的准永久值。

可变荷载的准永久值为可变荷载标准值乘以荷载准永久值系数 ψ_q。由于可变荷载准永久值只是可变荷载标准值的一部分,因此,荷载准永久值系数小于或等于1.0。ψ_q 取值见表2-3~表2-6。

5. 荷载分项系数及荷载设计值

考虑荷载有超过荷载标准值的可能性,以及不同变异性的荷载可能造成计算时可靠度不一致的不利影响,为了保证结构的安全可靠,将标准值乘以一个调整系数,此系数即为荷载分项系数。荷载分项系数又分为永久荷载分项系数 γ_G 和可变荷载分项系数 γ_Q。

荷载标准值与荷载分项系数的乘积称为荷载设计值。荷载设计值大体上相当于结构在非正常使用情况下荷载的最大值,比荷载标准值具有更大的可靠度。在承载力极限状态设计时常采用荷载设计值。

2.2.2 结构抗力与材料强度

1. 结构抗力

结构抗力(R)是指整个结构或结构构件承受作用效应(即内力和变形)的能力。例如结构构件承载能力(轴力、剪力、弯矩、扭矩)、变形(刚度)、抗裂等,统称为结构抗力。

影响抗力的主要因素有材料性能(强度、变形模量等)、几何参数(构件尺寸)和计算模式的精确性等。由于材质及生产工艺等因素的影响,构件的制作误差及施工安装误差等的存在,构件几何参数和强度、变形也将存在误差,计算公式的不精确和理论上的假定也会影响结构抗力,因此,结构抗力也是一个随机变量。

2. 材料强度

材料强度有强度标准值和强度设计值两种。材料强度标准值是指标准试件用标准试验方法测得的具有95%以上保证率的强度值。

由于材料材质的不均匀性,实验室环境与实际工程的差别以及施工中不可避免的偏差等因素,导致材料强度不稳定,即有变异性。材料的变异性可能导致材料的实际强度低于其强度标准值，为了考虑这一系列的不利影响，设计时将材料强度标准值除以一个大于 1 的系数，此系数称为材料分项系数。

材料强度标准值除以材料分项系数后所得值称为材料强度设计值。在承载能力极限状态设计中，应采用材料强度设计值。

2.3 结构设计方法概述

结构计算的目的在于保证所设计的结构和结构构件在施工和工作过程中能满足预期的功能要求，因此，结构设计准则应当这样表述：结构由各种荷载所产生的效应（内力和变形）不大于结构（包括连接）由材料性能和几何因素等所决定的抗力或规定限值。假如影响结构功能的各种因素，如荷载大小、材料强度的高低、截面尺寸、计算模式、施工质量等都是确定性的，则按上述准则进行结构计算应是非常容易的。但是，上述影响结构功能的诸因素都具有不定性，是随机变量（或随机过程），因此荷载效应可能大于设计抗力，结构不可能百分之百的可靠，而只能对其作出一定的概率保证。在设计中如何对待上述问题就出现了不同的设计方法。

我国的结构设计方法是遵照《建筑结构可靠性设计统一标准》GB 50068—2018 所确定的，对建筑物和构筑物进行结构设计时，采用以概率理论为基础的极限状态设计方法，以可靠指标度量结构构件的可靠度，采用分项系数的设计表达式进行设计。

2.3.1 极限状态方程

结构和结构构件的工作状态可以用作用效应 S 和结构抗力 R 的关系式来描述：

$$Z = g(R, S) = R - S \tag{2-2}$$

式中　　Z——结构极限状态功能函数；

　　　　R——结构抗力，指结构或结构构件承受作用效应的能力，如结构构件的承载力、刚度和裂缝等；

　　　　S——作用效应，指作用引起的结构或结构构件的内力、变形和裂缝等。

如上所述，R 和 S 都是非确定性的随机变量，故 $Z = g(R, S)$ 是一个随机变量函数。按 Z 值的大小不同，可以用来描述结构所处的三种不同工作状态：

(1) 当 $Z > 0$，即 $R > S$，结构能够完成预定功能，结构处于可靠状态；

(2) 当 $Z < 0$，即 $R < S$，结构不能完成预定功能，结构处于失效状态；

(3) 当 $Z = 0$，即 $R = S$，结构处于极限状态，称为极限状态方程。

2.3.2 混凝土结构极限状态计算

1. 建筑结构的安全等级

在进行建筑结构设计时，根据结构破坏可能产生的后果严重与否，即危及人的生命、造成经济损失和产生社会影响等的严重程度,采用不同的安全等级进行设计。《建筑结构可靠性设计统一标准》GB 50068—2018 将建筑结构划分为三个安全等级,设计时应根据具体情况,按表 2-7 的规定选用相应的安全等级。

建筑结构的安全等级　　　　　　　　　　　表 2-7

安全等级	目标可靠指标		破坏后果	建筑物类型	结构重要性系数 γ_0
	延性破坏	脆性破坏			
一级	3.7	4.2	很严重	重要的建筑物	≥1.1
二级	3.2	3.7	严重	一般的建筑物	≥1.0
三级	2.7	3.2	不严重	次要的建筑物	≥0.9

注:1. 对有特殊要求的建筑物其安全等级应根据具体情况另行确定。
    2. 建筑物中各类结构构件的安全等级宜与整个结构的安全等级相同,对其中部分结构构件的安全等级可根据其重要程度适当调整但不低于三级。

2. 承载能力极限状态设计表达式

(1) 结构或结构构件按承载能力极限状态设计时,应考虑下列状态:

① 结构或结构构件的破坏或过度变形,此时结构的材料强度起控制作用;

② 整个结构或其一部分作为刚体失去静力平衡,此时结构材料或地基的强度不起控制作用;

③ 地基破坏或过度变形,此时岩土的强度起控制作用;

④ 结构或结构构件疲劳破坏,此时结构的材料疲劳强度起控制作用。

(2) 结构或结构构件按承载能力极限状态设计时,应符合下列规定:

① 结构或结构构件的破坏或过度变形的承载能力极限状态设计,应符合下式规定:

$$\gamma_0 S_d \leqslant R_d \tag{2-3}$$

式中　γ_0——结构重要性系数。在持久设计状况和短暂设计状况下,对安全等级为一级的结构构件不应小于 1.1,对安全等级为二级的结构构件不应小于 1.0,对安全等级为三级的结构构件不应小于 0.9,对偶然设计状况和地震设计状况下不应小于 1.0;

S_d——作用组合的效应设计值;

R_d——结构或结构构件的抗力设计值,$R_d = R(f_k/\gamma_M, a_d)$;

f_k——材料性能的标准值;

γ_M——材料性能的分项系数;

a_d——几何参数的设计值。

② 结构整体或其一部分作为刚体失去静力平衡的承载能力极限状态设计,应符合下式规定:

$$\gamma_0 S_{d,dst} \leqslant S_{d,stb} \tag{2-4}$$

式中　$S_{d,dst}$——不平衡作用效应的设计值;

$S_{d,stb}$——平衡作用效应的设计值。

③ 地基的破坏或过度变形的承载能力极限状态设计,可采用分项系数法进行,但其分项系数的取值与式(2-3)中所包含的分项系数的取值可有区别;地基的破坏或过度变形的承载力设计,也可采用容许应力法等方法进行。

④ 结构或结构构件的疲劳破坏的承载能力极限状态设计，可按现行有关标准的方法进行。

（3）承载能力极限状态设计表达式中的作用组合，应符合下列规定：

① 作用组合应为可能同时出现的作用的组合；

② 每个作用组合中应包括一个主导可变作用或一个偶然作用或一个地震作用；

③ 当结构中永久作用位置的变异对静力平衡或类似的极限状态设计结果很敏感时，该永久作用的有利部分和不利部分应分别作为单个作用；

④ 当一种作用产生的几种效应非全相关时，对产生有利效应的作用，其分项系数的取值应予以降低；

⑤ 对不同的设计状况应采用不同的作用组合。

（4）对持久设计状况和短暂设计状况，应采用作用的基本组合，并应符合下列规定：

① 基本组合的效应设计值按下式中最不利值确定：

$$S_d = S(\sum_{i \geq 1} \gamma_{G_i} G_{ik} + \gamma_P P + \gamma_{Q_1} \gamma_{L_1} Q_{1k} + \sum_{j>1} \gamma_{Q_j} \psi_{cj} \gamma_{L_j} Q_{jk}) \tag{2-5}$$

式中 $S(\cdot)$——作用组合的效应函数；

G_{ik}——第 i 个永久作用的标准值；

P——预应力作用的有关代表值；

Q_{1k}——第 1 个可变作用的标准值；

Q_{jk}——第 j 个可变作用的标准值；

γ_{G_i}——第 i 个永久作用的分项系数。当作用效应对承载力不利时取 1.3，当作用效应对承载力有利时不大于 1.0；

γ_P——预应力作用的分项系数。当作用效应对承载力不利时取 1.3，当作用效应对承载力有利时不大于 1.0；

γ_{Q_1}——第 1 个可变作用的分项系数。当作用效应对承载力不利时取 1.5，当作用效应对承载力有利时取 0；

γ_{Q_j}——第 j 个可变作用的分项系数。当作用效应对承载力不利时取 1.5，当作用效应对承载力有利时取 0；

γ_{L_1}、γ_{L_j}——第 1 个和第 j 个考虑结构设计使用年限的应调整系数，按表 2-8 采用；

ψ_{cj}——第 j 个可变作用的分项系数。

建筑结构考虑结构设计使用年限的荷载调整系数 γ_L　　　表 2-8

结构设计使用年限/年	5	50	100
γ_L	0.9	1.0	1.1

注：对设计使用年限为 25 年的结构构件，γ_L 应按各种材料结构设计标准的规定采用。

② 当作用与作用效应按线性关系考虑时，基本组合的效应设计值按下式中最不利值计算：

$$S_d = \sum_{i \geq 1} \gamma_{G_i} S_{G_{ik}} + \gamma_P S_P + \gamma_{Q_1} \gamma_{L_1} S_{Q_{1k}} + \sum_{j>1} \gamma_{Q_j} \psi_{cj} \gamma_{L_j} S_{Q_{jk}} \tag{2-6}$$

式中 $S_{G_{ik}}$——第 i 个永久作用标准值的效应；

S_P——预应力作用有关代表值的效应；

$S_{Q_{1k}}$——第 1 个可变作用标准值的效应；

$S_{Q_{jk}}$——第 j 个可变作用标准值的效应。

(5) 对偶然设计状况，应采用作用的偶然组合，并应符合下列规定：

① 偶然组合的效应设计值按下式确定：

$$S_d = S(\sum_{i \geq 1} G_{ik} + P + A_d + (\psi_{f1} \text{ 或 } \psi_{q1})Q_{1k} + \sum_{j>1} \psi_{qj} Q_{jk}) \tag{2-7}$$

式中 A_d——偶然作用的设计值；

ψ_{f1}——第 1 个可变作用的频遇值系数；

ψ_{q1}、ψ_{qj}——第 1 个和第 j 个可变作用的准永久值系数。

② 当作用与作用效应按线性关系考虑时，偶然组合的效应设计值按下式计算：

$$S_d = \sum_{i \geq 1} S_{G_{ik}} + S_P + S_{A_d} + (\psi_{f1} \text{ 或 } \psi_{q1})S_{Q_{1k}} + \sum_{j>1} \psi_{qj} S_{Q_{jk}} \tag{2-8}$$

(6) 对地震设计状况，应采用作用的地震组合。地震组合的效应设计值应符合现行国家标准《建筑抗震设计标准（2024 年版）》GB/T 50011—2010 的规定。

工程应用2-3

某教室的一钢筋混凝土简支梁，跨度为 $l=4.2\text{m}$。梁承受均布线荷载：梁、板自重等产生的恒荷载标准值 $g_k=10\text{kN/m}$，由楼面活荷载传给该梁的活荷载标准值 $q_k=6\text{kN/m}$。安全等级为二级（$\gamma_0=1.0$），设计使用年限为 50 年（$\gamma_L=1.0$）。试计算荷载效应最大弯矩值和最大剪力值。

解：

(1) 求荷载效应最大弯矩值

由力学知识可知，此时取跨中弯矩，由恒荷载标准值和活荷载标准值产生的跨中弯矩分别为：

$$M_{g_k} = \frac{1}{8}g_k l^2 = \frac{1}{8} \times 10 \times 4.2^2 = 22.05\text{kN} \cdot \text{m}$$

$$M_{q_k} = \frac{1}{8}q_k l^2 = \frac{1}{8} \times 6 \times 4.2^2 = 13.23\text{kN} \cdot \text{m}$$

基本组合的效应设计值：公式 (2-6) 中 $\gamma_G=1.3$，$\gamma_Q=1.5$，则跨中最大弯矩值为：

$$M_{\max} = 1.3 M_{g_k} + 1.5 M_{q_k} = 1.3 \times 22.05 + 1.5 \times 13.23 = 48.51\text{kN} \cdot \text{m}$$

(2) 求荷载效应最大剪力值

由力学知识可知，此时取支座处剪力，由恒荷载标准值和活荷载标准值产生的剪力分别为：

$$V_{g_k} = \frac{1}{2}g_k l = \frac{1}{2} \times 10 \times 4.2 = 21.0\text{kN}$$

$$V_{q_k} = \frac{1}{2}q_k l = \frac{1}{2} \times 6 \times 4.2 = 12.6\text{kN}$$

基本组合的效应设计值：公式 (2-6) 中 $\gamma_G=1.3$，$\gamma_Q=1.5$，则跨中最大剪力值为：

$$V_{\max} = 1.3 V_{g_k} + 1.5 V_{q_k} = 1.3 \times 21.0 + 1.5 \times 12.6 = 46.2\text{kN}$$

3. 正常使用极限状态设计表达式

结构或结构构件按正常使用极限状态设计时，应符合下式要求：

$$S_d \leqslant C \tag{2-9}$$

式中 S_d——作用组合的效应（如变形、裂缝等）设计值；

C——设计对变形、裂缝等规定的相应限值。

正常使用极限状态的设计，主要是验算结构构件的变形、抗裂度或裂缝宽度等，以便满足结构适用性和耐久性的要求。验算中材料用标准值不再考虑荷载分项系数和结构重要性系数。

在计算正常使用极限状态的荷载组合效应值时，须首先确定荷载效应的标准组合、频遇组合和准永久组合。

（1）对于不可逆正常使用极限状态设计，宜采用作用的标准组合，应符合下列规定：

① 标准组合的效应设计值按下式确定：

$$S_d = S(\sum_{i \geqslant 1} G_{ik} + P + Q_{1k} + \sum_{j>1} \psi_{cj} Q_{jk}) \tag{2-10}$$

② 当作用与作用效应按线性关系考虑时，标准组合的效应设计值按下式计算：

$$S_d = \sum_{i \geqslant 1} S_{G_{ik}} + S_P + S_{Q_{1k}} + \sum_{j>1} \psi_{cj} S_{Q_{jk}} \tag{2-11}$$

（2）对于可逆正常使用极限状态设计，宜采用作用的频遇组合，应符合下列规定：

① 频遇组合的效应设计值按下式确定：

$$S_d = S(\sum_{i \geqslant 1} G_{ik} + P + \psi_{f1} Q_{1k} + \sum_{j>1} \psi_{qj} Q_{jk}) \tag{2-12}$$

② 当作用与作用效应按线性关系考虑时，频遇组合的效应设计值按下式计算：

$$S_d = \sum_{i \geqslant 1} S_{G_{ik}} + S_P + \psi_{f1} S_{Q_{1k}} + \sum_{j>1} \psi_{qj} S_{Q_{jk}} \tag{2-13}$$

（3）对于长期效应是决定性因素的正常使用极限状态设计，宜采用作用的准永久组合，应符合下列规定：

① 准永久组合的效应设计值按下式确定：

$$S_d = S(\sum_{i \geqslant 1} G_{ik} + P + \sum_{j \geqslant 1} \psi_{qj} Q_{jk}) \tag{2-14}$$

② 当作用与作用效应按线性关系考虑时，准永久组合的效应设计值按下式计算：

$$S_d = \sum_{i \geqslant 1} S_{G_{ik}} + S_P + \sum_{j \geqslant 1} \psi_{qj} S_{Q_{jk}} \tag{2-15}$$

对正常使用极限状态的设计包括两个方面：受弯构件的挠度验算和裂缝控制验算。

钢筋混凝土受弯构件的最大挠度应按荷载的准永久组合，预应力混凝土受弯构件的最大挠度应按荷载的标准组合，并均应考虑荷载长期作用的影响进行计算，其计算值不应超过表 2-9 中规定的挠度限值。

受弯构件的挠度限值 表 2-9

构件类型		挠度限值
吊车	手动吊车	$l_0/500$
	电动吊车	$l_0/600$

续表

构件类型		挠度限值
屋盖、楼盖及楼梯构件	当 $l_0<7m$ 时	$l_0/200(l_0/250)$
	当 $7m\leqslant l_0\leqslant 9m$ 时	$l_0/250(l_0/300)$
	当 $l_0>9m$ 时	$l_0/300(l_0/400)$

注：1. 表中 l_0 为构件的计算跨度；计算悬臂构件的挠度限值时，其计算跨度 l_0 按实际悬臂长度的 2 倍取用。
2. 表中括号内的数值适用于使用上对挠度有较高要求的构件。
3. 如果构件制作时预先起拱，且使用上也允许，则在验算挠度时，可将计算所得的挠度值减去起拱值；对预应力混凝土构件，尚可减去预加力所产生的反拱值。
4. 构件制作时的起拱值和预加力所产生的反拱值，不宜超过构件在相应荷载组合作用下的计算挠度值。

对裂缝控制验算，由于结构类别及所处的环境不同，选用相对应的裂缝等级及最大裂缝宽度限值 $w_{\lim}$，见表 2-10。

结构构件的裂缝控制等级及最大裂缝宽度的限值（mm） 表 2-10

环境类别	钢筋混凝土结构		预应力混凝土结构	
	裂缝控制等级	$w_{\lim}$	裂缝控制等级	$w_{\lim}$
一	三级	0.30(0.40)	三级	0.20
二 a				0.10
二 b		0.20	二级	—
三 a、三 b			一级	—

注：1. 对处于年平均相对湿度小于 60% 地区一类环境下的受弯构件，其最大裂缝宽度限值可采用括号内的数值。
2. 在一类环境下，对钢筋混凝土屋架、托架及需作疲劳验算的吊车梁，其最大裂缝宽度限值应取为 0.20mm；对钢筋混凝土屋面梁和托梁，其最大裂缝宽度限值应取为 0.30mm。
3. 在一类环境下，对预应力混凝土屋架、托架及双向板体系，应按二级裂缝控制等级进行验算；对一类环境下的预应力混凝土屋面梁、托梁、单向板，应按表中二 a 类环境的要求进行验算；在一类和二 a 类环境下需作疲劳验算的预应力混凝土吊车梁，应按裂缝控制等级不低于二级的构件进行验算。
4. 表中规定的预应力混凝土构件的裂缝控制等级和最大裂缝宽度限值仅适用于正截面的验算；预应力混凝土构件的斜截面裂缝控制验算应符合《混凝土结构设计标准（2024 年版）》GB/T 50010—2010 有关规定。
5. 对于烟囱、筒仓和处于液体压力下的结构，其裂缝控制要求应符合专门标准的有关规定。
6. 对于处于四、五类环境下的结构构件，其裂缝控制要求应符合专门标准的有关规定。
7. 表中的最大裂缝宽度限值为用于验算荷载作用引起的最大裂缝宽度。

知识链接

结构构件正截面的受力裂缝控制等级分为三级，等级划分及要求应符合下列规定：

一级——严格要求不出现裂缝的构件。按荷载标准组合计算时，构件受拉边缘混凝土不应产生拉应力。

二级——一般要求不出现裂缝的构件。按荷载标准组合计算时，构件受拉边缘混凝土拉应力不应大于混凝土抗拉强度的标准值。

三级——允许出现裂缝的构件。对钢筋混凝土构件，按荷载准永久组合并考虑长期作用影响计算时，构件的最大裂缝宽度不应超过表 2-10 规定的最大裂缝宽度限值。对预应力混凝土构件，按荷载标准组合并考虑长期作用的影响计算时，构件的最大裂缝宽度不应超过表 2-10 规定的最大裂缝宽度限值；对二 a 类环境的预应力混凝土构件，尚应按荷载准永久组合计算，且构件受拉边缘混凝土的拉应力不应大于混凝土的抗拉强度标准值。

混凝土结构暴露的环境类别应按"教学单元4 混凝土结构"中表4-7的要求划分。

工程应用2-4

计算应用案例2-3中构件在正常使用极限状态梁跨中弯矩的组合值。

解：

对于正常使用极限状态，跨中截面的弯矩组合值分别为：

① 跨中弯矩的标准组合值：
$$M = M_{g_k} + M_{q_k} = 22.05 + 13.23 = 35.28 \text{kN} \cdot \text{m}$$

② 跨中弯矩的频遇组合值：

查表2-3，得活荷载频遇值系数 $\psi_f = 0.6$
$$M = M_{g_k} + \psi_f M_{q_k} = 22.05 + 0.6 \times 13.23 = 29.99 \text{kN} \cdot \text{m}$$

③ 跨中弯矩准永久组合值：

查表2-3，得活荷载准永久值系数中 $\psi_q = 0.5$
$$M = M_{g_k} + \psi_q M_{q_k} = 22.05 + 0.5 \times 13.23 = 28.67 \text{kN} \cdot \text{m}$$

2.3.3 砌体结构极限状态计算

《砌体结构设计规范》GB 50003—2011、《建筑结构可靠性设计统一标准》GB 50068—2018采用了以概率论为基础的极限状态设计方法。砌体结构极限状态设计表达式与混凝土结构类似，即将砌体结构功能函数极限状态方程，转化为以基本变量标准值分项系数形式表达的极限状态设计表达式。

砌体结构除应按承载能力极限状态设计外，还应满足正常使用极限状态的要求。根据砌体结构的特点，砌体结构正常使用极限状态的要求，一般情况下可由相应的结构措施保证，只需对砌体结构进行承载力极限状态验算即可。

砌体结构按承载能力极限状态设计时，应按下列公式进行计算，即：

$$\gamma_0 (1.2 S_{Gk} + 1.4 \gamma_L S_{Q1k} + \gamma_L \sum_{i=2}^{n} \gamma_{Qi} \psi_{ci} S_{Qik}) \leqslant R(f, a_k \cdots) \quad (2\text{-}16)$$

$$\gamma_0 (1.35 S_{Gk} + 1.4 \gamma_L \sum_{i=1}^{n} \psi_{ci} S_{Qik}) \leqslant R(f, a_k \cdots) \quad (2\text{-}17)$$

式中　γ_0——结构构件的重要性系数，对安全等级为一级或设计使用年限为50年以上的结构构件，不应小于1.1；对安全等级为二级或设计使用年限为50年的结构构件，不应小于1.0；对安全等级为三级或设计使用年限为1～5年的结构构件，不应小于0.9；

　　　γ_L——结构构件的抗力模型不定性系数。对静力设计，考虑结构设计使用年限的荷载调整系数，设计使用年限为50年，取1.0；设计使用年限为100年，取1.1；

S_{Gk}——永久荷载标准值的效应；

S_{Q1k}——在基本组合中起控制作用的一个可变荷载标准值的效应；

S_{Qik}——第i个可变荷载标准值的效应；

$R(\cdot)$——结构构件的抗力函数；

γ_{Qi}——第i个可变荷载的分项系数；

ψ_{ci}——第i个可变荷载的组合值系数。一般情况下应取0.7；对书库、档案库、储藏室或通风机房、电梯机房应取0.9；

f——砌体的强度设计值，$f=f_k/\gamma_f$；

f_k——砌体的强度标准值，$f_k=f_m-1.645\sigma_f$；

γ_f——砌体结构的材料性能分项系数。一般情况下，宜按施工质量控制等级为B级考虑，取$\gamma_f=1.6$；当为C级时，取$\gamma_f=1.8$；当为A级时，取$\gamma_f=1.5$；

f_m——砌体的强度平均值，可按《砌体结构设计规范》GB 50003—2011 附录B的方法确定；

σ_f——砌体强度的标准差；

a_k——几何参数的标准值。

注：施工质量控制等级要求，应符合现行国家标准《砌体结构工程施工质量验收规范》GB 50203—2011 的有关规定。

知识链接

《砌体结构工程施工质量验收规范》GB 50203—2011 中规定，砌体施工质量控制等级分为三级，按表2-11划分。

砌体施工质量控制等级　　　　　　表2-11

项目	施工质量控制等级		
	A	B	C
现场质量管理	监督检查制度健全,并严格执行;施工方有在岗专业技术管理人员,人员齐全,并持证上岗	监督检查制度健全,并能执行;施工方有在岗专业技术管理人员,人员齐全,并持证上岗	有监督检查制度;施工方有在岗专业技术管理人员
砂浆、混凝土强度	试块按规定制作,强度满足验收规定,离散性小	试块按规定制作,强度满足验收规定,离散性较小	试块按规定制作,强度满足验收规定,离散性大
砂浆拌合	机械拌合;配合比计量控制严格	机械拌合;配合比计量控制一般	机械拌合或人工拌合;配合比计量控制较差
砌筑工人	中级工以上,其中高级工不少于30%	高、中级工不少于70%	初级工以上

注：1. 砂浆、混凝土强度离散性大小根据强度标准差确定。
　　2. 配筋砌体不得为C级施工。

另外，当砌体结构作为一个刚体需验算整体稳定性时，应按下列公式进行验算：

$$\gamma_0(1.2S_{G2k}+1.4\gamma_L S_{Q1k}+\gamma_L\sum_{i=2}^{n}S_{Qik})\leqslant 0.85S_{G1k} \qquad (2\text{-}18)$$

$$\gamma_0(1.35S_{G2k} + 1.4\gamma_L \sum_{i=1}^{n}\psi_{ci}S_{Qik}) \leqslant 0.8S_{G1k} \qquad (2\text{-}19)$$

式中　$S_{G_{1k}}$——起有利作用的永久荷载标准值的效应；

　　　$S_{G_{2k}}$——起不利作用的永久荷载标准值的效应。

2.3.4　钢结构极限状态计算

钢结构设计有两种设计方法，即容许应力法和以概率论为基础的极限状态设计法。现行钢结构设计规范除疲劳计算和抗震设计外，均采用以概率论为基础的极限状态设计法，用分项系数的设计表达式进行计算。

（1）容许应力法是一种传统的设计方法，为保证结构在一定使用条件下连续、安全、正常地工作，它用一个总的安全系数来考虑实际工作和设计计算的差异，即将钢材可以使用的最大强度（如屈服强度）除以安全系数，作为结构计算时容许达到的最大应力——容许应力，其表达式为：

$$\sigma \leqslant \frac{f_y}{n_{st}} = [\sigma] \qquad (2\text{-}20)$$

式中　f_y——钢材的屈服点；

　　　n_{st}——安全系数。

容许应力方法的缺点是，由于笼统地采用了一个安全系数，将使各构件的安全度各不相同，从而整个结构的安全度一般取决于安全度最小的构件。优点是表达简洁、计算方便、概念明确。

（2）以概率论为基础的极限状态设计法是将影响结构可靠性的各种参数作为随机变量，用概率论和数理统计方法进行分析，采用可靠度理论，求出结构在使用期间满足要求的概率。

设计钢结构时，应根据结构破坏可能产生的后果，采用不同的安全等级。一般工业与民用建筑钢结构的安全等级可为二级，特殊建筑钢结构的安全等级可根据具体情况另行确定。如跨度大于或等于 60m 的大跨度结构（如大会堂、体育馆和飞机库等屋盖主要承重结构）的安全等级为一级。

按承载能力极限状态设计钢结构时，应考虑荷载效应的基本组合，必要时应考虑荷载效应的偶然组合。按正常使用极限状态设计钢结构时，应考虑荷载效应的标准组合，对钢与混凝土组合梁，尚应考虑准永久组合。

计算结构或构件的强度、稳定性以及连接的强度时，应采用荷载设计值；计算疲劳和正常使用极限状态的变形时，应采用荷载标准值。

设计钢结构时，荷载的标准值、荷载分项系数、荷载组合系数、动力荷载的动力系数以及按结构安全等级确定的重要性系数，应按《建筑结构荷载规范》GB 50009—2012 的规定采用。

为应用方便并符合人们长期以来的习惯，《钢结构设计标准》GB 50017—2017、《建筑结构可靠性设计统一标准》GB 50068—2018 给出了以概率极限状态为基础的采用应力表达的实用设计表达式。

（1）承载能力极限状态表达式。对承载能力极限状态，应考虑荷载效应的基本组合和在偶然情况下荷载效应的必要组合。对于承载能力极限状态荷载效应的基本组合按下列设计表达式确定：

$$\gamma_0(\gamma_G \sigma_{G_k} + \gamma_{Q_1} \sigma_{Q_{1k}} + \sum_{i=2}^{n} \gamma_{Q_i} \psi_{c_i} \sigma_{Q_{ik}}) \leqslant f \qquad (2-21)$$

式中 γ_0——结构重要性系数。对安全等级为一级、二级、三级的结构构件分别取1.1、1.0、0.9，其中对设计使用年限为25年的结构构件，γ_0不应小于0.95；

γ_G——永久荷载分项系数。当永久荷载效应对结构构件的承载能力不利时取1.3；当永久荷载效应对结构构件的承载能力有利时取1.0，验算抗倾覆和滑移时可取0.9；

γ_{Q_1}、γ_{Q_i}——第1个和其他任意第i个可变荷载的分项系数。当可变荷载效应对结构构件的承载能力不利时，取1.5（第1个可变荷载取可变荷载中最大者），有利时取0；

ψ_{c_i}——第i个可变荷载的组合值系数。一般情况下，当有风荷载参与组合时取0.6，无风荷载参与组合时取1.0；对于高层建筑和高耸结构，其组合中的风荷载组合值系数取1.0；

σ_{G_k}——按永久荷载标准值在结构构件截面或连接中产生的应力；

$\sigma_{Q_{1k}}$——起控制作用的第1个可变荷载标准值在结构构件截面或连接中产生的应力；

$\sigma_{Q_{ik}}$——其他第i个可变荷载标准值在结构构件截面或连接中产生的应力。

对于偶然组合，极限状态设计表达式按如下原则确定：偶然作用的代表值不乘分项系数；与偶然作用同时出现的可变荷载，应根据观测资料和工程经验采用适当的代表值，具体的设计表达式及各种系数，应符合专门的规范规定。

（2）正常使用极限状态设计表达式。对于正常使用极限状态，应分别采用荷载的标准组合、频遇组合和准永久组合进行设计，并使变形等设计不超过相应的规定限值。

钢结构只考虑荷载的标准组合，其设计式为：

$$v_{G_k} + v_{Q_{1k}} + \sum_{i=2}^{n} \psi_{c_i} v_{Q_{ik}} \leqslant [v] \qquad (2-22)$$

式中 v_{G_k}——永久荷载的标准值在结构或结构构件中产生的变形值；

$v_{Q_{1k}}$——起控制作用的第1个可变荷载标准值在结构或结构构件中产生的变形值；

$v_{Q_{ik}}$——其他第i个可变荷载标准值在结构或结构构件中产生的变形值；

$[v]$——结构或结构构件的容许变形值。

单元总结

千里之行，始于足下。本单元的内容是学习建筑结构的基础，主要叙述了建筑结构的功能要求、极限状态、设计工况、荷载效应及荷载代表值、结构抗力的概念；分别介绍了混凝土结构、砌体结构、钢结构构件承载能力极限状态和正常使用极限状态的实用设计表达式以及各表达式中各符号所代表的含义。了解建筑结构相关规范、标准，在以后各教学单元的学习中将进一步理解掌握各实用设计表达式的具体运用。

思考及练习

一、填空题

1. 结构的_____、_____、_____总称为结构的可靠性，也称建筑结构的功能要求。
2. 结构的可靠度是在规定的_____内，在规定的_____下，完成_____的概率。
3. 结构或构件达到最大承载能力或不适于继续承载的变形的极限状态叫_____。
4. 结构或构件达到正常使用或耐久性能的某项规定限值的极限状态叫_____。
5. 根据结构的功能要求，极限状态可划分为_____、_____和_____。
6. 按出现的方式不同，可将结构上作用分为_____作用和_____作用。
7. 结构上的荷载按作用时间的长短和性质不同，可以分为_____、_____和_____三种。

二、选择题

1. 结构的可靠性是指（　　）。
   A. 安全性、耐久性、稳定性　　　　B. 安全性、适用性、稳定性
   C. 适用性、耐久性、稳定性　　　　D. 安全性、适用性、耐久性
2. 当结构或构件出现下列（　　）状态时，即认为超过了正常使用极限状态。
   A. 结构或构件丧失稳定　　　　　　B. 结构转变为可变体系
   C. 构件挠度超过允许限值　　　　　D. 构件发生倾覆
3. 下列情况下，构件超过承载能力极限状态的是（　　）。
   A. 在荷载作用下产生较大变形而影响使用
   B. 构件在动力荷载作用下产生较大的振动
   C. 构件受拉区混凝土出现裂缝
   D. 构件因过度的变形而不适于继续承载
4. 下列作用中，不属于可查荷载范畴的是（　　）。
   A. 撞击力或爆炸　　　　　　　　　B. 风荷载
   C. 雪荷载　　　　　　　　　　　　D. 楼面活荷载
5. 荷载效应的基本组合是指（　　）。
   A. 永久荷载效应与可变荷载效应、偶然荷载效应的组合
   B. 永久荷载效应与可变荷载效应的组合
   C. 永久荷载效应与偶然荷载效应的组合
   D. 仅考虑永久荷载效应的组合
6. 下列叙述中，有错误的一项是（　　）。
   A. 荷载设计值一般大于荷载标准值
   B. 荷载准永久值一般小于荷载标准值
   C. 材料强度设计值大于材料强度标准值
   D. 材料强度设计值小于材料强度标准值

7.《建筑结构可靠性设计统一标准》GB 50068—2018 所采用的结构设计基准期是（　　）年。

A. 25　　　　　　B. 30　　　　　　C. 50　　　　　　D. 100

三、简答题

1. 结构的功能要求主要有哪几项？

2. 结构的极限状态有几类？主要内容是什么？

3. 什么叫作用？什么是直接作用？什么是间接作用？

4. 什么叫作用效应、结构抗力？

5. 什么是荷载的基本代表值？永久荷载的代表值是什么？可变荷载的代表值有几个？荷载设计值与标准值有何关系？

教学单元 3
抗震基本知识

教学目标

1. 知识目标

（1）了解地震成因；
（2）熟悉建筑抗震概念设计的基本理念；
（3）熟悉框架结构的抗震构造措施；
（4）掌握抗震的基本知识；
（5）掌握建筑结构的抗震设防依据、目标、类别和标准、抗震等级。

2. 能力目标

（1）能够确定建筑物抗震设防等级；
（2）能够对建筑物进行抗震概念设计；
（3）能够对框架结构进行抗震构造设计。

3. 素质目标

（1）了解地震与建筑的关系，树立"宁可千日不震，不可一日不防"的安全意识；
（2）熟悉地震基础知识及危害，培养学生"质量第一，安全第一"的生产理念；
（3）熟悉建抗震措施，具有节约资源、保护环境和绿色施工的意识，引导学生树立正确的职业理想，养成良好的职业操守。做良心工程、优质工程，造福人民。

思维导图

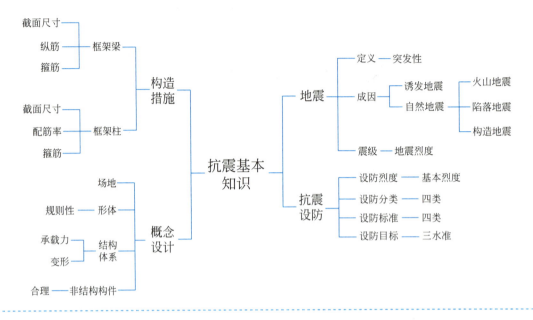

引入

北京时间 2008 年 5 月 12 日在中国四川省阿坝藏族羌族自治州汶川县映秀镇（北纬 31.0°，东经 103.4°）发生里氏震级 8.0 级特大地震，震源深度 33km，震中烈度达 11 度。5·12 汶川地震严重破坏区超过 10 万 km²，其中，极重灾区共 10 个县（市），较重灾区共 41 个县（市），一般灾区共 186 个县（市）。截至 2008 年 9 月 18 日，地震共造成约 6.9 万人死亡，37.4 万人受伤，1.7 万人失踪，是中华人民共和国成立以来破坏力最大的地震，也是唐山大地震后伤亡最严重的一次地震。

经国务院批准，自 2009 年起，每年 5 月 12 日为全国"防灾减灾日"。

想一想：上述地震名词"震级、震中、地震烈度、震源深度"等名词含义是什么？为什么不同地震带来破坏程度不同？房屋建筑如何防震抗震？

3.1 地震基本知识

3.1.1 地震的定义

地震是一种具有突发性的自然现象。地壳在地球内力、外力的作用下，发生能量的聚集，当聚集的能量突然得到释放时就会发生地震。据统计，地球每年平均发生 500 万次左右的地震，其中，5级以上的强烈地震为1000次左右。

3.1.2 地震的类型

地震按形成原因可分为诱发地震和自然地震。诱发地震主要是由于人工爆破、矿山开采及重大工程活动所引发的地震，诱发地震一般不太强烈，只有个别的情况会造成较严重的地震灾害。自然地震可分为火山地震、陷落地震、构造地震。火山地震是由火山作用引起的地震。陷落地震是由于地下存在岩洞或者采空区，在地球内力或者外力作用下造成塌陷而引起的地震。构造地震是由于地下深处的岩层错动、碰撞或者破裂造成的地震。构造地震破坏作用大，影响范围广，是房屋建筑抗震研究的主要对象。构造地震是由于地壳构造运动使岩层发生断裂、错动而引起的地面振动。

地壳深处发生岩层断裂、错动的地方称为震源，震源至地面的垂直距离称为震源深度。一般把震源深度小于60km的地震称为浅源地震；震源深度60～300km的地震称为中源地震；震源深度大于300km的地震称为深源地震。世界上发生的绝大部分地震均属于浅源地震。

震源在地表的垂直投影点称为震中。震中附近地面运动最激烈，也是破坏最严重的地区，称为震中区。受地震影响地区至震中的距离称为震中距。受地震影响地区至震源的距离称为震源距。

3.1.3 地震波

地震引起的振动以波的形式从震源向四周传播，这种波就称为地震波。地震波在传播过程中，使地面发生剧烈运动，从而使房屋产生上下跳动及水平晃动。当结构经受不住这种剧烈的颠晃时，就会产生破坏甚至倒塌。

3.1.4 震级及地震烈度

1. 震级

地震的震级是衡量一次地震释放能量大小的尺度。每一次地震只有一个震级。它是根据地震时释放能量的多少来划分的。目前国际上比较通用的是里氏震级，用符号 M 表示。

当震级相差一级时，地震释放的能量相差约32倍。一般来说，$M<2$ 的地震，人们感觉不到，称为微震；$M=2\sim4$ 的地震称为有感地震；$M>5$ 的地震，对建筑物就会引起不同程度的破坏，称为破坏性地震；$M>7$ 的地震称为强烈地震或大地震，对建筑物会造成很大的破坏；$M>8$ 的地震称为特大地震，会造成建筑物严重破坏。由于震源深浅、震中距大小等不同，地震造成的破坏也不同。震级大，破坏力不一定大；震级小，破坏力不一定就小。

2. 地震烈度

地震烈度是指地震时某地区的地面及各种建筑遭受到一次地震影响的强弱程度，用 I

表示。目前，中国地震局颁布实施的《中国地震烈度表》共分12度。

一次地震，只能有一个震级，而有多个烈度。一般来说，离震中越远地震烈度越小。同一地震中，具有相同地震烈度地点的连线称为等震线。震级与烈度关系见表3-1。

震级与烈度关系表　　　　　　　　　　　表3-1

震级(级)	3以下	3	4	5	6	7	8	8以上
震中烈度(度)	Ⅰ～Ⅱ	Ⅲ	Ⅳ～Ⅴ	Ⅵ～Ⅶ	Ⅶ～Ⅷ	Ⅸ～Ⅹ	Ⅺ	Ⅻ

注：Ⅰ度：无感——仅仪器能记录到。
　　Ⅱ度：微有感——个别敏感的人在完全静止中有感。
　　Ⅲ度：少有感——室内少数人在静止中有感，悬挂物轻微摆动。
　　Ⅳ度：多有感——室内大多数人和室外少数人有感，悬挂物摆动，不稳器皿作响。
　　Ⅴ度：惊醒——室外大多数人有感，家畜不宁，门窗作响，墙壁表面出现裂纹。
　　Ⅵ度：惊慌——人站立不稳，家畜外逃，器皿翻落，简陋棚舍损坏，陡坎滑坡。
　　Ⅶ度：房屋损坏——房屋轻微损坏，牌坊、烟囱损坏，地表出现裂缝及喷沙冒水。
　　Ⅷ度：建筑物破坏——房屋多有损坏，少数路基塌方，地下管道破裂。
　　Ⅸ度：建筑物普遍破坏——房屋大多数破坏，少数倾倒，牌坊、烟囱等崩塌，铁轨弯曲。
　　Ⅹ度：建筑物普遍摧毁——房屋倾倒，道路毁坏，山石大量崩塌，水面大浪扑岸。
　　Ⅺ度：毁灭——房屋大量倒塌，路基堤岸大段崩毁，地表产生很大变化。
　　Ⅻ度：山川易景——一切建筑物普遍毁坏，地形剧烈变化，动植物遭毁灭。

3.2　抗震设防与概念设计概述

3.2.1　抗震设防

简单地说，抗震设防是指在工程建设时对建筑结构进行抗震设计并采取抗震措施，以达到抗震的效果。

1. 抗震设防依据

基本烈度：指一个地区未来50年内，在一般场地条件下可能遭遇的具有10%超越概率的地震烈度值。各地区的基本烈度由《中国地震动参数区划图》GB 18306—2015确定。

抗震设防烈度：按国家规定的权限批准作为一个地区抗震设防依据的地震烈度。设防烈度的取值依据相关规范，一般情况下，可采用《中国地震动参数区划图》GB 18306—2015中的地震基本烈度。对已编制抗震设防区划的城市，可按批准的抗震设防烈度进行抗震设防。

《建筑抗震设计标准（2024年版）》GB/T 50011—2010规定，抗震设防烈度为6度及6度以上地区的建筑，必须进行抗震设计。超过9度的地区和行业有特殊要求的工业建筑按有关规定执行。

2. 抗震设防分类

对于不同使用性质的建筑物，地震破坏所造成后果的严重性是不一样的。为此，《建筑工程抗震设防分类标准》GB 50223—2008 将建筑物按其用途的重要性分为甲、乙、丙、丁四个抗震设防类别。

（1）特殊设防类：指使用上有特殊设施，涉及国家公共安全的重大建筑工程和地震时可能发生严重次生灾害等特别重大灾害后果，需要进行特殊设防的建筑，简称甲类。

（2）重点设防类：指地震时使用功能不能中断或需尽快恢复的生命线相关建筑，以及地震时可能导致大量人员伤亡等重大灾害后果，需要提高设防标准的建筑，简称乙类。

（3）标准设防类：指大量的除（1）、（2）、（4）款以外按标准要求进行设防的建筑，简称丙类。

（4）适度设防类：指使用上人员稀少且震损不致产生次生灾害，允许在一定条件下适度降低要求的建筑，简称丁类。

3. 抗震设防标准

《建筑工程抗震设防分类标准》GB 50223—2008 规定，各抗震设防类别建筑的抗震设防标准，应符合下列要求：

（1）特殊设防类：应按高于本地区抗震设防烈度提高一度的要求加强其抗震措施；但抗震设防烈度为 9 度时应按比 9 度更高的要求采取抗震措施。同时，应按批准的地震安全性评价的结果且高于本地区抗震设防烈度的要求确定其地震作用。

（2）重点设防类：应按高于本地区抗震设防烈度 1 度的要求加强其抗震措施；抗震设防烈度为 9 度时应按比 9 度更高的要求采取抗震措施；地基基础的抗震措施，应符合有关规定。同时，应按本地区抗震设防烈度确定其地震作用。

（3）标准设防类：应按本地区抗震设防烈度确定其抗震措施和地震作用，达到在遭遇高于当地抗震设防烈度的预估罕遇地震影响时不致倒塌或发生危及生命安全的严重破坏的抗震设防目标。

（4）适度设防类：允许按本地区抗震设防烈度的要求适当降低其抗震措施，但抗震设防烈度为 6 度时不应降低。一般情况下，仍应按本地区抗震设防烈度确定其地震作用。

4. 抗震设防目标

抗震设防目标是指建筑结构遭遇不同水准的地震影响时，对结构、构件、使用功能、设备的损坏程度及人身安全的总要求，即对建筑结构所具有的抗震安全性的要求。

抗震设防目标总的发展趋势为在建筑物使用寿命期间，对不同频度和强度的地震，要求建筑物具有不同的抵抗能力。基于这一趋势，结合我国的经济能力，《建筑抗震设计标准（2024 年版）》GB/T 50011—2010 提出了"三水准"的抗震设防目标。

第一水准，即"小震不坏"，指遭受低于本地区设防烈度的多遇地震影响时，建筑物一般不受损坏或不需修理仍可继续使用；

第二水准，即"中震可修"，指遭受相当于本地区设防烈度的地震影响时，建筑可能损坏，但经一般修理即可恢复正常使用；

第三水准，即"大震不倒"，指遭受高于本地区设防烈度的罕遇地震影响时，建筑不致倒塌或发生危及生命的严重损坏。

通常将其概括为"小震不坏，中震可修，大震不倒"。

 知识链接

小震，即发生概率最多的地震，在50年期限内，一般场地条件下，可能遭遇的超越概率为63.2%的地震烈度值，相当于50年一遇的烈度值，亦相当于基本烈度1.55度。

中震，即全国地震烈度区划图所规定的烈度，在50年期限内，一般场地条件下，可能遭遇的超越概率为10%的地震烈度值，相当于475年一遇的烈度值。

大震，在50年期限内，一般场地条件下，可能遭遇的超越概率为2%～3%的地震烈度值，相当于1600～2500年一遇的烈度值。

3.2.2 抗震概念设计

一般来说，抗震设计主要包括三个方面：概念设计、计算设计和构造设计。"抗震概念设计"是指对建筑物结构进行正确的选型、合理的布置以及正确的材料使用，使建筑组成可靠的结构体系以达到抗震的目的。

目前地震及结构所受地震作用还有许多规律未被认识，要准确预测建筑物所遭遇的地震反应尚有困难，单靠计算设计很难有效地控制结构的抗震性能。人们在总结历次大地震灾害的经验中认识到：一个合理的抗震设计，在很大程度上取决于良好的"概念设计"。

抗震概念设计主要包括以下几点：

（1）选择对建筑抗震有利的场地：应根据工程需要和地震活动情况、工程地质和地震地质的有关资料，对抗震有利、一般、不利和危险地段做出综合评价。对不利地段，应提出避开要求；当无法避开时，应采取有效措施。对危险地段，严禁建造甲、乙类建筑，不应建造丙类建筑。

（2）建筑形体及构件布置的规则性：建筑设计应根据抗震概念设计的要求明确建筑形体的规则性，不规则的建筑应按规定采取加强措施；特别不规则的建筑应进行专门研究和论证，采取特别的加强措施；严重不规则的建筑不应采用。其中，形体指建筑平面形状和立面、竖向剖面的变化。

（3）结构体系应符合下列要求：

① 应具有明确的计算简图和合理的地震作用传递途径。

② 应避免因部分结构或构件破坏而导致整个结构丧失抗震能力或对重力荷载的承载能力。

③ 应具备必要的抗震承载力、良好的变形能力和消耗地震能量的能力。

④ 对可能出现的薄弱部位，应采取措施提高其抗震能力。

（4）抗震结构的各类构件应具有必要的强度和变形能力；各类构件之间应具有可靠的连接；抗震结构的支撑系统应能保证地震时结构稳定；非结构构件要合理设置。

3.3 结构抗震构造措施概述

建筑抗震构造措施是指根据抗震概念设计原则,一般不需计算而对结构和非结构各部分必须采取的各种细部构造。建筑结构设计不仅仅要有精确的抗震计算,还必须要有抗震构造措施。

《建筑抗震设计标准(2024 年版)》GB/T 50011—2010 中规定了多层和高层钢筋混凝土房屋、多层砌体房屋、多层和高层钢结构房屋等抗震构造措施,本节简单介绍多层钢筋混凝土房屋中常采用的框架结构的抗震构造措施。

框架结构在选择构件尺寸、配筋及构造处理时,既要保证构件有足够的延性,又要保证构件的承载能力,设计应遵循"强柱弱梁""强剪弱弯""强节点弱杆件"原则。此原则不仅适用于框架结构也适用于其他钢筋混凝土延性结构。

1. 框架梁

(1) 截面尺寸

框架梁的截面宽度不应小于 200mm,截面高宽比不应大于 4,净跨与截面高度之比不应小于 4。在地震作用下,梁端节点易出现塑性铰,导致混凝土保护层剥落而造成梁截面过于薄弱,影响抗剪承载能力及节点核心区的约束能力。

采用梁宽大于柱宽的扁梁时,楼板现浇梁中线应与柱中线重合,扁梁应双向布置,且不应用于一级框架结构。扁梁的截面尺寸应符合下列要求,并应满足现行有关规范对挠度和裂缝宽度的规定,即:

$$b_b \leqslant 2b_c \tag{3-1}$$

$$b_b \leqslant b_c + h_b \tag{3-2}$$

$$h_b \leqslant 16d \tag{3-3}$$

式中 b_c——柱截面宽度,圆形截面取柱直径的 80%;

b_b、h_b——分别为梁截面宽度和高度;

d——柱纵筋直径。

(2) 梁的纵筋

1) 梁端纵向受拉钢筋的配筋率不应大于 2.5%,且计入受压钢筋的梁端混凝土受压区高度和有效高度之比,一级不应大于 0.25,二级、三级不应大于 0.35。

2) 梁端截面的底面和顶面纵向钢筋配筋量比值,除按计算确定外,一级不应小于 0.5,二、三级不应小于 0.3。

3) 梁端箍筋加密区的长度、箍筋最大间距和最小直径应按表 3-2 采用,当梁端纵向受拉钢筋配筋率大于 2%时,表中箍筋最小直径数值应增大 2mm。

梁端箍筋加密区的长度、箍筋最大间距和最小直径　　　　　表 3-2

抗震等级	加密区长度(采用较大值)/mm	箍筋最大间距(采用较小值)/mm	箍筋最小直径/mm
一级	$2h_b$,500	$h_b/4,6d$,100	10
二级	$1.5h_b$,500	$h_b/4,8d$,100	8
三级	$1.5h_b$,500	$h_b/4,8d$,150	8
四级	$1.5h_b$,500	$h_b/4,8d$,150	6

注：1. d 为纵向钢筋直径，h_b 为梁截面高度。
　　2. 箍筋直径大于 12mm、数量不少于 4 肢且肢距不大于 150mm 时，一、二级的最大间距应允许适当放宽，但不得大于 150mm。

知识拓展

抗震等级是确定结构和构件抗震计算与采用抗震措施的标准，《建筑抗震设计标准（2024 年版）》GB/T 50011—2010 在综合考虑了设防烈度、房屋高度、结构类型等因素后，将结构抗震等级划分为四个等级，它体现了不同的抗震要求，见表 3-3。

现浇钢筋混凝土框架房屋抗震等级　　　　　表 3-3

结构类型		抗震等级					
		6 度		7 度		8 度	9 度
	高度(m)	≤24	>24	≤24	>24	≤24	≤24
框架结构	框架	四	三	三	二	二	一
	大跨度框架	三		二		一	一

注：1. 建筑场地为Ⅰ类时，除 6 度外应允许按表内降低一度所对应的抗震等级采取抗震构造措施，但相应的计算要求不应降低。
　　2. 接近或等于高度分界时，应允许结合房屋不规则程度及场地、地基条件确定抗震等级。
　　3. 大跨度框架指跨度不小于 18m 的框架。

2. 框架柱

（1）截面尺寸

截面的宽度和高度，四级抗震或不超过 2 层时不宜小于 300mm；一、二、三级抗震且超过 2 层时不宜小于 400mm；圆柱的直径，四级抗震或不超过 2 层时不宜小于 350mm；一、二、三级抗震且超过 2 层时不宜小于 450mm；剪跨比宜大于 2；截面长边与短边的边长比不宜大于 3。

（2）柱的纵向钢筋

1）柱的纵向钢筋的最小总配筋率应按表 3-4 采用，同时每侧配筋率不应小于 0.2%；对建造于Ⅳ类场地且较高的建筑，表中的数值应增加 0.1。

2）一般情况下，箍筋的最大间距和最小直径，应按表 3-5 采用。箍筋加密区的箍筋肢距，一级抗震不宜大于 200mm，二级、三级抗震不宜大于 250mm，四级抗震不宜大于 300mm；至少每隔一根纵向钢筋宜在两个方向有箍筋或拉筋约束；采用拉筋复合箍时，拉筋宜紧靠纵向钢筋并钩住箍筋。

教学单元 3 抗震基本知识

柱截面纵向钢筋的最小总配筋率（%）　　　　　表 3-4

类别	抗震等级			
	一	二	三	四
中柱和边柱	1.0	0.8	0.7	0.6
角柱、框支柱	1.1	0.9	0.8	0.7

注：1. 钢筋强度标准值小于 400MPa 时，表中数值应增加 0.1；钢筋强度标准值为 400MPa 时，表中数值应增加 0.05。
　　2. 混凝土强度等级高于 C60 时，上述数值应相应增加 0.1。

柱箍筋加密区的箍筋最大间距和最小直径（mm）　　　　　表 3-5

抗震等级	箍筋最大间距（采用较小值）	箍筋最小直径
一	$6d$, 100	10
二	$8d$, 100	8
三	$8d$, 150（柱根 100）	8
四	$8d$, 150（柱根 100）	6（柱根 8）

注：d 为柱纵筋最小直径，柱根指底层柱下端箍筋加密区。

单元总结

"地震无常，预防有常"，通过本教学单元知识的学习，学生掌握防震、抗震的基本知识，树立风险意识、底线思维，将防震抗震的理念贯穿到结构设计、施工的各个环节，实现"小震不坏、中震可修、大震不倒"的目标，减少人民生命财产损失。

思考及练习

一、填空题

1. 地壳深处发生岩层断裂、错动的地方称为＿＿＿＿＿＿，其在地表的垂直投影点称为＿＿＿＿＿＿。
2. 地震按成因可分为＿＿＿＿＿＿、＿＿＿＿＿＿。
3. 按《建筑抗震设计标准（2024 年版）》GB/T 50011—2010 进行抗震设计的建筑，基本的抗震设防目标为"小震＿＿＿＿＿＿、中震＿＿＿＿＿＿、大震＿＿＿＿＿＿"，即采用"三水准"的设防要求。
4. 房屋建筑混凝土结构构件的抗震设计，根据烈度、结构类型和房屋高度分为＿＿＿＿＿＿个不同的抗震等级。

二、选择题

1. 下列地震分类方法不是根据地震发生的部位划分的是（　　）。
   A. 浅源地震　　B. 中源地震　　C. 深源地震　　D. 构造地震
2. 地震设防分类中，当地震时使用功能不能中断或需尽快恢复的生命线相关建筑，以及地震时可能导致大量人员伤亡等重大灾害后果，需要提高设防标准的建筑类型是（　　）。

A. 特殊设防类　　　B. 重点设防类　　　C. 标准设防类　　　D. 适度设防类

3. 在抗震设防中，小震对应的是（　　）。

A. 小型地震　　　B. 多遇地震　　　C. 罕遇地震　　　D. 偶然地震

4. 以下关于地震震源和震中关系的叙述中，正确的是（　　）。

A. 震源和震中是同一个概念

B. 震中是指震源周围一定范围内的地区

C. 震中是震源在地球表面上的竖直投影点

D. 震源是震中在地球面上的竖直投影点

5. 按照抗震设防类别的划分，一般建筑属于（　　）。

A. 甲类建筑　　　B. 乙类建筑　　　C. 丙类建筑　　　D. 丁类建筑

三、简答题

1. 什么是地震？地震分为哪几种？

2. 什么是地震震级？什么是地震烈度？什么是抗震设防烈度？

3. 建筑抗震设防类别是如何分类的？其设防标准是什么？

4. 抗震设防的目标是什么？

教学单元 4

混凝土结构

Chapter 04

教学目标

1. 知识目标

（1）了解单层混凝土结构排架厂房的组成与构造要求；
（2）理解钢筋混凝土基本构件及梁板结构的受力特点；
（3）掌握钢筋和混凝土的力学性能；
（4）掌握钢筋混凝土基本构件及梁板结构的构造要求；
（5）掌握多高层混凝土结构基本知识。

2. 能力目标

（1）能够合理选择建筑材料；
（2）能够对钢筋混凝土基本构件及梁板结构进行受力分析；
（3）能够计算钢筋混凝土基本构件及梁板结构的配筋；
（4）能够对多高层混凝土结构体系进行分析。

3. 素质目标

（1）通过让学生了解建筑结构的发展历史，培养学生对所学专业感兴趣，从而热爱本专业；引导学生了解发明创造，学会保护自有知识产权，培养学生的创新创造意识。

（2）通过让学生了解"四新技术"，引导学生在今后的工程中积极应用"新技术、新材料、新工艺、新设备"，培养其敢为人先、勇于实践的创新精神、工匠精神；鼓励学生在今后的工程中积极使用高强钢筋、高强混凝土，唤起学生节能降耗的意识；鼓励学生为"碳达峰，碳中和"做出积极贡献，培养学生为人类和平共处、和谐发展勇于担当的精神。

（3）在生产建设中，为人民设计、建造出安全可靠的建筑结构是学生将来作为结构工程师、结构施工者的职责，当下学好专业知识，练好基本功就是为将来成为合格和优秀的结构工程师、结构施工者奠定知识基础，建立起学生的社会责任感与专业使命感。

思维导图

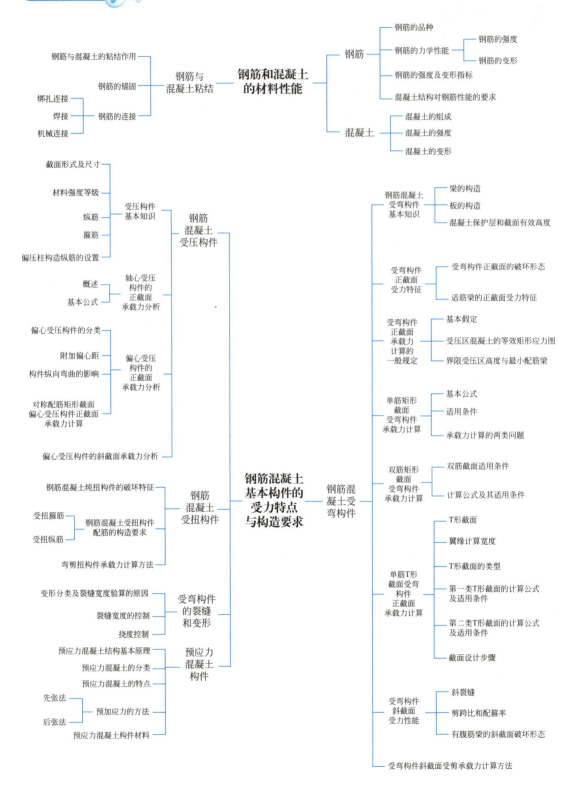

教学单元 4 混凝土结构

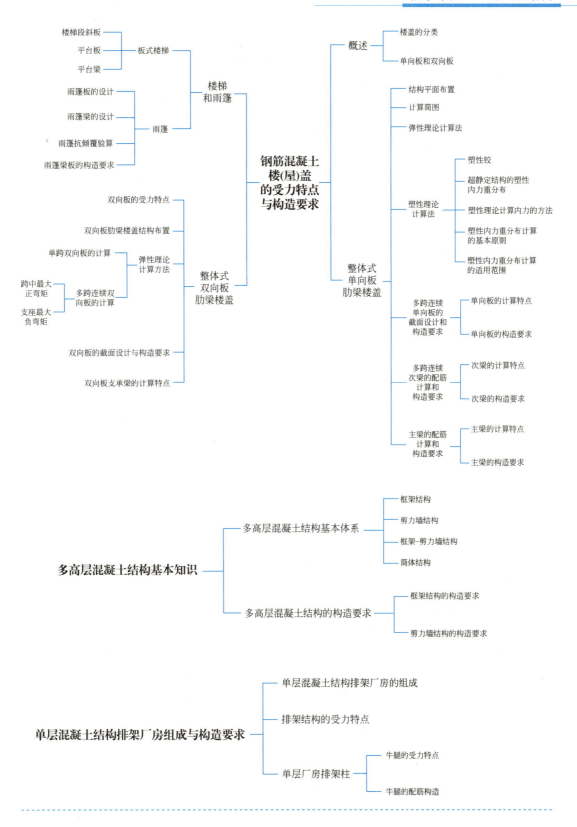

我国远在公元前5000年之前就已有了房屋结构的痕迹，人们应用最早的结构是砖石结构和木结构。17世纪工业革命后，资本主义国家工业化的发展推动了建筑结构的发展。自19世纪中叶开始，随着冶炼技术的发展，钢结构的应用也获得了蓬勃发展。1824年英国人阿斯普汀（Asptin）发明了波特兰水泥之后，混凝土相继问世，随后出现了钢筋混凝土结构、预应力混凝土结构，使混凝土结构的应用范围更为广泛。上海中心大厦是目前国内已经建成并投入使用的第一高楼，主体结构118层，建筑总高度632m，主体结构为钢筋混凝土核心筒结构；香港国际金融中心，主体结构88层，结构高度约415m，也采用了钢筋混凝土结构。

混凝土结构以钢筋和混凝土作为主要承重材料的结构，其整体性、耐久性、抗震性能及防火性能很好，是目前我国房屋建筑的主要形式之一，本教学单元就现浇钢筋混凝土结构进行介绍。

4.1 钢筋和混凝土的材料性能

钢筋和混凝土是混凝土结构的主要材料，为了合理地进行混凝土结构及构件性能分析，需要深入了解钢筋和混凝土在强度及变形方面的力学性能，并为进一步的混凝土结构设计打下基础。

4.1.1 钢筋

1. 钢筋的品种

目前用于钢筋混凝土结构中的钢筋品种很多，主要有两大类：一类是有物理屈服点的钢筋，如热轧钢筋；另一类是无物理屈服点的钢筋，如钢丝、钢绞线及热处理钢筋等。

我国用于钢筋混凝土结构的普通钢筋采用热轧钢筋，用于预应力混凝土结构的国产预应力钢筋采用消除应力钢丝、中强度预应力钢丝、预应力螺纹钢丝、钢绞线。

（1）热轧钢筋

热轧钢筋是由低碳钢或低合金钢在高温下热轧制、自然冷却而成，在钢筋混凝土结构中应用广泛，其强度等级由低到高分别为HPB300、HRB400、HRBF400、RRB400、HRB500、HRBF500等牌号，见表4-1。

热轧钢筋有光圆和带肋两种外形，钢筋形状的选择取决于钢筋的强度。为了使钢筋的强度能够充分利用，将钢筋表面的形状轧成有规律的凸出肋，从而提高钢筋与混凝土之间的粘结强度，目前工程中常用月牙肋，而HPB300钢筋强度比较低，故表面多呈光圆外形，如图4-1所示。从供货形式可分为直条钢筋和盘圆钢筋两种，直径为10～50mm的钢筋通常用直条供应；长度为6～12m，直径小于或等于10mm的钢筋通常用盘圆供应，其中 HPB300 等级的钢筋多以盘圆形状供应，直径一般为 6mm、8mm、10mm。

热轧钢筋的符号和牌号　　　　　　　　　　表 4-1

符号	牌号
Φ	HPB300
Φ、Φ^F、Φ^R	HRB400、HRBF400、RRB400
Φ、Φ^F	HRB500、HRBF500

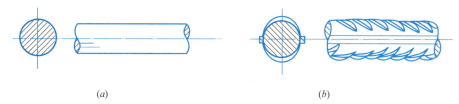

图 4-1　热轧钢筋的外形
（a）光圆钢筋；（b）月牙肋钢筋

（2）钢丝和钢绞线

钢丝按其表面形状分为光圆钢丝和螺旋肋钢丝，其强度在 1570～1770MPa 之间。光圆钢丝是将钢筋拉拔后校直，经中温回火消除应力处理而成。螺旋肋钢丝是以普通低碳钢或低合金钢热轧的盘条为母材，经冷轧减径后在其表面冷轧成两面或三面有月牙肋的钢丝。光圆钢丝和螺旋肋钢丝有 4mm、5mm、6mm、7mm、8mm、9mm 六种直径。

钢绞线是由多根高强度钢丝捻制在一起经过低温回火处理清除内应力后而制成的，可分为 2 股、3 股和 7 股三种。

热轧钢筋材料图片如图 4-2 所示。

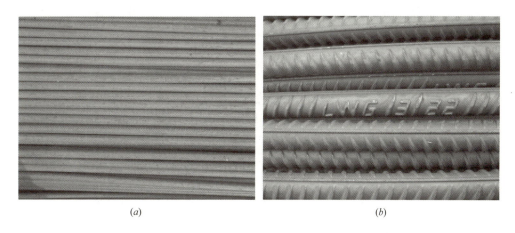

图 4-2　热轧钢筋材料图
（a）光圆钢筋；（b）带肋钢筋

2. 钢筋的力学性能

（1）钢筋的强度

钢筋的强度和变形性能主要由单向拉伸测得的应力—应变曲线为表征，试验表明，钢筋的拉伸应力—应变曲线可分为两类：一类是有明显的流幅阶段的钢筋，称为软钢；另一类是没有明显流幅阶段的钢筋，称为硬钢。

图 4-3 所示为有明显流幅的钢筋（软钢）的应力—应变曲线，图中可见，在 A 点以前，应力—应变曲线为直线，A 点对应的应力称为比例极限，OA 为理想弹性阶段，卸载后可完全恢复，无残余变形；过 A 点后，应变较应力增长得快，曲线开始弯曲，到达 B' 点后钢筋开始塑流，B' 点称为屈服上限，当 B' 点应力降至下屈服点 B 点时，应力基本不增加，而应变急剧增长，曲线出现一个波动的小平台，这种现象称为屈服，B 点到 C 点的水平距离称为流幅或屈服台阶，上屈服点 B' 通常不稳定，下屈服点 B 数值比较稳定，称为屈服点或屈服强度，有明显流幅的热轧钢筋的屈服强度是按下屈服点来确定的；曲线经过 C 点后，应力又继续上升，说明钢筋的抗拉能力又有所提高，曲线达最高点 D，相应的应力称为钢筋的极限强度，CD 段称为强化阶段；曲线经过 D 点后，试件在最薄弱处会发生较大的塑性变形，截面迅速缩小，出现颈缩现象，变形迅速增加，应力随之下降，直至 E 点断裂破坏。

对于软钢有两个强度指标：一是屈服台阶的下限点 B 点所对应的应力称为钢筋屈服强度，即钢筋强度取值的依据；另一个强度指标是 D 点的钢筋极限强度，这是钢筋所能达到的最大强度。整个强化阶段作为屈服强度的安全储备。

图 4-4 所示为无明显流幅的钢筋（硬钢）的应力—应变曲线，大约在极限抗拉强度的 65% 以前，应力—应变关系为直线，此后，钢筋表现出塑性性质，直至到曲线最高点之前都没有明显的屈服点，曲线最高点对应的应力称为极限抗拉强度。对无明显流幅的钢筋，如预应力钢丝、钢绞线和热处理钢筋，《混凝土结构设计标准（2024 年版）》GB/T 50010—2010 规定在构件承载力设计时，取极限抗拉强度的 85% 作为条件屈服点，对应的残余应变为 0.2%，钢筋强度的取值为 $0.85\sigma_b$，称为条件屈服强度，σ_b 为国家标准规定的极限抗拉强度。

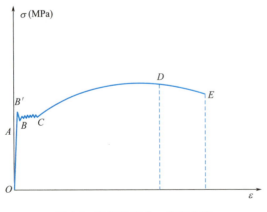

图 4-3 软钢的应力—应变曲线

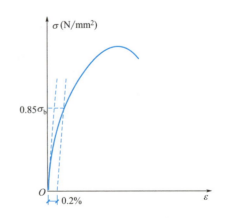

图 4-4 硬钢的应力—应变曲线

（2）钢筋的变形

除强度指标外，钢筋还应具有一定的塑性变形能力。反映钢筋塑性性能的基本指标是伸长率和冷弯性能。所谓伸长率δ即断裂前试件的永久变形与原标定长度的百分比，它是衡量钢材塑性的重要指标，如图4-5所示。

$$\delta = \frac{l_1 - l_0}{l_0} \times 100\% \qquad (4-1)$$

式中　δ——伸长率；
　　　l_1——试件拉断后的标距长度；
　　　l_0——试件受力前的标距长度（一般$l_0 = 10d$，d为试件直径）。

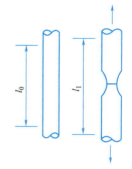

图4-5　伸长率试验

冷弯性能由冷弯试验来确定，试验时按照规定的弯心直径在试验机上用冲头加压，使试件弯曲成180°，如试件外表面不出现裂纹和分层，即为合格，如图4-6所示。

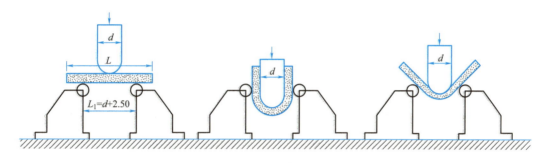

图4-6　冷弯试验

通常，伸长率越大的钢筋塑性越好，即拉断前有足够的伸长，使构件的破坏有预兆；反之构件的破坏具有突发性而呈现脆性。屈服点、抗拉强度和伸长率，是钢材的三个重要力学性能指标。

3. 钢筋的强度及变形指标

按冶金钢材质量控制标准，钢筋的强度标准值是取其出厂时的废品限值，具有97.73%的保证率，热轧钢筋的强度标准值是根据屈服强度确定的，而预应力钢绞线、钢丝和热处理钢筋的强度标准值是根据极限抗拉强度确定的，满足《建筑结构可靠性设计统一标准》GB 50068—2018材料强度标准值保证率95%的要求。将上述强度标准值除以大于1的材料分项系数γ_s（热轧钢筋1.1，预应力钢筋1.2）后即可得钢筋强度设计值。各类钢筋强度标准值及设计值见表4-2，计算钢筋变形时的弹性模量E_s应查表4-3。

热轧钢筋的强度标准值与设计值（N/mm²）　　　　表4-2

钢筋种类	符号	f_{yk}	f_y	f'_y
HPB300	Φ	300	270	270
HRB400、HRBF400、RRB400	Φ、Φ^F、Φ^R	400	360	360
HRB500、HRBF500	Φ、Φ^F	500	435	435

钢筋弹性模量（$10^5\,\text{N/mm}^2$）　　　　　　　　表 4-3

钢筋种类	E_s
HPB300 级钢筋	2.1
HRB400、HRB500 级钢筋；HRBF400、HRBF500 级钢筋；RRB400 级钢筋；预应力螺纹钢筋	2.0
消除应力钢丝、中强度预应力钢丝	2.05
钢绞线	1.95

4. 混凝土结构对钢筋性能的要求

（1）钢筋的强度

所谓钢筋强度是指钢筋的屈服强度和极限强度，钢筋的屈服强度是设计计算时的主要依据（对无明显流幅的钢筋，取条件屈服点）。采用高强度钢筋可以节约钢材，取得较好的经济效果。改变钢材的化学成分，生产新的钢种可以提高钢筋的强度。另外，对钢筋进行冷加工也可以提高钢筋的屈服强度。使用冷拔和冷拉钢筋时应符合专门规程的规定。

（2）钢筋的塑性

要求钢材有一定的塑性是为了使钢筋在断裂前有足够的变形，并使钢筋混凝土结构在破坏前有明显的预兆。钢筋的伸长率和冷弯性能是施工单位验收钢筋是否合格的主要指标。

（3）钢筋的可焊性

可焊性是评定钢筋焊接后的接头性能的指标，即要求在一定条件下钢筋焊接后不产生裂纹及过大的变形。

（4）钢筋的耐火性

热轧钢筋的耐火性能最好，冷轧钢筋其次，预应力钢筋最差。结构设计时应注意混凝土保护层厚度满足构件耐火极限的要求。

（5）钢筋与混凝土的粘结力

为了保证钢筋与混凝土共同工作，要求钢筋与混凝土之间必须有足够的粘结力，钢筋表面的形状是影响粘结力的重要因素。

4.1.2　混凝土

1. 混凝土的组成

混凝土是由一定比例的水泥、砂、石和水，经拌合、浇筑、振捣、养护，逐步凝固硬化形成的人造石材，属于多相复合材料。混凝土中的砂、石、水泥胶体中的晶体、未水化的水泥颗粒组成了错综复杂的弹性骨架，主要承受外力，并使混凝土具有弹性变形的特点；而水泥胶体中的凝胶、孔隙和界面初始微裂缝等，在外力作用下使混凝土产生塑性。另一方面，混凝土中的孔隙、界面微裂缝等缺陷又往往是混凝土受力破坏的起源。在荷载作用下，微裂缝的扩展对混凝土的力学性能有着极为重要的影响。由于水泥胶体的硬化过程需要多年才能完成，所以混凝土的强度和变形也随时间逐渐增长。

2. 混凝土的强度

混凝土的强度不仅与组成材料的质量和比例有关，还与制作方法、养护条件和龄期有关。不同的受力情况、不同的试件形状和尺寸、不同的试验方法所测得的混凝土强度值也不同。混凝土基本的强度指标有立方体抗压强度、轴心抗压强度和轴心抗拉强度三种。其中，立方体抗压强度并不能直接用于设计计算，但因试验方法简单，且与后两种强度之间存在着一定的关系，故被作为混凝土最基本的强度指标，以此为依据确定混凝土的强度等级。

4-1 柱的混凝土浇筑

4-2 梁的混凝土浇筑

4-3 剪力墙的混凝土浇筑

（1）混凝土立方体抗压强度及强度等级

混凝土的立方体抗压强度是衡量混凝土强度的重要指标。混凝土立方体强度不仅与养护时的温度、湿度和龄期等因素有关，而且与试件的尺寸和试验方法也有密切关系。影响立方体强度的因素可分为两个方面：

内因：如水泥强度等级、骨料品种、配合比等。

外因：试验方法（箍套）、温度、湿度、试件尺寸影响等。

用标准制作方式制成的 150mm×150mm×150mm 的立方体试块，在 (20 ± 3)℃的温度和相对湿度在 90% 以上的潮湿空气中养护 28 天，用标准试验方法测得的具有 95% 保证率的抗压强度称为混凝土的立方体抗压强度标准值，用 $f_{cu,k}$ 表示。

在实际工程中，也可以采用边长为 100mm 或 200mm 的立方体试件，则所测得的立方体强度应分别乘以换算系数 0.95 或 1.05，如图 4-7 所示。

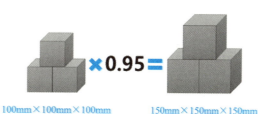

图 4-7 混凝土立方体试块

试验方法对混凝土的立方体抗压强度有较大影响。试件在试验机上单向受压时，竖向缩短，横向扩张，由于混凝土与压力机垫板弹性模量与横向变形系数不同，压力机垫板的横向变形明显小于混凝土的横向变形，所以垫板通过接触面上的摩擦力约束混凝土试块的横向变形，就像在试件上下端各加了一个套箍，致使混凝土在破坏时形成两个对顶的角锥形破坏面，抗压强度比没有约束的情况要高。如果在试件上下表面涂一些润滑剂，这时试件与压力机垫板间的摩擦力大大减小，其横向变形几乎不受约束，受压时没有"套箍作用"的影响，试件将沿着平行于力的作用方向产生几条裂缝而破坏，测得的抗压强度就低。图 4-8 是两种混凝土立方体试块的破坏情况，我国规定的标准试验方法是不涂润滑剂的。

《混凝土结构设计标准（2024 年版）》GB/T 50010—2010 将混凝土强度等级按立方体抗压强度标准值确定，即按 $f_{cu,k}$ 的大小来划分为 13 级，即 C20、C25、C30、C35、

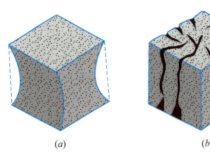

图 4-8 混凝土立方体试块测压后

(a) 表面无润滑剂；(b) 表面涂有润滑剂

C40、C45、C50、C55、C60、C65、C70、C75、C80。其中，C50～C80 属高强度混凝土范畴。

《混凝土结构设计标准（2024 年版）》GB/T 50010—2010 规定素混凝土结构的混凝土强度等级不应低于 C20；钢筋混凝土结构的混凝土强度等级不应低于 C25；承受重复荷载的钢筋混凝土构件，混凝土强度等级不应低于 C30；预应力混凝土楼板结构的混凝土强度等级不应低于 C30，其他预应力混凝土结构构件的混凝土强度等级不应低于 C40。

（2）混凝土轴心抗压强度

按试验方法的规定，该强度采用 150mm×150mm×300mm 的棱柱体作为标准试件，故又称为棱柱体抗压强度。由于试件高度比立方体试块大得多，在其高度中央的混凝土不再受到上下压机钢板的约束，故该试验所得的混凝土抗压强度低于立方体抗压强度，符合轴心受压短柱的实际情况，如图 4-9 所示。

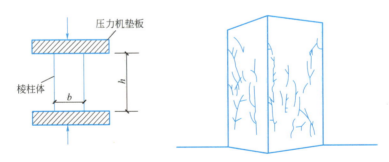

图 4-9 混凝土棱柱体抗压试件

（3）混凝土轴心抗拉强度

抗拉强度是混凝土的基本力学指标之一，可用它间接地衡量混凝土的冲切强度等力学性能。混凝土轴心抗拉强度比轴心抗压强度小得多，按试验方法规定，该强度采用劈裂抗拉强度试验来确定。根据大量试验资料的分析，并考虑了构件与试件的差别，混凝土轴心抗拉强度的标准值与混凝土立方体抗压强度标准值之间的关系见表 4-4。

（4）复杂应力状态下混凝土的强度

实际结构中，混凝土很少处于单向受力状态。更多的是处于双向或三向受力状态。对混凝土的横向变形加以约束用以提高其抗压强度（也称套箍强化）也可以提高其延性。混凝土受压时，横向变形受到外围混凝土的约束，从而使得抗压强度比无侧向压力约束的轴

心抗压强度 f_c 提高很多；如在试件纵向受压的同时侧向受到拉应力，则混凝土轴心抗压强度会降低，其原因是拉应力会助长混凝土裂缝的发生和开展。"约束混凝土"的概念在工程中许多地方都有应用，如螺旋箍筋柱、钢管混凝土对内部混凝土的约束效果更好，因此近年来在我国工程中得到许多应用。

混凝土强度标准值（N/mm²）　　　　　　　　　　　　　　　表 4-4

强度种类	混凝土强度等级												
	C20	C25	C30	C35	C40	C45	C50	C55	C60	C65	C70	C75	C80
f_{ck}	13.4	16.7	20.1	23.4	26.8	29.6	32.4	35.5	38.5	41.5	44.5	47.4	50.2
f_{tk}	1.54	1.78	2.01	2.20	2.39	2.51	2.64	2.74	2.85	2.93	2.99	3.05	3.11

（5）混凝土强度指标

混凝土强度也有标准值和设计值之分，混凝土强度的标准值具有 95% 的保证率，若将其除以材料分项系数 γ_s（$\gamma_s=1.4$）即得混凝土强度设计值，其取值见表 4-5。

混凝土强度设计值（N/mm²）　　　　　　　　　　　　　　　表 4-5

强度种类	混凝土强度等级												
	C20	C25	C30	C35	C40	C45	C50	C55	C60	C65	C70	C75	C80
f_c	9.6	11.9	14.3	16.7	19.1	21.1	23.1	25.3	27.5	29.7	31.8	33.8	35.9
f_t	1.10	1.27	1.43	1.57	1.71	1.80	1.89	1.96	2.04	2.09	2.14	2.18	2.22

3. 混凝土的变形

（1）混凝土在一次短期加荷时的变形性能

混凝土在一次短期加荷时的应力—应变关系可通过对混凝土棱柱体的受压或受拉试验测定。在实际工程中，为了计算结构的变形、混凝土及钢筋的应力分布和预应力损失等，都必须要有一个材料常数，即弹性模量。混凝土的应力应变关系图是一条曲线，只有在应力很小时，才接近直线，因此它的应力与应变之比是一个常数，即弹性模量 E_c，见表 4-6；而在应力较大时，应力与应变之比是一个变数，称为剪切变形模量 G_c，混凝土出现塑性变形后，其剪切变形模量低于弹性模量。

《混凝土结构设计标准（2024 年版）》GB/T 50010—2010 规定：受拉时的弹性模量与受压时的弹性模量基本相同，可取相同的数值，应按表 4-6 采用；混凝土的剪切变形模量 G_c 可按相应弹性模量值的 40% 采用；混凝土的泊松比 V_c 可按 0.20 采用。

混凝土弹性模量 E_c（10^4N/mm²）　　　　　　　　　　　　　　　表 4-6

强度种类	混凝土强度等级												
	C20	C25	C30	C35	C40	C45	C50	C55	C60	C65	C70	C75	C80
E_c	2.55	2.80	3.00	3.15	3.25	3.35	3.45	3.55	3.60	3.65	3.70	3.75	3.80

（2）混凝土徐变

混凝土在长期荷载作用下，应力不变，应变随时间的增长而继续增长的现象称为混凝土的徐变现象。产生徐变的原因有两个：一是由于混凝土中尚未转化为晶体的胶体在荷载长期作用下发生了黏性流动；二是由于混凝土硬化过程中，会因水泥凝胶体收缩等因素在其与骨料接触面形成一些微裂缝，这些微裂缝在长期荷载作用下会持续发展。

徐变对结构的影响主要有：
① 使构件的变形增加；
② 在截面中引起应力重分布；
③ 在预应力混凝土结构中引起预应力损失。

（3）混凝土的收缩、膨胀和温度变形

混凝土在空气中凝结硬化时会产生体积收缩，而在水中凝结硬化时会产生体积膨胀。两者相比，前者数值较大，且对结构有明显的不利影响，故必须予以注意；而后者数值很小，且对结构有利，一般可不予考虑。

混凝土的收缩受结构周围的温度、湿度、构件断面形状及尺寸、配合比、骨料性质、水泥性质、混凝土浇筑质量及养护条件等许多因素有关。

减少混凝土收缩裂缝的措施主要有：
① 加强混凝土的早期养护；
② 减少水灰比；
③ 提高水泥强度等级，减少水泥用量；
④ 加强混凝土的密实振捣；
⑤ 选择弹性模量大的骨料；
⑥ 在构造上预留伸缩缝、设置施工后浇带、配置一定数量的构造钢筋等。

（4）混凝土结构的环境类别

结构的使用环境是影响混凝土结构耐久性的最重要的因素，构件的环境类别见表 4-7。

混凝土结构的环境类别　　　　　　　　　　表 4-7

环境类别	条　件
一	室内干燥环境；无侵蚀性静水浸没环境
二 a	室内潮湿环境；非严寒和非寒冷地区的露天环境；非严寒和非寒冷地区与无侵蚀性的水或土壤直接接触的环境；严寒和寒冷地区的冰冻线以下与无侵蚀性的水或土壤直接接触的环境
二 b	干湿交替环境；水位频繁变动环境；严寒和寒冷地区的露天环境；严寒和寒冷地区冰冻线以上与无侵蚀性的水或土壤直接接触的环境
三 a	严寒和寒冷地区冬季水位变动区环境；受除冰盐影响环境；海风环境
三 b	盐渍土环境；受除冰盐作用环境；海岸环境
四	海水环境
五	受人为或自然的侵蚀性物质影响的环境

注：1. 室内潮湿环境是指构件表面经常处于结露或湿润状态的环境。
　　2. 严寒和寒冷地区的划分应符合国家现行标准《民用建筑热工设计规范》GB 50176—2016 的有关规定。
　　3. 海岸环境和海风环境宜根据当地情况，考虑主导风向及结构所处迎风、背风部位等因素的影响，由调查研究和工程经验确定。
　　4. 受除冰盐影响环境为受到除冰盐盐雾影响的环境；受除冰盐作用环境指被除冰盐溶液溅射的环境以及使用除冰盐地区的洗车房、停车楼等建筑。

4.1.3 钢筋与混凝土粘结

钢筋与混凝土是两种不同性质的材料,在钢筋混凝土结构中之所以能够共同工作,是因为钢筋表面与混凝土之间存在的粘结作用,如图 4-10 所示。同时,由于钢筋和混凝土的温度线膨胀系数几乎相同(钢筋为 $1.2\times10^{-5}/℃$,混凝土为 $1.0\times10^{-5}/℃\sim1.5\times10^{-5}/℃$),在温度变化时,二者变形基本相等,不至于破坏钢筋混凝土结构的整体性;并且钢筋被混凝土包裹着,从而使钢筋不会因大气的侵蚀而生锈变质。

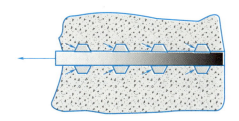

图 4-10 钢筋与混凝土的机械咬合作用

1. 钢筋与混凝土的粘结作用

(1)产生钢筋和混凝土粘结强度的原因

① 混凝土收缩将钢筋紧紧握裹而产生的摩擦力。

② 混凝土颗粒的化学作用产生的混凝土与钢筋之间的胶合力。

③ 钢筋表面凹凸不平与混凝土之间产生的局部粘结应力。

在钢筋混凝土结构中,钢筋和混凝土能共同工作的主要原因是两者在接触面上具有良好的粘结作用,该作用可承受粘结表面上的剪应力,抵抗钢筋与混凝土之间的相对滑动。

根据粘结作用的产生原因可知:粘结作用由胶合作用、摩擦作用和咬合作用三部分组成,其中胶合作用较小,在另外两种作用中,光面钢筋以摩擦作用为主,带肋钢筋则以咬合作用为主。

(2)影响钢筋与混凝土粘结强度的主要因素

① 钢筋表面形状:带肋钢筋的粘结强度比光面钢筋大得多,试验资料表明带肋钢筋的粘结力比光圆钢筋高出 2~3 倍。在带肋钢筋中,月牙纹钢筋的粘结力比人字纹和螺旋纹钢筋约低 10%~15%。

② 混凝土强度:混凝土的强度越高,它与钢筋间的粘结强度也越高。

③ 混凝土保护层厚度和钢筋净距:对于带肋钢筋,由于钢筋的肋纹与混凝土咬合在一起,在拉拔钢筋时,钢筋斜肋对混凝土的斜向挤压力在径向的分力将使周围混凝土环向受压。如果钢筋外围的混凝土保护层厚度太薄,会产生与钢筋平行的劈裂裂缝。如果钢筋间的净距太小,会产生水平劈裂而使整个保护层崩落。

(3)保证粘结力的措施

① 保证最小的锚固长度和搭接长度。

② 保证钢筋周围的混凝土有足够的厚度(保护层厚度及钢筋净距)。

③ 光圆钢筋在端部做成 180° 的弯钩。
④ 在钢筋的搭接接头范围内应将箍筋加密。
⑤ 轻度锈蚀的钢筋其粘结强度比无锈钢筋要高，比除锈处理的钢筋更高。

2. 钢筋的锚固

为了使钢筋和混凝土能可靠地共同工作，钢筋在混凝土中必须有可靠的锚固。

（1）受拉钢筋的基本锚固

当计算中充分利用钢筋的强度时，混凝土结构中纵向受拉钢筋的基本锚固长度应按下列公式计算：

普通钢筋
$$l_{ab} = \alpha \frac{f_y}{f_t} d \tag{4-2}$$

预应力钢筋
$$l_{ab} = \alpha \frac{f_{py}}{f_t} d \tag{4-3}$$

式中　l_{ab}——受拉钢筋的基本锚固长度；
　　　f_y、f_{py}——普通钢筋、预应力钢筋的抗拉强度设计值；
　　　f_t——混凝土轴心抗拉强度设计值，当混凝土强度等级高于 C60 时，按 C60 取值；
　　　d——锚固钢筋的直径和并筋的等效直径；
　　　α——锚固钢筋的外形系数，见表 4-8。

锚固钢筋的外形系数 α　　　表 4-8

钢筋类型	光面钢筋	带肋钢筋	刻痕钢筋	螺旋肋钢丝	3 股钢绞线	7 股钢绞线
α	0.16	0.14	0.19	0.13	0.16	0.17

一般情况下受拉钢筋的锚固长度可取基本锚固长度；当采取不同的埋置方式和构造措施时，锚固长度应按式（4-4）计算，且不宜小于基本锚固长度的 0.6 倍和 200mm 的较大值。

（2）修正后的锚固长度
$$l_a = \zeta_a l_{ab} \tag{4-4}$$

对于钢筋直径大于 25mm 的热轧钢筋，ζ_a 取 1.1；锚固钢筋的保护层厚度为 $3d$ 时 ζ_a 取 0.8，保护层厚度为 $5d$ 时 ζ_a 取 0.7，中间按内插取值，d 为锚固钢筋的直径。

钢筋的锚固也可采用机械锚固的形式，机械锚固的形式如图 4-11 所示，主要有弯钩、贴焊钢筋及焊锚板等。

（3）受压钢筋的锚固

当计算中充分利用纵向钢筋的受压强度时，其锚固长度不应小于受拉钢筋锚固长度的 0.7 倍。受压钢筋不应采用末端弯钩和一侧贴焊锚筋的锚固措施。

必须注意：对于受拉光圆钢筋，其末端均应做 180° 标准弯钩，弯后平直段长度不应小于 $3d$，对于受压光圆钢筋可不做弯钩；焊接骨架、焊接网中的光圆钢筋可不做弯钩。

3. 钢筋的连接

钢筋的接头可分为三种：绑扎连接、焊接或机械连接。接头宜设在受力较小处，同一根钢筋上宜少设接头。

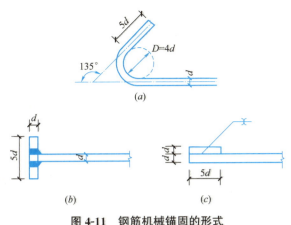

图 4-11 钢筋机械锚固的形式

(a) 135°弯钩锚固；(b) 穿孔塞焊锚板；(c) 一侧贴焊锚筋

(1) 绑扎连接

绑扎连接是在钢筋搭接处用铁丝绑扎而成。绑扎连接的工作原理是通过钢筋与混凝土之间的粘结强度来传递内力的，因此钢筋的绑扎接头要有足够的搭接长度。一般工程中当钢筋直径 $d \leqslant 14$mm 时，才使用绑扎连接，当钢筋直径 $d > 14$mm 时，钢筋采用机械连接或对焊连接。《混凝土结构设计标准（2024 年版）》GB/T 50010—2010 规定：纵向受拉钢筋绑扎搭接接头的搭接长度 $\geqslant 1.2 l_a$，且 $\geqslant 300$mm；受压钢筋采用搭接连接时，搭接长度 $\geqslant 0.7 l_a$，且 $\geqslant 200$mm。

$$l_l = \zeta_l l_a \tag{4-5}$$

式中　l_l——受拉钢筋的搭接长度；

　　　l_a——受拉钢筋的锚固长度；

　　　ζ_l——纵向受拉钢筋搭接长度修正系数，按表 4-9 采用。

受拉钢筋搭接长度修正系数 ζ_l　　　　表 4-9

搭接接头面积百分率(%)	≤25%	50%	100%
ζ_l	1.2	1.4	1.6

同一构件中相邻钢筋的绑扎接头宜相互错开，如图 4-12 所示；在纵向受力钢筋搭接长度范围内箍筋应加密，如图 4-13 所示。

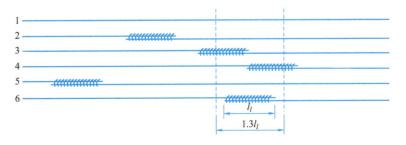

图 4-12　相邻受拉钢筋绑扎搭接接头

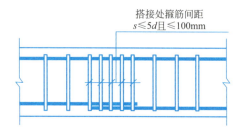

图 4-13　受拉钢筋搭接处箍筋间距加密设置

（2）焊接

钢筋焊接接头可分为电阻点焊、闪光对焊、电弧焊、电渣压力焊、气压焊、埋弧压力焊等。纵向受力钢筋的焊接接头宜相互错开。电渣压力焊接头如图 4-14 所示。采用搭接焊时，单面焊焊接长度 $\geqslant 10d_0$，双面焊焊接长度 $\geqslant 5d_0$。

图 4-14　电渣压力焊接头

（3）机械连接

机械连接接头是指用机械的方法把钢筋连接在一起，机械连接接头能产生较牢固的连接力，具有工艺操作简便、接头性能可靠、连接速度快、节省钢材和能源、施工安全等特点，所以目前优先采用机械连接。机械连接接头也应相互错开。机械连接接头如图 4-15 所示。

 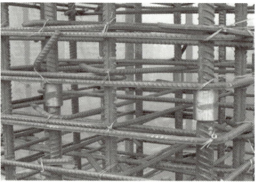

图 4-15　机械连接接头

4.2 钢筋混凝土基本构件的受力特点与构造要求

4.2.1 钢筋混凝土受弯构件

受弯构件是指截面上通常有弯矩 M 和剪力 V 共同作用而轴力可以忽略不计的构件。在工业与民用建筑中,常见的梁、板是典型的受弯构件。梁和板的受力情况是一样的,其区别仅在于截面的高宽比 h/b 不同。由于梁和板的受力情况、截面计算方法均基本相同,故本单元不再分梁、板,而统一称为受弯构件。

1. 钢筋混凝土受弯构件基本知识

(1) 梁的构造

梁的截面形状主要有矩形、T 形、倒 T 形、L 形、工字形、十字形、花篮形等,如图 4-16 所示。对于现浇整体式结构,为便于施工,常采用矩形截面;在预制装配式楼盖中,为搁置预制板可采用矩形、花篮形、十字形截面,薄腹梁则可采用工字形截面。

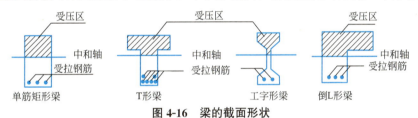

图 4-16 梁的截面形状

1) 梁的截面尺寸

梁高与跨度之比 h/l_0 称为高跨比,梁的截面高度可根据跨度要求按高跨比来估计,见表 4-10。对于一般荷载作用下的梁,梁高 $h \leqslant 800\mathrm{mm}$ 时,取 $50\mathrm{mm}$ 的倍数;当 $h > 800\mathrm{mm}$ 时,则取 $100\mathrm{mm}$ 的倍数。

梁、板截面高跨比　　　　　　　　表 4-10

构件种类			h/l_0
梁	整体肋形梁	主梁 简支梁	1/14～1/10
		主梁 连续梁	1/18～1/15
		主梁 悬臂梁	1/6
		次梁 简支梁	1/20
		次梁 连续梁	1/25
		次梁 悬臂梁	1/8
	矩形截面独立梁	简支梁	1/12
		连续梁	1/15
		悬臂梁	1/6

续表

构件种类			h/l_0
板	单向板		1/40～1/35
	双向板		1/50～1/40
	悬臂板		1/12～1/10
	无梁楼板	有柱帽	1/40～1/32
		无柱帽	1/35～1/30

注：表中 l_0 为梁的计算跨度，当 $l_0 \geqslant 9m$ 时，表中数值宜乘以1.2。

截面宽度通常取梁宽 $b=(1/3～1/2)h$。常用的梁宽为 200mm、250mm、300mm，若 $b>200$mm，一般级差取 50mm。

2) 梁的钢筋

在一般的钢筋混凝土梁中，通常配置有纵向受力钢筋、箍筋、弯起钢筋及架立钢筋，如图 4-17 所示。当梁的截面高度较大时，尚应在梁侧设置构造钢筋。

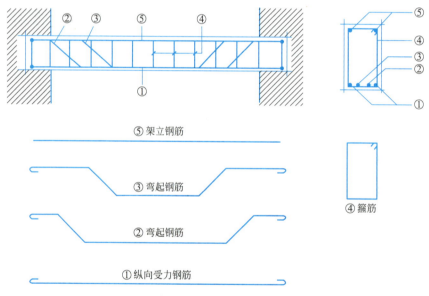

图 4-17 梁的钢筋骨架

① 纵向受力钢筋

梁中纵向受力钢筋宜采用 HRB400 级和 HRB500 级钢筋，常用钢筋直径为 10～32mm，根数不得少于2根。梁内受力钢筋的直径宜尽可能相同。设计中若采用两种不同直径的钢筋，钢筋直径相差至少 2mm，以便于在施工中能用肉眼识别，但相差也不宜超过 6mm。纵向受力钢筋的作用主要是承受弯矩在梁内所产生的拉力，当一排放不下时，也可以设置两排，第二排钢筋常用短钢筋架起，如图 4-18 所示。在梁的配筋密集区域可采用并筋的配筋形式，采用并筋时，其直径用等效直径表示，即双并筋时：$d_e=\sqrt{2}d$，三并筋时：$d_e=\sqrt{3}d$，d 为单根钢筋直径。

单筋截面梁和双筋截面梁,前者指只在受拉区配置纵向受力钢筋的受弯构件;后者指同时在梁的受拉区和受压区配置纵向受力钢筋的受弯构件。

图 4-18　钢筋双排放置

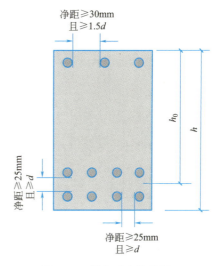

图 4-19　纵向受力筋的间距

为了保证钢筋周围的混凝土浇筑密实,避免钢筋锈蚀而影响结构的耐久性,梁的纵向受力钢筋间必须留有足够的净间距,如图 4-19 所示。

② 弯起钢筋

弯起钢筋一般由纵向受力钢筋弯起而成,主要用来承受弯矩和剪力产生的主拉应力,弯起后的水平段可承受支座处的负弯矩。

钢筋的弯起角度一般为 45°,当梁高 $h>800mm$ 时,可采用 60°。

③ 架立筋

架立钢筋一般为两根,布置在梁截面受压区的角部,是由经验和构造确定的。架立钢筋的作用:固定箍筋的正确位置,与纵向受力钢筋构成钢筋骨架,并承受因温度变化、混凝土收缩而产生的拉力;防止发生裂缝,另外受压区配置的纵向受压钢筋可兼作架立钢筋。根据工程经验:架立筋的面积 $\geqslant (1/4 \sim 1/3) A_s$。架立筋的最小直径见表 4-11。

架立筋的最小直径　　　　　　　　　　　　　　表 4-11

梁跨(m)	<4	4～6	>6
最小直径(mm)	8	10	12

④ 箍筋

梁内箍筋常用 HPB300 级、HRB400 级、HRB500 级钢筋。常用箍筋直径有 6mm、8mm 和 10mm。当梁的宽度 $b \leqslant 150mm$ 时,可采用单肢;当 $b \leqslant 400mm$,且一层内的纵向受力钢筋不多于 4 根时,采用双肢箍筋;当 $b > 400mm$,且一层内的纵向受力钢筋多于 3 根,或当梁的宽度不大于 400mm,但一层内的纵向受力钢筋多于 4 根时,应设置复合箍筋。梁中一层内的纵向受力钢筋多于 5 根时,宜采用复合箍筋。

⑤ 梁侧构造钢筋

由于混凝土收缩量的增大，近年在梁的侧面产生收缩裂缝的现象时有发生。裂缝一般呈枣核状，两头尖而中间宽，向上伸至板底，向下至于梁底纵筋处，截面较高的梁，情况更为严重，如图 4-20 所示。

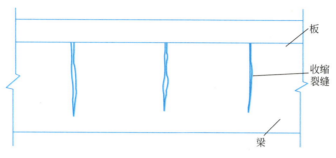

图 4-20　梁侧裂缝

《混凝土结构设计标准（2024 年版）》GB/T 50010—2010 规定，当梁的腹板高度 h_w≥450mm 时，在梁的两个侧面应沿高度配置纵向构造钢筋，每侧纵向构造钢筋的截面面积不应小于腹板截面面积的 0.1%，一般其直径 d＝（12～16）mm，间距不宜大于 200mm，如图 4-21 所示。梁两侧的纵向构造钢筋宜用拉筋连系，当梁宽≤350mm 时，拉筋直径为 6mm；当梁宽＞350mm 时，拉筋直径为 8mm，间距通常取非加密区箍筋间距的 2 倍。

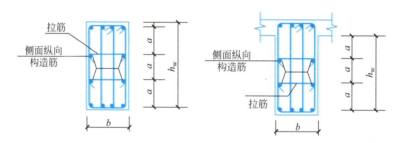

图 4-21　梁侧构造钢筋及拉筋布置

（2）板的构造

1）板的截面尺寸

板的截面形式一般为矩形、空心板、槽形板等。按刚度要求，根据经验，板的截面高度 h 不宜小于表 4-10 所列数值。现浇钢筋混凝土实心楼板的厚度不应小于 80mm，且表 4-12 的数值，现浇板的厚度一般取为 10mm 的倍数。

现浇钢筋混凝土板的最小厚度　　　表 4-12

板的类别		最小厚度（mm）
实心板		80
实心屋面板		100
密肋楼盖	面板	50
	肋高	250

续表

板的类别		最小厚度(mm)
悬臂板(根部)	悬臂长度不大于500mm	80
	悬臂长度500~1000mm	100
无梁楼板		150
现浇空心楼盖		200

2）板的钢筋

板的钢筋包括受力钢筋和分布钢筋。因为板所受到的剪力较小，截面相对又较大，在荷载作用下通常不会出现斜裂缝，所以不需依靠箍筋来抗剪，同时板厚较小也难以配置箍筋。故板仅需配置受力钢筋和分布钢筋，如图4-22所示。

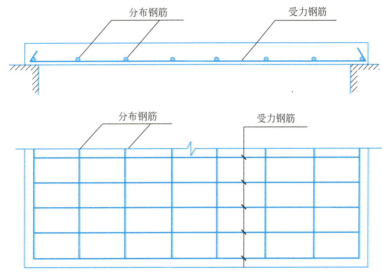

图4-22　板的配筋示意图

① 受力钢筋

板中的受力钢筋通常优先采用HRB400级钢筋，常用的直径为6mm、8mm、10mm、12mm。在同一构件中，当采用不同直径的钢筋时，其种类不宜多于2种，以免施工不便。

板内受力钢筋的间距不宜过小或过大，过大不能正常分担内力，板的受力不均匀，钢筋与钢筋之间的混凝土可能会引起局部损坏；过小则不易浇筑混凝土且钢筋与混凝土之间的可靠粘结难以保证。当板厚≤150mm时，间距不宜大于200mm；当板厚＞150mm时，间距不宜大于250mm。

② 分布钢筋

一般采用HRB400级钢筋，垂直于板的受力钢筋方向布置，并且配置在受力钢筋的内侧，如图4-23所示。分布钢筋的作用是将板面上承受的荷载更均匀地传给受力钢筋一并用来抵抗温度、收缩应力沿分布钢筋方向产生的拉应力，同时在施工时可固定受力钢筋的位置。一般情况下，分布筋的直径≥6mm，间距介于200~250mm，当集中荷载较大时，分布钢筋截面面积应适当增加。

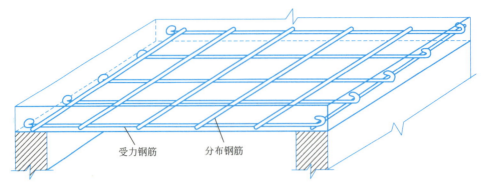

图 4-23 板的配筋

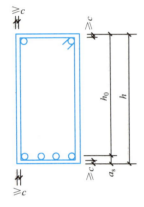

图 4-24 混凝土保护层厚度

(3) 混凝土保护层和截面有效高度

① 保护层厚度

混凝土保护层厚度是指结构构件中钢筋外边缘至构件表面之间的距离，简称保护层厚度，如图 4-24 所示。混凝土保护层的作用主要有：一是保护钢筋不致锈蚀，保证结构的耐久性；二是保证钢筋与混凝土间的粘结；三是在火灾等情况下，避免钢筋过早软化。当梁、柱、墙中纵向受力钢筋的混凝土保护层厚度大于 50mm 时，应对保护层采取有效的防裂构造措施。在保护层内配置防裂、防剥落的钢筋网片时，网片钢筋的保护层厚度不应小于 25mm。构件中受力钢筋的保护层厚度不应小于钢筋的直径。混凝土保护层最小厚度见表 4-13 中的数据。

混凝土保护层最小厚度（mm） 表 4-13

环境等级	板、墙、壳	梁、柱、杆
一	15	20
二 a	20	25
二 b	25	35
三 a	30	40
三 b	40	50

注：1. 混凝土强度等级≤C25 时，表中保护层厚度数值应增加 5mm。
2. 钢筋混凝土基础宜设置混凝土垫层，基础中钢筋的混凝土保护层厚度应从垫层顶面算起，且不应小于 40mm。

② 有效高度

有效高度是指受拉钢筋的重心至混凝土受压边缘的垂直距离，用 h_0 表示，如图 4-25 所示，它与受拉钢筋的直径及排放有关。

$$h_0 = h - a_s \tag{4-6}$$

式中 h_0——受弯构件截面有效高度；

h——受弯构件的截面高度；

a_s——纵向受拉钢筋合力点至截面近边的距离。

当布置单排钢筋时：
$$a_s = c + d_v + \frac{d}{2} \quad (4\text{-}7)$$

式中 c——混凝土保护层厚度；

d_v——箍筋直径；

d——纵向受拉钢筋直径。

当布置双排钢筋时：
$$a_s = c + d_v + d + s/2 \quad (4\text{-}8)$$

式中 d——自受拉区边缘第一排纵向受拉钢筋的直径；

s——两排钢筋的净距。

在室内正常环境下，设计计算时可近似取：

对于板：有效高度 $h_0 = h - 20\,(25)$；

对于梁：单排 $h_0 = h - 40\,(45)$；双排 $h_0 = h - 65\,(70)$。

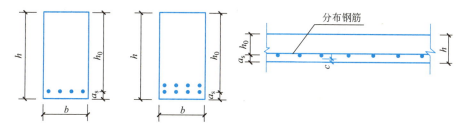

图 4-25 梁、板的有效高度

2. 受弯构件正截面受力特征

受弯构件在荷载作用下，可能发生两种主要的破坏：一种是沿弯矩最大的截面破坏；另一种是沿剪力最大或弯矩和剪力都较大的截面破坏，如图 4-26 所示。当受弯构件沿弯矩最大的截面破坏时，破坏截面与构件的轴线垂直，称为沿正截面破坏；当受弯构件沿剪力最大或弯矩和剪力都较大的截面破坏时，破坏截面与构件的轴线斜交，称为沿斜截面破坏。

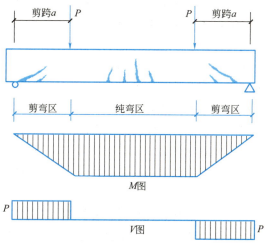

图 4-26 梁的试验分析图

(1) 受弯构件正截面的破坏形态

假设受弯构件的截面宽度为 b，截面高度为 h，纵向受力钢筋截面积为 A_s，从受压边缘至纵向受力钢筋截面重心的距离 h_0 为截面的有效高度，截面宽度与截面有效高度的乘积 bh_0 为截面的有效面积。构件的截面配筋率是指纵向受力钢筋截面积与截面有效面积之比，即：

$$\rho = \frac{A_s}{bh_0} \tag{4-9}$$

随着纵向受拉钢筋配筋率的不同，对受弯构件受力性能和破坏形态有很大影响，一般会产生以下三种破坏形式。

① 超筋破坏

当构件的配筋率超过某一定值时，构件的破坏特征发生质的变化。试验表明，由于钢筋配置过多，抗拉能力过强，当荷载加到一定程度后，在钢筋的应力尚未达到屈服强度之前，受压区混凝土先被压碎，致使构件破坏，如图 4-27（a）所示，这种破坏称超筋破坏。

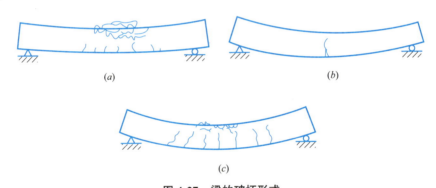

图 4-27 梁的破坏形式
(a) 超筋破坏；(b) 少筋破坏；(c) 适筋破坏

由于在破坏前钢筋尚未屈服而仍处于弹性工作阶段，其伸长较小，因此梁在破坏时裂缝较细，挠度较小，破坏突然，其破坏类型属脆性破坏。

② 少筋破坏

当构件的配筋率低于某一定值时，构件承载能力很低，只要一开裂，裂缝就迅速开展，裂缝截面处的拉力全部转由钢筋承担，由于受拉钢筋量配置太少，裂缝截面的钢筋拉应力突然剧增甚至超过屈服强度进入强化阶段，此时由于经过屈服阶段，钢筋塑性伸长已很大，裂缝开展过宽，梁将严重下垂，即使受压区混凝土暂未压碎，但过大的变形及裂缝已经不适于继续承载，从而标志着梁的破坏，如图 4-27（b）所示，这种破坏称少筋破坏。

少筋破坏一般是在梁出现第一条裂缝后突然发生，所以属脆性破坏。

③ 适筋破坏

当梁的配筋率适中时，构件的破坏首先是纵向受拉钢筋屈服，维持应力不变而发生显著的塑性变形，直到混凝土受压区边缘的应变达到混凝土受弯的极限压应变，受压区混凝土被压碎，截面即宣告破坏，如图 4-27（c）所示，这种破坏称适筋破坏。

适筋破坏在构件破坏前有明显的塑性变形和裂缝征兆，而不是突然发生，属延性破坏。

(2) 适筋梁的正截面受力特征

通过对钢筋混凝土梁多次的观察和试验表明,适筋梁从施加荷载到破坏可分为三个阶段,如图4-28所示。

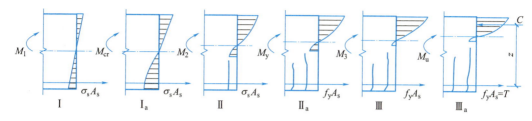

图4-28 适筋梁工作的三个阶段

第Ⅰ阶段:截面开裂前

当荷载很小、梁内尚未出现裂缝时,正截面的受力过程处于第Ⅰ阶段,钢筋和混凝土都处于弹性工作阶段,梁的工作性能与匀质弹性材料梁相似,这个阶段末期I_a的应力状态是抗裂验算的依据。

第Ⅱ阶段:从截面开裂到纵向受拉钢筋屈服前

截面受力达到I_a后,荷载只要稍许增加,混凝土就会开裂,正截面的受力过程便进入第Ⅱ阶段。梁的第一根垂直裂缝一般出现在纯弯段受拉边缘混凝土强度最弱的部位。只要荷载稍有增加,在整个纯弯段内将陆续出现多条垂直裂缝。在裂缝截面处,已经开裂的受拉区混凝土退出工作,拉力转由钢筋承担,致使钢筋应力突然增大。随着荷载继续增加,钢筋的应力和应变不断增长,裂缝逐渐开展,中和轴随之上升,同时受压区混凝土的应力和应变也不断加大,受压区混凝土的塑性性质越来越明显,应变的增长速度较应力快,这个阶段末期$Ⅱ_a$的应力状态是裂缝宽度和变形验算的依据。

第Ⅲ阶段:从纵向受拉钢筋屈服到最终破坏

随着荷载进一步增加,受拉区钢筋和受压区混凝土的应力、应变也不断增大。当裂缝截面处受拉钢筋拉应力达到屈服强度时,正截面的受力过程就进入第Ⅲ阶段,这时裂缝截面处的钢筋屈服,在应力保持不变的情况下产生明显的塑性伸长,从而使裂缝急剧开展,中和轴进一步上升,受压区高度迅速减小,受压区混凝土压应力迅速增大,受压区边缘混凝土应变也迅速增长,直到受压区边缘混凝土压应变达到混凝土受弯时的极限压应变,混凝土被压碎,从而导致截面最终破坏。截面破坏的临界受力状态(即第四阶段末)称为$Ⅲ_a$阶段。$Ⅲ_a$阶段的应力状态作为构件承载力计算的依据。

3. 受弯构件正截面承载力计算的一般规定

仅在截面受拉区配置受力钢筋的受弯构件称为单筋受弯构件。混凝土受弯构件正截面受弯承载力计算是以适筋梁破坏阶段的$Ⅲ_a$受力状态为依据。

(1) 基本假定

① 截面应变保持平面。构件正截面在受荷前为平面,在受荷弯曲变形后仍保持平面,即截面中的应变按线性规律分布,符合平截面假定。

② 不考虑混凝土的抗拉强度。由于混凝土的抗拉强度很低,在荷载不大时就已开裂,

在Ⅲ$_a$阶段受拉区只在靠近中和轴的地方存在少许的混凝土,其承担的弯矩很小,计算中不考虑混凝土的抗拉作用。这一假定,对我们选择梁的合理截面有很大的意义。

③ 钢筋和混凝土采用理想化的应力—应变曲线,如图4-29和图4-30所示。

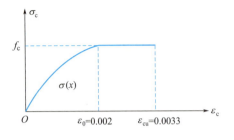

图4-29 混凝土 $\sigma_c - \varepsilon_c$ 设计曲线

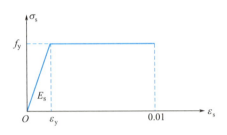

图4-30 钢筋 $\sigma_s - \varepsilon_s$ 设计曲线

(2)受压区混凝土的等效矩形应力图

受弯构件正截面承载力是以适筋梁Ⅲ$_a$阶段的应力状态的图为计算依据的,受压区混凝土压应力是曲线分布,为了简化计算,规范在试验的基础上,采用以等效矩形应力图形代换受压区混凝土应力图形,如图4-31所示,对应系数见表4-14。

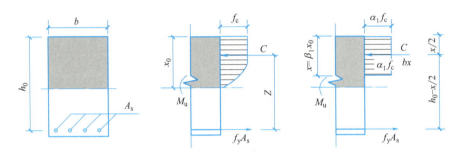

图4-31 曲线应力图形和等效矩形应力

	α_1、β_1 系数			表4-14
混凝土等级	≤C50	C55	C55~C80	C80
α_1	1.0	0.99	中间插入	0.94
β_1	0.8	0.79	中间插入	0.74

注:1. α_1 为等效矩形应力图形中混凝土的抗压强度与混凝土轴心抗压强度 f_c 的比值。
2. β_1 为等效试验区高度 x 与实际受压区高度 x_0 的比值。

等效原则:按照受压区混凝土的合力大小不变,受压区混凝土的合力作用点位置不变的原则。

(3)界限受压区高度与最小配筋梁

① 界限相对受压区高度 ξ_b

受弯构件等效矩形应力图形的混凝土受压区高度 x 与截面有效高度 h_0 之比,称为相对受压区高度 $\xi = \dfrac{x}{h_0}$。

界限相对受压区高度 ξ_b,是指在适筋梁的界限破坏时,等效受压区高度 x_b 与截面有

效高度 h_0 之比 $\xi_b = \dfrac{x_b}{h_0}$，其取值见表 4-15。

钢筋混凝土构件的 ξ_b 值　　　　　　表 4-15

钢筋级别	ξ_b	
	≤C50	C80
HPB300	0.576	0.518
HRB400、HRBF400、RRB400	0.518	0.463
HRB500、HRBF500	0.482	0.429

适筋梁的破坏为受拉钢筋屈服后混凝土压碎；超筋梁的破坏为混凝土压碎时，受拉钢筋尚未屈服；界限破坏的特征是受拉钢筋达到屈服强度的同时，受压区的混凝土边缘达到极限压应变。

当 $\xi > \xi_b$ 时，则为超筋梁；当 $\xi \leqslant \xi_b$ 时，则不超筋。

② 截面最小配筋率 $\rho_{\min}$

为了保证受弯构件不出现少筋梁，必须控制截面的配筋率 ρ 不小于某一界限配筋率 $\rho_{\min}$。由配最小配筋率时受弯构件正截面破坏时所能承受的弯矩 M_u 等于相应的素混凝土梁所能承受的弯矩 M_{cu}，即 $M_u = M_{cu}$，可求得梁的最小配筋率 $\rho_{\min}$，见表 4-16。在大多数情况下，受弯构件的最小配筋率 $\rho_{\min}$ 均大于 0.2%，即由 $45 f_t / f_y$（%）条件控制。

当 $\rho \leqslant \rho_{\min}$ 时，则为少筋梁，梁的破坏与素混凝土梁类似，属于受拉脆性破坏特征；当 $\rho > \rho_{\min}$ 时，则为不少筋。

钢筋混凝土结构构件中纵向受力普通钢筋的最小配筋率（%）　　　表 4-16

受力构件类型			最小配筋率
受压构件	全部纵向钢筋	强度等级 500MPa	0.50
		强度等级 400MPa	0.55
		强度等级 300MPa	0.60
	一侧纵向钢筋		0.20
受弯构件、偏心受拉、轴心受拉构件一侧的受拉钢筋			0.20 和 $45 f_t / f_y$ 中的较大值

4. 单筋矩形截面受弯构件承载力计算

（1）基本公式

受压区混凝土压应力的分布采用等效矩形应力图形后，绘出受弯构件正截面承载力基本计算公式所依据的基本应力图形如图 4-32 所示，根据平衡条件可得：

由 $\sum X = 0$ 得：

$$\alpha_1 f_c b x = f_y A_s \qquad (4\text{-}10)$$

由 $\sum M = 0$ 得：

$$M \leqslant M_u = \alpha_1 f_c b x \left(h_0 - \dfrac{x}{2} \right) \qquad (4\text{-}11a)$$

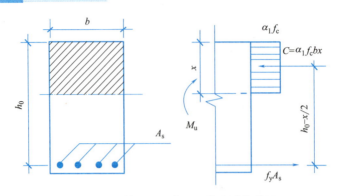

图 4-32 单筋矩形正截面承载力计算简图

$$\text{或} \quad M \leqslant M_u = f_y A_s \left(h_0 - \frac{x}{2} \right) \tag{4-11b}$$

将 $\xi = x/h_0$ 代入上式得：

$$M \leqslant M_u = \alpha_1 b h_0^2 \xi (1 - 0.5\xi) \tag{4-12a}$$

$$M \leqslant M_u = f_y A_s h_0 (1 - 0.5\xi) \tag{4-12b}$$

式中 M——弯矩设计值；

       x——等效矩形应力图形的受压区高度；

       b——矩形截面宽度；

       h_0——矩形截面的有效高度；

       f_y——受拉钢筋的强度设计值；

       A_s——受拉钢筋截面面积；

       f_c——混凝土轴心抗压强度设计值。

(2) 适用条件

为了防止截面出现超筋梁破坏，应满足：

$$\xi \leqslant \xi_b \tag{4-13a}$$

$$\text{或} \quad \rho \leqslant \rho_{\max} \tag{4-13b}$$

$$\text{或} \quad x \leqslant \xi_b h_0 \tag{4-13c}$$

$$\text{或} \quad M \leqslant M_{u,\max} = \alpha_1 f_c b h_0^2 \xi_b (1 - 0.5\xi_b) \tag{4-13d}$$

为了防止截面出现少筋梁破坏，应满足：

$$\rho \geqslant \rho_{\min} \tag{4-14a}$$

$$\text{或} \quad A_s \geqslant \rho_{\min} bh \tag{4-14b}$$

(3) 承载力计算的两类问题

在工程设计计算中，受弯构件正截面受弯承载力的计算有两类情况，截面设计和截面复核。

1) 截面设计

已知：截面的弯矩设计值 M，材料的强度等级、构件的截面尺寸 $b \times h$。

求解：所需受拉钢筋截面面积。

设计时应满足 $M_u \geqslant M$，为经济起见，一般按 $M_u = M$ 进行计算。由基本公式可知，

未知数为 f_c、f_y、b、h、x，多于两个，基本公式没有唯一解。因此，应根据材料的供应、施工条件和使用要求等因素综合分析，选择钢筋和混凝土材料，确定截面尺寸，确定一个较为经济合理的设计。

① 公式法设计步骤

第一步：确定计算参数

根据环境类别及混凝土强度等级，查得混凝土保护层最小厚度，从而假定 a_s，得出 h_0。由于钢筋直径、数量和排列等未知，故截面受拉区边缘到纵向受拉钢筋合力作用点之间的距离 a_s 也未知，需预先估算。

梁的纵向受力钢筋按一排布置时，$a_s=40\text{mm}$；

梁的纵向受力钢筋按二排布置时，$a_s=65\text{mm}$；

对于板，则 $a_s=20\text{mm}$。

查表得 f_c、f_t、f_y、a_s、ξ_b。

第二步：计算混凝土受压区高度 x，并判断是否属于超筋梁

$$x=h_0-\sqrt{h_0^2-\frac{2M}{\alpha_1 f_c b}} \tag{4-15}$$

如 $x \leqslant \xi_b h_0$，则不属于超筋梁；如 $x > \xi_b h_0$，则属于超筋梁，说明截面尺寸过小，应加大截面尺寸或提高混凝土强度等级重新设计。

第三步：计算 A_s 并验算是否属于少筋梁

将 x 值代入公式（4-10），可求得纵向钢筋的截面面积 A_s：

$$A_s=\alpha_1 \frac{f_c}{f_y}bx \tag{4-16}$$

如 $A_s \geqslant \rho_{\min}bh$，则不会发生少筋梁破坏；如 $A_s < \rho_{\min}bh$，则应按最小配筋率配筋，即取 $A_s = \rho_{\min}bh$。

② 表格法设计步骤

在截面设计时，按基本公式求解一般需解二次方程式，计算过程比较麻烦。为了简化计算，可根据基本公式给出一些计算系数，并将其加以适当演变，从而使计算过程得到简化。

第一步：确定计算参数，同公式法

第二步：求系数 α_s、γ_s、ξ

$$\alpha_s=\frac{M}{\alpha_1 f_c b h_0^2} \tag{4-17}$$

查表 4-17 得相应的系数 ξ 或 γ_s，也可以直接利用公式（4-18）和公式（4-19）计算：

$$\xi=1-\sqrt{1-2\alpha_s} \leqslant \xi_b \tag{4-18}$$

$$\gamma_s=0.5(1+\sqrt{1-2\alpha_s}) \tag{4-19}$$

第三步：计算 A_s 并验算是否属于少筋梁

$$A_s=\frac{M}{\gamma_s f_y h_0} \tag{4-20}$$

或

$$A_s=\frac{\alpha_1 f_c b h_0 \xi}{f_y} \tag{4-21}$$

如 $A_s \geqslant \rho_{\min} bh$，则不会发生少筋梁破坏；如 $A_s < \rho_{\min} bh$，则应按最小配筋率配筋，即取 $A_s = \rho_{\min} bh$。

2）截面复核

截面复核时，已知材料强度设计值、截面尺寸和钢筋截面面积，要求计算该截面的受弯承载力 M_u，并验算是否满足 $M \leqslant M_u$。如不满足承载力要求，应进行设计修改（新建工程）或加固处理（已建工程）。利用基本公式进行截面复核时，只有两个未知数 M_u 和 x，故可以得到唯一解。

已知：截面尺寸 $b \times h$，混凝土强度等级和钢筋级别，弯矩设计值 M，纵向受拉钢筋截面面积 A_s。

求解：复核截面是否安全。

第一步：验算适用条件

计算配筋率 $\rho = \dfrac{A_s}{bh_0} \geqslant \rho_{\min}$ 或者 $A_s \geqslant \rho_{\min} bh$，若不满足，则截面不符合要求。

计算受压区高度 $x = \dfrac{f_y A_s}{\alpha_1 f_c b} \leqslant \xi_b h_0$，若不满足，应按 $M_u = \alpha_1 f_c b h_0^2 \xi_b (1 - 0.5\xi_b)$ 计算抗弯承载力。

第二步：若满足条件，则为适筋梁

$$M_u = \alpha_1 f_c b x \left(h_0 - \dfrac{x}{2}\right) \tag{4-22}$$

$$或 M_u = f_y A_s \left(h_0 - \dfrac{x}{2}\right) \tag{4-23}$$

第三步：比较得出结论

如 $M_u \geqslant M$，则截面安全；如 $M_u < M$，则截面不安全。

钢筋混凝土受弯构件正截面承载力计算系数表　　　表 4-17

ξ	γ_s	α_s	ξ	γ_s	α_s
0.01	0.995	0.010	0.13	0.935	0.121
0.02	0.990	0.020	0.14	0.930	0.130
0.03	0.985	0.030	0.15	0.925	0.139
0.04	0.980	0.039	0.16	0.920	0.147
0.05	0.975	0.048	0.17	0.915	0.155
0.06	0.970	0.058	0.18	0.910	0.164
0.07	0.965	0.067	0.19	0.905	0.172
0.08	0.960	0.077	0.20	0.900	0.180
0.09	0.955	0.085	0.21	0.895	0.188
0.10	0.950	0.095	0.22	0.890	0.196
0.11	0.945	0.104	0.23	0.885	0.203
0.12	0.940	0.113	0.24	0.880	0.211

续表

ξ	γ_s	α_s	ξ	γ_s	α_s
0.25	0.875	0.219	0.44	0.780	0.343
0.26	0.870	0.226	0.45	0.775	0.349
0.27	0.865	0.234	0.46	0.770	0.354
0.28	0.860	0.241	0.47	0.765	0.359
0.29	0.855	0.248	0.48	0.760	0.365
0.30	0.850	0.255	0.49	0.755	0.370
0.31	0.845	0.262	0.50	0.750	0.375
0.32	0.840	0.269	0.51	0.745	0.380
0.33	0.835	0.275	0.518	0.741	0.384
0.34	0.830	0.282	0.52	0.740	0.385
0.35	0.825	0.289	0.53	0.735	0.390
0.36	0.820	0.295	0.54	0.730	0.394
0.37	0.815	0.301	0.55	0.725	0.400
0.38	0.810	0.309	0.56	0.720	0.404
0.39	0.805	0.314	0.57	0.715	0.404
0.40	0.800	0.320	0.58	0.710	0.412
0.41	0.795	0.326	0.59	0.705	0.416
0.42	0.790	0.332	0.60	0.700	0.420
0.43	0.785	0.337	0.614	0.693	0.426

工程应用4-1

已知：某楼面钢筋混凝土简支梁，截面尺寸 $b \times h = 250\text{mm} \times 500\text{mm}$，由荷载产生的跨中最大弯矩设计值 $M = 210\text{kN} \cdot \text{m}$，构件的安全等级为二级，采用C30混凝土及HRB400钢筋。求所需的纵向受力钢筋面积 A_s。

解：

(1) 确定计算参数

由 C30 混凝土及 HRB400 钢筋查表得：

$f_c = 14.3\text{MPa}$，$f_t = 1.43\text{MPa}$，$f_y = 360\text{MPa}$，$a_s = 40\text{mm}$，$\xi_b = 0.518$

(2) 计算混凝土受压区高度 x，并验算是否属于超筋梁

$$x = h_0 - \sqrt{h_0^2 - \frac{2M}{\alpha_1 f_c b}} = 460 - \sqrt{460^2 - \frac{2 \times 210 \times 10^6}{1 \times 14.3 \times 250}} = 153.2\text{mm}$$

验算：$x = 153.2\text{mm} < \xi_b h_0 = 0.518 \times 460 = 238.3\text{mm}$，故满足。

(3) 计算 A_s 并验算是否属于少筋梁

$$A_s = \alpha_1 \frac{f_c}{f_y} bx = 1 \times \frac{14.3}{360} \times 250 \times 153.2 = 1521.4\text{mm}^2$$

验算：$A_s = 1521.4\text{mm}^2 > \rho_{min}bh = 0.002 \times 250 \times 500 = 250\text{mm}^2$，故满足。

（4）选配钢筋，并完成图 4-33 中的标注（由学生完成）

纵向受力筋 _____
架 立 筋 _____
梁侧构造筋 _____
拉 筋 _____

图 4-33 工程应用 4-1 配筋图

工程应用4-2

已知：某钢筋混凝土矩形梁如图 4-34 所示，所处环境类别为一类，设计使用年限 100 年，截面尺寸 $b \times h = 250\text{mm} \times 500\text{mm}$，混凝土为 C30，所用的纵向受拉钢筋为 HRB400 级，配有 4⌀18 的钢筋，梁所承受的最大弯矩设计值 $M = 125\text{kN} \cdot \text{m}$，验算该梁是否安全。

解：
（1）验算适用条件

《混凝土结构设计标准（2024 年版）》GB/T 50010—2010 规定，对一类环境、设计使用年限为 100 年的结构，混凝土保护层厚度增加 40%，$c = (20 + 20 \times 40\%) = 28\text{mm}$。

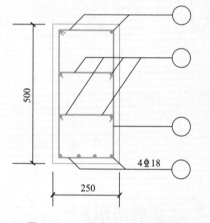

图 4-34 工程应用 4-2 配筋图

$$a_s = 28 + 8 + \frac{18}{2} = 45\text{mm}$$

故截面的有效高度 $h_0 = h - a_s = 500 - 45 = 455\text{mm}$。

$$\rho = \frac{A_s}{bh_0} = \frac{1017}{250 \times 455} = 0.89\% > \rho_{min} = 0.2\%$$

且

$$x = \frac{f_y A_s}{\alpha_1 f_c b} = \frac{360 \times 1017}{1 \times 14.3 \times 250} = 102.4\text{mm} < \xi_b h_0 = 0.518 \times 455 = 235.7\text{mm}$$，所以为适筋梁。

（2）计算 M_u

$$M_u = \alpha_1 f_c bx \left(h_0 - \frac{x}{2}\right) = 1 \times 14.3 \times 250 \times 102.4 \times \left(455 - \frac{102.4}{2}\right)$$
$$= 147.8\text{kN} \cdot \text{m}$$

（3）比较判别

$$M_u = 147.8\text{kN} \cdot \text{m} > M = 125\text{kN} \cdot \text{m}$$

则该梁截面是安全的。

5. 双筋矩形截面受弯构件承载力计算

在钢筋混凝土结构中,钢筋不但可以设置在构件的受拉区,而且也可以配置在受压区与混凝土共同抗压。这种在受压区和受拉区同时配置纵向受力钢筋的截面,称为双筋截面。

对于钢筋混凝土结构而言,采用钢筋受压会使总用钢量较大,是不经济的,一般不宜采用。但配置受压钢筋可以提高构件截面的延性,并可减少构件在荷载作用下的变形,以下几种情况时可考虑采用双筋截面:

① 当截面尺寸和材料强度受建筑使用和施工条件(或整个工程)限制不能增加,而计算又不满足适筋梁截面条件时,可采用双筋截面,即在受压区配置钢筋以补充混凝土受压能力的不足。

② 另一方面,由于荷载有多种组合情况,在某一组合情况下截面承受正弯矩,另一种组合情况下承受负弯矩,这时也采用双筋截面。

③ 由于受压钢筋可以提高截面的延性,因此,在抗震结构中要求框架梁必须配置一定比例的受压钢筋。

双筋截面受弯构件的破坏特征与单筋截面相似,只要纵向受拉钢筋数量不过多,双筋矩形截面的破坏仍然是纵向受拉钢筋先屈服,然后受压区混凝土达到抗压强度被压坏,设置在受压区的受压钢筋的应力一般也达到其抗压强度,采用与单筋矩形截面相同的方法,也用等效矩形的应力图形替代实际的应力图形,如图 4-35 所示。

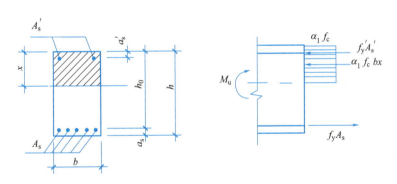

图 4-35 双筋矩形截面受弯承载力计算应力图

6. 单筋"T"形截面受弯构件正截面承载力计算

(1)"T"形截面

因为受弯构件产生裂缝后,裂缝截面处的受拉混凝土因开裂而退出工作,拉力可认为全部由受拉钢筋承担,故可将受拉区混凝土的一部分去掉,如图 4-36 所示。即构件的承载力与截面受拉区的形状无关,截面的承载力不但与原有截面相同,而且可以节约混凝土减轻构件自重。

T 形截面梁在工程实践中的应用十分广泛,例如在整体式肋形楼盖中,楼板和梁浇筑在一起形成整体式 T 形梁,预制受弯构件的截面也常做成 T 形。翼缘位于受拉区的 T 形截面梁,当受拉区开裂后,翼缘就不起作用了,因此,跨中按 T 形截面计算,支座按矩形截面计算。

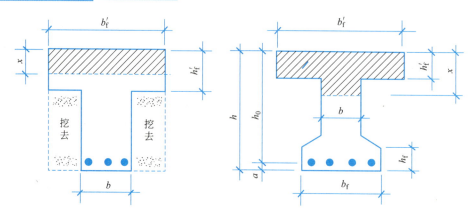

图 4-36 T 形截面形式

(2) 翼缘计算宽度

由试验和理论分析可知，T 形梁受力后，翼缘上的纵向压应力的分布是不均匀的，离肋部越远压应力越小。因此，当翼缘很宽时，考虑到远离肋部的翼缘部分所起的作用已很小，故在实际设计中应把翼缘限制在一定的范围内，称为翼缘的计算宽度 b_f'，见表 4-18，取最小值。

T 形、工字形、倒 L 形截面受弯构件翼缘计算宽度 b_f' 表 4-18

	情况		T 形、工形截面		倒 L 形截面
			肋型梁(板)	独立梁	肋型梁(板)
1	按计算跨度 l_0 考虑		$l_0/3$	$l_0/3$	$l_0/6$
2	按梁(肋)净距 s_n 考虑		$b+s_n$	—	$b+s_n/2$
3	按翼缘高度 h_f' 考虑	$h_f'/h_0 \geqslant 0.1$	—	$b+12h_f'$	—
		$0.1 > h_f'/h_0 \geqslant 0.05$	$b+12h_f'$	$b+6h_f'$	$b+5h_f'$
		$h_f'/h_0 < 0.05$		b	

注：1. 表中 b 为梁的腹板厚度。
    2. 肋形梁在梁跨内设有间距小于纵肋间距的横肋时，可不考虑表中情况 3 的规定。
    3. 加腋的 T 形、I 形和倒 L 形截面，当受压区加腋的高度 h_h 不小于 h_f' 且加腋的长度 h_b 不大于 $3h_h$ 时，其翼缘计算宽度可按表中情况 3 的规定分别增加 $2h_b$（T 形、I 形截面）和 h_b（倒 L 形截面）。
    4. 独立梁受压区的翼缘板在荷载作用下经验算沿纵肋方向可能产生裂缝时，其计算宽度应取腹板宽度。

(3) T 形截面的类型

采用翼缘计算宽度 b_f'，T 形截面受压区混凝土仍可按等效矩形应力图考虑。按照构件破坏时，中和轴位置的不同，T 形截面可分为两种类型：

当 $x \leqslant h_f'$ 时，则为第一类 T 形截面；

当 $x > h_f'$ 时，则为第二类 T 形截面。

为了判别 T 形梁应当属于哪一类型，应首先分析 $x = h_f'$ 的界限情况，如图 4-37 所示的受力状态，即为当 $x = h_f'$ 时的特殊情况。

① 截面设计时

当 $M \leqslant \alpha_1 f_c b_f' h_f' \left(h_0 - \dfrac{h_f'}{2} \right)$ 时，则为第一类 T 形截面；

当 $M > \alpha_1 f_c b'_f h'_f \left(h_0 - \dfrac{h'_f}{2}\right)$ 时，则为第二类 T 形截面。

② 截面复核时

当 $f_y A_s \leqslant \alpha_1 f_c b'_f h'_f$ 时，则为第一类 T 形截面；

当 $f_y A_s > \alpha_1 f_c b'_f h'_f$ 时，则为第二类 T 形截面。

（4）第一类 T 形截面的计算公式及适用条件（图 4-38）

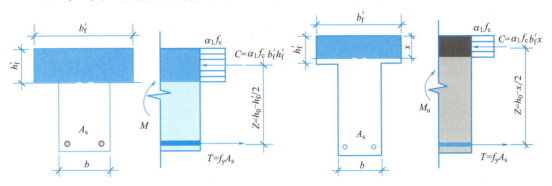

图 4-37　两类 T 形截面的界限情况　　　　图 4-38　第一类 T 形截面计算简图

① 基本公式

其承载力与截面尺寸为 $b'_f \times h$ 的矩形截面梁完全相同。由平衡条件得：

由 $\sum X = 0$ 得　　　　　　　　$f_y A_s = \alpha_1 f_c b'_f x$ 　　　　　　　　（4-24）

由 $\sum M = 0$ 得　　　　　　$M \leqslant M_u = \alpha_1 f_c b'_f x \left(h_0 - \dfrac{x}{2}\right)$ 　　　　　　（4-25）

② 适用条件

为防止超筋脆性破坏，因为相对受压区高度较小，配筋率较低，所以不易出现超筋现象，因此对第一类 T 形面，该适用条件一般能满足，不必验算。为防止少筋脆性破坏，受拉钢筋面积应满足 $A_s \geqslant \rho_{\min} b h$，$b$ 为 T 形截面的腹板宽度。

（5）第二类 T 形截面的计算公式及适用条件（图 4-39）

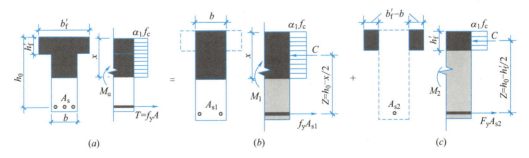

图 4-39　第二类 T 形截面计算简图

① 基本公式

为方便计算，将受压区面积分成两部分：一部分是腹板（$b \times x$），另一部分是挑出翼缘（$b'_f - b$）$\times h'_f$，如图 4-47 所示。

由图 4-39（b）得，其计算公式为：

$$\alpha_1 f_c bx = f_y A_{s1} \tag{4-26}$$

$$M_1 = \alpha_1 f_c bx \left(h_0 - \frac{x}{2}\right) \tag{4-27a}$$

或

$$M_1 = f_y A_{s1} \left(h_0 - \frac{x}{2}\right) \tag{4-27b}$$

由图 4-39（c）得，其计算公式为：

$$\alpha_1 f_c (b'_f - b) h'_f = f_y A_{s2} \tag{4-28}$$

$$M_2 = \alpha_1 f_c (b'_f - b) h'_f \left(h_0 - \frac{h'_f}{2}\right) \tag{4-29}$$

或

$$M_2 = f_y A_{s2} \left(h_0 - \frac{h'_f}{2}\right) \tag{4-30}$$

整个 T 形截面的受弯承载力为：

$$M = M_1 + M_2 \tag{4-31}$$

受拉钢筋的总面积为：

$$A_s = A_{s1} + A_{s2} \tag{4-32}$$

② 适用条件

为了防止少筋破坏：因为截面受压区高度较大，配筋率较高，不易出现少筋现象，所以，不必验算。

为了防止超筋破坏：$x \leqslant \xi_b h_0$ 或 $\rho_1 = \dfrac{A_{s1}}{bh_0} \leqslant \rho_{\max}$。

其中 A_{s1} 是与腹板受压混凝土相对应的纵向受拉钢筋面积。

（6）截面设计步骤

已知：构件截面尺寸 $b \times h$，混凝土强度等级 f_c、钢筋强度等级 f_y、弯矩设计值 M。

求：纵向受拉钢筋截面面积 A_s。

解：首先判别截面类型

当 $M \leqslant \alpha_1 f_c b'_f h'_f \left(h_0 - \dfrac{h'_f}{2}\right)$ 时，属于第一类 T 形截面；

当 $M > \alpha_1 f_c b'_f h'_f \left(h_0 - \dfrac{h'_f}{2}\right)$ 时，属于第二类 T 形截面。

① 第一类 T 形截面：其计算方法与 $b'_f \times h$ 的单筋矩形截面完全相同。

$$x = h_0 - \sqrt{h_0^2 - \frac{2M}{\alpha_1 f_c b'_f}}$$

如 $x \leqslant \xi_b h_0$，则不超筋，一般情况下均能满足，不必验算。

$$A_s = \frac{\alpha_1 f_c b'_f x}{f_y}$$

如 $A_s \geqslant \rho_{\min} bh$，则不少筋，应按 A_s 配置纵向钢筋。

如 $A_s < \rho_{\min} bh$，则属于少筋，按 $A_s = \rho_{\min} bh$ 配置纵向钢筋。

② 第二类 T 形截面：由基本公式推出：

$$x = h_0 - \sqrt{h_0^2 - \dfrac{2\left[M - \alpha_1 f_c (b'_f - b) h'_f \left(h_0 - \dfrac{h'_f}{2}\right)\right]}{\alpha_1 f_c b}}$$

如 $x \leqslant \xi_b h_0$，则不超筋。

$$A_{s1} = \dfrac{\alpha_1 f_c b x}{f_y} \qquad A_{s2} = \dfrac{\alpha_1 f_c (b'_f - b) h'_f}{f_y}$$

$$A_s = A_{s1} + A_{s2}$$

如 $x > \xi_b h_0$，则属于超筋梁，应加大截面重新设计。

一般情况下均能满足 $A_s \geqslant \rho_{\min} b h$，不必验算，按 A_s 配置钢筋。

工程应用4-3

已知：某肋形楼盖梁如图 4-40 所示，经计算该梁跨中截面的弯矩设计值 $M = 186\text{kN} \cdot \text{m}$（含梁自重），梁的计算跨度 $l_0 = 5.4\text{m}$，钢筋采用 HRB400 级，混凝土采用 C30，翼缘有效宽度 $b'_f = 1160\text{mm}$。试计算该梁跨中截面纵向受力钢筋的面积。

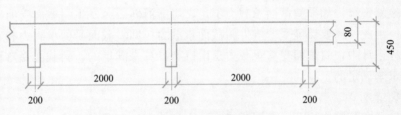

图 4-40　某肋形楼盖梁

解：

(1) 判别 T 形截面类型

$$\alpha_1 f_c b'_f h'_f \left(h_0 - \dfrac{h'_f}{2}\right) = 1.0 \times 14.3 \times 1160 \times 80 \times (405 - 80/2)$$

$$= 484.4 \times 10^6 \text{N} \cdot \text{mm} > M = 186 \times 10^6 \text{N} \cdot \text{mm}$$

则该截面属于第一类 T 形截面。

(2) 配筋计算

$$x = h_0 - \sqrt{h_0^2 - \dfrac{2M}{\alpha_1 f_c b'_f}} = 405 - \sqrt{405^2 - \dfrac{2 \times 186 \times 10^6}{1 \times 14.3 \times 1160}}$$

$= 28.7\text{mm} < \xi_b h_0 = 0.518 \times 405 = 209.8\text{mm}$，则不会发生超筋破坏。

$$A_s = \dfrac{\alpha_1 f_c b'_f x}{f_y} = \dfrac{1 \times 14.3 \times 1160 \times 28.7}{360} = 1322.4 \text{mm}^2$$

$> \rho_{\min} b h = 0.002 \times 200 \times 450 = 180 \text{mm}^2$，则不会发生少筋破坏。

(3) 选配钢筋：并完成图 4-41 中的钢筋标注（由学生完成）

受力筋 _____

架立筋 _____

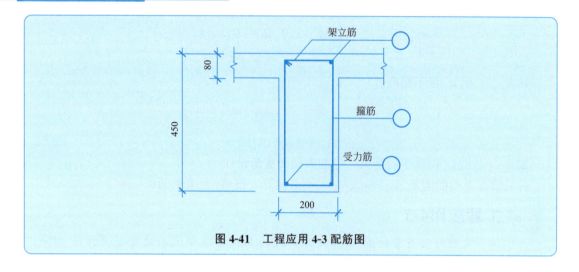

图 4-41　工程应用 4-3 配筋图

7. 受弯构件斜截面受力性能

受弯构件截面上除产生弯矩 M 外，常常还产生剪力 V，在剪力和弯矩共同作用的剪弯区段，产生斜裂缝，如果斜截面承载力不足，可能沿斜裂缝发生斜截面受剪破坏或斜截面受弯破坏。因此，还要保证受弯构件斜截面承载力，即斜截面受剪承载力和斜截面受弯承载力。工程设计中，斜截面受剪承载力是由抗剪计算来满足的，斜截面受弯承载力则是通过构造要求来满足的。

（1）斜裂缝

受弯构件梁在荷载作用下，会同时产生弯矩和剪力，在弯矩区段，产生正截面受弯破坏，梁在剪力较大的剪弯区段内时，则会产生斜截面受剪破坏。图 4-42 所示是梁在弯矩 M 和剪力 V 共同作用下产生的主应力迹线，其中实线为主拉应力迹线，虚线为主压应力迹线。随着荷载的增加，当主拉应力的值超过混凝土复合受力下的抗拉极限强度时，就会在沿主拉应力垂直方向产生斜向裂缝；梁在剪力较大的剪弯区段内，则梁会产生斜截面受剪破坏。

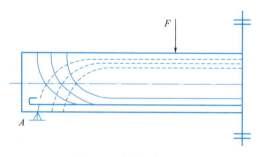

图 4-42　主应力轨迹线

为了防止梁发生斜截面破坏，除了梁的截面尺寸应满足一定的要求外，还需在梁中配置与梁轴线垂直的箍筋（必要时还可采用由纵向钢筋弯起而成的弯起钢筋），以承受梁内产生的主拉应力，箍筋和弯起钢筋统称为腹筋。

斜截面受剪承载力——通过计算配置腹筋（箍筋、弯起钢筋）来保证；

斜截面受弯承载力——通过构造措施（纵筋的截断、弯起钢筋的位置）来保证。

（2）剪跨比和配箍率

影响斜截面承载力的因素很多，其中剪跨比和配箍率是影响斜截面承载力的两个重要参数。剪跨比是一个无量纲的参数。

广义剪跨比是指计算截面的弯矩 M 与剪力 V 和相应截面的有效高度 h_0 乘积的比值，即：

$$\lambda = \frac{M}{Vh_0} \tag{4-33}$$

对集中荷载作用的简支梁，集中荷载作用截面的弯矩 $M = Va$，因此该截面的剪跨比为：

$$\lambda = \frac{M}{Vh_0} = \frac{Va}{Vh_0} = \frac{a}{h_0} \tag{4-34}$$

式中　a——集中荷载作用点至支座截面或节点边缘之间的距离，称为剪跨。

配箍率是箍筋截面面积与对应的混凝土面积的比值，用 ρ_{sv} 表示，即：

$$\rho_{sv} = \frac{nA_{sv1}}{bs} \tag{4-35}$$

式中　n——同一截面内箍筋的肢数；

　　　A_{sv1}——单肢箍筋的截面面积；

　　　b——截面宽度，如是 T 形截面，则是梁腹宽度；

　　　s——箍筋沿梁轴线方向的间距。

（3）有腹筋梁的斜截面破坏形态

配置箍筋的有腹筋梁，它的斜截面受剪破坏形态是以无腹筋梁为基础的，分为斜压破坏、剪压破坏和斜拉破坏三种。除剪跨比对斜截面破坏形态有重要影响以外，箍筋的配置数量对破坏形态也有很大的影响。

① 斜压破坏

当配置的箍筋太多或剪跨比很小（$\lambda < 1$）时，发生斜压破坏，其特征是混凝土斜向柱体被压碎，但箍筋不屈服，如图 4-43 所示。

② 剪压破坏

当配箍适量，剪跨比 $1 \leqslant \lambda \leqslant 3$ 时发生剪压破坏。其特征是箍筋受拉屈服，剪压区混凝土压碎，斜截面受剪承载力随配箍率及箍筋强度的增加而增大，如图 4-44 所示。

为防止剪压破坏，可通过斜截面承载力计算，配置适量腹筋。

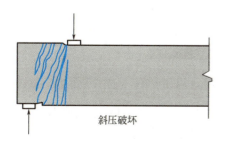

图 4-43　斜压破坏

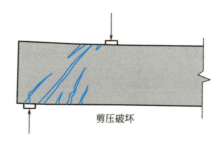

图 4-44　剪压破坏

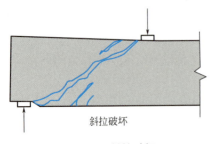

图 4-45 斜拉破坏

③ 斜拉破坏

当配箍率太小或箍筋间距太大且剪跨比较大（λ＞3）时，易发生斜拉破坏。其破坏特征与无腹筋梁相同，破坏时箍筋被拉断，如图 4-45 所示。

斜压破坏和斜拉破坏都是不理想的。因为斜压破坏在破坏时箍筋强度未得到充分发挥，斜拉破坏发生得十分突然，因此在工程设计中应避免出现这两种破坏情况。

剪压破坏在破坏时箍筋强度得到了充分发挥，且破坏时承载力较高。因此斜截面承载力计算公式就是根据这种破坏模型建立的。

8. 受弯构件斜截面受剪承载力计算方法

（1）基本公式

为了保证不发生斜截面的剪切破坏，应满足下列公式要求：

$$V \leqslant V_u \tag{4-36}$$

式中 V——受弯构件斜截面上的剪力设计值；
V_u——受弯构件斜截面受剪承载力设计值。

斜截面的受剪承载力是由混凝土、箍筋和弯起钢筋三部分组成的。即：

$$V_u = V_c + V_{sv} + V_{sb} \tag{4-37}$$

式中 V_c——剪压区混凝土受剪承载力设计值；
V_{sv}——与斜裂缝相交的箍筋受剪承载力设计值；
V_{sb}——与斜裂缝相交的弯起钢筋受剪承载力设计值。

1）只配箍筋的情况

① 矩形、T 形和工字形截面的一般受弯构件，其斜截面的受剪承载力计算公式为：

$$V = V_u \leqslant 0.7 f_t b h_0 + f_{yv} \frac{n A_{sv1}}{s} h_0 \tag{4-38}$$

式中 V——受弯构件斜截面上的最大剪力设计值；
f_{yv}——箍筋的抗拉强度设计值；
f_t——混凝土轴心抗拉强度设计值。

② 对集中荷载作用下的矩形截面独立梁：

《混凝土结构设计标准（2024 年版）》GB/T 50010—2010 规定：对于集中荷载作用下的矩形截面独立梁（包括作用有多种荷载，且其中集中荷载对支座截面或节点边缘所产生的剪力值占总剪力值的 75% 以上的情况），其斜截面的受剪承载力计算公式为：

$$V = V_u \leqslant \frac{1.75}{\lambda + 1.0} f_t b h_0 + f_{yv} \frac{n A_{sv1}}{s} h_0 \tag{4-39}$$

式中 λ——计算截面的剪跨比，$\lambda = \frac{a}{h_0}$。当 $\lambda < 1.5$ 时，取 $\lambda = 1.5$；当 $\lambda > 3$ 时，取 $\lambda = 3$；
a——集中荷载作用点处的截面（该点处的截面即为计算截面）至支座截面或节点边缘之间的距离。计算截面至支座之间的箍筋应均匀配置。

2）同时配有箍筋和弯起钢筋的情况

目前工程中主要采用箍筋抗剪,弯起钢筋应用较少。

对于矩形、T形和工字形截面的一般受弯构件来说,其计算公式为:

$$V = V_u \leqslant 0.7 f_t b h_0 + f_{yv} \frac{n A_{sv1}}{s} h_0 + 0.8 f_y A_{sb} \sin\alpha \tag{4-40}$$

对集中荷载作用下的矩形截面独立梁,其计算公式为:

$$V = V_u \leqslant \frac{1.75}{\lambda + 1.0} f_t b h_0 + f_{yv} \frac{n A_{sv1}}{s} h_0 + 0.8 f_y A_{sb} \sin\alpha \tag{4-41}$$

式中 A_{sb}——同一弯起平面内的弯起钢筋截面面积;

f_y——弯起钢筋的抗拉强度设计值;

α——弯起钢筋与纵向梁轴线的夹角。当 $h \leqslant 800$mm 时,α 常取为 45°;当 $h > 800$mm 时,α 常取为 60°;

0.8——考虑到弯起钢筋与破坏斜截面相交位置的不确定性,其应力可能达不到屈服强度时的应力不均匀系数;

b——矩形截面的宽度,如是 T 形或工字形截面,则指腹板宽度。

(2) 设计计算步骤

已知:剪力设计值 V,截面尺寸 $b \times h$,材料强度 f_c、f_t、f_y、f_{yv}。

求:配置腹筋。

① 复核截面尺寸

一般梁的截面尺寸应满足式 $V \leqslant 0.25\beta_c f_c b h_0$ 的要求,否则,应加大截面尺寸或提高混凝土强度等级,直至满足为止。

② 确定是否需按计算配置箍筋

当满足式 (4-42) 条件时,可按构造配置箍筋,否则,需按计算配置箍筋;构造箍筋即为满足箍筋的最大间距和箍筋的最小直径,见表 4-19 和表 4-20。

$$V \leqslant 0.7 f_t b h_0 \text{ 或 } V \leqslant \frac{1.75}{\lambda + 1.0} \tag{4-42}$$

梁中箍筋最大间距 s_{max} (mm)　　　　　　　　　　　表 4-19

梁高 h	$V > 0.7 f_t b h_0 + 0.05 N_{p0}$	$V \leqslant 0.7 f_t b h_0 + 0.05 N_{p0}$
$150 < h \leqslant 300$	150	200
$300 < h \leqslant 500$	200	300
$500 < h \leqslant 800$	250	350
$h > 800$	300	400

梁中箍筋最小直径 (mm)　　　　　　　　　　　表 4-20

梁高 h	箍筋直径
$h \leqslant 800$	6
$h > 800$	8

③ 确定腹筋数量

仅配箍筋时,求出 $\dfrac{n A_{sv1}}{s}$ 的值后,根据构造要求先选定箍筋肢数 n 和直径 d,然后求出间距 s,即:

$$\frac{nA_{sv1}}{s} = \frac{V - 0.7 f_t b h_0}{f_{yv} h_0} \quad \text{或} \quad \frac{nA_{sv1}}{s} = \frac{V - \frac{1.75}{\lambda + 1.0} f_t b h_0}{f_{yv} h_0}$$

④ 验算配箍率

$$\rho_{vs} = \frac{nA_{sv1}}{bs} \geqslant \rho_{sv,min} = 0.24 \frac{f_t}{f_{yv}}$$

工程应用4-4

已知：某矩形截面简支梁，截面尺寸 $b \times h = 200\text{mm} \times 400\text{mm}$，$a_s = 40\text{mm}$，承受均布荷载，支座边缘剪力设计值 $V = 120\text{kN}$，混凝土强度等级为C30，箍筋为HRB400级钢筋，采用只配箍筋的方案，求箍筋数量。

解：
(1) 复核梁截面尺寸

$$\frac{h_w}{b} = \frac{360}{200} = 1.8 < 4$$

$$0.25 \beta_c f_c b h_0 = 0.25 \times 1.0 \times 14.3 \times 200 \times 360 = 257.4\text{kN} > V = 120\text{kN}$$

则截面尺寸满足要求。

(2) 验算是否需要按计算配置箍筋

$$0.7 f_t b h_0 = 0.7 \times 1.43 \times 200 \times 360 = 72.1\text{kN} < V = 120\text{kN}$$

则应按计算配置箍筋。

(3) 仅配箍筋

根据公式（4-38）有：

$$V = 0.7 f_t b h_0 + f_{yv} \frac{nA_{sv1}}{s} h_0$$

$$\frac{nA_{sv1}}{s} = \frac{V - 0.7 f_t b h_0}{f_{yv} h_0} = \frac{120 \times 10^3 - 0.7 \times 1.43 \times 200 \times 360}{360 \times 360} = 0.370$$

选 $\Phi 6$，$n = 2$，则 $A_{sv1} = 28.3\text{mm}^2$。

即 $s = \frac{2 \times 28.3}{0.370} = 153.0\text{mm}$，取 $s = 150\text{mm}$。

(4) 验算最小配箍率

$$\rho_{sv} = \frac{nA_{sv1}}{bs} = \frac{2 \times 28.3}{200 \times 150} = 0.189\% > \rho_{sv,min} = 0.24 \frac{f_t}{f_{yv}} = 0.24 \times \frac{1.43}{360} = 0.095\%$$

满足要求，即箍筋采用 $\Phi 6@150$ 沿梁均匀布置。

4.2.2 钢筋混凝土受压构件

1. 受压构件基本知识

受压构件是工程结构中最基本和最常见的构件之一，以承受轴向压力为主，通常还有弯矩和剪力作用，柱子是其典型代表。根据轴向压力的作用点与截面重心的相对位置不同，受压构件又可分为轴心受压构件、单向偏心受压构件及双向偏心受压构件，如图4-46

所示。受压构件（柱）往往在结构中具有重要作用，一旦产生破坏，往往导致整个结构的损坏，甚至倒塌。

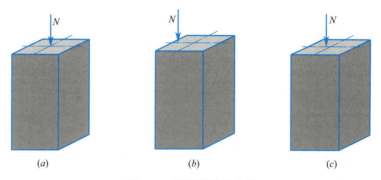

图 4-46 受压构件的分类
（a）轴心受压；（b）单向偏心受压；（c）双向偏心受压

(1) 截面形式及尺寸

钢筋混凝土受压构件通常采用方形或矩形截面，以便制作模板。一般轴心受压柱以正方形为主，偏心受压柱以矩形为主。当有特殊要求时，也可采用其他形式的截面。轴心受压构件一般采用正方形、矩形、圆形和正多边形等，偏心受压构件一般采用矩形、梯形、工字形和环形等。

为了充分利用材料强度，避免构件长细比太大而过多降低构件承载力，柱截面尺寸不宜过小，一般应符合 $\dfrac{l_0}{h} \leqslant 25$ 及 $\dfrac{l_0}{b} \leqslant 30$（其中 l_0 为柱的计算长度，h 和 b 分别为截面的高度和宽度）。对于正方形和矩形截面，其尺寸不宜小于 300mm×300mm。为了便于模板尺寸模数化，柱截面边长在 800mm 以下者，宜取 50mm 的倍数；在 800mm 以上者，取为 100mm 的倍数。

钢筋混凝土结构中的框架柱：一般取截面高度 $h = \left(\dfrac{1}{20} \sim \dfrac{1}{15}\right) H_i$（$H_i$ 为层高）；宽度 $b = \left(\dfrac{2}{3} \sim 1\right) h$。

(2) 材料强度等级

受压构件的承载力主要取决于混凝土强度，采用较高强度等级的混凝土可以减小构件截面尺寸，节省钢材，因而柱中混凝土一般宜采用较高强度等级，但不宜选用高强度钢筋。其原因是受压钢筋要与混凝土共同工作，钢筋应变受到混凝土极限压应变的限制，而混凝土极限压应变很小，所以高强度钢筋的受压强度不能被充分利用。《混凝土结构设计标准（2024 年版）》GB/T 50010—2010 规定受压钢筋的最大抗压强度为 400N/mm^2。一般柱中采用 C25 及以上等级的混凝土，对于高层建筑的底层柱可采用更高强度等级的混凝土，例如采用 C40 或以上等级的混凝土；纵向钢筋一般采用 HRB400 级热轧钢筋。

(3) 纵筋

纵向受力筋可以协助混凝土承受压力、可能的弯矩以及混凝土收缩和温度变形引起的拉应力，防止构件突然的脆性破坏。轴心受压柱的纵向受力钢筋应沿截面四周均匀对称布置，偏心受压柱的纵向受力钢筋放置在弯矩作用方向的两对边，圆柱中纵向受力钢筋宜沿周边均匀布置，如图 4-47 所示。

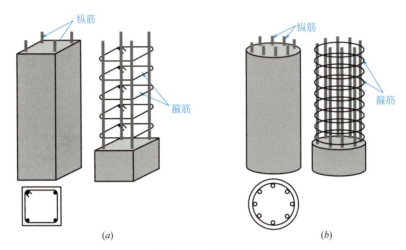

图 4-47 柱中钢筋
(a) 普通箍筋矩形柱；(b) 焊接圆环式箍筋柱

纵向受力钢筋直径 d 不宜小于 12mm，通常采用 12～32mm。一般宜采用根数较少、直径较粗的钢筋，以保证骨架的刚度。

正方形和矩形截面柱中纵向受力钢筋不少于 4 根，圆柱中不宜少于 8 根且不应少于 6 根。纵向受力钢筋的净距不应小于 50mm，偏心受压柱中垂直于弯矩作用平面的侧面上的纵向受力钢筋及轴心受压柱中各边的纵向受力钢筋的中距不宜大于 300mm。对水平浇筑的预制柱，其纵向钢筋的最小净距可按梁的有关规定采用。

受压构件全部纵向钢筋的配筋率不应小于表 4-16 中的规定值，也不宜超过 5%，一侧钢筋的配筋率不应小于 0.20%，工程中受压构件全部纵向钢筋的配筋率一般不超过 3%，也不宜<0.6%，配筋率通常在 0.5%～2% 之间比较经济，见表 4-21。

柱纵向受力钢筋最小配筋率（%）　　　　　　　　　表 4-21

柱类型	抗震等级			
	一级	二级	三级	四级
中柱、边柱	0.90(1.00)	0.70(0.80)	0.60(0.70)	0.50(0.60)
角柱、框支柱	1.10	0.90	0.80	0.70

注：表中括号内数值用于房屋建筑纯框架结构柱。

（4）箍筋

受压构件中的周边箍筋主要为保证纵向钢筋的位置正确、防止纵向钢筋压屈，从而提高柱的承载能力。一般应做成封闭式，箍筋末端应做成 135° 弯钩且弯钩末端平直段长度不应小于 $\max\{75, 10d\}$。箍筋直径不应小于 $d/4$（d 为纵向钢筋的最大直径），且不应小于 6mm。箍筋间距不应大于 400mm 及构件截面的短边尺寸，且不应大于 $15d$（d 为纵向受力钢筋的最小直径）。在纵筋搭接长度范围内，箍筋的直径不宜小于搭接钢筋直径的 0.25 倍。箍筋间距，当搭接钢筋为受拉时，不应大于 $5d$（d 为受力钢筋中最小直径），且不应大于 100mm；当搭接钢筋为受压时，不应大于 $10d$，且不应大于 200mm。

当搭接受压钢筋直径大于 25mm 时,应在搭接接头两个端面外 50mm 范围内各设置 2 根箍筋。

普通箍筋柱中的箍筋是构造钢筋,由构造确定;螺旋箍筋柱中的箍筋既是构造钢筋又是受力钢筋。

(5) 偏压柱构造纵筋的设置

当偏心受压柱的截面高度 $h \geqslant 600\text{mm}$ 时,在柱的侧面应设置直径为 10~16mm 的纵向构造钢筋,其间距不大于 500mm,并相应设置拉筋或复合箍筋,如图 4-48 所示,拉筋的直径和间距可与箍筋基本相同。

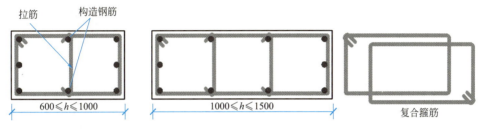

图 4-48　偏心受压柱构造纵筋的设置

2. 轴心受压构件的正截面承载力分析

(1) 概述

根据构件长细比(构件的计算长度 l_0 与构件的截面回转半径 i 之比)的不同,轴心受压柱可分为短柱(对一般截面 $l_0/i \leqslant 28$;对矩形截面 $l_0/b \leqslant 8$)和中长柱两类。见表 4-22。

柱的计算长度 l_0 取值　　　　表 4-22

楼盖类型	柱的类别	l_0
现浇楼盖	底层柱	$1.0H$
	其余各层柱	$1.25H$
装配式楼盖	底层柱	$1.25H$
	其余各层柱	$1.5H$

注:表中 H 对底层柱为从基础顶面到一层楼盖顶面的高度或取一层层高加室内地面下 500mm;对其余各层柱为上下两层楼盖顶面之间的高度,如图 4-49 所示。

轴心受压短柱在临近破坏时,柱子表面出现纵向裂缝,箍筋之间的纵筋压屈外凸,混凝土被压碎崩裂而破坏。混凝土达到 f_c、钢筋达到 f'_y。轴心受压长柱在临近破坏时,首先在凹边出现纵向裂缝,接着混凝土压碎,纵筋压弯外凸,侧向挠度急速发展,最终柱子失去平衡,凸边混凝土拉裂而破坏。

在同等条件下(截面、配筋、材料相同),长柱受压承载能力低于短柱受压承载能力。柱的长细比越大,其承载力越低,对于长细比很大的长柱,还有可能发生"失稳破坏"的现象,如图 4-50 所示。《混凝土结构设计标准(2024 年版)》GB/T 50010—2010 采用稳定系数 φ 来表示长柱承载力的降低程度。

(2) 基本公式

由力平衡条件可得:

$$N \leqslant N_u = 0.9\varphi(f_c A + f'_y A'_s) \tag{4-43}$$

式中 N——轴心压力设计值；

0.9——保证与偏心受压构件正截面承载力有相近的可靠度时的调整系数；

φ——稳定系数，查表 4-23；

f_c——混凝土轴心抗压强度设计值；

f'_y——纵向钢筋抗压强度设计值；

A——构件截面面积，当纵向钢筋配筋率 $\rho' \geqslant 3\%$ 时，A 应改为 A_c。

$$A_c = A - A'_s \tag{4-44}$$

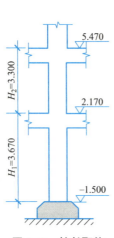

图 4-49 柱长取值

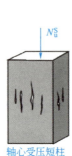

图 4-50 失稳破坏

式中 A'_s——纵向受压钢筋截面面积；

ρ'——纵向受压钢筋配筋率，$\rho' = \dfrac{A'_s}{A}$。

钢筋混凝土受压构件的稳定系数 φ 表 4-23

l_0/b	≤8	10	12	14	16	18	20	22	24	26	28
l_0/d	≤7	8.5	10.5	12	14	15.5	17	19	21	22.5	24
l_0/i	≤28	35	42	48	55	62	69	76	83	90	97
φ	1.00	0.98	0.95	0.92	0.87	0.81	0.75	0.70	0.65	0.60	0.56
l_0/b	30	32	34	36	38	40	42	44	46	48	50
l_0/d	26	28	29.5	31	33	34.5	36.5	38	40	41.5	43
l_0/i	104	111	118	125	132	139	146	153	160	167	174
φ	0.52	0.48	0.44	0.40	0.36	0.32	0.29	0.26	0.23	0.21	0.19

工程应用 4-5

已知：有一钢筋混凝土轴心受压普通箍筋柱，截面尺寸为 400mm×400mm，柱的计算长度 $l_0=5.0$m，轴心压力设计值 $N=2500$kN，采用混凝土强度等级为 C30，钢筋采用 HRB400，箍筋采用 HRB400。试求该柱所需钢筋截面面积，并画出截面配筋施工图。

解：

(1) 确定稳定系数 φ

由 $l_0/b = 5000/400 = 12.5$，查表 4-22 得，$\varphi = 0.942$。

(2) 求柱中钢筋截面面积 A'_s

由 $N = 0.9\varphi(f_c A + f'_y A'_s)$ 得：

$$A'_s = \frac{\left(\dfrac{N}{0.9\varphi} - f_c A\right)}{f'_y} = \frac{\left(\dfrac{2500 \times 10^3}{0.9 \times 0.942} - 14.3 \times 400 \times 400\right)}{360} = 1835.6 \text{mm}^2$$

(3) 验算配筋率

$$\rho' = \frac{A'_s}{A} = \frac{1835.6}{400 \times 400} = 1.15\% > \rho_{\min} = 0.55\%,$$

满足要求。

(4) 选配钢筋（由学生完成）

受力筋：＿＿＿＿＿＿＿＿＿＿

箍　筋：＿＿＿＿＿＿＿＿＿＿

(5) 完成图 4-51 中的钢筋标注（由学生完成）

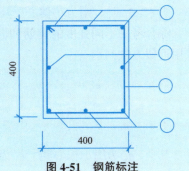

图 4-51　钢筋标注

3. 偏心受压构件正截面承载力分析

(1) 偏心受压构件的分类

同时承受轴向压力 N 和弯矩 M 作用的构件称为偏心受压构件，它等效于承受一个原始偏心距为 $e_0 = M/N$ 的偏心压力 N 的作用。当 e_0 很小时，构件接近于轴心受压；当 e_0 很大时，构件接近于受弯。因此，随着 e_0 的改变，偏心受压构件的受力性能和破坏形态介于轴心受压和受弯之间。按照轴向力、偏心距和配筋情况的不同，偏心受压构件的破坏可分为受拉破坏（习惯上称为大偏心受压破坏）和受压破坏（习惯上称为小偏心受压破坏）两种情况。

当偏心距 e_0 较大，且受拉钢筋不太多时，发生受拉破坏。当偏心距 e_0 较小，且受拉钢筋配置过多时，发生受压破坏。

① 大偏心受压破坏

破坏特征：加载后首先在受拉区出现横向裂缝，裂缝不断发展，裂缝处的拉力转由钢筋承担，受拉钢筋首先达到屈服，并形成一条明显的主裂缝，主裂缝延伸，受压区高度减小，最后受压区出现纵向裂缝，混凝土被压碎导致构件破坏，如图 4-52 所示。

大偏心受压破坏类似于正截面破坏中的适筋梁，属于延性破坏。

② 小偏心受压破坏

破坏特征：施加荷载后全截面受压或大部分受压，距力近侧混凝土压应力较高，距力远侧压应力较小甚至受拉。随着荷载增加，近侧混凝土出现纵向裂缝被压碎，受压钢筋屈服，远侧钢筋可能受压，也可能受拉，但都未屈服，如图 4-53 所示。

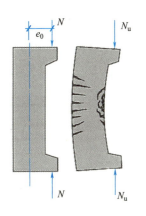

图 4-52　大偏心受压破坏

小偏心受压破坏类似于正截面破坏中的超筋梁，属于脆性破坏。

③ 大小偏心受压的界限

受拉破坏（大偏心受压）：受拉钢筋先屈服而后受压混凝土被压碎；类似于受弯构件正截面的适筋破坏。

受压破坏（小偏心受压）：受压部分先发生破坏；类似于受弯构件正截面的超筋破坏。

当 $\xi \leqslant \xi_b$ 时，则为大偏心受压破坏（受拉破坏）；

当 $\xi > \xi_b$ 时，则为小偏心受压破坏（受压破坏）。

综合考虑不同强度的钢筋和混凝土强度等级，设计计算时采用近似方法判别：

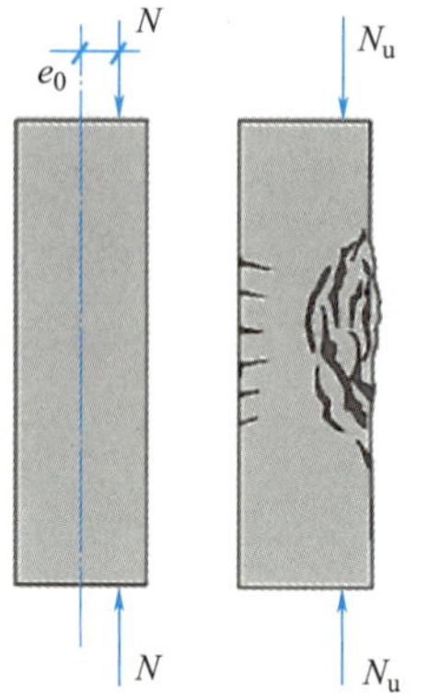

图 4-53 小偏心受压破坏

当 $e_i = e_0 + e_a = \dfrac{M}{N} + e_a \leqslant 0.3h_0$ 时，按小偏心受压计算；

当 $e_i = e_0 + e_a = \dfrac{M}{N} + e_a > 0.3h_0$ 时，按大偏心受压计算。

其中，e_a 为附加偏心距、e_i 为初始偏心距。

(2) 附加偏心距 e_a

由于施工误差、计算偏差及材料的不均匀等原因，实际工程中不存在理想的轴心受压构件。为考虑这些因素的不利影响，引入附加偏心距 e_a，即在正截面压弯承载力计算中，轴向力对截面重心的偏心距 $e_0 = \dfrac{M}{N}$ 与附加偏心距 e_a 之和称为初始偏心距 e_i，即：

$$e_i = e_0 + e_a \tag{4-45}$$

其中，附加偏心距 e_a 取 20mm 与 $h/30$ 两者中的较大值，此处 h 是指偏心方向的截面尺寸；M 为控制截面弯矩设计值，M 由公式（4-50）计算而得，N 为纵向力设计值。

(3) 构件纵向弯曲的影响

对于有侧移和无侧移结构的偏心受压构件，若杆件的长细比较大时，在轴力作用下，单屈率变形，由于杆件自身挠曲变形的影响，通常会增大杆件中间区段截面的弯矩，即产生 $P-\delta$ 效应。根据《混凝土结构设计标准（2024 年版）》GB/T 50010—2010 规定，弯矩作用内截面对称的偏心受压构件，当同一主轴方向的杆端弯矩比 $\dfrac{M_1}{M_2}$ 不大于 0.9 且设计轴压比不大于 0.9 时，若构件的长细比满足下式的要求，可不考虑该方向构件自身挠曲产生的附加弯矩影响（即不考虑 $P-\delta$ 效应）；否则需要考虑杆件自身挠曲产生的附加弯矩。

$$\dfrac{l_c}{i} \leqslant 34 - 12(M_1/M_2) \tag{4-46}$$

式中　M_1、M_2——同一主轴方向的弯矩设计值，绝对值较大端为 M_2，绝对值较小端为 M_1。当构件按单曲率弯曲时，$\dfrac{M_1}{M_2}$ 为正，否则 $\dfrac{M_1}{M_2}$ 为负；

l_c——构件的计算长度，可近似取偏心受压构件相应主轴方向两支点之间的距离；

i——偏心方向的截面回转半径,$i=\sqrt{\dfrac{I}{A}}=\sqrt{\dfrac{1}{12}bh^3/bh}=0.289h$。

《混凝土结构设计标准(2024 年版)》GB/T 50010—2010 偏于安全地规定除排架结构柱以外的偏心受压构件,在其偏心方向上考虑杆件自身挠曲影响的控制截面弯矩设计值可按下列公式计算:

$$M = C_m \eta_{ns} M_2 \qquad (4\text{-}47)$$

$$C_m = 0.7 + 0.3 \frac{M_1}{M_2} \qquad (4\text{-}48)$$

$$\eta_{ns} = 1 + \frac{1}{1300(M_2/N + e_a)/h_0}\left(\frac{l_c}{h}\right)^2 \zeta_c \qquad (4\text{-}49)$$

当 $C_m \eta_{ns} < 1.0$ 时,取 $C_m \eta_{ns} = 1$;对于剪力墙类构件,可取 $C_m \eta_{ns} = 1.0$。

式中　C_m——柱端截面偏心距调节系数,当 C_m 小于 0.7 时取 0.7;

　　　N——与弯矩设计值 M_2 相应的轴向力设计值;

　　　ζ_c——截面修正系数,$\zeta_c = \dfrac{N_b}{N} = \dfrac{0.5 f_c A}{N}$。当 $\zeta_c > 1$ 时,取 $\zeta_c = 1$;

　　　N_b——界限状态时构件受压承载力;

　　　A——构件截面面积;

　　　f_c——混凝土轴心抗压强度设计值。

(4)对称配筋矩形截面偏心受压构件正截面承载力计算

实际工程中,受压构件经常承受变号弯矩的作用,对于装配式柱来讲,采用对称配筋比较方便,吊装时不容易出错,设计和施工都比较简便。从实际工程来看,对称配筋的应用更为广泛。对称配筋就是截面两侧的钢筋数量和钢筋种类都相同,即 $f_y = f'_y$,$A_s = A'_s$。通常作以下基本假定:

① 截面应变符合平面假定;

② 不考虑混凝土的受拉作用,拉力全部由钢筋承担;

③ 受压区混凝土采用等效矩形应力图。

4. 偏心受压构件斜截面承载力分析

偏心受压构件除受有轴力 N 和弯矩 M 作用外,还有剪力 V 的作用,一般情况下剪力相对较小,可不进行斜截面受剪承载力的计算,但对于有较大水平力作用的框架柱,则尚须进行斜截面受剪承载力的计算。

轴向压力 N 对斜截面受剪强度的影响:与受弯构件的受剪性能相比,偏心受压构件还有轴向压力的作用。试验表明,轴向压力对斜截面的受剪承载力起有利作用。试验还表明,轴向压力对构件斜截面的受剪承载力的有利作用是有限的。《混凝土结构设计标准(2024 年版)》GB/T 50010—2010 规定,矩形截面钢筋混凝土偏心受压构件的斜截面承载力按下式计算:

$$V = \frac{1.75}{\lambda + 1} f_t b h_0 + f_{yv} \frac{n A_{sv1}}{s} h_0 + 0.07 N \qquad (4\text{-}50)$$

式中　λ——偏心受压构件计算截面的剪跨比,取 $\lambda = \dfrac{M}{V h_0}$。对框架结构中的框架柱,当反弯点在层高范围内时，可取 $\lambda = \dfrac{H_n}{(2h_0)}$（$H_n$ 为柱的净高）；当 $\lambda < 1$ 时，取 $\lambda = 1$，当 $\lambda > 3$ 时，取 $\lambda = 3$。对其他偏心受压构件，当承受均布荷载时，取 $\lambda = 1.5$；当承受集中荷载时（包括作用有多种荷载，且集中荷载对支座截面或节点边缘所产生的剪力值占总剪力值的 75% 以上的情况），取 $\lambda = a/h_0$，当 $\lambda < 1.5$ 时，取 $\lambda = 1.5$，当 $\lambda > 3$ 时，取 $\lambda = 3$；

N——与剪力设计值相应的轴向压力设计值。当 $N > 0.3 f_c A$ 时，取 $N = 0.3 f_c A$，A 为构件截面面积。

当符合下式要求时：

$$V \leqslant \dfrac{1.75}{\lambda + 1} f_t b h_0 + 0.07 N \tag{4-51}$$

可不进行斜截面受剪承载力的计算，仅需根据构造要求配置箍筋。

应当指出，本教学单元所述内容是针对非抗震设防区的构件设计。对于有抗震设防要求的混凝土结构构件，还应根据《建筑抗震设计标准（2024 年版）》GB/T 50011—2010 规定的抗震设计原则，按《混凝土结构设计标准（2024 年版）》GB/T 50010—2010 关于构件抗震设计的规定进行结构构件的抗震设计。

4.2.3 钢筋混凝土受扭构件

扭转是构件受力的基本形式之一，在构件截面中有扭矩作用的构件，都称为受扭构件。受扭构件是钢筋混凝土结构中常见的构件形式，工程中如钢筋混凝土雨篷梁、平面曲梁或折梁、现浇框架边梁、吊车梁、螺旋楼梯等结构构件都是受扭构件，如图 4-54 所示。受扭构件根据截面上存在的内力情况可分为纯扭、剪扭、弯扭、弯剪扭等多种受力情况。在实际工程中弯剪扭的受力构件较普遍，而纯扭构件是很少的，钢筋混凝土受扭构件大多是矩形截面。

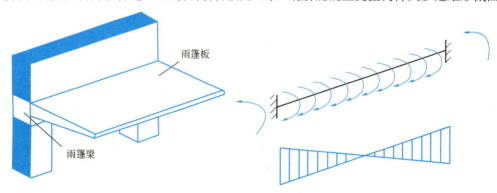

图 4-54 工程中常见的受扭构件

1. 钢筋混凝土纯扭构件的破坏特征

钢筋混凝土纯扭构件在开裂前，主拉应力最大值在长边中间，主拉应力与轴线呈 45° 角，而开裂后则呈三面受拉，一面受压的受力状态，如图 4-55 所示。

扭矩在匀质弹性材料构件中引起的主拉应力方向与构件轴线成 45°，因此最合理的配筋方式为 45° 螺旋形配筋，但施工不便。在实际工程中，采用构件表面设置的横向箍筋和

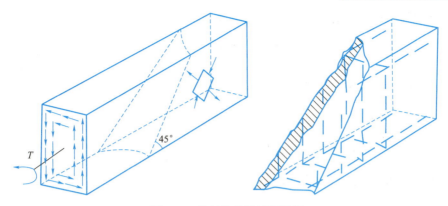

图 4-55 纯扭构件的破坏特征

构件周边均匀对称设置纵向钢筋,共同形成抗扭钢筋骨架。

当受扭箍筋和纵筋配置过少时,构件的受扭承载力与素混凝土没有实质差别,破坏过程迅速而突然,类似于受弯构件的少筋破坏,称为少筋受扭构件。如果箍筋和纵筋配置过多,钢筋未达到屈服强度,构件即由于斜裂缝间混凝土被压碎而破坏,这种破坏与受弯构件的超筋梁类似,称为超筋受扭构件。少筋受扭构件和超筋受扭构件均属脆性破坏,设计中应予避免。当受扭箍筋和纵筋配置合适,混凝土开裂后不立即破坏,混凝土的拉应力由钢筋来承担,随扭矩增大纵筋和箍筋屈服,侧压面上混凝土被压碎,与受弯适筋梁的破坏类似,称为适筋受扭构件,属于延性破坏,工程设计中应采用这种方法。

2. 钢筋混凝土受扭构件配筋的构造要求

(1) 受扭箍筋

受扭箍筋除满足强度要求和最小配箍率的要求外,其形状还应满足图 4-56 所述的要求,即箍筋必须做成封闭式,箍筋的末端必须做成 135°的弯钩,弯钩的端头平直段长度 $\geq 10d$,箍筋的间距 s 及直径 d 均应满足受弯构件的最大箍筋间距 S_{max} 及最小箍筋直径的要求。

(2) 受扭纵筋

受扭纵筋除满足强度要求和最小配筋率的要求外,在截面的四角必须设置受扭纵筋,

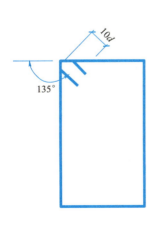

图 4-56 受扭箍筋

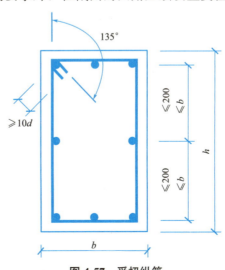

图 4-57 受扭纵筋

其余的受扭纵筋则沿截面的周边均匀对称布置，如图 4-57 所示。工程中常采用如下分配方法设置受扭纵筋：当 $h \leqslant b$ 时，则受扭纵筋按受扭纵筋面积 A_{stl} 的上、下各 $\frac{1}{2}$ 设置；当 $h > b$ 时，则受扭纵筋按受扭纵筋面积 A_{stl} 的上、中、下各 $\frac{1}{3}$ 设置，同时还要求受扭纵筋的间距不大于 200mm 和梁的截面宽度。如梁的截面尺寸为 $b \times h = 250\text{mm} \times 600\text{mm}$，则受扭纵筋按受扭纵筋面积 A_{stl} 的上、中、中、下各 $\frac{1}{4}$ 设置。配置钢筋时，可将相重叠部位的受弯纵筋和受扭纵筋面积进行叠加。

3. 弯剪扭构件承载力计算方法

在弯矩、剪力和扭矩的共同作用下，各项承载力是相互关联的，其相互影响十分复杂。为了简化计算，《混凝土结构设计标准（2024 年版）》GB/T 50010—2010 规定，构件在弯矩、剪力和扭矩共同作用下的承载力可按下述叠加方法进行计算，如图 4-58 所示。

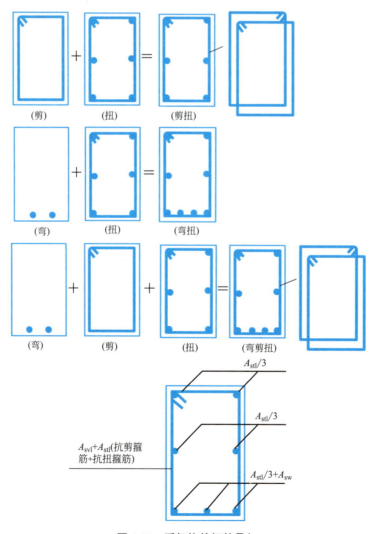

图 4-58 受扭构件钢筋叠加

(1) 按受弯构件计算在弯矩作用下所需的纵向钢筋的截面面积 A_s 与按受扭构件计算在扭矩作用下所需的受扭纵向分配的面积叠加后设置在构件的受拉区。

(2) 按剪扭构件计算在承受剪力作用下所需的箍筋截面面积与承受扭矩作用下所需的箍筋截面面积叠加后重新设置箍筋。

4.2.4 受弯构件的裂缝和变形

《混凝土结构设计标准（2024年版）》GB/T 50010—2010 将极限状态分为两类：一类是承载能力的极限状态，主要满足建筑物安全性的功能要求；另一类是正常使用极限状态，主要满足建筑物适用性、耐久性的功能要求。因此，对于钢筋混凝土结构构件，除应进行承载力计算外，还应根据结构构件的工作条件或使用要求进行正常使用极限状态的验算。

1. 变形分类及裂缝宽度验算的原因

钢筋混凝土结构构件产生裂缝的原因很多，主要有两种类型：其一是直接荷载作用所引起的裂缝；其二是非荷载因素，如材料收缩、温度变化、混凝土碳化以及地基不均匀沉降等所引起的裂缝。大部分裂缝的产生是多种因素共同作用的结果。非荷载因素引起的裂缝主要依靠选择良好的骨料级配，提高施工质量，设置伸缩缝和混凝土保护层的最小厚度加以限制。荷载作用产生的裂缝，则通过裂缝宽度验算来控制。

构件过大的挠度和裂缝会影响结构的正常使用，且构件裂缝过大时，会使钢筋锈蚀，从而降低结构的耐久性，并且裂缝的出现和扩展还会降低构件的刚度，从而使变形增大，甚至影响正常使用。

2. 裂缝宽度的控制

《混凝土结构设计标准（2024年版）》GB/T 50010—2010 将裂缝控制等级划分为三级，分别为：

(1) 一级：严格要求不出现裂缝的构件，按荷载效应标准组合计算时，构件受拉边缘混凝土不应产生拉应力；

(2) 二级：一般要求不出现裂缝的构件，按荷载效应标准组合计算时，构件受拉边缘混凝土拉应力不应大于混凝土抗拉强度标准值；而按荷载效应永久组合计算时，构件受拉边缘混凝土不宜产生拉应力，当有可靠经验时可适当放松；

(3) 三级：允许出现裂缝的构件，按荷载效应标准组合并考虑长期作用影响计算时构件的最大裂缝宽度 w_{max} 不应超过表 4-24 规定的最大裂缝宽度限值 $[w_{max}]$。即：

$$w_{max} \leqslant [w_{max}] \tag{4-52}$$

结构构件的裂缝控制等级及最大裂缝宽度限值 $[w_{max}]$ (mm)　　　　表 4-24

环境类别	钢筋混凝土结构		预应力混凝土结构	
	裂缝控制等级	w_{lim}	裂缝控制等级	w_{lim}
一	三级	0.3(0.4)	三级	0.2
二 a		0.2		0.1
二 b			二级	—
三 a、三 b			一级	—

上述一、二级裂缝控制属于构件的抗裂能力控制，对于一般的钢筋混凝土构件来说，在使用阶段一般都是带裂缝工作的，故按三级标准来控制裂缝宽度。

3. 挠度控制

受弯构件的挠度应满足规范规定的要求，即：

$$f_{max} \leqslant [f] \tag{4-53}$$

式中　f_{max}——按荷载准永久效应组合并考虑荷载长期效应组合影响时的最大挠度；

　　　$[f]$——受弯构件的允许挠度。

4.2.5　预应力混凝土构件

普通钢筋混凝土结构抗拉性能很差，使得钢筋混凝土受拉、受弯构件都是带裂缝工作，不能充分利用高强度钢筋和高强混凝土。为满足变形和裂缝要求而加大截面尺寸，会使得结构自重过大，不经济且受大跨度结构的限制，而且在防渗、抗腐蚀时易出现问题。

为了避免钢筋混凝土结构的裂缝过早出现，充分利用高强度钢筋及高强度混凝土，可以设法在结构构件受荷载作用前，使它产生预压应力来减小或抵消荷载所引起的混凝土拉应力，从而使结构构件的拉应力不大，甚至处于受压状态。

1. 预应力混凝土结构基本原理

在构件受荷之前，给混凝土的受拉区预先施加压应力的结构，称为预应力混凝土结构。其基本原理为预先在混凝土受拉区施加压应力，使其减小或抵消荷载引起的拉应力，将构件受到的拉应力控制在较小范围，甚至处于受压状态，即可控制构件裂缝宽度，甚至可以使构件不产生裂缝，如图4-59所示。

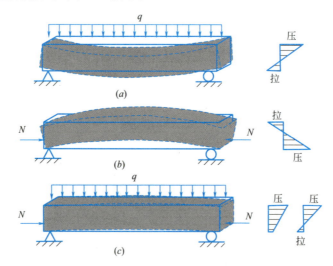

图 4-59　预应力混凝土的工作原理

2. 预应力混凝土的分类

根据预加应力值大小对构件截面裂缝控制程度的不同，预应力混凝土构件分为全预应力混凝土和部分预应力混凝土两类。在使用荷载作用下，不允许截面上混凝土出现拉应力的构件，称为全预应力混凝土，属严格要求不出现裂缝的构件；允许出现裂缝，但最大裂缝宽度不超过允许值的构件，则称为部分预应力混凝土，属允许出现裂缝的构件。

按照粘结方式的不同，预应力混凝土构件还可分为有粘结预应力混凝土和无粘结预应力混凝土两类。无粘结预应力混凝土，是指配置无粘结预应力钢筋的后张法预应力混凝土。无粘结预应力钢筋是将预应力钢筋的外表面涂以沥青、油脂或其他润滑防锈材料，以减小摩擦力并防锈蚀，并用塑料套管或以纸带、塑料带包裹，以防止施工中碰坏涂层，并使之与周围混凝土隔离，而在张拉时可以纵向发生相对滑移的后张预应力钢筋。无粘结预应力钢筋在施工时，像普通配筋一样，可直接按配置的位置放入模板中，并浇灌混凝土，待混凝土达到规定强度后即可进行张拉。无粘结预应力混凝土如采用无粘结预应力筋和普通钢筋混合配筋，可以在满足极限承载能力的同时避免出现集中裂缝，使之具有与有粘结部分预应力混凝土相似的力学性能。无粘结预应力混凝土不需要预留孔道，也不必灌浆，因此施工简便、快速，造价较低，易于推广应用。目前已在建筑工程中广泛应用此项技术。

3. 预应力混凝土的特点

与钢筋混凝土相比，预应力混凝土具有以下特点：

（1）增强结构抗裂性和抗渗性。
（2）改善结构耐久性。
（3）提高结构与构件的刚度，减少变形。
（4）提高结构的抗疲劳能力。
（5）提高构件的跨越能力。
（6）合理利用高强材料。
（7）工序较多，施工较复杂，且需张拉设备和锚具等。

4. 预加应力的方法

通过张拉钢筋，利用钢筋回弹，对混凝土施加压力来实现。按照张拉钢筋与浇筑混凝土的先后关系，施加预应力的方法可分为先张法和后张法。

（1）先张法

在浇筑混凝土之前先张拉预应力钢筋的方法称为先张法。具体施工工艺为：固定台座，放上预应力筋→用千斤顶张拉钢筋，用夹具将预应力筋固定→浇筑混凝土、养护（特定的养护，缩短施工周期）→待混凝土达到一定强度（75%以上设计强度）切断（或放松）钢筋，钢筋回缩通过钢筋与混凝土之间的粘结力，对混凝土产生挤压力，如图 4-60 所示。

4-8 先张法施工工艺

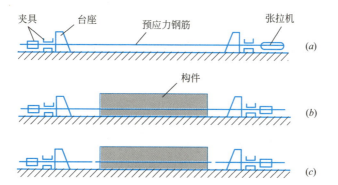

4-9 先张法张拉及锚固钢筋

图 4-60 先张法施工工艺

先张法张拉工序简单，不需要放置永久性锚具，可批量生产，质量稳定。但需要成批的钢模和养护池，一次性投资大，故适用于直线型配筋，对于曲线布置配筋较困难。

（2）后张法

先浇筑混凝土，待混凝土硬化后，在构件上直接张拉预应力钢筋的方法称为后张法。具体施工工艺为：浇筑混凝土，预留钢筋孔道和灌浆孔→混凝土达到强度之后，钢筋穿过孔道并张拉钢筋，同时混凝土受压，达到一定的拉应力后，用锚具锚固钢筋，不再取下→孔道内灌浆，形成有粘结力的预应力构件（或不灌浆，为无粘结力的预应力构件），如图 4-61 所示。

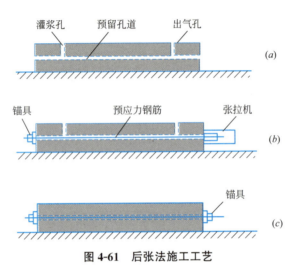

图 4-61 后张法施工工艺

后张法直接在构件上张拉，可布置钢筋的形状多样，适用于现场制作、块体拼接和特殊结构等，但使用永久性锚具量大、工序复杂、施工周期长。

5. 预应力混凝土构件材料

（1）混凝土

《混凝土结构设计标准（2024 年版）》GB/T 50010—2010 规定，预应力混凝土构件的混凝土强度等级不应小于 C30，采用碳素钢丝、钢绞线、热处理钢筋作为预应力钢筋时，混凝土强度等级不宜低于 C40。无粘结预应力混凝土结构的混凝土强度等级，预应力混凝土楼板结构的混凝土强度等级不应低于 C30，其他预应力混凝土结构构件的混凝土强度等级不应低于 C40。

（2）钢筋

预应力钢筋宜采用预应力钢丝、钢绞线和预应力螺纹钢筋，以及冷拉 Ⅱ、Ⅲ、Ⅳ 级钢筋。

4.3 钢筋混凝土楼（屋）盖的受力特点与构造要求

钢筋混凝土楼盖作为建筑结构的重要组成部分，是由梁、板、柱（或无梁）组成的梁板结构体系。工业与民用建筑中的屋盖、楼盖、阳台、雨篷、楼梯等构件广泛采用楼盖结构形式,如图4-62所示。了解楼盖结构的选型、正确布置梁格,掌握梁板结构的受力和构造要求,具有重要的工程意义。

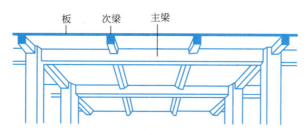

图4-62 现浇钢筋混凝土肋梁楼盖

4.3.1 概述

1. 楼盖的分类

楼盖是建筑结构中的水平结构体系,它与竖向构件、抗侧力构件一起组成建筑结构的整体空间结构体系。楼盖是建筑结构重要的组成部分,混凝土楼盖造价占到整个土建总造价的近30%,其自重约占到总重量的一半。选择合适的楼盖设计方案,并采用正确的方法,合理地进行设计计算,对于整个建筑结构都具有十分重要的作用。

按施工方法的不同可分为现浇整体式、预制装配式、装配整体式楼盖,本节只讨论现浇整体式楼盖。根据楼板受力和支承条件的不同,现浇整体式楼盖可分为单向板肋梁楼盖、双向板肋梁楼盖、无梁楼盖、井式楼盖等,如图4-63所示。

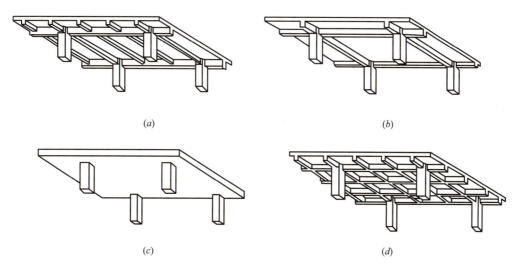

图4-63 现浇整体式楼盖结构类型
(a) 单向板肋梁楼盖;(b) 双向板肋梁楼盖;(c) 无梁楼盖;(d) 井式楼盖

2. 单向板和双向板

现浇肋梁楼盖一般由板、次梁和主梁组成,板的四周可支承于次梁、主梁或墙上。因梁的刚度比板大很多，所以分析板时可略去梁的竖向变形，而梁作为板的不动支承。因此，现浇肋梁楼盖中的板一般按四边支承板分析。

整体现浇钢筋混凝土楼盖，按板的支承和受力条件不同，可分为单向板和双向板两类。只在一个方向或主要在一个方向受弯的板为单向板，两个方向均受弯的板为双向板。在单向板楼盖中，荷载沿着板→（沿短边）→次梁→主梁→柱或墙传到基础；在双向板楼盖中，荷载沿着板→（沿短边和长边）→次梁和主梁→柱或墙传到基础。

《混凝土结构设计标准（2024年版）》GB/T 50010—2010 规定：

(1) 对边支承的板应按单向板设计；

(2) 四边支承的板应按下列规定设计：

① 当 $\dfrac{l_2}{l_1} \geqslant 3$ 时，按单向板设计；若按短边方向受力的单向板设计时，则应沿长边方向布置足够数量的构造钢筋；

② 当 $2 < \dfrac{l_2}{l_1} < 3$ 时，宜按双向板设计；

③ 当 $\dfrac{l_2}{l_1} \leqslant 2$ 时，应按双向板设计。

4.3.2 整体式单向板肋梁楼盖

1. 结构平面布置

钢筋混凝土单向板肋梁楼盖的结构布置主要是主梁和次梁的布置。一般在建筑设计中已经确定了建筑物的柱网尺寸或承重墙的布置，柱网和承重墙的间距决定了主梁的跨度，主梁的间距决定了次梁的跨度，次梁的间距又决定了板的跨度。因此进行结构平面布置时，应综合考虑建筑功能、造价及施工条件等因素。合理地进行主、次梁的布置，对楼盖设计和它的适用性、经济效果都有十分重要的意义。

进行楼盖结构的平面布置时，柱网和梁格尺寸应控制在合理范围之内，长柱网和梁格尺寸过大，则会由于梁、板截面尺寸过大而引起材料用量的大幅度增加；柱网、梁格尺寸过小又会由于梁、板截面尺寸及配筋等的构造要求使材料不能充分发挥作用，同时也影响使用功能。根据工程设计经验，单向板、次梁、主梁的常用跨度为：板的跨度一般为 2.0～3.0m，通常为 2.5m 左右，荷载较大时宜取较小值；次梁跨度一般为 4.0～6.0m；主梁的跨度一般为 5.0～8.0m。梁、板尽量布置成等跨度，由于边跨内力要比中间跨内力大，因此，板、次梁及主梁的边跨跨长一般比中间跨跨长（在10%以内）。

主梁的布置方案有两种情况：一种沿房屋横向布置，另一种沿房屋纵向布置，如图 4-64 所示。为了增强房屋的横向刚度，主梁一般沿房屋横向布置，而次梁则沿房屋纵向布置，主梁必须避开门窗洞口。

① 当主梁沿横向布置，而次梁沿纵向布置时，主梁与柱形成横向框架受力体系。各榀横向框架通过纵向次梁联系，形成整体，房屋的横向刚度较大。由于主梁与外纵墙垂直，外纵墙的窗洞高度可较大，有利于室内采光。

② 当横向柱距大于纵向柱距较多时，或房屋有集中通风的要求时，显然沿纵向布置

主梁比较有利,由于主梁截面高度减小,可使房屋层高得以降低。但房屋横向刚度较差,而且常由于次梁支承在窗过梁上,而限制了窗洞高度。

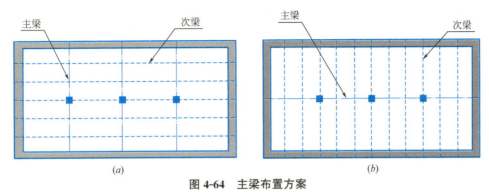

图 4-64 主梁布置方案

（a）主梁横向布置；（b）主梁纵向布置

2. 计算简图

1）跨数

① 对于各跨荷载相同,且跨数超过五跨的等跨等截面连续梁（板）,除两边各两跨外的所有中间跨内力十分接近,因此工程上为简化计算,将所有中间跨均以第三跨来代表,故实际跨数超过五跨时,可按五跨来计算内力,如图 4-65 所示。

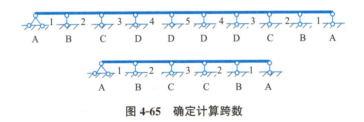

图 4-65 确定计算跨数

② 当梁（板）的实际跨数少于五跨时,按实际跨数计算。

2）支撑条件

梁、板支承在砖墙或砖柱上时,可视为不动铰支座;板和次梁,分别由次梁和主梁支承,计算时,一般不考虑板、次梁和主梁的整体连接。将连续板和次梁的支座均视为不动铰支座,梁板能自由转动,支座处有负弯矩,且支座无沉降;主梁支承在砖墙（砖柱）上时,简化为不动铰支座,当主梁与钢筋混凝土柱现浇在一起时,应根据梁和柱的线刚度比值而定。当梁与柱的线刚度比值大于 5 时,可将主梁视为铰支于钢筋混凝土柱上的多跨连续梁,否则应按框架梁进行内力分析。

3）计算跨度

当连续梁（板）各跨跨度不相等时,如各跨计算跨度相差不超过 10%,则可按等跨度连续梁（板）考虑。连续梁、板的计算跨度,在实际工程中,按弹性理论方法计算内力时,板、次梁、主梁（或单跨梁、板）的计算跨度均可取支座中心线之间的距离;按塑性理论方法计算内力时,板、次梁、主梁的计算跨度,对于整浇支座,可取支座边缘之间的距离,即净跨长度。对于非整浇支座,按弹性理论方法取值（一般取至支座中心线）。连续梁、板的计算跨度见表 4-25。

梁、板的计算跨度 l_0 表 4-25

按弹性理论计算	单跨	两端简支	$l_0 = l_n + a \leq l_n + h$ （板） $l_0 = l_n + a \leq 1.05 l_n$ （梁）
		一端简支、一端与梁整体连接	$l_0 = l_n + a/2 \leq l_n + h/2$ （板） $l_0 = l_n + a/2 + b/2 \leq 1.025 l_n + b/2$ （梁）
		两端与梁整体连接	$l_0 = l_n$ （板） $l_0 = l_c$ （梁）
	多跨	两端简支	$l_0 = l_n + a \leq l_n + h$ （板） $l_0 = l_n + a \leq 1.05 l_n$ （梁）
		一端简支、一端与梁整体连接	$l_0 = l_n + b/2 + a/2 \leq l_n + b/2 + h/2$ （板） $l_0 = l_n + b/2 + a/2 \leq 1.025 l_n + b/2$ （梁）
		两端与梁整体连接	$l_0 = l_c$ （板和梁）
按塑性理论计算	多跨	两端简支	$l_0 = l_n + a \leq l_n + h$ （板） $l_0 = l_n + a \leq 1.05 l_n$ （梁）
		一端简支、一端与梁整体连接	$l_0 = l_n + a/2 \leq l_n + h/2$ （板） $l_0 = l_n + a/2 \leq 1.025 l_n$ （梁）
		两端与梁整体连接	$l_0 = l_n$ （板和梁）

注：l_0 为板、梁的计算跨度；l_c 为支座中心线间距离；l_n 为板、梁的净跨；h 为板厚；a 为板、梁端搁置的支承长度；b 为中间支座宽度或与构件整浇的端支承长度。

4）荷载取值

作用在楼盖上的荷载有恒载和活载两种。恒载包括结构自重、各构造层重、永久性设备重等。活载为使用时的人群、堆料及一般设备重，而屋盖还有雪荷载。上述荷载通常按均布荷载考虑作用于楼板上。计算时，通常取 1m 宽的板带作为板的计算单元。次梁承受左右两边板上传来的均布荷载及次梁自重。主梁承受次梁传来的集中荷载及主梁自重，主梁的自重为均布荷载，但为便于计算，一般将主梁自重折算为几个集中荷载，分别加在次梁传来的集中荷载处，如图 4-66 所示。

3. 弹性理论计算法

（1）折算荷载

计算梁（板）内力时，假设梁板的支座为铰接，这对于等跨连续板（或梁），当活荷载沿各跨均为满布时是可行的，因为此时板（或梁）在中间支座发生的转角很小，按简支计算与实际情况相差甚微。但是，当活荷载隔跨布置时情况则不同，支座将约束构件的转动，使被支承的构件（板或次梁）的支座弯矩增加、跨中弯矩降低。为了修正这一影响，通常采用加大恒荷载、相应减小活荷载的方式来处理（恒荷载满布各跨，将其增加可使支座弯矩增加；相应减小活荷载会使跨中弯矩变小，而总的荷载保持不变），即采用折算荷载来计算内力，如图 4-67 所示。

对于板：折算恒荷载 $g' = g + \dfrac{1}{2} q$，折算活荷载 $q' = \dfrac{1}{2} q$ （4-54）

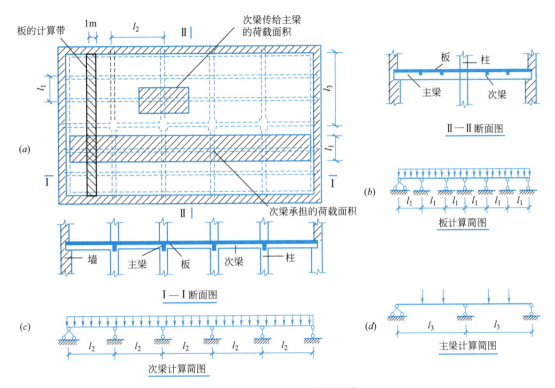

图 4-66 单向板肋形楼盖荷载情况

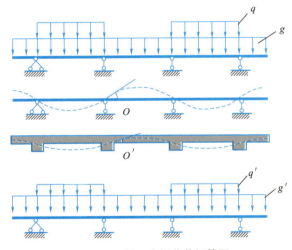

图 4-67 板、次梁荷载折算图

对于次梁：折算恒荷载 $g'=g+\dfrac{1}{4}q$，折算活荷载 $q'=\dfrac{3}{4}q$ (4-55)

对于主梁：$g'=g$、$q'=q$（不折减）。

式中 g、q——实际的恒荷载、活荷载。

注：当板、次梁按塑性计算时，则荷载不折算；当板、次梁支撑于砖墙或钢梁上时，支座处受到的约束较小，因此荷载不折减。主梁一般不折减。

（2）荷载的最不利组合（满布的恒荷载＋最不利的活荷载布置）

恒荷载作用在结构上后，其位置不会发生改变，而活荷载的位置可以变化。由于活荷载的布置方式不同，会使连续结构构件各截面产生不同的内力。为保证结构的安全性，就需要找出构件产生最大内力的活荷载布置方式，并将其内力与恒荷载叠加，作为设计的依据，这就是荷载最不利组合的概念。

连续梁上恒载每跨都有，活荷载则按不利情况布置。根据图 4-68 所示内力图的特点和不同组合的效果，可知活荷载的不利布置规律为：

① 某跨跨中最大正弯矩时，应在该跨布置活荷载，然后隔跨布置活荷载；

② 求某支座最大负弯矩时，应在该支座左右两跨布置活荷载，然后隔跨布置活荷载；

③ 求某支座边最大剪力时，应在该支座左右两跨布置活荷载，然后隔跨布置活荷载，与支座最大负弯矩的布置相同。

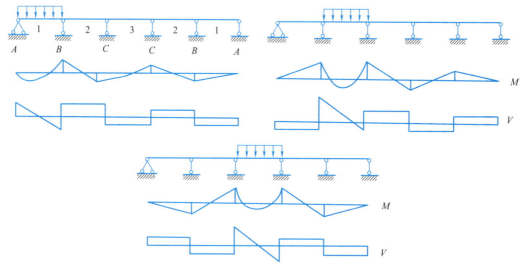

图 4-68 活荷载在不同跨间布置时的弯矩图和剪力图

（3）查表计算内力

当活荷载最不利布置明确后，等跨连续梁、板的内力可根据附录 2 查出相应弯矩及剪力系数，利用下列公式计算跨内或支座截面的最大内力。

当均布荷载作用时：
$$M = K_1 g l_0^2 + K_2 q l_0^2 \tag{4-56}$$
$$V = K_3 g l_0 + K_4 q l_0 \tag{4-57}$$

当集中荷载作用时：
$$M = K_1 G l_0 + K_2 Q l_0 \tag{4-58}$$
$$V = K_3 G + K_4 Q \tag{4-59}$$

式中　　g、q——单位长度上的均布恒载与活载；

　　　　G、Q——集中恒载与活载；

K_1、K_2、K_3、K_4——内力系数；

l_0——梁、板的计算跨度,若相邻跨计算跨度不相等(但跨差不超过10%)时,在计算支座弯矩时,取相邻两跨跨度的较大值;而在计算跨中弯矩及剪力时,仍采用该跨的计算跨度。

(4) 内力包络图

将恒载在各截面所产生的内力与各相应截面最不利活荷载布置时所产生的内力相叠加,便可得出各截面可能出现的最不利内力。例如,承受均布荷载的五跨连续梁,根据活荷载的不同布置情况,每一跨都可画出四个弯矩图形,分别对应于跨中最大正弯矩、跨中最小正弯矩(或负弯矩)和左、右支座截面的最大负弯矩(绝对值)。当端支座为简支时,边跨可只画出三个弯矩图形。把这些弯矩图绘于同一坐标图上,称为弯矩叠合图,如图 4-69(a)所示,这些图的外包线所形成的图形称为弯矩包络图,如图 4-69(a)中的粗实线,它完整地给出了各截面可能出现的弯矩设计值的上、下限。同样,也可绘出剪力叠合图和剪力包络图,如图 4-69(b)所示。

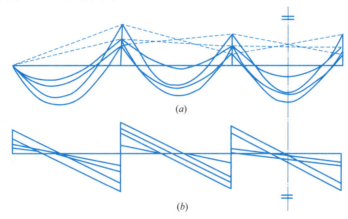

图 4-69 均布荷载作用下五跨连续梁的内力包络图

(5) 支座截面内力设计值

在用弹性理论计算内力时,由于计算跨度取至支座中心处,而当板与梁整浇、次梁与主梁整浇以及主梁与混凝土柱整浇时,在支座处的截面工作高度大大增加,因此危险截面不是支座中心处的构件截面,而是支座边缘处的截面。为了节省材料,整浇支座截面的内力设计值可按支座边缘处取用,如图 4-70 所示。

弯矩设计值: $M_b = M - V \dfrac{b}{2}$ (4-60)

剪力设计值:(均布荷载)$V_b = V - (g+q) \dfrac{b}{2}$ (4-61)

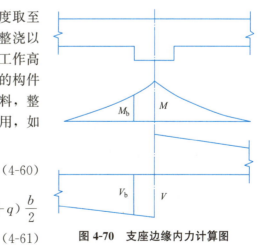

图 4-70 支座边缘内力计算图

4. 塑性理论计算法

(1) 塑性铰

钢筋混凝土梁正截面受弯经历了三个阶段:弹性阶段、带裂缝工作阶段和破坏阶段。

在弹性阶段,应力沿截面高度的分布近似为直线,而到了带裂缝工作阶段和破坏阶段,材料表现出明显的塑性性能。截面在受弯承载力计算时,已考虑了这一因素,但是当按弹性理论计算连续梁板时,却忽视了钢筋混凝土材料的构件在工作中存在着这种非弹性性质。假定结构的刚度不随荷载的大小而改变,而实际上结构中某截面发生塑性变形后,其内力和变形与不变刚度的弹性体系分析的结果是不一致的,因为在结构中产生了内力重分布现象。

在进行钢筋混凝土连续梁、板设计时,如果按照前述弹性理论的活荷载最不利布置所求得的内力包络图来选择截面及配筋,认为构件任一截面上的内力达到极限承载力时,整个构件即达到承载力极限状态,这对静定结构是基本符合的。但对于具有一定塑性性能的超静定结构来说,构件的任一截面达到极限承载力时并不会导致整个结构的破坏,因此按弹性理论方法计算求得的内力不能正确反映结构的实际破坏内力。

为解决上述问题,充分考虑钢筋混凝土构件的塑性性能,挖掘结构潜在的承载力,达到节省材料和改善配筋的目的,提出了塑性内力重分布的计算方法。理论及试验表明,钢筋混凝土连续梁内塑性铰的形成是结构破坏阶段塑性内力重分布的主要原因。

受拉钢筋的屈服使该截面在承受的弯矩几乎不变的情况下发生较大的转动。对此,构件在钢筋屈服的截面好像形成了一个可以转动的铰,称为塑性铰。塑性铰能承受弯矩,是单向铰且只沿弯矩作用方向转动,其转动有限度,从钢筋屈服到混凝土压坏。

(2) 超静定结构的塑性内力重分布

静定结构的某一截面一旦形成塑性铰,结构即转化为几何可变体系而丧失承重能力,但对超静定结构则不同,如当连续梁的某一支座截面形成塑性铰后,并不意味着结构承重能力丧失,而仅仅是减少了一次超静定次数,结构可以继续承载,直至整个结构形成几何可变体系,结构才最后丧失承重能力。

对于超静定结构,当结构的某个截面出现塑性铰后,结构的内力分布发生了变化,经历了一个重新分布的过程,这个过程成为"塑性内力重分布"。塑性内力重分布很显著地发生在控制截面的受拉钢筋屈服之后。

由上可见,考虑塑性内力重分布具有以下特点:

① 内力计算方法与截面设计方法相协调;

② 可以人为地调整截面的内力分布情况,更合适地布置钢筋;

③ 结构的实际承重能力要高于按弹性理论计算的承重能力,充分利用结构的承载力,取得一定的经济效益;

④ 塑性内力重分布可人为控制,调整钢筋数量。

(3) 塑性理论计算内力的方法

钢筋混凝土连续梁、板考虑塑性内力重分布的计算时,目前工程中应用较多的是弯矩调幅法,即在弹性理论的弯矩包络图基础上,对构件中选定的某些支座截面较大的弯矩值调低后进行配筋的一种经济配筋法。适用于板和次梁,但不适用于主梁。

板和次梁的跨中及支座弯矩: $M = \alpha(g+q)l_0^2$ (4-62)

次梁支座的剪力: $V = \beta(g+q)l_n$ (4-63)

式中 g、q——作用在梁、板上的均布恒荷载、活荷载设计值;

l_0——计算跨度;

l_n——净跨度;

α——弯矩系数；

β——剪力系数，如图 4-71 所示。

上述调整方法对任何荷载形式的等跨与不等跨的连续梁、板都适用。不过对于均布荷载情况，当跨度相差不大时，采用内力系数法较简捷。

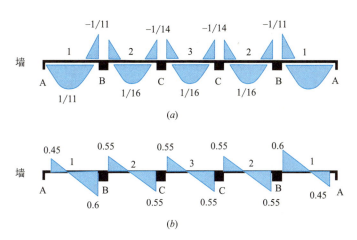

图 4-71　板和次梁按塑性法计算的内力系数
(a) 弯矩系数；(b) 剪力系数

（4）塑性内力重分布计算的基本原则

① 为保证调幅截面能形成塑性铰，且具有足够的转动能力，《混凝土结构设计标准（2024 年版）》GB/T 50010—2010 规定：$0.1h_0 \leqslant x \leqslant 0.35h_0$，钢筋采用 HRB400，混凝土采用强度等级 C25～C45。

② 要满足刚度和裂缝要求，梁的负弯矩调幅不超过 25%；板的负弯矩调幅不超过 20%。

③ 应满足静力平衡条件，在任何情况下，应使调整后的每跨两端支座弯矩平均值与跨中弯矩绝对值之和不小于按简支梁计算的跨中弯矩，即要求：

$$\frac{M_B + M_C}{2} + M_2 \geqslant 1.02 M_0 \tag{4-64}$$

式中　M_0——按简支梁、板计算的跨中弯矩。

在均布荷载作用下，梁的支座弯矩和跨中弯矩均不得小于 $\frac{1}{24}(g+q)l_0^2$。

（5）塑性内力重分布计算的适用范围

按塑性内力重分布理论计算超静定结构虽然可以节约钢材，但在使用阶段钢筋应力较高，构件裂缝和挠度较大，通常对于下列情况不宜采用：

① 在使用阶段不允许出现裂缝或对裂缝开展控制较严的混凝土结构；

② 处于严重侵蚀性环境中的混凝土结构；

③ 直接承受动力和重复荷载的混凝土结构；

④ 要求有较高承载力储备的混凝土结构；

⑤ 配置延性较差的受力钢筋的混凝土结构。

5. 多跨连续单向板的截面设计和构造要求

(1) 单向板的计算特点

① 通常取 1m 作为计算单元，按单筋矩形截面设计；

② 板一般能满足斜截面受剪承载力要求，设计时可不进行受剪承载力验算；

③ 利用支座反推力的有利作用，可减少中间跨截面和中间支座截面弯矩设计值的 20%，边跨跨中和第一内支座截面弯矩设计值不调整，工程中计算弯矩一般不折减。

(2) 单向板的构造要求

构造要求是指在结构计算中未能详细考虑或很难定量计算而忽略了其影响的因素，而在保证构件安全、施工简便及经济合理等前提下采取的技术补救措施。

① 板的厚度及支承长度

板的混凝土用量占全楼盖混凝土用量的一半以上，因此楼盖中的板在满足建筑功能和方便施工的条件下，应尽可能薄些，但也不能过薄。

工程设计中板的最小厚度一般不应小于 80mm。为了保证刚度，单向板的厚度尚不应小于跨度的 1/40（连续板）或 1/35（简支板）。板在砖墙上的支承长度一般不小于板厚，亦不小于 120mm。

② 板中受力钢筋

钢筋的弯起：钢筋的弯起角度一般为 30°，当 $h>120mm$ 时，可采用 45°。板下部伸入支座的钢筋应不少于跨中钢筋截面面积的 1/3，间距不应大于 400mm。HPB300 级钢筋末端一般做成 180°弯钩，但板的上部钢筋应做成直钩，以便施工时撑在模板上。

钢筋的直径：板中受力钢筋一般采用 HPB300、HRB400 级钢筋，常用直径为 6mm、8mm、10mm、12mm 等。目前工程中鼓励用 HRB400 级钢筋，为便于架立，支座处承受板面负弯矩的钢筋宜采用较大的直径。

钢筋的间距：板中受力钢筋的间距不应小于 70mm，当板厚 $h\leqslant 150mm$ 时，间距不应大于 200mm；当板厚 $h>150mm$ 时，间距应不大于 $1.5h$，且不应大于 250mm。

钢筋的配筋方式：有弯起式和分离式两种。分离式配筋是将承担支座弯矩与跨中弯矩的钢筋各自独立配置。分离式配筋较弯起式具有设计施工简便的优点，适用于不受振动和较薄的板中。工程实际中，分离式配筋运用得更为普遍（图 4-72）。

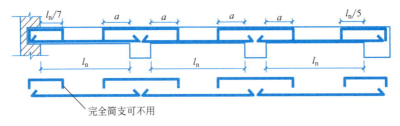

图 4-72 板中受力钢筋的分离式配筋方式

③ 板中分布筋（图 4-73）

位置：平行于板的长跨、与受力钢筋垂直、放在受力钢筋的内侧。

作用：骨架、受力传力。

直径和间距：直径≥6mm，间距≤250mm。

分布钢筋面积：不小于受力钢筋面积的15%且不小于$0.15\rho_0 bh$。当集中荷载较大时，分布钢筋间距≤200mm。

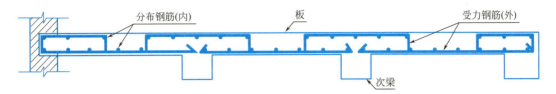

图 4-73　板中受力钢筋与分布钢筋的位置关系

④ 板面构造负筋（图 4-73）

墙边：$\phi 8@200$，伸入板内长度$\geqslant \dfrac{l_0}{7}$。

墙角：$\phi 8@200$，伸入板内长度$\geqslant \dfrac{l_0}{4}$，双向配筋。

与主梁垂直：$\phi 8@200$，伸入板内长度$\geqslant \dfrac{l_0}{4}$。

6. 多跨连续次梁的配筋计算和构造要求

（1）次梁的计算特点

次梁的内力一般按塑性方法计算，正截面计算时，跨中正弯矩作用下按 T 形截面计算；支座负弯矩作用下应按矩形截面计算。斜截面计算时，一般可仅设置箍筋抗剪；当$h \geqslant l_0/18$时，则一般不需作挠度与裂缝宽度验算。

（2）次梁的构造要求

次梁的一般构造要求与普通受弯构件构造相同，次梁伸入墙内支承长度一般不应小于240mm。等跨连续次梁的纵筋布置方式也有分离式和弯起式两种，工程中一般采用分离式配筋。

7. 主梁的配筋计算和构造要求

（1）主梁的计算特点

主梁的内力一般按弹性方法计算，正截面计算时，跨中正弯矩作用下按 T 形截面计算；支座负弯矩作用下应按矩形截面计算。斜截面计算时，一般设置腹筋抗剪；当$h \geqslant \left(\dfrac{1}{18} \sim \dfrac{1}{14}\right)l_0$，且按构造要求选择钢筋时，一般不需作挠度与裂缝宽度验算；在主梁支座处，主梁与次梁截面的上部纵筋相互交叉，则主梁的截面有效高度h_0有所减小，如图 4-74 所示。

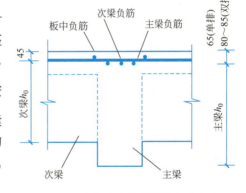

图 4-74　主梁支座处截面的有效高度

（2）主梁的构造要求

主梁的一般构造要求与普通受弯构件构造相同，主梁与次梁交接处，次梁顶部在负弯矩作用下将产生裂缝，次梁传来的集中荷载不是传至主梁的顶部，而是传至主梁截面高度的中、下部，使其下部混凝土可能产生斜裂缝而引起局部破坏，如图 4-75（a）所示。为此，工程中在主梁上应设置附加横向钢筋，将次梁的集中荷载有效地传递到主梁的混凝土受压区。

附加横向钢筋有附加箍筋和附加吊筋两种类型，工程中宜优先选用附加箍筋，也可采用附加箍筋＋吊筋，如图 4-75（b）所示。

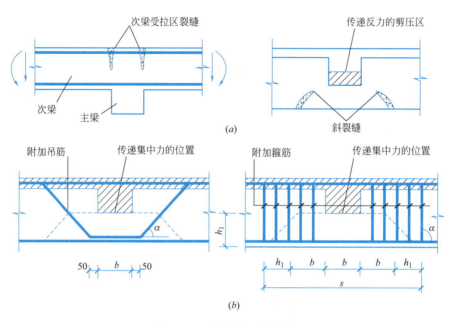

图 4-75　主梁横向附加钢筋

4.3.3　整体式双向板肋梁楼盖

在肋形楼盖中，如果梁格布置使各区格板的长边与短边之比 $\dfrac{l_2}{l_1} \leqslant 2$，应按双向板设计；$2 < \dfrac{l_2}{l_1} < 3$ 时，则宜按双向板设计。

双向板肋梁楼盖受力性能较好，可以跨越较大跨度，梁格的布置可使顶棚整齐美观，常用于工业建筑楼盖、公共建筑门厅部分及民用建筑等。

1. 双向板的受力特点

试验研究表明，均布荷载作用下的四边简支的正方形双向板，第一批裂缝出现在板底中央部分，随荷载的增加，裂缝沿对角线方向向四角延伸。当荷载增加到板接近破坏时，板面的四角附近也出现垂直于对角线方向且大体呈环状的裂缝。最后跨中钢筋屈服，整个板即告破坏。

在均布荷载作用下的四边简支的矩形板，第一批裂缝出现在板底中间平行于长边方向，随着荷载的增加，这些裂缝逐渐延伸，并沿 45°向四角扩展，在板面的四角也出现环状裂缝，最后整个板破坏。

由于双向板在两个方向受力较大，因此对于双向板要在两个方向同时配置受力钢筋。

2. 双向板肋梁楼盖结构布置

当空间不大且接近正方形时，可不设中柱，双向板的支承梁为两个方向均支承在边墙（或柱）上，且是截面相同的井式梁；当空间较大时，宜设中柱双向板的纵、横向支承梁分别为支承在中柱和边墙（或柱）上的连续梁；当柱距空间较大时，还可以在柱网格中再设井式梁。

3. 弹性理论计算方法

（1）单跨双向板的计算

单区格双向板按其四边支承情况的不同，可分为 6 种边界，如图 4-76 所示。

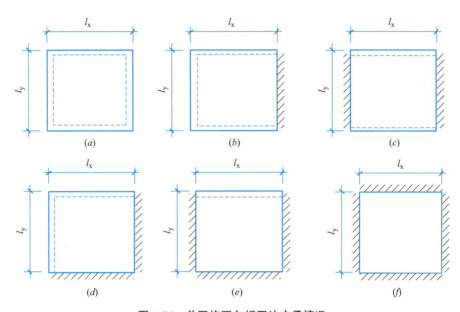

图 4-76　单区格双向板四边支承情况

(a) 四边简支；(b) 一边固定三边简支；(c) 两对边固定、两对边简支；
(d) 两邻边固定、两邻边简支；(e) 三边固定、一边简支；(f) 四边固定

对仅有板边支承的单区格板，可采用线弹性分析方法，设计计算可直接利用不同边界条件下的按弹性薄板理论公式编制的相应表格（附表 2-5），查出有关内力系数，即可进行配筋设计，板的内力计算可按下式进行：

$$M = \text{表中弯矩系数} \times (g+q) l_0^2 \tag{4-65}$$

式中　M——计算截面单位板宽内的弯矩设计值；

g、q——均布恒荷载和均布活荷载设计值；

l_0——板较短方向计算跨度。

需要说明的是，附表 2-5 中的系数是根据材料的泊松比 $\nu=0$ 编制的，当泊松比不为 0 时（如钢筋混凝土，$\nu=0.2$），可按下式进行修正：

$$M_x^{(\nu)} = M_x + \nu M_y \tag{4-66}$$

$$M_y^{(\nu)} = M_y + \nu M_x \tag{4-67}$$

式中　$M_x^{(\nu)}$、$M_y^{(\nu)}$——l_x 和 l_y 方向考虑泊松比影响后的弯矩；

M_x、M_y——l_x 和 l_y 方向泊松比 $\nu=0$ 时的弯矩；

ν——泊松比,对钢筋混凝土材料取 $\nu=\dfrac{1}{6}$,偏于安全可取 $\nu=0.2$。

(2) 多跨连续双向板的计算

多区格连续双向板内力的精确计算相当复杂,在设计中一般采用实用的简化加近似的计算方法,即通过对双向板上活荷载的最不利布置以及支承情况等进行合理的简化,将多区格连续双向板的计算近似转化为查单区格双向板的弯矩系数表格(附表 2-5),然后进行计算。该计算方法的基本假定是:支承梁的抗弯刚度足够大,其垂直位移忽略不计;支承梁的抗扭刚度很小,板可以绕梁转动。

① 跨中最大正弯矩

在计算多区格连续双向板某跨跨中的最大弯矩时,与多跨连续单向板类似,也需要考虑活荷载的最不利布置,其活荷载布置方式如图 4-77 所示,也即当求某区格板跨中最大弯矩时,应在该区格布置活荷载,然后在其左右前后分别隔跨布置活荷载,形成棋盘式布置,此时在活荷载作用的区格内将产生跨中最大弯矩。

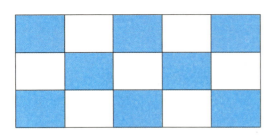

图 4-77 多跨双向板活荷载棋盘式布置

在图 4-77 所示的荷载作用下,任一区格板的边界条件为既非完全固定又非理想简支的情况。为了能利用单区格双向板的内力计算系数表来计算多跨连续双向板的内力,可以采用下列近似方法:把棋盘式布置的荷载分解为各跨满布的正对称荷载和各跨向上向下相间作用的反对称荷载,如图 4-78 所示。此时:

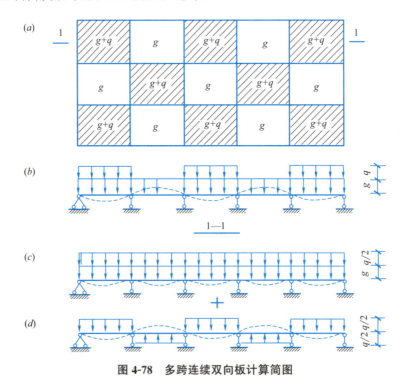

图 4-78 多跨连续双向板计算简图

正对称荷载： $g' = g + q/2$ (4-68)
反对称荷载： $q' = \pm q/2$ (4-69)

在正对称荷载 $g' = g + q/2$ 的作用下，所有中间支座两侧荷载相同，则支座的转动变形很小，可以近似地认为支座截面处转角为零，能承受支座负弯矩，这样将所有中间支座均视为固定支撑，从而所有中间区格板均视为四边固定的双向板；对于其他的边、角区格板，可根据其外边界条件按实际情况确定，可分为三边固定和一边简支、两边固定和两边简支以及四边固定等。这样，根据各区格板的四边支承情况即可求出在正对称荷载作用下的跨中弯矩。

在反对称荷载 $q' = \pm q/2$ 的作用下，在中间支座处相邻区格板的转角方向是一致的，大小基本相同，即相互没有约束影响，则可近似地认为支座截面弯矩为零，即可将所有中间支座视为简支支座。沿楼盖周边则根据实际支撑情况确定。

最后将各区格板在上述两种正对称和反对称荷载作用下的跨中弯矩相叠加，即得到各区格板的跨中最大弯矩（M_x、M_y），同时还要考虑泊松比 $\nu = \dfrac{1}{6}$ 的影响，最后按式（4-66）和式（4-67）计算出最终的跨中弯矩。

② 支座最大负弯矩

考虑到隔跨布置活荷载对计算弯矩的影响很小，可近似认为恒荷载和活荷载皆满布在连续双向板所有的区格时所产生的最大负弯矩，如图 4-79 所示。此时，可按前述在对称荷载作用下的原则，即各中间支座均视为固定，各周边支座根据其外边界条件按实际情况确定，求得各区格板中各固定边的支座负弯矩。

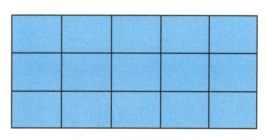

图 4-79 荷载满区格布置

对某些中间支座，若由相邻两个区格板求得的同一支座弯矩不相等，则可近似地取其平均值或最大值作为该支座的负弯矩进行配筋计算。

4. 双向板的截面设计与构造要求

（1）截面设计

对于四边都与梁整浇的中间区格和边区格的双向板，工程中一般不考虑拱效应，其弯矩设计值不予以折减。截面的有效高度一般取短边方向 $h_{01} = h - 20$，长边方向 $h_{02} = h - 30$，式中 h 为板厚。

单位板宽度（1m）范围内所需的钢筋，单位为 m^2/m，也可采用近似计算方法，即：

$$A = \dfrac{M}{\gamma_s h_0 f_y} \tag{4-70}$$

式中，$\gamma_s \approx 0.90 \sim 0.95$。

（2）构造要求

① 板厚：一般 $h \geqslant 80mm$，且 $h \leqslant 160mm$，简支板 $h \geqslant \dfrac{l_0}{40}$，连续板 $h \geqslant \dfrac{l_0}{45}$。

② 受力钢筋：双向为受力钢筋，常用分离式配筋方式，也可用弯起式配筋方式。短边方向钢筋放外侧，长边方向钢筋放内侧。

③ 支座构造负筋：当边支座视为简支计算时，但实际上受到边梁或墙体的约束，应配置支座构造负筋，数量不小于 1/3 受力钢筋，且不小于 φ8@200，伸过支座边不小于 $\frac{l_0}{4}$。

④ 双向板钢筋配置：通常双向板的受力钢筋沿纵横向两个方向布置。考虑到短跨方向弯矩比长跨方向的弯矩大，为充分利用板的有效高度，应将短跨方向的受力钢筋放在长跨方向受力钢筋的外侧，因此取值可按：

短跨：$h_0 = h - 20\text{mm}$　　　　长跨：$h_0 = h - 30\text{mm}$

双向板的配筋方式类似于单向板，有分离式和弯起式两种，为简化施工，目前在工程中多采用分离式配筋。但是，对于跨度及荷载较大的楼盖板，为提高刚度和节约钢材，宜采用弯起式配筋。

5. 双向板支承梁的计算特点

作用在多跨连续双向板上的荷载是由两个方向传到周边的支承梁上的，通常采用如图 4-80（a）所示的近似方法（45°线法），将板上的荷载就近传递到四周梁上。这样，长边的梁上由板传的荷载呈梯形分布；短边梁上的荷载呈三角形分布。

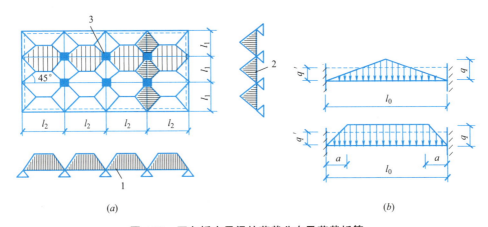

图 4-80　双向板支承梁的荷载分布及荷载折算

支承梁承受三角形或梯形荷载作用，按弹性理论计算其内力时，可采用等效均布荷载的方法计算。其方法是：首先根据支座弯矩相等的原则把三角形荷载或梯形荷载换算成等效均布荷载，如图 4-80（b）所示，一般按连续梁计算，利用前述的方法求出不利情况下的各支座弯矩，再根据所得的支座弯矩和梁上实际荷载，利用静力平衡关系，分别求出跨中弯矩和支座剪力。

支承梁的截面尺寸和配筋方式一般参照次梁，但当柱网中再设井式梁时应参照主梁。支承梁的截面高度可取（1/18～1/12）l_0，l_0 为短边梁的跨度；纵筋通长布置；考虑到活荷载仅作用在某一梁上时，该梁在节点附近可能出现负弯矩，故上部纵筋数量宜不小于 $\frac{A_s}{4}$，且不小于 2φ12；在节点处，纵、横梁均宜设置附加箍筋，每侧应设置 3φ6@50。

4.3.4 楼梯和雨篷

楼梯作为楼层间相互联系的垂直交通设施，是多层及高层房屋中的重要组成部分。钢筋混凝土楼梯由于具有较好的结构刚度和耐久、耐火性能，并且在施工、外形和造价等方面也有较多优点，故在实际工程中应用最为普遍。按施工方法分，有整体现浇式楼梯和预制装配式楼梯；按结构形式和受力特点分，有梁式楼梯、板式楼梯、螺旋楼梯、折板旋挑式楼梯等结构形式，如图 4-81 所示。

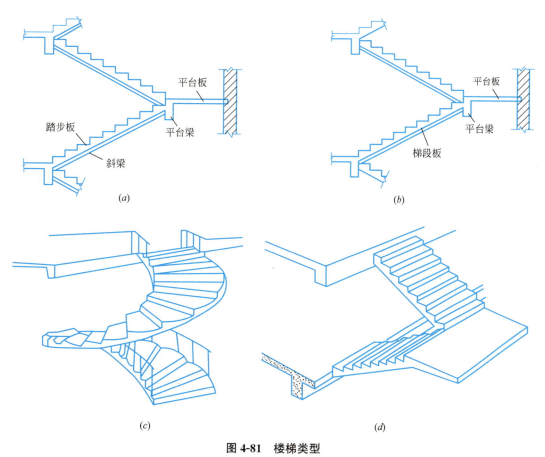

图 4-81 楼梯类型
（a）梁式楼梯；（b）板式楼梯；（c）螺旋楼梯；（d）折板旋挑式楼梯

在现浇钢筋混凝土普通楼梯中，根据梯段中有无斜梁，可分为梁式楼梯和板式楼梯两种。梁式楼梯在大跨度（如大于 4m）时较经济，但外观笨重、构造复杂，在工程中较少采用；而板式楼梯虽在大跨度时不太经济，但外观轻巧、构造简单，在工程中得到广泛的应用。

1. 板式楼梯

板式楼梯一般由梯段斜板、平台梁及平台板组成，如图 4-82 所示。梯段斜板两端支承在平台梁上，荷载由斜板（平台板）→平台梁→楼梯间墙（或柱）进行传递。

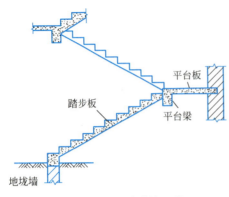

图 4-82 板式楼梯的组成

(1) 梯段斜板

梯段斜板由斜板和梯段两部分组成，斜板厚度通常取 $h=(1/30\sim1/25)l_0$，l_0 为斜板水平方向的跨度。斜板的内力计算如图 4-83 所示，取 1m 宽斜向板带作为结构及荷载计算单元。把荷载换算成与水平面垂直的荷载后，按简支板求跨中弯矩，考虑到支座构造后，近似取：

$$M_{\max}=\frac{1}{10}(g+q)l_0^2 \qquad (4-71)$$

斜板下部的受力筋必须伸满支座并且不小于 $5d$（且不小于 50mm）；斜板下部的分布筋每踏步下一根，直径比受力筋小 2mm，或者取 $2\phi 6$；斜板的支座应配置一定数量的构造负筋，以承受实际存在的负弯矩和防止产生过宽的裂缝，一般可取 $\phi 8@200$（或与受力筋相同的面积），通长布置构造负筋。

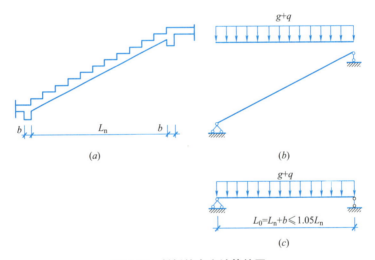

图 4-83 斜板的内力计算简图
(a) 构造简图；(b)、(c) 计算简图

(2) 平台板

平台板一般为单向板，可取 1m 宽板带为计算单元，如图 4-84 (a) 所示，按简支板计算：

$$M_{\max}=\frac{1}{8}(g+q)l_0^2 \qquad (4-72)$$

两端与梁整浇时，如图 4-84 (b) 所示，计算可取为：

$$M_{\max}=\frac{1}{10}(g+q)l_0^2 \qquad (4-73)$$

平台板板厚一般取 60~80mm，平台板墙边墙角构造钢筋与单向板的构造钢筋相同；平台梁上部的构造负筋为 $\phi 8@200$，长为 $\dfrac{l_0}{4}$。

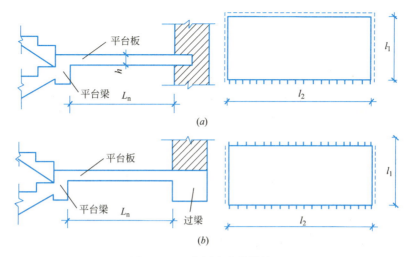

图 4-84 平台板内力计算简图

（3）平台梁

平台梁两端一般支承在楼梯间承重墙上，承受梯段斜板、平台板传来的均布荷载和自重，可按简支的倒 L 形梁计算。平台梁的截面高度一般可取 $h \geq \dfrac{l_0}{12}$（l_0 为平台梁的计算跨度）。平台梁的设计和构造要求与一般梁相同。

2. 雨篷

雨篷是设置在建筑物外墙出入口上方用以挡雨并有一定装饰作用的水平构件。按结构形式的不同，雨篷有板式雨篷和梁板式雨篷两种。当雨篷的外挑长度大于 1.5m 时，一般需设计成有悬挑边梁的梁板式雨篷；当雨篷的外挑长度小于 1.5m 时，则常设计成悬臂板式雨篷。下面简要介绍板式雨篷的设计及构造要点：

（1）雨篷板的设计

雨篷板为固定于雨篷梁上的悬臂板，其承载力按受弯构件计算，取其挑出长度为计算长度，并取 1m 宽板带为计算单元。

雨篷板的荷载一般考虑恒荷载和活荷载。恒荷载包括板的自重、面层及板底粉刷；活荷载则应考虑标准值为 0.7kN/m^2 的等效均布活荷载或标准值为 1kN 的板端集中检修活荷载。两种荷载情况下的计算简图，如图 4-85 所示。

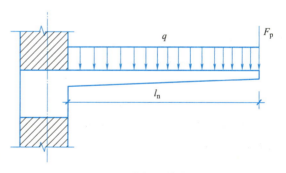

图 4-85 雨篷板计算简图

雨篷板只需进行正截面承载力计算，并且只需计算板根部截面，由计算简图可得板的根部弯矩计算为：

$$M = \frac{1}{2}(g+q)L^2 \qquad (4\text{-}74)$$

$$\text{或 } M = \frac{1}{2}gL^2 + PL \qquad (4\text{-}75)$$

受力钢筋配在板的顶面。

(2) 雨篷梁的设计

雨篷梁除承受作用在板上的均布荷载和集中荷载外,还承受雨篷梁上砌体传来的荷载。雨篷梁在自重、梁上砌体重力等荷载作用下产生弯矩和剪力;在雨篷板传来的荷载作用下不仅产生弯矩和剪力,还将产生力矩,因此,雨篷是弯、剪、扭复合受力构件。

雨篷梁的宽度一般与墙厚相同,梁的高度应按承载力确定。梁两端深入砌体的长度,应考虑雨篷的抗倾覆因素。

(3) 雨篷抗倾覆验算

要保证雨篷的整体稳定,需按下列公式对雨篷进行抗倾覆验算:

$$M_r \geqslant M_{0V} \tag{4-76}$$

式中 M_r——雨篷的抗倾覆力矩设计值,可按 $M_r = 0.37G_r$ 计算;

G_r——雨篷梁上墙体与楼面恒载标准值之和;

M_{0V}——雨篷的倾覆力矩设计值,由雨篷板上的恒载和活荷载设计值引起,施工集中荷载取 1.0kN,可每隔 2.5~3.0m 考虑一个。

当雨篷抗倾覆验算不满足要求时,应采取保证稳定的措施,如增加雨篷梁在墙体内的长度(雨篷板不能增长)或将雨篷梁与周围的结构(如柱子)相连接。

(4) 雨篷梁板的构造要求

① 雨篷板端部厚 $h_e \geqslant 60\text{mm}$,根部厚度 $h \geqslant \dfrac{l}{12} \geqslant 80\text{mm}$($l$ 为挑出长度)。

② 雨篷板受力钢筋按计算求得,但不得小于 $\phi6@200$,且伸入梁内的锚固长度取 $1.2l_a$(l_a 为受拉钢筋的锚固长度),分布钢筋不得小于 $\phi6@250$。

③ 雨篷梁宽度 b 一般与墙厚相同,高度 $h \geqslant \dfrac{1}{8}l_0$($l_0$ 为计算跨度),且为砖厚的倍数;梁的搁置长度 $a \geqslant 370\text{mm}$,一般为 500mm。

4.4 多高层混凝土结构基本知识

我国现行行业标准《高层建筑混凝土结构技术规程》JGJ 3—2010 规定 10 层及 10 层以上或房屋高度大于 28m 的住宅建筑结构以及房屋高度大于 24m 的其他高层民用建筑混凝土结构为高层建筑结构,上述规定以外的为多层和低层(1~2 层)建筑结构。

4.4.1 多高层混凝土结构基本体系

在高层建筑中,水平荷载是结构上作用的主要荷载,故抵抗水平荷载的结构体系常称为抗侧力结构体系。高层建筑中基本的抗侧力结构单元有框架、剪力墙、筒体等,由它们可以组成各种结构体系。

1. 框架结构

框架结构是由梁、柱、板组成的承重结构体系。框架结构的优点是建筑平面布置灵活,能获得较大的空间,特别适用于较大的会议室、商场、餐厅、教室等,也可根据需要隔成小房间。框架结构的外墙为非承重构件,可使立面设计灵活多变,如果采用轻质墙体,就可大大降低房屋自重,节省材料。

框架柱的截面多为矩形,且其截面边长一般大于墙厚,室内出现棱角,影响房间的使用功能和建筑美观。因此近年来,出现了一种新型框架结构体系——异形柱框架结构体系,其柱截面由I形、T形、十字形或Z形截面组成。柱的截面宽度和填充墙厚度相同,使用功能良好,因而得到了越来越广泛的采用。

框架结构在水平力的作用下会产生内力和变形,其侧移由两部分组成。第一部分侧移由梁、柱构件的弯曲变形所引起。框架下部梁、柱的内力较大,层间变形也大,越到上部,层间变形越小,使整个结构呈现出剪切型变形。第二部分侧移由框架柱的轴向变形所引起。水平力的作用使一侧柱受拉,另一侧受压,结构出现侧移。这种侧移在上部楼层较大,越到结构底部,层间变形越小,使整个结构呈现弯曲型变形,如图4-86所示。框架结构的第一部分侧移是主要的,框架整体表现为剪切型变形特征。当框架结构的层数较多时,第二部分侧移的影响应予以考虑。

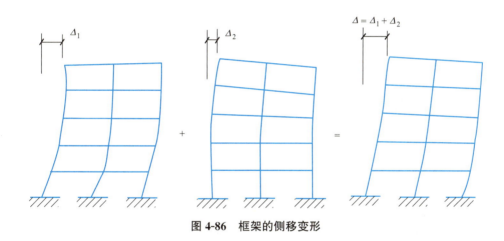

图4-86　框架的侧移变形

框架的侧向刚度主要取决于梁、柱的截面尺寸,而梁、柱截面的惯性矩通常较小,因此其侧向刚度较小,侧向变形较大,在地震区容易引起填充墙等非结构构件的破坏,这就使得框架结构不能建得很高,以15~20层以下为宜。

2. 剪力墙结构

剪力墙结构是由房屋纵横向钢筋混凝土墙体与楼屋盖构成的能承受房屋全部水平荷载和竖向荷载作用的空间受力体系。剪力墙的高度与整个房屋高度相同,剪力墙结构的开间一般为3~8m,适用于住宅、宾馆等建筑。剪力墙结构的水平承载力和侧向刚度都很大,侧向变形较小,故适用于高层建筑。但其缺点是结构自重大,建筑平面布置不灵活,不易获得较大的建筑空间。

3. 框架-剪力墙结构

框架结构空间布置灵活,但一般不适用于高层。剪力墙结构可承担水平方向的荷载,但是做高层建筑形成的空间又较小,因此,为了扩大剪力墙结构的应用范围,在城镇临街建筑中,可将剪力墙结构房屋的底层或底部几层做成部分框架,形成框支剪力墙结构,上部剪力墙结构可作为住宅、宾馆等使用，下部框架作为商场等大空间公共场所使用，同时满足了两方面的使用需求。但是由于下部框架与上部剪力墙的结构形式及结构布置各不相同，在两者连接处出现了刚度差，因此需设置转换层，这种结构也称为带转换层的框架剪力墙结构。

由于上下部分刚度相差较大，在地震作用下框支柱将产生很大的侧移，容易发生破坏从而引起整栋房屋倒塌。为改善这种结构的抗震性能，在底层或底部几层须采用部分框支剪力墙、部分落地剪力墙，形成底部大空间剪力墙结构，以减小由于结构竖向刚度突变对结构抗震性能的不利影响。

4. 筒体结构

筒体结构由框架—剪力墙结构与全剪力墙结构综合演变发展而来。筒体结构是将剪力墙或密柱框架集中到房屋的内部和外围而形成的空间封闭式的筒体。其特点是剪力墙集中可获得较大的自由分割空间，多用于写字楼建筑。由密柱高梁空间框架或空间剪力墙所组成，在水平荷载作用下起整体空间作用的抗侧力构件称为筒体（由密柱框架组成的筒体称为框筒；由剪力墙组成的筒体称为薄壁筒）。由一个或数个筒体作为主要抗侧力构件而形成的结构称为筒体结构，它适用于平面或竖向布置繁杂、水平荷载大的高层建筑。

4.4.2 多高层混凝土结构的构造要求

1. 框架结构的构造要求

（1）框架梁

① 上部通长筋

根据抗震规范的要求，抗震框架梁应该有两根上部通长筋，通长筋可为相同或不同直径采用搭接、机械连接或对焊连接的钢筋。

② 支座负筋

对于框架梁来说，端支座和中间支座的支座负筋是不同的。第一排支座负筋从柱边开始延伸至 $l_n/3$，第二排支座负筋从柱边开始延伸至 $l_n/4$，l_n 是净跨度，当左右跨度大小不一样时，取较大一侧净跨度。

③ 架立筋

架立筋是梁的一种纵向构造钢筋，当梁顶面箍筋转角处无纵向适量钢筋时，应设置架立筋，架立筋的作用就是形成钢筋骨架和承受温度收缩应力。

框架梁不一定需要具有架立筋，当框架梁为双肢箍时，梁上部通长筋充当了架立筋，这时就不需要再另设架立筋了；当框架梁为四肢箍时，梁上部纵筋必须把架立筋也标注上。架立筋与支座负筋的搭接长度为 150mm。

④ 下部纵筋

抗震框架梁下部纵筋采用分跨锚固的形式进行设置。一般情况下，跨内不设置钢筋连接点，在某些必须连接的情况下，需避开中间 1/3 跨度的正弯矩区域。

⑤ 梁侧构造钢筋

当梁的腹板高度 $h_w \geqslant 450$mm 时，在梁的两个侧面应沿高度配置纵向构造钢筋，每侧纵向构造钢筋的截面面积不应小于腹板截面面积的 0.1%，一般其直径 $d = (12\sim16)$mm，间距不宜大于 200mm。

⑥ 箍筋

抗震框架梁支座附近应设置箍筋加密区,第一根箍筋在距支座边缘 50mm 处开始布置,当箍筋为多肢复合箍筋时,应采用大箍套小箍的形式。

(2) 框架柱

1) 纵筋

柱子作为竖向受力构件,在施工时需要对纵筋进行分层连接,常用的连接方式有绑扎搭接、焊接和机械连接,在实际工程中常用的是焊接和机械连接。

相邻柱子纵筋连接接头相互错开,在同一连接区段内,钢筋接头面积百分率不宜大于 50%。当上柱钢筋比下柱钢筋多时,上柱多出的钢筋伸入下柱(楼面以下)$1.2l_{aE}$;当下柱钢筋比上柱钢筋多时,下柱多出的钢筋伸入楼层梁。从梁底算起伸入楼层梁的长度为 $1.2l_{aE}$,如果楼层框架梁的截面高度小于 $1.2l_{aE}$,则下柱多出的钢筋可能伸出楼面以上。

2) 箍筋

抗震框架柱在以下位置设置箍筋加密区:

① 嵌固端,加密区长度为 $H_n/3$;

② 梁柱相交位置,从梁顶(底)起算的加密区长度为 $\max\{h_c, 500, H_n/6\}$;

③ 刚性地面上下各加密 500mm。

2. 剪力墙结构的构造要求

(1) 剪力墙的混凝土强度等级及保护层厚度

为了保证剪力墙的承载能力、变形能力和耐久性,剪力墙混凝土的强度等级不宜太低。剪力墙结构的混凝土强度等级不应低于 C25,且不宜超过 C60。筒体结构的核心筒和内筒的混凝土强度等级不低于 C25。剪力墙保护层厚度一般取 20~35mm,地下室常取 30~35mm,其他部位常取 20~25mm。

(2) 剪力墙边缘构件

剪力墙两端和洞口两侧设置的暗柱、端柱、翼墙柱等称之为剪力墙边缘构件。边缘构件可分为约束边缘构件与构造边缘构件。约束边缘构件设置在一、二级抗震等级设计的剪力墙底部加强部位及相邻的上一层墙肢端部。构造边缘构件的设置在一、二级抗震等级设计剪力墙的其他部位以及按三、四级抗震等级设计和非抗震设计的剪力墙墙肢端部。

约束边缘构件要比构造边缘构件"强"一些,因而在抗震作用上也强一些,所以,约束边缘构件应用在抗震等级较高的建筑。有时候,底部的楼层(如第一层和第二层)采用约束边缘构件,而以上的楼层采用构造边缘构件。

(3) 剪力墙的钢筋构造

剪力墙墙身的钢筋网设置水平分布筋和竖向分布筋,水平分布筋放在外侧,竖向分布筋放在水平分布筋的内侧。剪力墙墙身采用拉筋把外侧的钢筋网和内侧的钢筋网连接起来。地下室外墙竖向分布筋放在外侧。

① 水平分布筋

剪力墙水平分布筋是剪力墙墙身的主筋,水平分布筋除了抗拉以外,很重要的一个作用就是抗剪。理解剪力墙水平分布筋抗剪作用十分重要,所以,剪力墙水平分布筋必须伸到墙肢的尽端才能真正起到抗剪作用。当遇到边缘构件时,剪力墙水平分布筋要从暗柱纵筋的外侧插入暗柱，伸到暗柱外侧纵筋的内侧，收边 $10d$，而不是只伸入暗柱一个锚固长度。暗柱虽然有箍筋，但是暗柱的箍筋不能承担剪力墙墙身的抗剪功能。

② 竖向分布筋

剪力墙墙身竖向分布筋承受拉弯作用，不抗剪，一般剪力墙墙身中的竖向分布筋按构造设置。在中间楼层处，剪力墙竖向分布筋穿越楼层直伸入上一层；在顶层处，剪力墙竖向分布筋穿越顶层锚入现浇板内（或锚入边框梁）。

③ 拉筋

剪力墙身采用拉筋把外侧的钢筋网和内侧的钢筋网连接起来。如果剪力墙墙身设置三排或多排的钢筋网，拉筋还要把中间排的钢筋网固定起来。剪力墙各排钢筋网的钢筋直径和间距是一致的，这为拉筋的连接创造了条件。拉筋要求拉住两个方向上的钢筋，即同时钩住水平分布筋和竖向分布筋。由于剪力墙墙身的水平分布筋放在最外侧，所以拉筋连接外侧钢筋网和内侧钢筋网，也就是把拉筋钩在水平分布筋的外侧。拉筋需要与各排分布筋绑扎。

4.5 单层混凝土结构排架厂房组成与构造要求

单层工业厂房按照承重结构的材料不同可分为混合结构、钢筋混凝土结构和钢结构三种类型。按承重结构的形式可分为排架结构和刚架结构两种，排架结构是由屋架（或屋面梁）、柱、基础组成，柱与屋架（或屋面梁）铰接而与基础刚接；刚架结构是由柱与横梁刚接而成一个构件，柱与基础通常为铰接。

本节介绍单层厂房中最基本的结构形式，即装配式钢筋混凝土排架结构的概念设计。

4.5.1 单层混凝土结构排架厂房的组成

单层厂房结构分为承重结构和围护结构两大类，直接承受荷载并将荷载传递给其他构件的构件如屋面板、天窗架、屋架、柱、吊车梁和基础是单层厂房的主要承重结构构件；外纵墙、山墙、连系梁、抗风柱（抗风梁或抗风桁架）和基础梁都是围护结构构件，这些构件所承受的荷载，主要是墙体和构件的自重以及作用在墙面上的风荷载。

1. 屋盖结构

单层厂房屋盖结构分为无檩体系和有檩体系两种形式。

无檩体系：大型屋面板直接支承（焊接）在屋架或屋面梁上，刚度和整体性好，是单层厂房常用的形式。

有檩体系：小型屋面板（或瓦材）支承在檩条上，檩条支承在屋架上（板与檩条，檩条与屋架均需有牢固的连接），构件重量轻，便于运输与安装，荷载传递路线长，刚度和整体性较差，造价比无檩体系的大，故工程中应用较少，如图 4-87 所示。

2. 横向平面排架

横向平面排架是由屋架（屋面梁）、横向柱列和基础组成，是单层厂房的基本承重结构。横向排架是主要的承重结构，屋架、排架柱和基础是主要的承重构件。

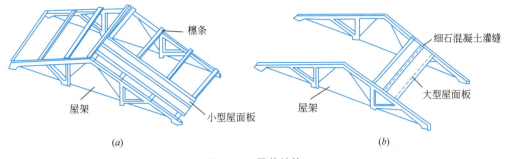

图 4-87　屋盖结构
(a) 有檩体系；(b) 无檩体系

3. 纵向平面排架

纵向平面排架是由连系梁、吊车梁、纵向柱列（包括柱间支撑）和基础组成。其作用主要是保证厂房结构的纵向稳定和刚度，承受作用在厂房结构上的纵向水平荷载，并将其传给地基，同时也承受因温度变化和收缩变形而产生的内力，纵向平面排架结构上的主要荷载传递途径，如图 4-88 所示。

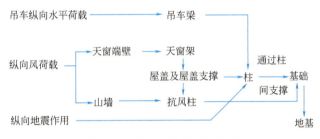

图 4-88　纵向水平荷载的传递

4. 围护结构

围护结构主要是由外墙、连系梁、抗风柱和基础梁等构件组成的。这些构件所承受的荷载，主要是墙体和构件的自重以及作用在墙面上的风荷载。

4.5.2　排架结构的受力特点

单层厂房排架结构的受力特点如下：

（1）单层厂房是一个空间结构，所承受的荷载主要有屋盖、柱、吊车梁等自重，以及屋面均布活荷载、雪荷载、风荷载、吊车荷载、积灰荷载、施工荷载等。

（2）厂房结构上的荷载主要通过横向排架传到地基，而纵向排架仅承受吊车纵向水平荷载和山墙风荷载，因此横向排架结构是厂房的基本受力体系。

（3）排架柱承受吊车荷载作用。桥式吊车荷载包括竖向荷载和横向水平荷载，是一种通过吊车梁传给排架柱的移动集中荷载，也是一种重复荷载，并且具有冲击和振动作用。水平吊车荷载可以反向。

（4）风荷载分为风压力和风吸力，作用于厂房外墙面、天窗侧面和屋面，并在排架平面内传给柱。作用于柱顶上的风荷载屋架，以水平集中荷载的形式作用在柱顶。作用于柱顶以下的风荷载可以近似为均布荷载。

（5）排架柱为偏心受压构件，由于吊车横向荷载和风荷载等水平力方向的不确定性，排架柱一般采用对称配筋。

4.5.3 单层厂房排架柱

钢筋混凝土排架柱的常用形式有矩形截面柱、工字形截面柱、双肢柱、圆管柱等，如图 4-89 所示。其中工字形截面柱较矩形截面柱合理，制作较双肢柱简单，而且整体性能好、刚度大、节省材料，因此应用最普遍。

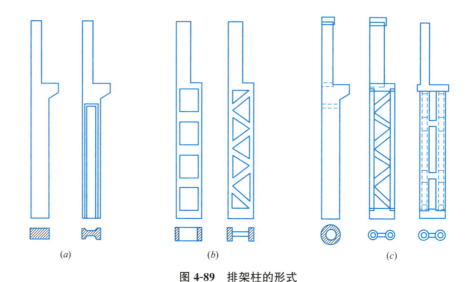

图 4-89 排架柱的形式

（a）矩形、工字形截面柱；（b）双肢柱；（c）圆管柱

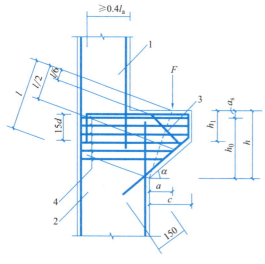

图 4-90 牛腿的外形及钢筋配置

注：图中尺寸单位 mm。

1—上柱；2—下柱；3—弯起钢筋；4—水平箍筋

排架柱常在支承屋架、墙梁和吊车梁等部位设置牛腿，其目的是在不增大截面的情况下，加大支承面积，保证构件间的可靠连接，利于安装时的稳固。

1. 牛腿的受力特点

牛腿可以做成实腹或空腹的，实腹式牛腿较为常用。根据牛腿竖向荷载作用点到下柱边缘的水平距离 a 的大小，实腹式牛腿可以分为长牛腿（$a > h_0$）和短牛腿（$a \leqslant h_0$）两类，如图 4-90 所示。柱上牛腿一般为短牛腿，本节只介绍短牛腿。

2. 牛腿的配筋构造

（1）纵向受力钢筋

牛腿顶部的纵向受力钢筋常用 HRB400 或 HRB500 级钢筋，全部纵向钢筋宜沿牛腿外边缘向下伸入下柱内 150mm 后截断，纵向受力钢筋伸入上柱的锚固长度（从上柱内边算起），当采用直线锚固时不应小于受拉钢筋锚固长度 l_a；当上柱尺寸不足时，应伸至柱外边并向下弯折，其包含弯弧段在内的水平投影长度不应小于 $0.4l_a$，包含弯弧段在内的竖向投影长度为 $15d$。

承受竖向所需的纵向钢筋不宜少于 4 根，直径不宜小于 12mm，按牛腿有效截面计算的配筋率不应小于 0.2% 与 $0.45f_t/f_y$ 的较大值，也不宜大于 0.6%。

纵向受拉钢筋不得下弯兼作弯起钢筋。

（2）弯起钢筋

当牛腿剪跨比 $a/h_0 \geqslant 0.3$ 时，宜设置弯起钢筋。弯起钢筋宜采用 HRB400 或 HRB500 级钢筋，并宜使其与集中荷载作用点到牛腿斜边下端点连线的交点位于牛腿上部 $\frac{l}{6} \sim \frac{l}{2}$ 之间的范围内（l 为该连线的长度）。

（3）箍筋

牛腿应设置水平箍筋，水平箍筋的直径宜为 6~12mm，间距宜为 100~150mm，且在上部 $2/3h_0$ 范围内的水平箍筋总截面面积不宜小于承受竖向力的受拉钢筋截面面积的 1/2。

单元总结

钢筋和混凝土是混凝土结构的主要材料。我国常用的钢筋有热轧钢筋，中、高强钢丝，钢绞线及预应力螺纹钢筋；硬钢和软钢的应力—应变曲线不同，屈服强度是钢筋强度设计值的依据；混凝土立方体抗压强度指标是评价混凝土强度等级的依据；钢筋和混凝土之间的粘结是二者共同工作的基础，应采取必要的措施加以保证。

梁、板、柱是钢筋混凝土结构的基本构件，梁板属于受弯构件，柱属于受压构件。根据正截面承载力的计算配置受弯构件的受拉纵筋，根据斜截面承载力的计算配置受弯构件的箍筋，根据构造要求配置架立筋、梁侧构造钢筋及楼板分布筋等；受压构件分为轴心受压和偏心受压两大类，其中偏压居多，大、小偏心受压构件的计算方法不同，故在计算前必须判别截面类型，工程中常用对称配筋方式。

钢筋混凝土结构的裂缝、变形和耐久性问题属于正常使用状态，对其进行验算的目的是保证其适用性和耐久性；一般结构构件的裂缝控制等级为三级。

预应力混凝土主要是改善现浇钢筋混凝土结构的抗裂性能，正常使用阶段可以做到混凝土不受拉或者不开裂；施加预应力的方法有先张法和后张法。

整体式单向板肋梁楼盖有弹性法和塑性法两种计算方法，塑性法更符合超静定钢筋混凝土结构的实际受力状态，并能取得一定的经济效果，一般单向板和次梁采用塑性法计算，主梁采用弹性法计算，单向板的受力筋放在外侧；整体式双向板肋梁楼盖一般采用弹性法计算，将多区格板转化为单区格板计算，短向受力筋放在外侧。

多层及高层是一个相对的概念，目前我国《高层建筑混凝土结构技术规程》JGJ 3—2010 将 10 层及 10 层以上或房屋高度大于 28m 的住宅建筑，以及房屋高度大于 24m 的其他民用建筑称之为高层建筑；框架结构的空间布置灵活，但侧向刚度小，故一般适用于多层建筑；剪力墙结构的抗侧刚度大，但不易取得大空间，一般适用于高层建筑。

排架结构是单层工业厂房应用最广泛的一种结构形式，一般近似地将其简化为横向排架和纵向排架进行分析。

思考及练习

一、填空题

1. 受弯构件斜截面承载力计算公式的建立是依据_____破坏形态建立的。
2. 《混凝土结构设计标准（2024年版）》GB/T 50010—2010 规定，位于同一连接区段内的受拉钢筋搭接接头面积百分率，对于梁、板类构件，不宜大于_____。
3. 偏心受压构件计算中，通过_____来考虑二阶偏心矩的影响。
4. 连续梁跨中按照_____截面计算。
5. 均布荷载（方向向下）作用下的简支梁，其截面内的上部混凝土承受_____。
6. 一般的钢筋混凝土梁裂缝控制等级为_____。
7. 矩形截面简支梁 $b \times h = 200mm \times 500mm$，$h_0 = 460mm$，C25 混凝土，$f_t = 1.35N/mm^2$，按构造配箍的条件为_____。
8. 矩形截面梁的高宽比通常取为_____。
9. 民用建筑楼板中，实心楼板的最小厚度是_____。
10. 实心楼板内分布筋的最小直径是_____。

二、选择题

1. 荷载标准值是指结构在使用期间，正常情况下出现具有一定保证率的（　　）。
   A. 最大荷载值　　　　　　　　B. 平均荷载值
   C. 最小荷载值　　　　　　　　D. 荷载代表值
2. 教室内的课桌椅属于（　　）。
   A. 永久荷载　　B. 可变荷载　　C. 偶然荷载　　D. 间接作用
3. 一般情况下，恒荷载设计值等于恒荷载标准值乘以分项系数（　　）。
   A. 1.1　　　　B. 1.2　　　　C. 1.3　　　　D. 1.4
4. 普通房屋和构筑物的设计使用年限是（　　）。
   A. 25 年　　　B. 50 年　　　C. 70 年　　　D. 100 年
5. 钢筋的屈服强度是指（　　）。
   A. 比例极限　　　　　　　　　B. 弹性极限
   C. 屈服上限　　　　　　　　　D. 屈服下限
6. 规范确定 $f_{cu,k}$ 所用试块的边长是（　　）。
   A. 100mm　　　B. 150mm　　　C. 200mm　　　D. 250mm
7. 混凝土强度等级是由（　　）确定的。
   A. $f_{cu,k}$　　　B. f_{ck}　　　C. f_{cm}　　　D. f_{tk}
8. 边长为 100mm 的非标准立方体试块的强度换算成标准试块的强度，则需乘以换算系数（　　）。

A. 0.95　　　　　B. 1.01　　　　　C. 1.05　　　　　D. 1.08

9. 对于软钢取其（　　）作为钢筋的强度限值。

A. 弹性强度　　　B. 屈服强度　　　C. 极限强度　　　D. 比例极限

10. 当梁腹板高度（　　）时，梁的两侧应沿梁高配置纵向构造钢筋。

A. $h \geqslant 650$mm　　B. $h \geqslant 550$mm　　C. $h \geqslant 450$mm　　D. $h \geqslant 400$mm

11. 适筋梁从加载到破坏经历了3个阶段，其中（　　）是进行受弯构件正截面承载力计算的依据。

A. I_a 阶段　　B. II_a 阶段　　C. III_a 阶段　　D. II 阶段

12. 提高受弯构件正截面受弯承载力最有效的方法是（　　）。

A. 提高混凝土强度　　　　　　B. 提高钢筋强度
C. 增加截面高度　　　　　　　D. 增加截面宽度

13. 钢筋混凝土受弯构件纵向受拉钢筋屈服与受压混凝土边缘达到极限压应变同时发生的破坏属于（　　）。

A. 适筋破坏　　　B. 超筋破坏　　　C. 界限破坏　　　D. 少筋破坏

14. 受弯构件的正截面是以（　　）来加强的。

A. 纵向受拉钢筋　B. 弯起钢筋　　　C. 腹筋　　　　　D. 箍筋

15. 直径25mm的钢筋优先选用（　　）连接方式。

A. 绑扎搭接　　　B. 点焊　　　　　C. 电渣压力焊　　D. 机械连接

16. 矩形截面梁截面高度<800mm时，一般取（　　）的倍数。

A. 10mm　　　　　B. 50mm　　　　　C. 100mm　　　　　D. 150mm

17. 以下数值中，（　　）不是常用的梁高。

A. 200mm　　　　B. 250mm　　　　　C. 280mm　　　　　D. 300mm

18. 某简支梁下部受拉钢筋为4Φ22，则钢筋最大净距为（　　）。

A. 20mm　　　　　B. 22mm　　　　　C. 25mm　　　　　D. 30mm

19. 架立筋一般为（　　）根，布置在受压区的角部。

A. 1　　　　　　　B. 2　　　　　　　C. 3　　　　　　　D. 4

20. 某梁跨中截面如图所示，图中箍筋为（　　）肢箍。

A. 2　　　　　　　　　　　　　　　B. 3
C. 4　　　　　　　　　　　　　　　D. 5

21. 当钢筋直径大于（　　）时，不宜采用绑扎搭接。

A. 12mm　　　　　B. 14mm　　　　　C. 16mm　　　　　D. 18mm

22. 当粗细钢筋在同一区段绑扎连接时，按照（　　）计算搭接长度。

A. 粗钢筋　　　　B. 细钢筋　　　　C. 都可以　　　　D. 平均值

23. 通常板的（　　）放在外侧。

A. 受力筋　　　　B. 分布筋　　　　C. 箍筋　　　　　D. 架立筋

24. 关于梁的承载力的说法正确的是（　　）。

A. 适筋梁最大　　B. 超筋梁最大　　C. 少筋梁最大　　D. 都一样

25. 少筋梁的承载力取决于（　　）。

A. 混凝土的抗拉强度　　　　　　B. 混凝土的抗压强度

C. 钢筋的抗拉强度　　　　　　　　D. 钢筋的抗压强度

26. 超筋梁的承载力取决于（　　）。
   A. 混凝土的抗拉强度　　　　　　B. 混凝土的抗压强度
   C. 钢筋的抗拉强度　　　　　　　D. 钢筋的抗压强度

27. 钢筋混凝土梁斜截面可能发生（　　）。
   A. 斜压破坏、剪压破坏和斜拉破坏　　B. 斜截面受剪破坏、斜截面受弯破坏
   C. 少筋破坏、适筋破坏和超筋破坏　　D. 受拉破坏、受压破坏

28. 当钢筋混凝土梁的剪力设计值 $V > 0.25\beta_c f_c bh_0$ 时，应采取的措施是（　　）。
   A. 增大箍筋直径或减少箍筋间距　　B. 加大截面尺寸或提高混凝土强度等级
   C. 提高箍筋的抗拉强度设计值　　　D. 增大纵筋配筋率

29. 对于仅配箍筋的梁，在荷载形式及配箍率 ρ_{sv} 不变时，提高受剪承载力的最有效措施是（　　）。
   A. 增大截面高度　　　　　　　　　B. 增大箍筋强度
   C. 增大截面宽度　　　　　　　　　D. 增大混凝土强度的等级

30. 适筋梁的破坏特征是（　　）。
   A. 受拉钢筋先屈服，而后受压区混凝土被压碎
   B. 受压区混凝土先被压碎，而后受拉钢筋屈服
   C. 受拉钢筋屈服时，而受压区混凝土同时被压碎
   D. 受拉钢筋先屈服，而后混凝土被拉断

31. 钢筋混凝土轴心受压构件的稳定系数考虑了（　　）。
   A. 初始偏心距的影响　　　　　　　B. 荷载长期作用的影响
   C. 长柱承载力的降低程度　　　　　D. 附加弯矩的影响

32. 配有普通箍筋的钢筋混凝土轴心受压构件中，箍筋的作用主要是（　　）。
   A. 抵抗剪力
   B. 约束核心混凝土
   C. 形成钢筋骨架，约束纵筋，防止纵筋压曲外凸
   D. 以上三项作用均有

33. 钢筋混凝土大偏压构件的破坏特征是（　　）。
   A. 远侧钢筋受拉屈服，随后近侧钢筋受压屈服，混凝土也压碎
   B. 近侧钢筋受拉屈服，随后远侧钢筋受压屈服，混凝土也压碎
   C. 近侧钢筋和混凝土应力不定，远侧钢筋受拉屈服
   D. 远侧钢筋和混凝土应力不定，近侧钢筋受拉屈服

34. 受弯构件正截面承载力计算基本公式的建立是依据（　　）形态建立的。
   A. 少筋破坏　　　　　　　　　　　B. 适筋破坏
   C. 超筋破坏　　　　　　　　　　　D. 界限破坏

35. 下面哪个条件不能用来判断适筋破坏与超筋破坏的界限？（　　）
   A. $\xi \leqslant \xi_b$　　　B. $x \leqslant \xi_b h_0$　　　C. $x \leqslant 2a'_s$　　　D. $\rho \leqslant \rho_{max}$

36. 受弯构件正截面承载力中，对于双筋截面，下面哪个条件可以满足受压钢筋的屈服？（　　）

A. $x \leqslant \xi_b h_0$ B. $x > \xi_b h_0$ C. $x \geqslant 2a'_s$ D. $x < 2a'_s$

37. 混凝土保护层厚度是指（　　）。

A. 纵向钢筋内表面到混凝土表面的距离   B. 纵向钢筋外表面到混凝土表面的距离

C. 箍筋外表面到混凝土表面的距离   D. 纵向钢筋重心到混凝土表面的距离

38. 为了避免斜压破坏，在受弯构件斜截面承载力计算中，通过规定下面哪个条件来限制？（　　）

A. 规定最小配筋率   B. 规定最大配筋率

C. 规定最小截面尺寸限制   D. 规定最小配箍率

39. 对于无腹筋梁，当 $1 < \lambda < 3$ 时，常发生什么破坏？（　　）

A. 斜压破坏   B. 剪压破坏   C. 斜拉破坏   D. 弯曲破坏

三、简答题

1. 现浇钢筋混凝土结构的优缺点有哪些？
2. 钢筋和混凝土共同工作的原理有哪些？
3. 常用钢筋的连接方式有哪些？
4. 某截面尺寸为 200mm×400mm 的梁，需要配置哪几种钢筋？
5. 实心楼板内需要配置哪几种钢筋？
6. 在进行受弯构件正截面承载力计算时，若 $x > \xi_b h_0$，则可以采取哪几种措施？
7. 如何判别 T 形截面的类型？
8. 影响斜截面承载力的主要因素有哪些？
9. 施加预应力的方法有哪些？
10. 常用的多高层建筑结构体系有哪些？

教学单元 5

装配式混凝土结构

Chapter 05

教学目标

1. 知识目标
（1）了解装配式混凝土结构与现浇混凝土结构在使用范围上的区别；
（2）熟悉装配式混凝土结构体系的分类、构件类型；
（3）掌握装配式混凝土结构深化设计的技术标准和要求；
（4）掌握装配式混凝土结构节点的连接构造要求。

2. 能力目标
（1）能够识读装配式混凝土结构施工图；
（2）能够对装配式混凝土构件进行结构选型；
（3）能够利用 BIM 技术对装配式混凝土结构进行设计和碰撞检查。

3. 素质目标
（1）通过装配式建筑与传统建筑的对比，让学生了解发展装配式建筑是转变建筑业发展方式的重要途径，是建筑业转型升级和可持续发展的需求。培养学生立足本行业，为我国建成富强民主文明和谐美丽的社会主义现代化强国而努力奋斗的情操。

（2）让学生了解普及绿色建筑的重要途径之一是发展装配式住宅。发展装配式建筑是贯彻落实发展理念的需要，是实现建筑业现代化的需要，是提升建筑工程质量和品质的需要，是促进建筑业与信息化工业深度融合的需要，是培育新产业、新动能和新质生产力的需要。培养学生用科技改变行业、用科技改变生活的观念，培养学生对美好生活无限向往和积极追求的信念，培养学生坚持绿色发展的理念。

（3）通过关注我国正在建设的重大工程，使学生了解和惊叹于我国现代众多伟大的超级工程，已然在世界级工程的设计、施工与管理的很多方面处于领先状态。学生可从中学习工程师与建设者们的创新智慧及求真专注、不畏艰险的职业与专业精神，从而培养学生的工程思维与创新意识。

思维导图

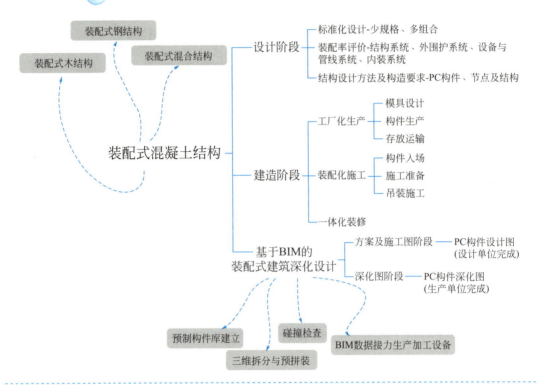

引入

某职业学院图书馆项目，地上6层，采用装配整体式混凝土框架结构，建筑及结构三维模型如图5-1所示。

本例通过整楼全部按现浇结构设计与装配整体式结构设计对比，即使用PKPM进行结构建模、计算分析和平法制图，使用PKPM-PC进行预制构件指定（创建）、拆分、深化设计和详图生成。

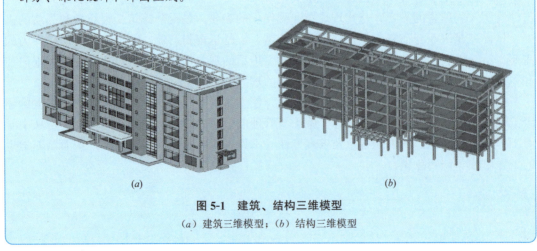

(a) (b)

图5-1 建筑、结构三维模型
(a) 建筑三维模型；(b) 结构三维模型

5.1 装配式建筑基本知识

5.1.1 装配式建筑的概念

装配式建筑是指把传统建造方式中的大量现场作业工作转移到工厂进行，在工厂加工制作好建筑用结构构件和部品部件，如柱、梁、墙板、楼板、楼梯、阳台等，运输到建筑施工现场，通过可靠的连接方式在现场装配安装而成的建筑。

5-1 PC简介和项目设计思路

装配式建筑的基本原理就是将整栋建筑物的各部分分解成为单个预制构件，如柱、梁、墙、楼板、楼梯、阳台等，利用工厂工业化的生产方式，制作成各类构件，并通过运输工具将成品构件运输至施工现场，再在工地现场进行装配化施工。

按照结构类型装配式建筑分为装配式混凝土结构、装配式钢结构、现代木结构等建筑。本教学单元重点介绍装配式混凝土结构。

装配式建筑包括结构体系、围护体系、部品部件、建筑设备、内装体系，见表5-1。

装配式建筑组成　　　　　　　　　　　　　表5-1

结构体系	围护体系	（住宅）部品部件	建筑设备、内装体系
混凝土结构	外墙板	阳台	给水排水
钢结构	屋面板	楼梯	电气
木结构	隔墙板	整体厨卫	装修

装配式建筑具有设计标准化、生产工厂化、施工装配化、装修一体化、管理信息化的特征。

5.1.2 装配式建筑的技术体系及应用

1. 装配整体式混凝土结构

由预制混凝土构件或部件通过采用各种可靠的方式进行连接，并与现场浇筑的混凝土形成整体的装配式结构，简称装配整体式混凝土结构。

预制混凝土构件（Precast Concrete，简称 PC 构件），是指在固定工厂或在建筑物建成位置以外预先制作的混凝土构件，简称预制构件。

（1）混凝土预制件的优缺点

与现浇混凝土相比，工厂化生产的混凝土预制件有诸多优势：

① 安全性好。对于建筑工人来说，工厂中相对稳定的工作环境比复杂的工地作业安全系数更高。

② 质量可控。建筑构件的质量和工艺通过机械化生产能得到更好的控制。

③ 工期缩短。预制件尺寸及特性的标准化能显著加快安装速度和建筑工程进度。

④ 成本降低。与传统现场制模相比，工厂里的模具可以重复循环使用，综合成本更低；机械化生产对人工的需求更少，随着人工成本的不断升高，规模化生产的预制件成本优势会愈加明显。

⑤ 环境友好。采用预制件的建筑工地现场作业量明显减少，粉尘污染、噪声污染显著降低。

目前，预制件具有以下缺点：

① 工厂需要大面积堆场以及配套设备和工具，一次性投入大，堆存成本高。

② 需要经过专业培训的施工队伍配合安装，对个人的技术素质要求高。

③ 构件运输成本高且存在风险，这决定了构件厂市场辐射范围有限。

（2）装配式混凝土结构的分类

装配式混凝土结构体系按装配程度可分为结构主体现浇，围护体系、楼梯等采用预制构件；部分竖向构件现浇剪力墙结构；结构主体全部装配。按结构形式可分为框架结构、框架支撑结构、剪力墙结构、框架—剪力墙结构。按连接方式可分为湿式连接及干式连接、强连接及弱连接、混合连接。

湿式连接用于装配整体式混凝土结构，其连接方式是通过连接件将相邻构件的受力纵筋相连，在连接处浇筑混凝土，为等同现浇混凝土形式，如图5-2（a）所示。干式连接用于全装配式混凝土结构，其连接方式是在连接区通过焊接、螺栓、预应力或者栓钉连接，不需要现浇混凝土，为非等同现浇混凝土形式，如图5-2（b）所示。

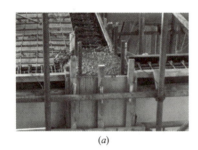 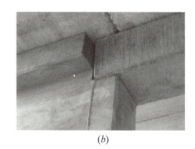

(a)　　　　　　　　　　　　　　　(b)

图 5-2　装配式混凝土结构连接方式

(a) 湿式连接；(b) 干式连接

知识拓展

装配式混凝土结构与现浇混凝土结构比较　　　　表 5-2

内容	装配式混凝土结构	现浇混凝土结构
生产效率	现场装配，生产效率高，减少人力成本；5～6天建一层楼，人工减少50%以上	现场工序多，生产效率低，人力投入大；7～9天建一层楼，劳动密集型
工程质量	误差控制毫米级，墙体无渗漏、无裂缝；室内可实现100%无抹灰工程	误差控制厘米级，空间尺寸变形较大；部品安装难以实现标准化，基层质量差
技术集成	设计、制作、施工标准化、一体化；通过工厂化、装配化形成集成技术	难以实现装修部品的标准化、精细化；难以实现设计、施工一体化、信息化
资源节约	施工节水36%、节材70%、节能30%；垃圾减少71%、减少抹灰89%	水耗大、用电多、材料浪费严重；产生的垃圾多，脚手架、支撑架使用量大
环境保护	施工现场无扬尘、无废水、无噪声	施工现场有扬尘、废水、垃圾、噪声

2. 钢结构

工厂化加工构件、结构构件原本就符合装配式建筑发展理念。其特点是工业化程度高、施工周期短、轻质高强。被广泛应用于大跨度公共建筑、高层建筑、超高层建筑的外框架、轻型门式刚架、钢结构排架等工业建筑、钢结构住宅中。钢结构系统组成见表 5-3。

钢结构系统组成　　　　　表 5-3

钢结构体系	结构系统	多层:轻型钢结构、普通钢框架、集装箱房
		高层:钢框架—支撑、钢管混凝土束剪力墙＋框架、柱＋楼盖模块、钢框架＋混凝土核心筒
	围护系统	蒸压轻质加气混凝土板外墙
		玻纤增强无机材料复合保温墙板
		薄板钢骨—砌筑复合外墙
		薄板钢骨骨架轻质复合外墙
		保温填充钢型板现场二次复合外墙
		钢筋混凝土幕墙板现场复合外保温外墙
		夹心保温混凝土幕墙板
	隔墙系统	蒸压轻质加气混凝土板
		玻纤增强无机材料复合墙板
		轻型水泥夹芯复合墙板
		轻钢龙骨复合墙板
	楼盖系统	压型钢板
		钢筋桁架楼承板
		混凝土叠合板
		混凝土预制板
		楼盖模块

目前存在的问题有：①建造成本略高；②钢结构设计队伍稍薄弱；③现场焊接作业量大；④钢结构住宅中防火防腐、使用性能和集结构、保温与外饰面于一体的外围护结构体系研发尚未很好解决。

3. 木结构

木结构分为重型木结构、现代轻型木结构和原木结构。

重型木结构是指采用工程木产品以及方木或者原木作为承重构件的大跨度梁柱结构。重型木结构因为其外露的木材特性，能充分体现木材的天然色泽和美丽花纹，被广泛用于休闲会所、学校、体育馆、图书馆、展览厅、会议厅、餐厅、教堂、火车站、走道门廊、桥梁、户外景观设施、住宅等建筑中。

现代轻型木结构主要是由木构架墙、木楼盖和木屋盖系统构成的结构体系。轻型木结构具有施工方便、材料成本低、抗震性能好等优点。但由于考虑防火等原因，需在框架内侧或者外侧铺设防火石膏板，则无法显露木材的天然纹理材质。轻型木结构应用范围多为居民住宅、地震多发地区的学校、幼托机构、敬老院、园林景观等低层公共建筑。

原木结构是将经过原木制模机所加工处理后的原木，堆砌卯榫而成。整屋的建构一般全采用原木，最大限度地减少了其他建筑材料的使用，并突出了木材贴近自然的色泽。原木结构一般适用于风景区、旅游景点的休闲场所或宾馆。

木结构目前尚存在以下问题：①认可度偏低；②国内关键技术有待完善；③多高层木结构标准规范相对滞后；④产业能力和基础薄弱；⑤人才储备和培育机制不完善。

5.2 预制混凝土构件概述

5.2.1 PC项目设计阶段

1. 装配式建筑方案设计阶段

在装配式建筑方案设计阶段，应协调建设、设计、制作、施工各方之间的关系，并加强建筑、结构、设备、装修等专业之间的配合，根据标准化原则共同对建筑平面和立面进行优化，对应用预制构件的技术可行性和经济性进行论证，共同进行整体策划，提出最佳设计方案。

2. 装配式建筑设计阶段

在装配式建筑设计阶段，应遵循"少规格、多组合"的原则。在满足建筑功能的前提下，实现基本单元的模数化、标准化定型，以提高定型的标准化建筑构配件的重复使用率，这将非常有利于降低造价。

3. 装配式结构设计阶段

在装配式结构设计阶段，除应符合现行国家标准《混凝土结构设计标准（2024年版）》GB/T 50010—2010的基本要求，还要采用合理的预制构件设计和节点接缝的构造措施，加强结构的整体性，使结构符合承载力、延性和耐久性要求，满足等同现浇结构的要求。要符合行业标准《装配式混凝土结构技术规程》JGJ 1—2014的装配式结构的分析设计，完成装配式整体分析与内力调整、预制构件配筋设计、预制墙底水平连接缝计算、预制柱底水平缝计算、梁端竖向连接缝计算、叠合梁纵向抗剪面计算，保证装配式结构设计安全度。

装配式结构中，预制构件的连接部位宜设置在结构受力较小的部位，其尺寸和形状应符合下列规定：

(1) 应满足建筑使用功能、模数、标准化要求，应进行优化设计；

(2) 应满足制作、运输、堆放、安装及质量控制要求。

模数协调是指一组有规律的数列相互之间配合和协调的方法。在生产和施工活动中应用模数协调的原理和原则方法，规范建设生产各环节的行为，制定符合相互协调配合的技术要求和技术规程。

4. 预制构件深化设计阶段

预制构件深化设计的深度应满足建筑、结构和机电设备等各专业以及构件制作、运输、安装等各环节的综合要求。在预制构件加工制作阶段，应将各专业、各工种所需的预留洞口、预埋件等一并完成，避免在施工现场进行剔凿、切割，破坏预制构件，影响质量或观感。因此，在一般情况下，装配式结构的施工图完成后，还需要进行预制构件的深化设计，以便预制构件的加工制作。

深化设计主要分为验算和图纸两个部分，具体包括：
(1) 预制构件的模板图、配筋图、预埋吊件及埋件的细部构造详图等；
(2) 设备专业预留洞口图；
(3) 带饰面砖或饰面板构件的排砖图或排板图；
(4) 复合保温墙板的连接件布置图及保温板排板图；
(5) 预制构件脱模、翻转过程中混凝土强度、构件承载力、构件变形以及吊具、预埋吊件的承载力验算等。

知识拓展

(1)《装配式混凝土结构技术规程》JGJ 1—2014 的设计概念：
① 设计概念：装配式混凝土结构强调等同现浇混凝土，计算简图与现浇混凝土基本相同；
② 强调预制与现浇相结合，更注重装配式结构的整体性能；
③ 在标准化的基础上，通过合理的结构构造、饰面材料和质感的变化，实现建筑的多样化，对建筑师的限制较少；
④ 同时适用居住建筑和公共建筑；
⑤ 强调了部品的工业化。

(2)《装配式混凝土结构技术规程》JGJ 1—2014 的主要技术要求：
① 全部要求采用钢筋混凝土墙板；
② 水平缝中受力钢筋的竖向连接主要依靠灌浆套筒；
③ 垂直缝中的水平钢筋的连接在采用销键和钢筋锚环的同时，根据抗震规范增加边缘构件的要求；
④ 接缝的界面为光滑面增加抗剪粗糙面的要求；
⑤ 楼板主要推荐采用带有桁架钢筋的叠合楼板。

(3)《装配式混凝土结构技术规程》JGJ 1—2014 对材料及技术的要求：
① 夹心墙板保温材料采用高效保温材料，如 XPS 保温板；
② 夹心墙板内外叶墙的连接采用新型连接件，连接可靠，避免冷桥；
③ 外墙板之间采用新型密封材料，防水构造作了大量改进，阻断漏、渗水；
④ 吊装机具多样化，技术先进，如内埋式螺母、吊杆等；
⑤ 预制构件的支撑系统得到改进。

5.2.2 PC 构件制作

混凝土预制构件的生产按自动化程度分为自动化流水线、机械化流水线和手工流水线，如图 5-3 所示。在各类预制构件方面典型的流水生产类型包括：

（1）环形生产线。如轨枕、管片生产线和 PC 构件生产线。轨枕、管片生产线属于单一品种、强制节拍、移动式自动化生产线，PC 构件生产线为多品种、柔性节拍、移动式自动化生产线。

（2）长线台座法。如预应力叠合板生产线、无砟轨道板生产线等，属于固定式机械化生产线。该类型生产线比较典型的布置形式是采用 3 套（或 3 的倍数）长模的布置形式，在三班制作业条件下分别交替进行空模作业、浇筑作业、养护。

（3）固定台座法。传统预制构件多采用该形式。手工作业可按照流水生产组织形式。

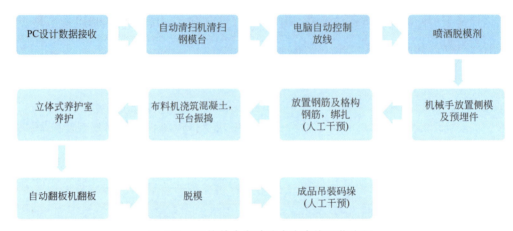

图 5-3　PC 构件全自动流水生产线工艺流程

构件制作宜在固定工厂进行，也可在移动工厂进行。复杂预制构件可部分在固定工厂制作，并在移动工厂进一步组合完成。预制构件生产企业的各种检测、试验、张拉、计量等设备及仪器仪表均应检定合格，并在有效期内使用。

构件制作前应审核预制构件深化设计图纸，并根据构件深化设计图纸进行模具设计，影响构件性能的变更修改应由原施工图设计单位确认。应根据构件特点编制生产方案，明确各阶段质量控制要点，具体内容包括：生产计划及生产工艺、模具计划及模具方案、技术质量控制措施、成品存放、保护及运输方案等内容。必要时应进行预制构件脱模、吊运、存放、翻转及运输等相关内容的承载力、裂缝和变形验算。应对混凝土用原材料、钢筋、灌浆套筒、连接件、吊装件、预埋件、保温板等产品合格证（质量合格证明文件、规格、型号及性能检测报告等）进行检查，并按照相关标准进行复检试验，经检测合格后方可使用，试验报告应存档备案。应依据设计要求和混凝土工作性能要求进行混凝土配合比设计。必要时在预制构件生产前，应进行样品试制，经设计和监理认可后方可实施。应进行技术交底和专业技术操作技能培训。

预制构件的出厂质量检验应按模具、钢筋、混凝土、预制构件四个检验项目进行。检验时对新制作或改制后的模具、钢筋成品和预制构件应按件检验；对原材料、预埋件、钢筋半成品、重复使用的定型模具等应分批随机抽样检验；对混凝土拌合物工作性能及强度应按批检验。模具、钢筋、混凝土和预制构件的制作质量，均应在班组自检、互检、交接检的基础上，由专职检验员进行检验。如：外墙出厂质量检验，如图 5-4 所示。

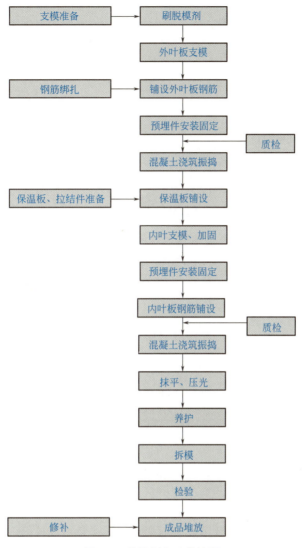

图5-4 外墙制作工艺流程

对检验合格的检验批,宜作出合格标识。检验资料应完整,其主要内容应包括混凝土、钢筋及受力埋件质量证明文件、主要材料进场复验报告、构件生产过程质量检验记录、结构试验记录(或报告)及其必要的试验或检验记录。对检验不合格构件,应在构件显著位置使用明显标识,不合格构件应远离合格构件区域,单独存放并集中处理。预制构件外观质量缺陷见表5-4。

预制构件外观质量缺陷　　　　表5-4

项目	现象	严重缺陷	一般缺陷
露筋	钢筋未被混凝土完全包裹而外露	纵向受力钢筋有露筋	其他钢筋有少量露筋
蜂窝	混凝土表面缺少水泥砂浆而形成石子外露	构件主要受力部位有蜂窝	其他部位有少量蜂窝

续表

项目	现象	严重缺陷	一般缺陷
孔洞	混凝土中孔穴深度和长度均超过保护层厚度	构件主要受力部位有孔洞	其他部位有少量孔洞
夹渣	混凝土中夹有杂物且深度超过保护层厚度	构件主要受力部位有夹渣	其他部位有少量夹渣
疏松	混凝土中局部不密实	构件主要受力部位有疏松	其他部位有少量疏松
连接部位缺陷	连接处混凝土缺陷及连接钢筋、连接件松动	构件主要受力部位有影响结构性能或使用功能的裂缝	其他部位有少量不影响结构性能或使用功能的裂缝
外形缺陷	缺棱掉角、表面翘曲、表面凹凸不平、外装饰材料粘结不牢、位置偏差、嵌缝没有达到横平竖直	清水混凝土构件、有外装饰的混凝土构件出现影响使用功能或装饰效果的外形缺陷	其他混凝土构件有不影响使用功能的外形缺陷
外表缺陷	构件表面麻面、起砂、掉皮、污染	具有重要装饰效果的清水混凝土构件有外表缺陷	其他混凝土构件有不影响使用功能的外表缺陷
裂缝	缝隙从混凝土表面延伸至混凝土内部	构件主要受力部位有影响结构性能或使用功能的裂缝，裂缝宽度大于 0.3mm，且裂缝长度超过 300mm	其他部位有少量不影响结构性能或使用功能的裂缝
破损	由于运输、存放中出现磕碰导致构件表面混凝土破碎、掉块等	构件主要受力部位有影响结构性能、使用功能的破损；影响钢筋、连接件、预埋件锚固的破损	其他部位有少量不影响结构性能或使用功能的破损

5.2.3 PC 构件存储和运输

1. 构件的存放

预制混凝土构件如果在存放环节发生损坏、变形将会很难补修，既耽误工期又造成经济损失。因此，大型预制混凝土构件的存放方式非常重要。

（1）车间内临时存放

在车间内设置专门的构件存放区，存放区内主要存放出窑后需要检查、修复和临时存放的构件。特别是蒸养构件出窑后，应静置一段时间后，方可转移到室外堆放。

车间内存放区内根据立式、平式存放构件，划分出不同的存放区域。存放区内设置构件存放专用支架、专用托架。

车间内构件临时存放区与生产区之间要画出并标明明显的分隔界限。

同一跨车间内主要使用门吊进行短距离的构件输送。跨车间或长距离运送时，采用构件运输车运输（图 5-5）和叉车端送等方式。

不同预制构件存放方式有所不同。构件在车间内堆放的姿态，首先保证构件的结构安全，其次考虑运输的方便和构件存放、吊装时的便捷。

在车间堆放同类型构件时，应按照不同工程项目、楼号、楼层进行分类存放。构件底部应放置两根通长方木，以防止构件与硬化地面接触造成构件缺棱掉角。同时两个相邻构

图 5-5 构件运输

(a) 墙板运输；(b) 叠合板运输

件之间也应设置木方，防止构件起吊时对相邻构件造成损坏。

① 叠合楼板堆放严格按照标准图集要求，叠合楼板下部放置通长 100mm×100mm 方木，垫木放置在桁架两侧，如图 5-6 所示。每根方木与构件端部的距离、堆放的层数不得超过有关规范要求。不同板号要分类堆放。

图 5-6 车间内叠合板堆放

叠合楼板构件较薄，必须放置在倒运架上后才可用叉车叉运。防止在运输过程中，叠合楼板发生断裂现象。同时也方便快捷运输。

② 墙板在临时存放区设专用竖向墙体存放支架内立式存放，而工业建筑的外挂墙板，受车间门高度的限制，需要侧立存放。车间内墙板堆放如图 5-7 所示。

③ 楼梯采用平向存放，楼梯底部与地面以及楼梯与楼梯之间支垫方木，如图 5-8 所示。

图 5-7　车间内墙板堆放

图 5-8　车间内楼梯堆放

④ 预制柱和预制梁均采用平式存放，底部与地面以及层与层之间支垫方木，如图 5-9 所示。

(2) 车间外（堆场）存放

预制构件在发货前一般堆放在露天堆场内。在车间内检查合格，并静置一段时间后，用专用构件转运车和随车起重运输车、改装的平板车运至室外堆场分类进行存放。

在堆场内的每条存放单元内划分成不同的存放区，用于存放不同的预制构件。

根据堆场每跨宽度，在堆场内呈线型设置墙板存放钢结构架，每跨可设 2～3 排存放架，存放架距离龙门吊轨道 4～5m。在钢结构存放架上，每隔 40cm 设置一个可穿过钢管的孔道，上下两排，错开布置。根据墙板厚度选择上下临近孔道，插入无缝钢管，卡住墙

图 5-9　车间内预制柱、梁堆放

板。因立放墙板的重心高，故存放时必须考虑紧固措施（一般用楔形木加固），防止在存放过程中因外力（风或振动）造成墙板倾倒而使预制构件破坏。堆场墙板堆放如图 5-10 所示。

图 5-10　堆场墙板堆放

叠合楼板采用叠放存放，每层间加放垫木或用存放架堆放，如图 5-11 所示。

2. 构件运输

构件运输的准备工作主要包括：制定运输方案、设计并制作运输架、验算构件强度、清查构件及察看运输路线。

（1）制定运输方案

此环节需要根据运输构件实际情况，装卸车现场及运输道路的情况，施工单位或当地的起重机械和运输车辆的供应条件以及经济效益等因素综合考虑，最终选定运输方法、选择起重机械（装卸构件用）、运输车辆和运输路线。运输线路的制定应按照客户指定的地点及货物的规格和重量制定特定的路线，确保运输条件与实际情况相符。

(a) (b)

图 5-11 堆场叠合楼板堆放

(a) 存放架堆放；(b) 场地垫木堆放

(2) 设计并制作运输架

根据构件的重量和外形尺寸进行设计制作，且尽量考虑运输架的通用性。

(3) 构件主要运输方式

① 立式运输方案。在低盘平板车上安装专用运输架，墙板对称靠放或者插放在运输架上。对于内、外墙板和 PCF 板等竖向构件多采用立式运输方案，如图 5-12 (a) 所示。

② 平层叠放运输方案。将预制构件平放在运输车上，依次往上叠放在一起进行运输。叠合板、阳台板、楼梯、装饰板等水平构件多采用平层叠放运输方式，如图 5-12 (b) 所示。

除此之外，对于一些小型构件和异型构件，多采用散装方式进行运输。

(a) (b)

图 5-12 构件运输

(a) 构件立式运输；(b) 构件叠放运输

（4）控制合理运输半径

合理运距的测算主要是以运输费用占构件销售单价比例为考核参数。通过运输成本和预制构件合理销售价格分析，可以较准确地测算出运输成本占比与运输距离的关系，反推合理运距。

5.2.4　PC 构件安装

装配式混凝土结构工程施工前，施工总承包单位应根据实际情况重新编制总体施工组织设计文件，对预制构件的现场安装制定专项技术方案、质量和安全保障措施，并经监理（建设）单位审查批准。对施工作业的人员进行技术交底和必要的实际操作培训。应检查钢筋连接接头的工艺检验和抗拉强度检验合格证明文件，如图 5-13 所示。

5-2 装配式结构－柱的安装

预制构件进场后，施工总承包单位应对构件合格证（准用证）和资料进行检查，并对预制构件进行检验，经检验合格后方可进行预制构件安装施工。

5-3 装配式结构－梁的安装

灌浆料进场后，应对产品合格证（质量合格证明文件、规格、型号及性能检测报告等）进行检查，并按照《钢筋连接用套筒灌浆料》JG/T 408—2019 的要求进行复检试验，经检测合格后方可进行预制安装施工，检验报告应存档备案。

5-4 装配式结构－板的安装

起重和安装专项施工方案中，在吊装工况下应进行构件吊装和安装验算，挠度、抗裂度或裂缝宽度应符合设计要求。专项方案按《建筑施工组织设计规范》GB/T 50502—2009 相关规定进行编制。

5-5 装配式结构－外挂墙板的安装

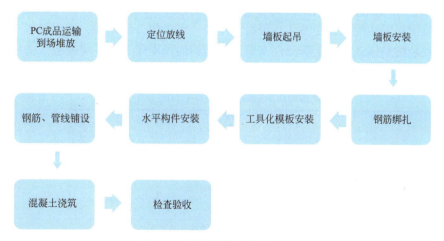

图 5-13　预制构件安装施工流程

吊装、运输工况下使用的吊架、吊索、卡具、撑杆、起重设备等，应符合国家现行相关标准的有关规定，并进行承载力和变形验算。自制、改制、修复和新购置的吊架、吊索、卡具、撑杆、起重设备等，还应进行试验检验，并经专业监理工程师确认合格后方可投入使用。

预制构件安装时应符合规定，预制构件混凝土强度等级不应低于 C30 或设计安装强度等级；预制构件应做好成品保护，不应出现破损或污染；未经设计允许，不得在预制构件上开洞、切割。预制构件套筒和连接部位灌浆抗压强度达到 35MPa 及以上时，方可进行与其连接构件的吊装。

5.3 装配整体式混凝土结构设计

装配整体式混凝土结构根据结构的整体性和抗震性能的要求，强调预制构件和后浇混凝土相结合的结构措施。其基本设计概念，是在采用成熟连接技术的基础上，通过合理的构造措施，提高装配式结构的整体性，实现装配式结构与现浇混凝土结构基本等同的整体性、稳定性和延性。其涉及的关键技术问题有水平缝和竖缝的钢筋连接技术；其结合面抗剪性能，可以通过粗糙面（混凝土抗剪粗糙面，采用特殊的工具或工艺形成混凝土凹凸不平或骨料显露的表面，实现预制构件与现浇混凝土的牢固结合，简称粗糙面）、键槽、设置抗剪钢筋等措施来实现；装配整体式混凝土结构采用新型配筋技术，探索采用大直径、大间距的配筋方式，以解决施工的不便和简化钢筋连接问题；探索可靠的结构分析方法和设计方法。

5.3.1 结构设计基本规定

1. 一般规定

（1）《装配式混凝土结构技术规程》JGJ 1—2014 适用于抗震设防烈度为 6～8 度地区的装配整体式混凝土框架结构、装配整体式混凝土框架—现浇剪力墙结构、装配整体式混凝土剪力墙结构及装配整体式混凝土部分框支剪力墙结构的民用建筑。其房屋最大适用高度应满足表 5-5 中的要求。

装配整体式结构房屋的最大适用高度（m）　　　　表 5-5

结构类型	非抗震设计	抗震设防烈度			
		6 度	7 度	8 度(0.2g)	8 度(0.3g)
装配整体式框架结构	70	60	50	40	30
装配整体式框架—现浇剪力墙结构	150	130	120	100	80
装配整体式剪力墙结构	140(130)	130(120)	110(100)	90(80)	70(60)
装配整体式部分框支剪力墙结构	120(110)	110(100)	90(80)	70(60)	40(30)

注：房屋高度指室外地面到主要屋面的高度，不包括局部突出屋顶的部分。

（2）高层装配整体式结构的高宽比不宜超过表 5-6 中的数值。

（3）装配式混凝土结构应根据结构性能以及构件生产、安装施工的便捷性要求确定连接构造方式并进行连接及节点设计。

高层装配整体式结构适用的最大高宽比　　　　　表 5-6

结构类型	非抗震设计	抗震设防烈度	
		6 度、7 度	8 度
装配整体式框架结构	5	4	3
装配整体式框架—现浇剪力墙结构	6	6	5
装配整体式剪力墙结构	6	6	5

2. 作用及作用组合

（1）装配式结构的作用及作用组合应根据国家现行标准《建筑结构荷载规范》GB 50009—2012、《建筑抗震设计标准（2024 年版）》GB/T 50011—2010、《高层建筑混凝土结构技术规程》JGJ 3—2010 和《混凝土结构工程施工规范》GB 50666—2011 等确定。

（2）在装配式结构构件及节点的设计中，除对使用阶段进行验算外，还应重视生产和施工阶段的验算，即短暂设计状况的验算。对预制构件在脱模、翻转、起吊、运输、堆放、安装等生产和施工过程中的安全性进行分析。这主要是由于在制作、施工安装阶段的荷载、受力状态和计算模式经常与使用阶段不同，预制构件的混凝土强度在此阶段尚未达到设计强度。因此，许多预制构件的截面及配筋设计，不是使用阶段的设计计算起控制作用，而是此阶段的设计计算起控制作用。

1）预制构件在翻转、运输、吊运、安装等短暂设计状况下的施工验算，应将构件自重标准值乘以动力系数后作为等效静力荷载标准值。构件运输、吊运时，动力系数宜取 1.5；构件翻转及安装过程中就位、临时固定时，动力系数可取 1.2。

2）预制构件进行脱模验算时，等效静力荷载标准值应取构件自重标准值乘以动力系数后与脱模吸附力之和，且不宜小于构件自重标准值的 1.5 倍。动力系数不宜小于 1.2；脱模吸附力应根据构件和模具的实际状况取用，且不宜小于 $1.5kN/m^2$。

预制构件进行脱模时，受到的荷载包括：自重，脱模起吊瞬间的动力效应，脱模时模板与构件表面的吸附力。其中，动力效应采用构件自重标准值乘以动力系数计算；脱模吸附力是作用在构件表面的均布力，与构件表面和模具状况有关，根据经验一般不小于 $1.5kN/m^2$。等效静力荷载标准值取构件自重标准值乘以动力系数后与脱模吸附力之和。

3）预制构件安装与连接验算时，对简支受弯构件，主要考虑自重的作用；对于叠合受弯构件，尚需考虑混凝土现浇层的自重及施工活荷载（可取 $1.5kN/m^2$）；对于竖向构件，则尚需考虑风荷载等水平方向作用（风荷载标准值按 10 年一遇取值）。当自重为不利作用时，应通过动力系数考虑由于固定时产生振动和冲击力效应，施工规范取该系数为 1.2；当自重为有利作用时，如进行抗倾覆或抗滑移验算时，动力系数则应取 1.0。

3. 结构分析

（1）在各种设计状况下，装配整体式结构可采用与现浇混凝土结构相同的方法进行结构分析。当同一层内既有预制又有现浇抗侧力构件时，地震设计状况下宜对现浇抗侧力构件在地震作用下的弯矩和剪力进行适当放大。

（2）装配整体式结构承载能力极限状态及正常使用极限状态的作用效应分析可采用弹性方法。

（3）按弹性方法计算的风荷载或多遇地震标准值作用下的楼层层间最大位移与层高之

比的限值宜按表 5-7 采用。

楼层层间最大位移与层高之比的限值 表 5-7

结构类型	$\Delta u/h$ 限值
装配整体式框架结构	1/550
装配整体式框架—现浇剪力墙结构	1/800
装配整体式剪力墙结构、装配整体式部分框支剪力墙结构	1/1000
多层装配式剪力墙结构	1/1200

（4）在计算结构内力与位移时，对现浇楼盖和叠合楼盖，均可假定楼盖在其自身平面内为无限刚性；楼面梁的刚度可计入翼缘作用予以增大；梁刚度增大系数可根据翼缘情况近似取为 1.3～2.0。叠合楼盖和现浇楼盖对梁刚度均有增大作用，无后浇层的装配式楼盖对梁刚度增大作用较小，设计中可以忽略。

4. 预制构件设计

（1）对持久设计状况，应对预制构件进行承载力、变形、裂缝控制验算；

（2）对地震设计状况，应对预制构件进行承载力验算；

（3）对制作、运输和堆放、安装等短暂设计状况下的预制构件验算，应符合《混凝土结构工程施工规范》GB 50666—2011 的有关规定。

5. 连接设计

装配整体式结构中，接缝的正截面承载力应符合《混凝土结构设计标准（2024 年版）》GB/T 50010—2010 的规定。接缝的受剪承载力应符合下列规定：

持久设计状况：$\gamma_0 V_{jd} \leqslant V_u$ （5-1）

地震设计状况：$V_{jdE} \leqslant V_{uE}/\gamma_{RE}$ （5-2）

在梁、柱端部箍筋加密区及剪力墙底部加强部位，尚应符合下式要求：

$$\eta_j V_{mua} \leqslant V_{uE}$$ （5-3）

式中 γ_0——结构重要性系数，安全等级为一级时不应小于 1.1，安全等级为二级时不应小于 1.0；

V_{jd}——持久设计状况下接缝剪力设计值；

V_{jdE}——地震设计状况下接缝剪力设计值；

V_u——持久设计状况下梁端、柱端、剪力墙底部接缝受剪承载力设计值；

V_{uE}——地震设计状况下梁端、柱端、剪力墙底部接缝受剪承载力设计值；

V_{mua}——被连接构件端部按实配钢筋面积计算的斜截面受剪承载力设计值；

η_j——接缝受剪承载力增大系数，抗震等级为一、二级时取 1.2，抗震等级为三、四级时取 1.10。

试验研究表明，预制柱的水平接缝处，受剪承载力受柱轴力影响较大。当柱受拉时，水平接缝的抗剪能力较差，易发生接缝的滑移错动。从结构布置分析，预制柱出现拉应力，对侧构件会出现压应力，会造成材料的浪费，不经济。因此，应通过合理的结构布置（结构平面布置质量和刚度分布均匀）、采用较小的高宽比，避免柱的水平接缝处出现拉力。

6. 楼盖设计

装配整体式结构的楼盖宜采用叠合楼盖。结构转换层、平面复杂或开洞较大的楼层、作为上部结构嵌固部位的地下室楼层、结构顶层宜采用现浇楼盖。

混凝土叠合楼板技术是指将楼板沿厚度方向分成两部分，底部是预制底板，上部是后浇混凝土叠合层。配置底部钢筋的预制底板作为楼板的一部分，在施工阶段作为后浇混凝土叠合层的模板承受荷载，与后浇混凝土层形成整体的叠合混凝土构件。

叠合板应按《混凝土结构设计标准（2024年版）》GB/T 50010—2010进行设计，并应符合下列规定：叠合板的预制板厚度不宜小于60mm，后浇混凝土叠合层厚度不应小于50mm。预制板表面应做成凸凹差不小于4mm的粗糙面；当叠合板的预制板采用空心板时，板端空腔应封堵；跨度大于3m的叠合板，宜采用桁架钢筋混凝土叠合板；跨度大于6m的叠合板，宜采用预应力混凝土预制板；板厚大于180mm的叠合板，宜采用混凝土空心板。

混凝土叠合楼板按具体受力状态，分为单向受力和双向受力叠合板，如图5-14所示；预制底板按有无外伸钢筋可分为"有胡子筋"和"无胡子筋"叠合板，如图5-15所示；拼缝按照连接方式可分为分离式接缝（即底板间不拉开的"密拼"）和整体式接缝（底板间有后浇混凝土带），如图5-16所示。

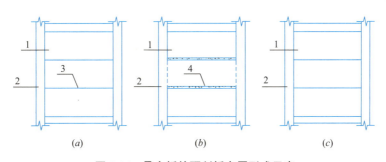

图 5-14　叠合板的预制板布置形式示意

（a）单向叠合板；（b）带接缝的双向叠合板；（c）无接缝双向叠合板

1—预制板；2—梁或墙；3—板侧分离式接缝；4—板侧整体式接缝

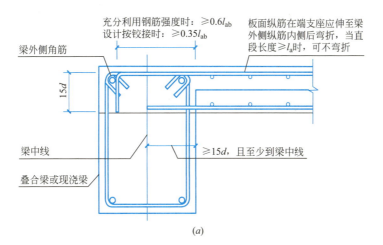

(a)

图 5-15　叠合板与梁的构造节点（一）

（a）预制板"有胡子筋"

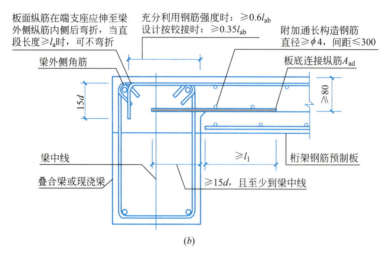

图 5-15 叠合板与梁的构造节点（二）
（b）预制板"无胡子筋"

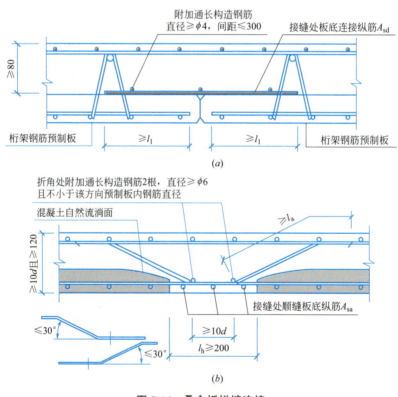

图 5-16 叠合板拼缝连接
（a）分离式接缝；（b）整体式接缝

桁架钢筋混凝土叠合板对桁架钢筋的要求为：桁架钢筋应沿主要受力方向布置；桁架钢筋距板边不应大于 300mm，间距不宜大于 600mm；桁架钢筋弦杆钢筋直径不宜小于 8mm，腹杆钢筋直径不应小于 4mm；桁架钢筋弦杆混凝土保护层厚度不应小于 15mm，如图 5-17 所示。

图 5-17　桁架钢筋示意

5.3.2　框架结构设计

主要受力构件柱、梁、板全部或部分由预制构件（预制柱、叠合梁、叠合板）组成的装配整体式混凝土结构，简称装配整体式框架结构。其结构传力路径明确，装配效率高，现浇湿作业少，是最适合进行预制装配化的结构形式。主要用于需要开敞大空间的厂房、仓库、商场、停车场、办公楼、教学楼、医务楼、商务楼等建筑，近年来也逐渐应用于居民住宅等民用建筑。装配式框架结构的结构类型、优缺点、适用范围、发展及应用情况见表 5-8。

装配式框架结构发展及应用情况　　　　　表 5-8

类型		优缺点	技术成熟度	工业化程度	国内应用情况	适用范围
装配整体式框架结构	预制梁、现浇柱框架结构	设计同现浇结构，结构整体性好，检验方便；现场湿作业量大；施工速度一般	成熟，有规范依据	较低	较少	多层及中高层居住建筑，公共建筑
	梁、柱预制，节点区后浇混凝土连接	设计同现浇结构，结构整体性好；后浇混凝土施工要求高，节点施工难度大，钢筋连接检验不便，施工速度一般	较成熟，有规范依据	较高	较少	
	世构体系	施工方便；检验方便，施工速度较快；节点抗震性能略差	较成熟，有规范依据	较高	较少	
	预埋型钢等辅助连接的框架结构体系	设计需专门研究，施工较快，成本略高	需要进一步研究，专门技术规范编制中	较高	较少	

1. 一般规定

根据国内外多年的研究成果，在地震区的装配整体式框架结构，当采取了可靠的节点连接方式和合理的构造措施后，装配整体式框架的结构性能可以等同现浇混凝土框架结构，如图 5-18 所示，并采用和现浇结构相同的方法进行结构分析和设计，其最大适用高度与现浇结构相同。如果装配式框架结构中节点及接缝构造措施的性能达不到现浇结构的要求，其最大适用高度应适当降低。高层建筑装配整体式混凝土结构的预制范围应符合下列规定：

（1）设置有地下室时，宜采用现浇混凝土；

（2）框架结构的首层柱宜采用现浇混凝土；

（3）当框架结构底部加强部位的首层柱采用预制时，应采取可靠的技术措施。

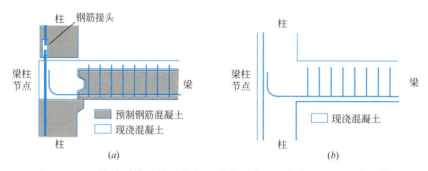

图 5-18　PC 构件刚性连接（节点可以传递弯矩、剪力，等同现浇结构）

（a）预制钢筋混凝土构件；（b）标准现浇钢筋混凝土构件

套筒灌浆连接方式在国外已经有长期、大量的实践经验，国内也已有充分的试验研究、广泛的应用经验、相关的产品标准和技术规程。整体式框架结构中，梁的水平钢筋连接可根据实际情况选用机械连接、焊接连接或者套筒灌浆连接。当结构层数较多时，柱的纵向钢筋采用套筒灌浆连接可保证结构的安全。对于低层框架结构，柱的纵向钢筋连接也可以采用一些相对简单且造价较低的方法。《装配式混凝土结构技术规程》JGJ 1—2014 规定装配整体式框架结构中，预制柱的纵向钢筋连接应符合下列规定：

① 当房屋高度不大于 12m 或层数不超过 3 层时，可采用套筒灌浆、浆锚搭接、焊接等连接方式；

② 当房屋高度大于 12m 或层数超过 3 层时，宜采用套筒灌浆连接。如图 5-19 所示。

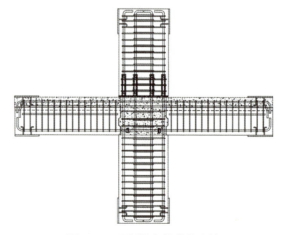

图 5-19　预制柱套筒灌浆连接

2. 承载力计算

(1) 叠合梁端结合面主要包括框架梁与节点区的结合面、梁自身连接的结合面以及次梁与主梁的结合面等几种类型。结合面的受剪承载力的组成主要包括：新旧混凝土结合面的粘结力、键槽的抗剪能力、后浇混凝土叠合层的抗剪能力、梁纵向钢筋的销栓抗剪作用。如图 5-20 所示。

叠合梁端竖向接缝的受剪承载力设计值应按下列公式计算：

持久设计状况：$V_u = 0.07 f_c A_{cl} + 0.10 f_c A_k + 1.65 A_{sd} \sqrt{f_c f_y}$ (5-4)

地震设计状况：$V_{uE} = 0.04 f_c A_{cl} + 0.06 f_c A_k + 1.65 A_{sd} \sqrt{f_c f_y}$ (5-5)

式中　A_{cl}——叠合梁端截面后浇混凝土叠合层截面面积；
　　　f_c——预制构件混凝土轴心抗压强度设计值；
　　　f_y——垂直穿过结合面钢筋抗拉强度设计值；
　　　A_k——各键槽的根部截面面积之和，按后浇键槽根部截面和预制键槽根部截面分别计算，并取二者的较小值；
　　　A_{sd}——垂直穿过结合面所有钢筋的面积，包括叠合层内的纵向钢筋。

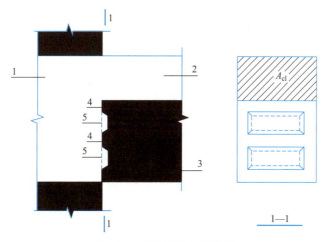

图 5-20　叠合梁端抗剪构造
1—后浇节点区；2—后浇混凝土叠合层；3—预制梁；4—预制键槽根部截面；5—后浇键槽根部截面

研究表明，混凝土抗剪键槽的受剪承载力一般为 $(0.15 \sim 0.2) f_c A_k$，但由于混凝土抗剪键槽的受剪承载力和钢筋的销栓抗剪作用一般不会同时达到最大值，因此在计算公式中，混凝土抗剪键槽的受剪承载力应折减，取 $0.1 f_c A_k$。抗剪键槽的受剪承载力取各抗剪键槽根部受剪承载力之和；梁端抗剪键槽数量一般较少，沿高度方向一般不会超过 3 个，不考虑群键作用。抗剪键槽破坏时，可能沿现浇键槽或预制键槽的根部破坏，因此计算抗剪键槽受剪承载力时应按现浇键槽和预制键槽根部剪切面分别计算，并取二者的较小值。设计中，应尽量使现浇键槽和预制键槽根部剪切面面积相等。

(2) 预制柱底结合面的受剪承载力的组成主要包括：新旧混凝土结合面的粘结力、粗糙面或键槽的抗剪能力、轴压产生的摩擦力、梁纵向钢筋的销栓抗剪作用或摩擦抗剪作用，其中后两者为受剪承载力的主要组成部分。在非抗震设计时，柱底剪力通常较小，不需要验算。地震往复作用下，混凝土自然粘结及粗糙面的受剪承载力丧失较快，计算中不考虑其作用。

在地震设计状况下，预制柱底水平接缝的受剪承载力设计值应按下列公式计算：

当预制柱受压时：$V_{uE} = 0.8N + 1.65 A_{sd}\sqrt{f_c f_y}$ (5-6)

当预制柱受拉时：$V_{uE} = 1.65 A_{sd}\sqrt{f_c f_y \left[1-\left(\dfrac{N}{A_{sd} f_y}\right)^2\right]}$ (5-7)

式中 f_c——预制构件混凝土轴心抗压强度设计值；

f_y——垂直穿过结合面钢筋抗拉强度设计值；

N——与剪力设计值相应的垂直于结合面的轴向力设计值，取绝对值进行计算；

A_{sd}——垂直穿过结合面所有钢筋的面积；

V_{uE}——地震设计状况下接缝受剪承载力设计值。

当柱受压时，计算轴压产生的摩擦力时，柱底接缝灌浆层上下表面接触的混凝土均有粗糙面及键槽构造，因此摩擦系数取 0.8。钢筋销栓作用的受剪承载力计算公式与上一情况相同。当柱受拉时，没有轴压产生的摩擦力，且由于钢筋受拉，计算钢筋销栓作用时，需要根据钢筋中的拉应力结果对销栓受剪承载力进行折减。

此外，混凝土叠合梁的设计应符合《混凝土结构设计标准（2024年版）》GB/T 50010—2010 中的有关规定。

3. 构造设计

(1) 采用叠合梁时，楼板一般采用叠合板，梁、板的后浇层一起浇筑。叠合梁的叠合层混凝土厚度不宜小于 100mm，混凝土强度等级不宜低于 C30。当板的总厚度不小于梁的后浇层厚度要求时，可采用矩形截面预制梁。当板的总厚度小于梁的后浇层厚度要求时，为增加梁的后浇层厚度，可采用凹口形截面预制梁。某些情况下，为施工方便，预制梁也可采用其他截面形式，如图 5-21 所示。

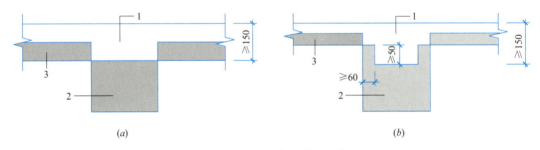

图 5-21 预制叠合梁截面示意

(a) 矩形截面预制梁；(b) 凹口形截面预制梁面

1—后浇混凝土叠合层；2—预制梁；3—预制板

(2) 采用叠合梁时，在施工条件允许的情况下，箍筋宜采用闭口箍筋。当采用闭口箍筋不便安装上部纵筋时，可采用组合封闭箍筋，即开口箍筋加箍筋帽的形式，如图 5-22 所示。预制梁的箍筋应全部伸入叠合层，且各肢伸入叠合层的直线段长度不宜小于 10d。

(3) 当梁的下部纵向钢筋在后浇段内采用机械连接时，一般只能采用加长丝扣型直螺纹接头，滚轧直螺纹加长丝头在安装中会存在一定的困难，且无法达到 I 级接头的性能指标。套筒灌浆连接接头也可用于水平钢筋的连接，如图 5-23 所示。

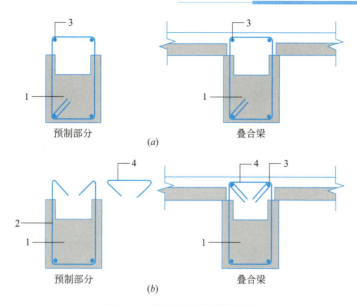

图 5-22 叠合梁箍筋构造示意

(a) 采用整体封闭箍筋的叠合梁；(b) 采用组合封闭箍筋的叠合梁

1—预制梁；2—开口箍筋；3—纵向受力钢筋；4—箍筋帽

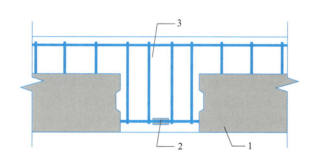

图 5-23 叠合梁后浇段内机械连接示意

1—预制梁；2—钢筋连接接头；3—后浇段

（4）对于叠合楼盖结构，次梁与主梁的连接可采用后浇混凝土节点，即主梁上预留后浇段，混凝土断开而钢筋连续，以便穿过和锚固次梁钢筋。当主梁截面较高且次梁截面较小时，主梁预制混凝土也可不完全断开，采用预留凹槽的形式供次梁钢筋穿过。次梁端部可设计为刚接和铰接。次梁钢筋在主梁内采用锚固板的方式锚固时，锚固长度根据《钢筋锚固板应用技术规程》JGJ 256—2011 确定。

主梁与次梁采用后浇段连接时，应符合下列规定：

1）在端部节点处，次梁下部纵向钢筋伸入主梁后浇段内的长度不应小于 $12d$。次梁上部纵向钢筋应在主梁后浇段内锚固。当采用弯折锚固（图 5-24a）或锚固板时，锚固直段长度不应小于 $0.6l_{ab}$；当钢筋应力不大于钢筋强度设计值的 50% 时，锚固直段长度不应小于 $0.35l_{ab}$，弯折锚固的弯折后直段长度不应小于 $12d$（d 为纵向钢筋直径）。

2）在中间节点处，两侧次梁的下部纵向钢筋伸入主梁后浇段内长度不应小于 $12d$（d 为纵向钢筋直径）；次梁上部纵向钢筋应在现浇层内贯通（图 5-24b）。

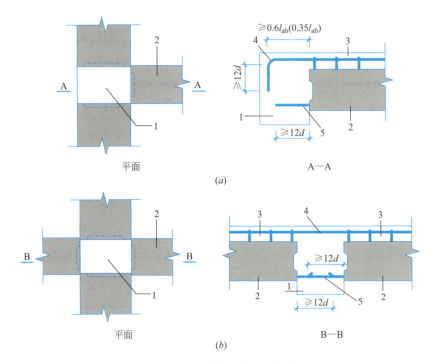

图 5-24 主次梁连接节点构造示意
(a) 端部节点；(b) 中间节点
1—主梁后浇段；2—次梁；3—后浇混凝土叠合层；4—次梁上部纵筋；5—次梁下部纵筋

(5) 采用较大直径钢筋及较大的柱截面，可减少钢筋根数，增大间距，便于柱钢筋连接及节点区钢筋布置。套筒连接区域柱截面刚度及承载力较大，柱的塑性铰区可能会上移到套筒连接区域以上，因此至少应将套筒连接区域以上 500mm 高度区域内将柱箍筋加密。

预制柱的设计应符合《混凝土结构设计标准（2024 年版）》GB/T 50010—2010 的要求，并应符合下列规定：柱纵向受力钢筋直径不宜小于 20mm；矩形柱截面宽度或圆柱直径不宜小于 400mm，且不宜小于同方向梁宽的 1.5 倍；柱纵向受力钢筋在柱底采用套筒灌浆连接时，柱箍筋加密区长度不应小于纵向受力钢筋连接区域长度与 500mm 之和；套筒上端第一道箍筋距离套筒顶部不应大于 50mm。如图 5-25 所示。

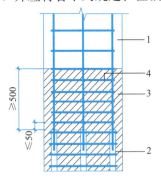

图 5-25 钢筋采用套筒灌浆连接时柱底箍筋加密区域构造示意
1—预制柱；2—套筒灌浆连接接头；3—箍筋加密区（阴影区域）；4—加密区箍筋

(6) 采用预制柱及叠合梁的装配整体式框架中，柱底接缝宜设置在楼面标高处，并应符合下列规定：后浇节点区混凝土上表面应设置粗糙面；柱纵向受力钢筋应贯穿后浇节点区；柱底接缝厚度宜为 20mm，并应采用灌浆料填实。如图 5-26 所示。

(7) 在预制柱叠合梁框架节点中，梁钢筋在节点中锚固及连接方式是决定施工可行性以及节点受力性能的关键。梁、柱构件尽量采用较粗直径、较大间距的钢筋布置方式，节点区的主梁钢筋较少，有利于节点的装配施工，保证施工质量。设计过程中，应充分考虑到施工装配的可行性，合理确定梁、柱截面尺寸及钢筋的数量、间距及位置等。在中间节点中，两侧梁的钢筋在节点区内锚固时，位置可能冲突，可采用弯折避让的方式，弯折角度不宜大于1∶6。节点区施工时，应注意合理安排节点区箍筋、预制梁、梁上部钢筋的安装顺序，控制节点区箍筋的间距满足要求。

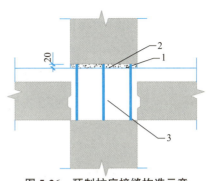

图 5-26　预制柱底接缝构造示意
1—后浇节点区混凝土上表面粗糙面；
2—接缝灌浆层；3—后浇区

采用预制柱及叠合梁的装配整体式框架节点，梁纵向受力钢筋应伸入后浇节点区内锚固或连接，并应符合下列规定：

1）对框架中间层中节点，节点两侧的梁下部纵向受力钢筋宜锚固在后浇节点区内（图 5-27a），也可采用机械连接或焊接的方式直接连接（图 5-27b）；梁的上部纵向受力钢筋应贯穿后浇节点区。

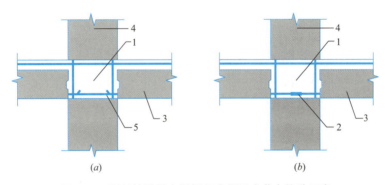

图 5-27　预制柱及叠合梁框架中间层中节点构造示意
（a）梁下部纵向受力钢筋锚固；（b）梁下部纵向受力钢筋连接
1—后浇区；2—梁下部纵向受力钢筋连接；3—预制梁；4—预制柱；5—梁下部纵向受力钢筋锚固

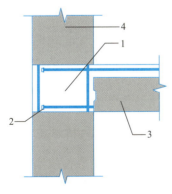

图 5-28　预制柱及叠合梁框架中间层端节点构造示意

1—后浇区；2—梁纵向受力钢筋锚固；3—预制梁；4—预制柱

2）对框架中间层端节点，当柱截面尺寸不满足梁纵向受力钢筋的直线锚固要求时，宜采用锚固板锚固（图 5-28），也可采用90°弯折锚固。

3）对框架顶层中节点，柱纵向受力钢筋宜采用直线锚固；当梁截面尺寸不满足直线锚固要求时，宜采用锚固板锚固（图 5-29）。

4）对框架顶层端节点，梁下部纵向受力钢筋应锚固在后浇节点区内，且宜采用锚固板的锚固方式；梁、柱其他纵向受力钢筋的锚固应符合下列规定：

① 柱宜伸出屋面并将柱纵向受力钢筋锚固在伸出段内（图 5-30a），伸出段长度不宜小于500mm，伸出段内箍筋间距不应大于5d（d 为柱纵向受力钢筋直径），且不应大于100mm；柱纵向钢筋宜采用锚固板锚固，锚固长度不应

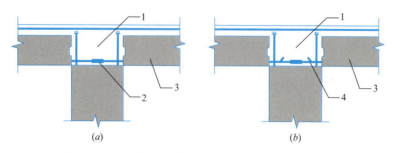

图 5-29 预制柱及叠合梁框架顶层中节点构造示意

（a）梁下部纵向受力钢筋连接；（b）梁下部纵向受力钢筋锚固

1—后浇区；2—梁下部纵向受力钢筋连接；3—预制梁；4—梁下部纵向受力钢筋锚固

小于 $40d$；梁上部纵向受力钢筋宜采用锚固板锚固。

② 柱外侧纵向受力钢筋也可与梁上部纵向受力钢筋在后浇节点区搭接（图 5-30b），其构造要求应符合《混凝土结构设计标准（2024 年版）》GB/T 50010—2010 中的规定；柱内侧纵向受力钢筋宜采用锚固板锚固。

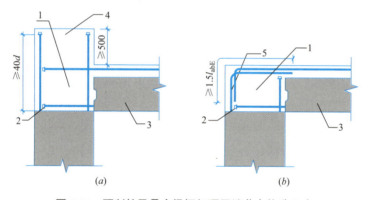

图 5-30 预制柱及叠合梁框架顶层端节点构造示意

（a）柱向上伸长；（b）梁柱外侧钢筋搭接

1—后浇区；2—梁下部纵向受力钢筋锚固；3—预制梁；4—柱延伸段；5—梁柱外侧钢筋搭接

（8）在预制柱叠合梁框架节点中，如柱截面较小，梁下部纵向钢筋在节点区内连接较困难时，可在节点区外设置后浇梁段，并在后浇段内连接梁纵向钢筋。为保证梁端塑性铰区的性能，钢筋连接部位距离梁端需要超过 1.5 倍梁截面有限高度，如图 5-31 所示。

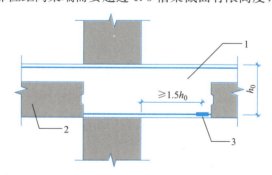

图 5-31 梁纵向钢筋在节点区外的后浇段内连接示意

1—后浇段；2—预制梁；3—纵向受力钢筋连接

5.3.3 剪力墙结构设计

混凝土结构中部分或全部采用承重预制墙板,通过节点部位的连接形成的具有可靠传力机制,并与现场浇筑的混凝土形成整体的装配式混凝土剪力墙结构,其整体性能与现浇混凝土剪力墙结构接近,简称装配整体式剪力墙结构。其发展及应用情况见表 5-9。

装配式剪力墙结构发展及应用情况　　　　　　　　表 5-9

类型		优缺点	技术成熟度	主体结构工业化程度	国内应用情况	适用范围
内浇外挂体系		安全可靠;施工难度低;便于检验	较成熟,有规范依据	一般	较多	住宅高层建筑
装配整体式剪力墙结构	竖向钢筋套筒灌浆连接	连接可靠;成本高;施工繁琐;不便质量检验	成熟,有规范依据	较高	较多	住宅高层建筑
	竖向钢筋浆锚搭接连接	成本较低;不宜用于动载、一级抗震结构;加工较难,不便质量检验	较成熟,有规范依据	较高	较多	
	底部预留后浇区竖向分布钢筋连接	连接可靠、检验方便;后浇混凝土量增加;构件制作难度增加	较成熟,有规范依据	较高	试点	
叠合板剪力墙结构		适用高度低,生产、施工效率高,成本较低,检验方便	较成熟,有规范依据	较高	较少	住宅多层及高层建筑

1. 一般规定

装配整体式剪力墙结构设计关键内容:预制剪力墙的竖向钢筋采用套筒灌浆连接和约束浆锚搭接均能有效传递应力;预制剪力墙的承载能力、变形能力、延性与现浇试件基本一致,抗震性能好,可按照现浇剪力墙的方法进行设计。

(1) 抗震设计时,对同一层内既有现浇墙肢也有预制墙肢的装配整体式剪力墙结构,现浇墙肢水平地震作用弯矩、剪力宜乘以不小于 1.1 的增大系数。预制剪力墙的接缝对墙抗侧刚度有一定的削弱作用,应考虑对弹性计算的内力进行调整,适当放大现浇墙肢在水平地震作用下的剪力和弯矩;预制剪力墙的剪力及弯矩不减小,偏于安全。

(2) 对装配整体式剪力墙结构的规则性要求,在建筑方案设计中,应该注意结构的规则性。如某些楼层出现扭转不规则及侧向刚度及承载力不规则,宜采用现浇混凝土结构。

装配整体式剪力墙结构的布置应满足下列要求:

① 应沿两个方向布置剪力墙;

② 剪力墙的截面宜简单、规则;预制墙的门窗洞口宜上下对齐、成列布置。

(3) 短肢剪力墙是指截面厚度不大于 300mm,各肢截面高度与厚度之比的最大值大于 4 但不大于 8 的剪力墙。具有较多短肢剪力墙的剪力墙结构是指,在规定的水平地震作用下,短肢剪力墙承担的底部倾覆力矩不小于结构底部总地震倾覆力矩 30% 的剪力墙结构。

短肢剪力墙的抗震性能较差，在高层装配整体式结构中应避免过多采用。抗震设计时，高层装配整体式剪力墙结构不应全部采用短肢剪力墙；抗震设防烈度为 8 度时，不宜采用具有较多短肢剪力墙的剪力墙结构。

（4）抗震设防烈度为 8 度时，高层装配整体式剪力墙结构中电梯井筒宜采用现浇混凝土结构。高层建筑中电梯井筒往往承受很大的地震剪力及倾覆力矩，采用现浇结构有利于保证结构的抗震性能。

2. 构造设计

（1）开洞预制剪力墙洞口宜居中布置，洞口两侧的墙肢宽度不应小于 200mm，洞口上方连梁高度不宜小于 250mm，如图 5-32 所示。可结合建筑功能和结构平立面布置的要求，根据构件的生产、运输和安装能力，确定预制构件的形状和大小。

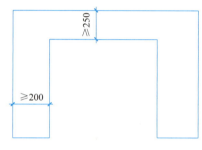

图 5-32　开洞预制剪力墙

（2）墙板开洞的规定参照《高层建筑混凝土结构技术规程》JGJ 3—2010 的要求确定。预制墙板的开洞应在工厂完成。

预制剪力墙的连梁不宜开洞；当需开洞时，洞口宜预埋套管，洞口上、下截面的有效高度不宜小于梁高的 1/3，且不宜小于 200mm；被洞口削弱的连梁截面应进行承载力验算，洞口处应配置补强纵向钢筋和箍筋，补强纵向钢筋的直径不应小于 12mm。

预制剪力墙开有边长小于 800mm 的洞口且在结构整体计算中不考虑其影响时，应沿洞口周边配置补强钢筋；补强钢筋的直径不应小于 12mm，截面面积不应小于同方向被洞口截断的钢筋面积；该钢筋自孔洞边角算起伸入墙内的长度，非抗震设计时不应小于 l_a，抗震设计时不应小于 l_{aE}，如图 5-33 所示。

（3）剪力墙底部竖向钢筋连接区域，裂缝较多且较为集中，因此，应对该区域的水平分布筋加强，以提高墙板的抗剪能力和变形能力，并使该区域的塑性铰可以充分发展，提高墙板的抗震性能。

当采用套筒灌浆连接时，自套筒底部至套筒顶部并向上延伸 300mm 范围内，预制剪力墙的水平分布筋应加密（图 5-34），加密区水平分布筋的最大间距及最小直径应符合

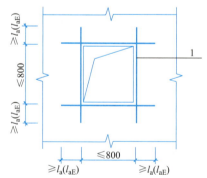

图 5-33　预制剪力墙洞口补强
　　　　钢筋配置示意
1—洞口补强钢筋

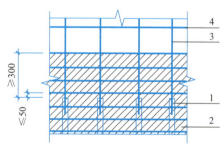

图 5-34　钢筋套筒灌浆连接部位水平分布
　　　　钢筋的加密构造示意
1—灌浆套筒；2—水平分布钢筋加密区域（阴影区域）；
3—竖向钢筋；4—水平分布钢筋

表 5-10 的规定，套筒上端第一道水平分布钢筋距离套筒顶部不应大于 50mm。

加密区水平分布钢筋的要求　　　　　　　　表 5-10

抗震等级	最大间距/mm	最小直径/mm
一、二级	100	8
三、四级	150	8

（4）对预制墙板边缘配筋应适当加强，形成边框，保证墙板在形成整体结构之前的刚度、延性及承载力。端部无边缘构件的预制剪力墙，宜在端部配置 2 根直径不小于 12mm 的竖向构造钢筋；沿该钢筋竖向应配置拉筋，拉筋直径不宜小于 6mm、间距不宜大于 250mm。

3. 连接设计

（1）确定剪力墙竖向接缝位置的主要原则是便于标准化生产、吊装、运输和就位，并尽量避免接缝对结构整体性能产生不良影响。

楼层内相邻预制剪力墙之间应采用整体式接缝连接，且应符合下列规定：

1）当接缝位于纵横墙交接处的约束边缘构件区域时，约束边缘构件的阴影区域（图 5-35）宜全部采用后浇混凝土，并应在后浇段内设置封闭箍筋。

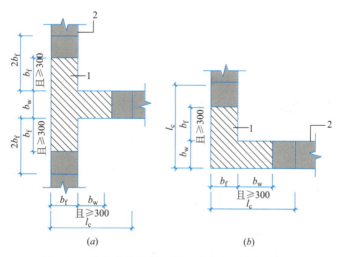

图 5-35　约束边缘构件阴影区域全部后浇构造示意
(a) 有翼墙；(b) 转角墙
l_c—约束边缘构件沿墙肢的长度；1—后浇段；2—预制剪力墙

2）当接缝位于纵横墙交接处的构造边缘构件区域时，构造边缘构件宜全部采用后浇混凝土（图 5-36）；当仅在一面墙上设置后浇段时，后浇段的长度不宜小于 300mm（图 5-37）。

3）边缘构件内的配筋及构造要求应符合《建筑抗震设计标准（2024 年版）》GB/T 50011—2010 的有关规定；预制剪力墙的水平分布钢筋在后浇段内的锚固、连接应符合《混凝土结构设计标准（2024 年版）》GB/T 50010—2010 的有关规定。

4）非边缘构件位置，相邻预制剪力墙之间应设置后浇段，后浇段的宽度不应小于墙

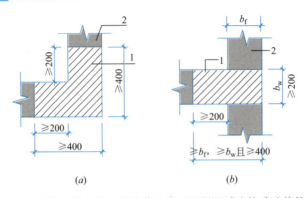

图 5-36 构造边缘构件全部后浇构造示意（阴影区域为构造边缘构件范围）
(a) 转角墙；(b) 有翼墙
1—后浇段；2—预制剪力墙

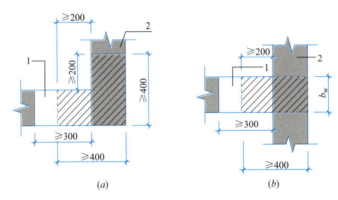

图 5-37 构造边缘构件部分后浇构造示意（阴影区域为构造边缘构件范围）
(a) 转角墙；(b) 有翼墙
1—后浇段；2—预制剪力墙

厚且不宜小于 200mm；后浇段内应设置不少于 4 根竖向钢筋，钢筋直径不应小于墙体竖向分布筋直径且不应小于 8mm；两侧墙体的水平分布筋在后浇段内的锚固、连接应符合《混凝土结构设计标准（2024 年版）》GB/T 50010—2010 的有关规定。

（2）封闭连续的后浇钢筋混凝土圈梁是保证结构整体性、稳定性和连接楼盖结构与预制剪力墙的关键构件，应在楼层收进及屋面处设置。

屋面以及立面收进的楼层，应在预制剪力墙顶部设置封闭的后浇钢筋混凝土圈梁（图 5-38），并应符合下列规定：

① 圈梁截面宽度不应小于剪力墙的厚度，截面高度不宜小于楼板厚度及 250mm 的较大值；圈梁应与现浇或者叠合楼、屋盖浇筑成整体。

② 圈梁内配置的纵向钢筋束不应小于 4ϕ12，且按全截面计算的配筋率不应小于 0.5% 和水平分布筋配筋率的较大值，纵向钢筋竖向间距不应大于 200mm；箍筋间距不应大于 200mm，且直径不应小于 8mm。

（3）在不设置圈梁的楼面处，水平后浇带及在其内设置的纵向钢筋也可起到保证结构整体性、稳定性和连接楼盖结构与预制剪力墙的作用。

各层楼面位置，预制剪力墙顶部无后浇圈梁时，应设置连续的水平后浇带（图 5-39）。

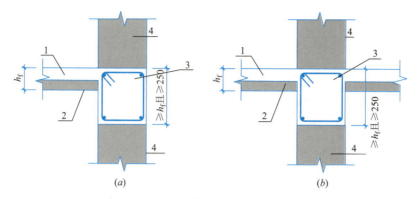

图 5-38 后浇钢筋混凝土圈梁构造示意
(a) 端部节点；(b) 中间节点
1—后浇混凝土叠合层；2—预制板；3—后浇圈梁；4—预制剪力墙

水平后浇带应符合下列规定：

① 水平后浇带宽度应取剪力墙的厚度，高度不应小于楼板厚度；水平后浇带应与现浇或者叠合楼、屋盖浇筑成整体。

② 水平后浇带内应配置不少于 2 根连续纵向钢筋，其直径不宜小于 12mm。

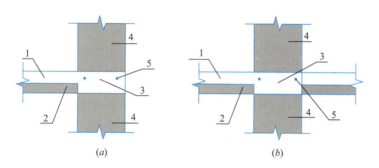

图 5-39 水平后浇带构造示意
(a) 端部节点；(b) 中间节点
1—后浇混凝土叠合层；2—预制板；3—水平后浇带；4—预制墙板；5—纵向钢筋

(4) 预制剪力墙竖向钢筋一般采用套筒灌浆或浆锚搭接连接，在灌浆时宜采用灌浆料将墙底水平接缝同时灌满。灌浆料强度较高且流动性好，有利于保证接缝承载力。

(5) 边缘构件是保证剪力墙抗震性能的重要构件，因钢筋较粗，每根钢筋应逐根连接。剪力墙的分布钢筋直径小且数量多，全部连接会导致施工繁琐且造价较高，连接接头数量太多对剪力墙的抗震性能也有不利影响。根据有关单位的研究成果，可在预制剪力墙中设置部分较粗的分布钢筋并在接缝处仅连接这部分钢筋，被连接钢筋的数量应满足剪力墙的配筋率和受力要求。为了满足分布钢筋最大间距的要求，在预制剪力墙中再设置一部分较小直径的竖向分布钢筋，但其最小直径也应满足有关规范的要求。

剪力墙的竖向钢筋被连接的同侧钢筋间距不应大于 600mm，且在剪力墙构件承载力设计和分布钢筋配筋率计算中不得计入不连接的分布钢筋；不连接的竖向分布钢筋直径不应小于 6mm，如图 5-40 所示。

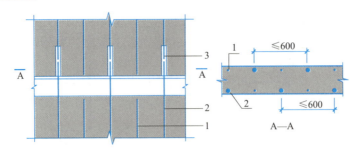

图 5-40 预制剪力墙竖向分布钢筋连接构造示意
1—不连接的竖向分布钢筋；2—连接的竖向分布钢筋；3—连接接头

（6）在地震设计状况下，剪力墙水平接缝的受剪承载力设计值应按下式计算：

$$V_{uE} = 0.6 f_y A_{sd} + 0.8N$$

式中　f_y——垂直穿过结合面的钢筋抗拉强度设计值；

　　　N——与剪力设计值相应的垂直于结合面的轴向力设计值。压力时取正，拉力时取负；

　　　A_{sd}——垂直穿过结合面的抗剪钢筋面积。

预制剪力墙水平接缝受剪承载力设计值的计算公式，与《高层建筑混凝土结构技术规程》JGJ 3—2010 中对一级抗震等级剪力墙水平施工缝的抗剪验算公式相同。

进行预制剪力墙底部水平接缝受剪承载力计算时，计算单元的选取分以下三种情况：

1）不开洞或者开小洞口整体墙，作为一个计算单元；

2）小开口整体墙可作为一个计算单元，各墙肢联合抗剪；

3）开口较大的双肢及多肢墙，各墙肢作为单独的计算单元。

（7）预制剪力墙洞口上方的预制连梁宜与后浇圈梁或水平后浇带形成叠合连梁（图 5-41），叠合连梁的配筋及构造要求应符合《混凝土结构设计标准（2024 年版）》GB/T 50010—2010 的有关规定。当连梁剪跨比较小需要设置斜向钢筋时，一般采用全现浇连梁。

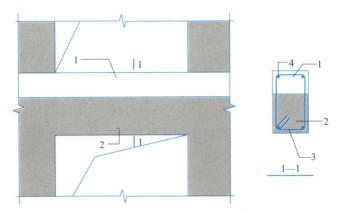

图 5-41 预制剪力墙叠合连梁构造示意
1—后浇圈梁或后浇带；2—预制连梁；3—箍筋；4—纵向钢筋

（8）连梁端部钢筋锚固构造复杂，要尽量避免预制连梁在端部与预制剪力墙连接。预制叠合连梁的预制部分宜与剪力墙整体预制，也可在跨中拼接或在端部与预制剪力墙拼接。

（9）当预制叠合连梁端部与预制剪力墙在平面内拼接时，接缝构造应符合下列规定，以保证接缝的受弯及受剪承载力不低于连梁的受弯及受剪承载力。

1）当墙端边缘构件采用后浇混凝土时，连梁纵向钢筋应在后浇段中可靠锚固（图5-42a）或连接（图5-42b）。

2）当预制剪力墙端部上角预留局部后浇节点区时，连梁的纵向钢筋应在局部后浇节点区内可靠锚固（图5-42c）或连接（图5-42d）。

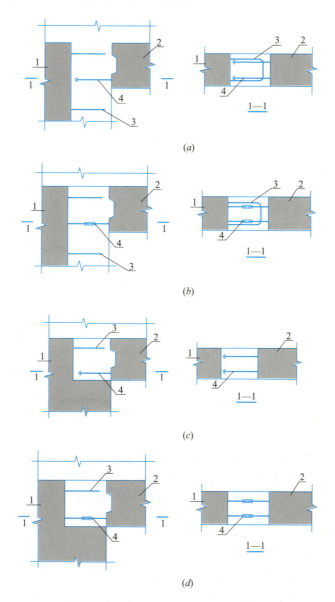

图 5-42 同一平面内预制连梁与预制剪力墙连接构造示意

(a) 预制连梁钢筋在后浇段内锚固构造示意；(b) 预制连梁钢筋在后浇段内与预制剪力墙预留钢筋连接构造示意；
(c) 预制连梁钢筋在预制剪力墙局部后浇节点区内锚固构造示意；
(d) 预制连梁钢筋在预制剪力墙局部后浇节点区内与墙板预留钢筋连接构造示意
1—预制剪力墙；2—预制连梁；3—边缘构件箍筋；4—连梁下部纵向受力钢筋锚固或连接

（10）当预制剪力墙洞口下方有墙时，宜将洞口下墙作为单独的连梁进行设计，如图 5-43 所示。

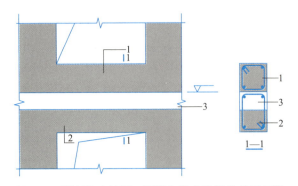

图 5-43　预制剪力墙洞口下墙与叠合连梁的关系示意
1—洞口下墙；2—预制连梁；3—后浇圈梁或水平后浇带

5.3.4　其他预制构件

1. 预制楼梯

预制楼梯可采用预制混凝土楼梯，也可采用预制钢结构楼梯。预制混凝土楼梯与支承构件之间宜采用简支连接。采用简支连接时，应符合下列规定：

① 预制混凝土楼梯宜一端设置固定铰，另一端设置滑动铰，其转动及滑动变形能力应满足结构层间位移的要求，且端部在支承构件上应有一定的搁置长度。

② 预制混凝土楼梯设置滑动铰的端部应采取防止滑落的构造措施。

③ 滑动铰应从构造及材料上保证其滑动性能，如图 5-44 所示。

图 5-44　预制钢筋混凝土楼梯段

预制混凝土楼梯依据国家建筑标准设计图集《预制钢筋混凝土板式楼梯》15G367-1。预制混凝土楼梯的制图要求如图 5-45～图 5-47 所示。

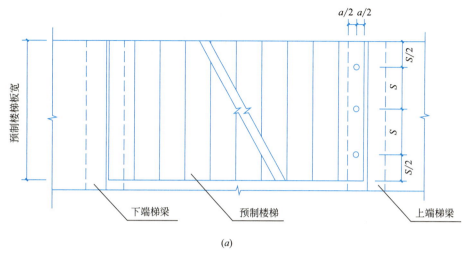

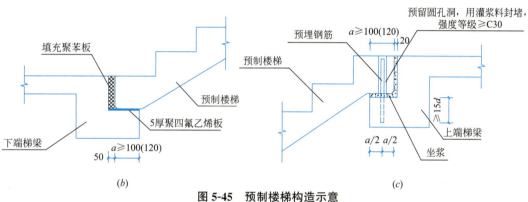

图 5-45 预制楼梯构造示意

（a）平面布置图；（b）下端连接；（c）上端连接

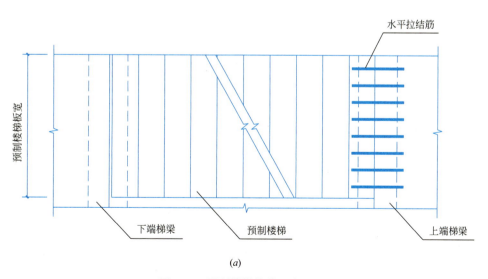

图 5-46 预制楼梯构造示意（一）

（a）平面布置图

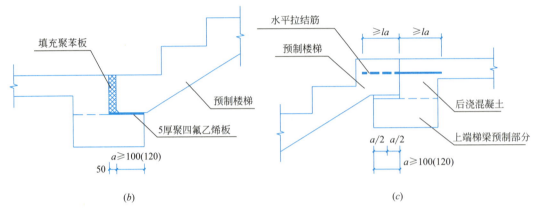

图 5-46 预制楼梯构造示意（二）
(b) 下端连接；(c) 上端连接

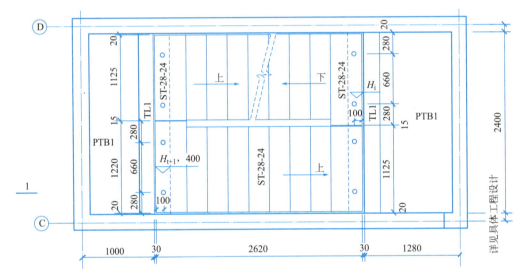

图 5-47 平面布置图

① 楼梯编号。当选用标准图集中的预制楼梯时，在平面图上直接标注标准图集中楼梯编号。如 ST-28-25，表示预制钢筋混凝土板式楼梯为双跑楼梯，层高为 2800mm，楼梯间净宽为 2500mm。

② 预制楼梯的平面图表达。除预制梯段外，其余梯梁、梯柱、平台板均同现浇楼梯的表示，见表 5-11。

预制楼梯表　　　　　　　　　　　　　　　　　　　　　　　　表 5-11

构件编号	所在楼层	构件重量(t)	数量	构件详图页码（图号）	连接索引	备注
ST-28-24	3～20	1.61	72	15G367-1,8～10	—	标准构件
ST-31-24	1～2	1.8	8	结施-24	15G367-1,27 ① ②	自行设计 本图略

注：TL1、PTB1 详见具体工程设计。

2. 预制阳台

混凝土装配式阳台分为叠合板式阳台、全预制板式阳台、全预制梁式阳台。

① 叠合板式阳台。叠合板式阳台的悬挑长度为 1000mm、1200mm、1400mm，与主体连接，如图 5-48 所示。

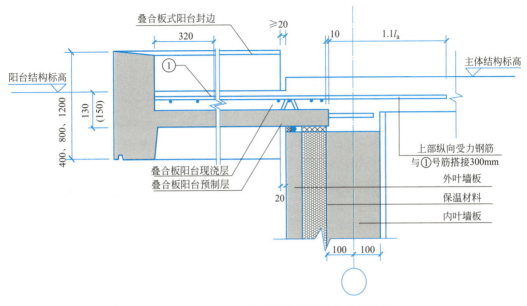

图 5-48 叠合板式阳台与主体结构连接节点示意

② 全预制板式阳台。全预制板式阳台的悬挑长度为 1000mm、1200mm、1400mm，与主体连接，如图 5-49 所示。

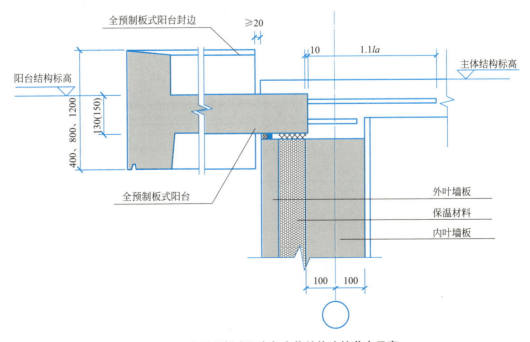

图 5-49 全预制板式阳台与主体结构连接节点示意

③ 全预制梁式阳台。全预制梁式阳台的悬挑长度为 1200mm、1400mm、1600mm、1800mm，与主体连接，如图 5-50 所示。

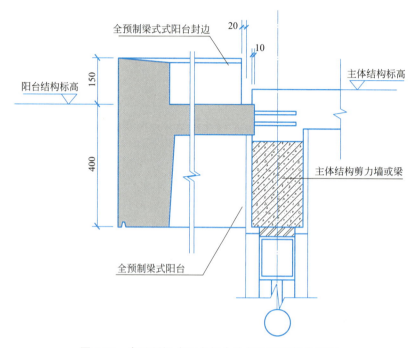

图 5-50　全预制梁式阳台与主体结构连接节点示意

预制阳台依据国家建筑标准设计图集《预制钢筋混凝土阳台板、空调板及女儿墙》15G368-1，如图 5-51 所示。如采用叠合板预制阳台，尚需在板配筋图中画出现浇层钢筋（根据结构计算值确定），见表 5-12。

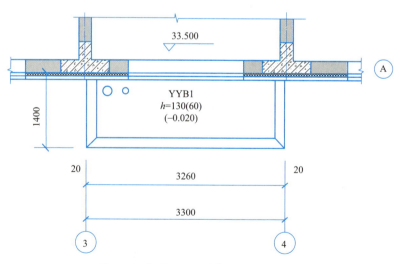

图 5-51　标准预制阳台板平面注写示例

预制阳台板、空调板表　　　　　　　　表 5-12

平面图中编号	选用构件	板厚h/mm	构件重量/t	数量	所在层号	构件详图页码(图号)	备注
YYB1	YTB-D-1224-4	130(60)	0.97	51	4~20	15G368-1	标准构件
YKB1	—	90	1.59	17	4~20	结施-38	自行设计

5.4 "标准化、一体化、信息化方式"的装配式混凝土结构深化设计

装配式建筑建造模式要同"建筑质量优质绿色化""建筑部品预制装配化""建造过程精益化""全产业链集成化""项目管理信息化""产业工人技能化"六大特征紧密关联，并在设计、生产、施工、管理等环节形成有机的全产业链，与此同时，新型装配式建筑设计模式也在传统现浇设计模式的基础上发展起来，如图 5-52 所示。

图 5-52　装配式建筑产业链示意

装配式结构的设计应注重概念设计并建立相应的结构分析模型，同时还要重视预制构件的连接设计。装配式结构设计的主要技术路线，是在可靠的受力钢筋连接技术的基础上，采用预制构件与后浇混凝土相结合的方法，通过连接节点合理的构造措施，将装配式结构连接成整体，保证其结构性能具有与现浇混凝土结构等同的延性、承载力和耐久性能，达到与现浇混凝土结构等同的效果。

深化设计指在原设计方案的基础上，结合生产、现场实际情况，对图纸进行完善、补充、绘制成具有可实施性的施工图纸，深化设计后的图纸满足原方案设计技术要求，符合相关地域设计规范和施工规范，并通过审查，图形合一，能直接指导生产、现场施工。

5.4.1　装配式混凝土结构深化设计的目的

PC 结构的设计意图是将预制混凝土结构合理拆分后组装。设计期间涉及现浇结构设计、拆分设计、构件连接设计及构件本身的设计。因为预制结构本身追求的是产业化生产，故诸如灌浆套筒、各类机电安装管线、各类预留洞口、各类预埋件、窗框、外墙保温及饰面板都在构件厂一并制作完成。前期的 PC 结构图包括构件平面布置图、埋件布置图、细部节点图及剖面图，无法准确地指导构件生产及现场安装施工。必须结合施工现场实际

情况，对图纸进行深化设计，在原有图纸的基础上进行细化、补充和完善，达到可实施性和可操作性的目的。

5.4.2 PC 结构深化设计的内容

PC 结构深化设计的主要内容包括构件的布置、构件的模板深化设计、构件的详图深化设计、构件细部做法的深化设计和构件预埋件的深化设计等，见表 5-13。

装配式混凝土结构深化设计分类　　　　　　　　　表 5-13

装配式建筑	装配式剪力墙体系	内外墙、女儿墙、叠合板、阳台板、空调板、楼梯系统、隔墙板、外墙模板、装饰挂板
	装配式框架体系	预制柱、预制梁、女儿墙、叠合板、阳台板、空调板、楼梯系统、隔墙板、装饰挂板
	装配式框剪体系	
	装配式外挂板体系	夹心保温挂板、石材瓷砖挂板、清水混凝土挂板

深化设计图纸内容包括：
① 预制构件模板图、配筋图、预埋吊件及埋件的细部构造详图等；
② 设备专业留洞图；
③ 带饰面砖或饰面板构件的排砖图或排版图；
④ 复合保温墙板的连接件布置图及保温板排版图；
⑤ 预制构件脱模、翻转过程中混凝土强度、构件承载力、构件变形以及吊具、预埋吊件的承载力验算等。

5.4.3 BIM 技术的应用

从建筑产业现代化未来发展看，信息化技术必将成为建筑业的重要工具和手段。利用 BIM 技术，通过图纸会审对 PC 构件图纸二次深化设计，在 BIM 平台下实现预制构件库的建立、三维拆分与预拼装、碰撞检查、构件详图、物料统计的 BIM 数据直接共享到生产加工设备，指导构件厂完成可满足现场施工吊装可行性和安全性的预制构件。如 PKPM-PC 的 BIM 平台下丰富的参数可定制化预制装配式构件库，涵盖了国标图集各种结构体系的墙、板、楼梯、阳台、梁、柱等，为装配式结构的拆分、三维预拼装、碰撞检查与生产加工提供基础单元，推动模数化与标准化，简化设计工作，在设计阶段就能避免冲突或安装不上的问题，如图 5-53 所示。

5.4.4 项目参建各单位协同工作

建设、设计、施工、制作各单位在装配式结构的方案阶段就需要进行协同工作。根据标准化原则共同对建筑的平、立面进行优化，对应用装配式结构的可行性和经济性进行论证，提出综合性能最佳方案。在施工图设计阶段，建筑、结构、设备、装修等各专业需要密切配合，对预制构件的尺寸和形状、节点构造等提出具体技术要求，并对制作、运输、

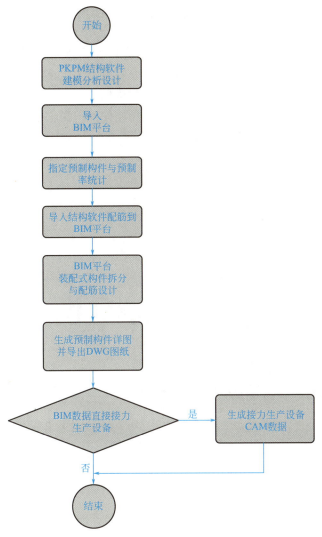

图 5-53 基于 BIM 平台的装配式设计软件应用流程

安装和施工全过程的可行性以及造价等作出评估。此项工作对装配式结构的建筑功能及结构布置的合理性、对工程造价都会产生显著的影响，需要加以重视。

5.4.5 施工图设计和构件详图设计的要求

装配式建筑的结构设计可分为施工图设计和预制构件制作详图设计两个阶段，并应满足下列要求：

① 施工图设计阶段，应完成装配式结构的整体计算分析、结构构件的平立面布置、结构构件的截面和配筋设计、节点连接构造设计等，其内容和深度应满足预制构件制作详图深化设计的要求。

② 预制构件制作详图设计阶段，应综合建筑、结构和设备等专业的施工图以及制作、运输、堆放、施工等环节的要求进行构件深化设计。

③ 当上述两个阶段设计由不同的单位完成时,多数情况为设计单位先完成设计图,PC 构件厂再完成深化图。预制构件制作详图需经施工图设计单位审核通过。

在预制构件加工制作阶段,应将各专业、工种所需的预留孔洞、预埋件等一次性完成,避免在施工现场进行剔凿、切割而影响质量及观感。因此在装配式结构的施工图完成后,还需要进行预制构件的深化设计,以确保预制构件的加工制作的精度。装配式结构的施工图设计应由具有相应设计资质的单位完成。预制构件的深化设计可以委托施工图设计单位,也可委托有相应设计资质的单位完成。

5.4.6 装配式建筑深化设计

装配式建筑深化设计包含构件拆分、构件、节点构造三个方面的验算和出图任务,如图 5-54 所示。

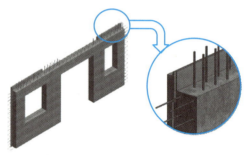

图 5-54 装配整体式混凝土剪力墙结构深化设计内容示意(拆分、构件及节点构造)

① 拆分原则。结构拆分应考虑结构的合理性,如叠合楼板按单向还是双向考虑;构件接缝宜选在应力较小部位;尽可能减少构件规格和连接节点种类;宜与相邻的相关构件拆分协调一致(如叠合板拆分与其支座梁的拆分需要协调);充分考虑预制构件的制作、运输、安装各环节对预制构件拆分设计的限制,遵循受力合理、连接简单、施工方便、少规格、多组合的原则,如图 5-55 所示。

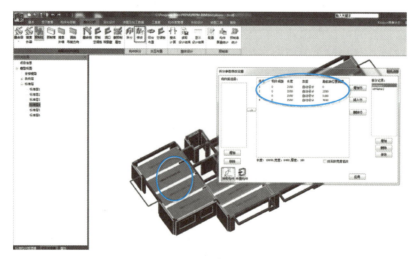

图 5-55 叠合板协调拆分

② 构件设计。构件设计要考虑机电管线布置、一体化装修方案、吊点及安装装置设置。水电预留预埋的设计根据水电施工图的相关要求，首先建立水电预埋件标准库，然后可以直接在标准库中选择相应预埋件，在三维可视化界面中布置预埋件，这样就提高了水电预留预埋位置的精准度。施工预留预埋设计主要包括模板加固预埋、斜支撑固定预埋、外架附着预留预埋、塔吊附墙预留预埋、施工电梯附墙预留预埋及其他二次构造预留预埋（如雨篷、空调架）等，如图5-56所示。

③ 节点设计。节点设计包括构造防水、构件连接大样。预制构件与预制构件、预制构件与现浇结构之间节点的设计，根据结构数据，从标准节点库引用符合条件的节点，完成标准节点构造设计。对于非标准节点构造，运用BIM参数化设计，完成非标准节点构造的设计，并保存非标准节点构造至节点构造库，便于以后设计引用，如图5-57所示。

图 5-56　工业化卫生间部品

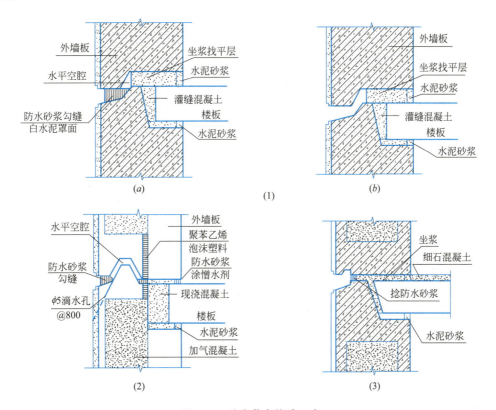

图 5-57　防水节点构造示意

（a）封闭式；（b）开放式

（1）高低缝防水；（2）企口缝防水；（3）平缝滴水线防水

④ 结构验算。深化设计涉及的结构验算，包含配筋验算和吊装验算。配筋验算主要包括暗柱、梁、剪力墙、板、楼梯等的设计，运用 BIM 参数化设计，根据结构图纸，直接选择钢筋型号、数量、弯钩形状和长度，进行配筋设计。对于不同构件的相同配筋，可以从标准库直接选择，从而实现一键配筋，可大大节省配筋设计所需时间。墙的布筋和钢筋形状比较规律，可使用"钢筋类型"进行布筋，含有窗洞、门洞的墙体，或者较多钢筋需要特别的形状时，使用"工程模块"进行布筋，如图 5-58 和图 5-59 所示。

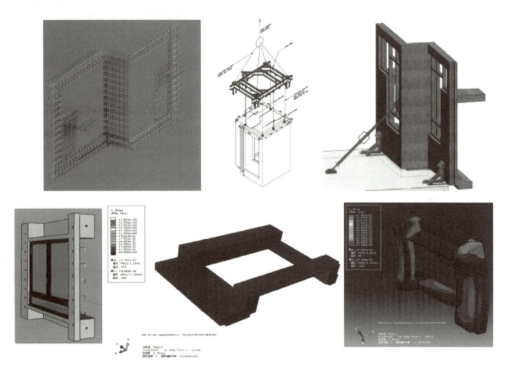

图 5-58 配筋验算—构件受力计算

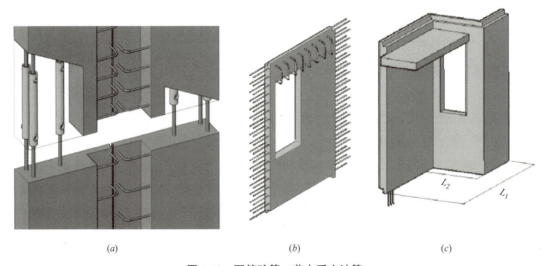

(a) (b) (c)

图 5-59 配筋验算—节点受力计算

(a) 预制剪力墙节点连接；(b) 外墙板连接钢筋；(c) 风码

通过对构件脱模、起吊等因素的综合考虑，运用BIM技术对构件模型进行受力分析，确定吊点位置以及吊钉规格，从标准库选择相应规格吊钉进行准确布置。将吊梁的吊点做成可以调节的形式，使用起来会更加灵活方便，如图5-60所示。可用钢管、型钢或钢板焊成吊梁，其下设两个可调距离的吊点，吊点可在吊梁上移动，如图5-61（a）所示，图5-61（b）为吊点钢板与吊梁用螺栓连接。

图5-60 吊运设备验算

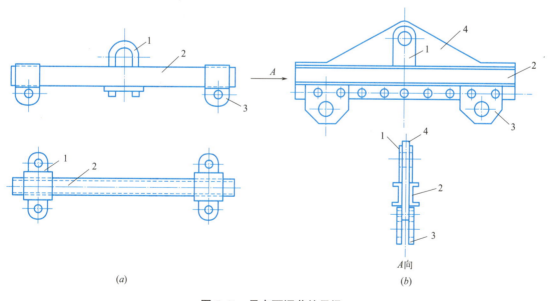

图5-61 吊点可调节的吊梁

1—上吊耳；2—吊梁；3—下吊耳；4—钢板

拓展知识

资源名称	结构模型创建	参数定义和结果查看	梁板柱施工图的绘制
资源类型	视频	视频	视频
资源二维码	(二维码)	(二维码)	(二维码)
资源名称	REVIT 接口	装配式模型补充建模	预制指定及和现浇差异
资源类型	视频	视频	视频
资源二维码	(二维码)	(二维码)	(二维码)
资源名称	板的配筋设计	预制梁设计	柱配筋及钢筋避让
资源类型	视频	视频	视频
资源二维码	(二维码)	(二维码)	(二维码)
资源名称	构件编号构件详图生成	程序的多功能应用和总结	
资源类型	视频	视频	
资源二维码	(二维码)	(二维码)	

单元总结

装配式建筑是由预制构件和部品部件在工地装配而成的建筑。装配式建筑包括装配式混凝土建筑、装配式钢结构建筑、装配式木结构建筑及各类装配式组合结构建筑等。

装配式混凝土结构由预制混凝土构件通过可靠的连接方式装配而成的混凝土结构，包括装配整体式混凝土结构、全装配混凝土结构等。在建筑工程中，简称装配式建筑；在结构工程中，简称装配式结构。

（1）装配整体式混凝土结构由预制混凝土构件通过可靠的方式进行连接并与现场后浇混凝土、水泥基灌浆料形成整体的装配式混凝土结构，简称装配整体式结构。

（2）装配整体式混凝土框架结构是由全部或部分框架梁、柱采用预制构件构建成的装配整体式混凝土结构，简称装配整体式框架结构。

（3）装配整体式混凝土剪力墙结构是由全部或部分剪力墙采用预制墙板构建成的装配整体式混凝土结构，简称装配整体式剪力墙结构。

装配整体式混凝土结构的主要特点：具有节点区域钢筋构造机理与现浇结构相同，计算简图与现浇混凝土基本相同；装配式结构成败的关键在于预制构件之间，以及预制构件与现浇、后浇混凝土之间的连接技术。该关键技术包括连接接头的选用和连接节点的构造设计。节点连接构造不仅应满足结构的力学性能，还应满足建筑物理性能的要求。

装配式混凝土建筑的建设过程中，应贯彻执行国家的技术经济政策，将标准化理念贯穿于设计、生产、运输、施工安装、运营维护全过程，引导部品部件的标准化，促进技术体系的建立和完善，提升装配式混凝土建筑的建造水平。装配式混凝土建筑技术体系是以建造装配式混凝土建筑为目标的成套技术集成，涵盖结构、外围护、内装、设备与管线四大系统的系列部品部件及其集成技术。

装配式混凝土建筑技术体系应符合标准化设计、工厂化生产、装配化施工、一体化装修、信息化管理和智能化应用的要求。以部品部件的标准化、通用化、系列化发展为核心，以模块化设计方法统领建筑系统集成，依托 BIM 技术、工程总承包模式促成一体化建造、信息化管理。

思考及练习

一、填空题

1. 装配式建筑包括_____、_____、_____及各类装配式组合结构建筑等。

2. 装配式混凝土结构是由预制混凝土构件通过可靠的连接方式装配而成的混凝土结构，包括_____、_____等。

3. 装配整体式混凝土结构是由预制混凝土构件通过可靠的方式进行连接并与_____、_____形成整体的装配式混凝土结构。

4. 装配式混凝土建筑技术体系，涵盖了_____、_____、_____、_____四大系统的系列部品部件及其集成技术。

5. 装配式混凝土建筑技术体系应符合_____、_____、_____、_____、_____和_____的要求。

6. 预制混凝土构件（PC）设计阶段包含_____、_____、_____。

7. 装配整体式混凝土结构采用新型配筋技术，探索采用_____、_____的配筋方式，以解决施工的不便和简化钢筋连接问题。

8. 当结构中仅采用叠合梁、板构件，而竖向承重构件全部现浇时，其最大适用高度_____现浇结构，可按《高层建筑混凝土结构技术规程》JGJ 3—2010 中的规定采用。

9. 《装配式混凝土结构技术规程》JGJ 1—2014 适用于抗震设防烈度为_____度地

区的装配整体式混凝土结构。

10. 在制作、施工安装阶段的荷载、受力状态和计算模式经常与使用阶段_____。

二、选择题

1. 抗震等级为一、二级的叠合框架梁的梁端箍筋加密区宜采用（　　）箍筋。
   A. 部分封闭　　　　B. 整体封闭　　　　C. 整体开口　　　　D. 部分开口

2. 在装配式建筑设计阶段，应遵循（　　）的原则。
   A. 多规格、多组合　　　　　　　　　B. 少规格、多组合
   C. 多规格、少组合　　　　　　　　　D. 少规格、少组合

3. 装配式结构中，预制构件的连接部位宜设置在（　　）的部位。
   A. 结构受力较大　　B. 结构受力较小　　C. 非受力　　D. 结构受力复杂

4. 根据结构的整体性和抗震性能的要求，强调预制构件和（　　）相结合的结构措施。
   A. 预制构件　　　　B. 钢制构件　　　　C. 素混凝土　　　　D. 后浇混凝土

5. 装配整体式混凝土结构应重视结构布置的（　　）。
   A. 多样性　　　　　B. 灵活性　　　　　C. 规则性　　　　　D. 一致性

6. 装配整体式混凝土结构通过合理的构造措施，实现装配式结构与现浇混凝土结构基本等同的（　　）。
   A. 整体性　　　　　B. 稳定性　　　　　C. 延性　　　　　　D. 以上都是

7. 叠合梁的组合封闭箍筋是利用焊接钢筋网或者直条钢筋弯折成 U 形，开口处弯折（　　）。
   A. 90°　　　　　　B. 135°　　　　　　C. 180°　　　　　　D. 270°

8. 关于灌浆套筒，以下描述正确的是（　　）。
   A. 全灌浆套筒一端采用灌浆方式与钢筋连接，另一端采用非灌浆方式与钢筋连接
   B. 全灌浆套筒两端均采用非灌浆方式与钢筋连接
   C. 半灌浆套筒两端均采用非灌浆方式与钢筋连接
   D. 半灌浆套筒一端采用灌浆方式与钢筋连接，另一端采用螺纹连接方式与钢筋连接

9. 预制框架柱钢筋的连接方式宜采用（　　）连接。
   A. 后浇混凝土　　　B. 螺栓　　　　　　C. 灌浆套筒　　　　D. 焊接

10. 以下部位宜采用叠合楼盖的是（　　）。
    A. 结构转换层
    B. 作为上部结构嵌固部位的地下室楼层
    C. 结构顶层
    D. 标准层

三、简答题

1. 阐述现阶段装配整体式混凝土结构设计阶段划分。
2. 阐述装配整体式剪力墙结构的应用现状。
3. 装配式混凝土结构设计相比传统现浇结构设计，多了哪些内容？

教学单元 6
砌体结构

Chapter 06

教学目标

1. 知识目标
(1) 了解砌体结构基本概念和受压构件的应力状态；
(2) 了解混合结构房屋的组成，墙、柱允许高厚比及影响高厚比的主要因素；
(3) 熟悉墙体一般构造要求、圈梁的作用、过梁的分类和构造要求；
(4) 熟悉砌体结构抗震构造措施的一般规定；
(5) 掌握砌体材料的基本力学性能、受压构件强度分析及承载力计算方法；
(6) 熟悉混合结构房屋的结构布置方案方法和房屋静力计算方案的分类；
(7) 掌握一般墙、柱高厚比验算方法；
(8) 掌握过梁和挑梁上的荷载及设计计算方法与构造要求；
(9) 掌握框架填充墙的构造要求和构造柱的设置要求；
(10) 掌握圈梁的设置和圈梁的构造要求。

2. 能力目标
(1) 能确定结构类型、结构布置方案和房屋静力计算方案；
(2) 能根据施工图进行墙、柱的承载力计算和高厚比验算；
(3) 能根据施工图及相关图集确定过梁及挑梁的配筋；
(4) 能根据构造要求布置圈梁、设置构造柱及确定圈梁和构造柱配筋；
(5) 能进行房屋楼盖、屋盖与承重墙构件的连接设计。

3. 素质目标
通过了解我国历史上著名的砌体结构长城的建造，培养学生热爱劳动人民的情怀，从土木工程发展史的视角认识中国历史，学习中华优秀传统文化，增强文化自信，提高民族自豪感。

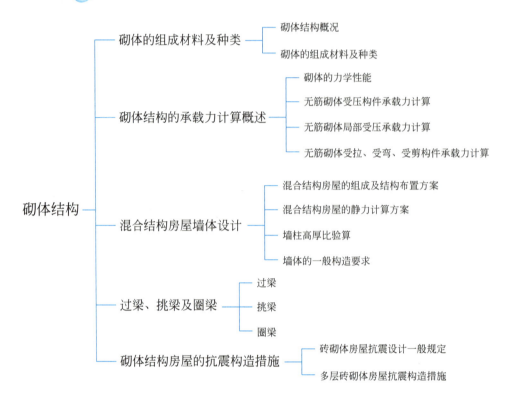

引入

砌体结构是由块材和砂浆砌筑而成的墙、柱作为建筑物主要受力构件的结构。它是我国应用广泛的结构形式之一，在我国的现代化建设中曾经发挥很大的作用。

哈尔滨阿继科技园高层住宅是国内最高的配筋砌体商住楼之一，该建筑采用配筋砌块剪力墙，总建筑面积约为3万m²，地下1层，地上18层，从标准层（6层）起为双塔式结构。1~5层因考虑商业用途需要大空间而采用现浇钢筋混凝土框架—剪力墙结构，6层为现浇钢筋混凝土剪力墙结构，7~18层为配筋砌块剪力墙结构。结构标准层楼板采用无粘结预应力现浇混凝土板，板厚180~200mm，承重砌块墙体全部注芯，内墙厚190mm，外墙为保温复合墙，分内外两叶，内叶墙为190mm承重砌块，外叶墙为90mm厚围护砌块，两叶墙之间留有100mm的空隙，其间填充80mm厚的苯板，内外两叶墙之间设置竖向间距400mm且经防腐处理的钢筋网片，以保证外叶墙的稳定工作。砌块剪力墙的水平钢筋配置在砌块的水平凹槽中，竖向钢筋配置在砌块的竖向孔洞中央，灌芯后全部钢筋位于芯柱混凝土中。

哈尔滨阿继科技园高层住宅是配筋砌体推广应用中的一次有益尝试，配筋砌块剪力墙改变了无筋砌体强度低、延性差的缺点，通过精心设计与施工，达到了与钢筋混凝土结构相似的受力性能。

6.1 砌体的组成材料及种类

6.1.1 砌体结构概况

1. 砌体结构的发展史

在约公元前 26 世纪,于现在开罗近郊的吉萨陆续建造而成 3 座大金字塔,采用石块建成,且都是精确的正方锥体。在公元 72~82 年,罗马大斗兽场用石块建成,其平面为椭圆形。

在我国自南北朝开始,砖结构逐渐增多。20 世纪中期以前,我国砌体结构的发展缓慢。中华人民共和国成立以来,砌体结构得到了快速发展,取得了显著进步。20 世纪 90 年代以来在吸收和消化国外配筋砌体结构成果的基础上,建立了具有我国特点的配筋混凝土砌块砌体剪力墙结构体系,大大拓宽了砌体结构在高层房屋及在抗震设防地区的应用。目前,我国已从过去用砖、石砌体建造低矮的民房,发展到现在建造大量的多层住宅、办公楼等民用建筑以及中、小型工业建筑和构筑物,还在地震区建造砌体结构房屋方面积累了丰富的经验。

> **知识拓展**
>
> 长城是举世最宏伟的土木工程之一,其修筑历史可上溯至西周时期,秦统一天下后,将秦、燕、赵城墙连成一体并增筑新的城墙,长城是中华民族智慧和勤劳的象征,是世界文化遗产的瑰宝。

2. 砌体结构的优缺点

(1) 砌体结构的优点

① 容易就地取材。砖主要用黏土烧制;石材的原料是天然岩石;砌块可以用工业废料、矿渣制作,来源方便,价格低廉。

② 砖、石或砌块砌体具有良好的耐火性和较好的耐久性。

③ 砌体砌筑时不需要模板和特殊的施工设备,可以节省木材。新砌筑的砌体上即可承受一定荷载,因而可以连续施工。在寒冷地区,冬季可用冻结法砌筑,不需特殊的保温措施。

④ 砖墙和砌块墙体能够隔热和保温,节能效果明显。所以既是较好的承重结构,也是较好的围护结构。

⑤ 当采用砌块或大型板材作墙体时,可以减轻结构自重,加快施工进度,进行工业化生产和施工。

(2) 砌体结构的缺点

① 与钢和混凝土相比,砌体的强度较低,因而构件的截面尺寸较大,材料用量多,自重大。

② 砌体的砌筑基本上是手工方式，施工劳动量大。

③ 砌体的抗拉、抗剪强度都很低，因而抗震性较差，在使用上受到一定限制；砖、石的抗压强度也不能充分被发挥；抗弯能力低。

④ 黏土砖需用黏土烧制，破坏耕地，占用基本农田，影响农业生产；能源消耗量大，碳排放量大，不利于绿色可持续发展。

6.1.2 砌体的组成材料及种类

1. 砌体材料

砌体的主要组成材料是块材和砂浆，另外对于配筋砌体，其组成材料还有混凝土和钢筋。

（1）块材

1）砖

① 烧结普通砖

以黏土、页岩、煤矸石或粉煤灰为主要原料，经过焙烧而成的实心或孔洞率不大于15%的砖称为烧结普通砖。

实心黏土砖是烧结普通砖的主要品种，是我国广泛使用的砌体材料。其生产工艺简单，便于手工操作，保温隔热及耐火性良好，强度较高。但由于黏土砖破坏农田，污染环境，我国已经限制使用。烧结普通砖的标准规格为240mm×115mm×53mm。为符合砖的规格，砖砌体的墙厚有240mm、370mm、490mm、620mm、740mm等尺寸。

砖的强度等级，是根据标准试验方法（半砖叠砌）所测得的抗压强度，并考虑了规定的抗折强度要求确定的。烧结普通砖共有MU30、MU25、MU20、MU15和MU10五个等级。

② 烧结多孔砖

烧结多孔砖以黏土、页岩、煤矸石或粉煤灰为主要原料，经焙烧而成，孔洞率不大于35%，砖内孔洞内径不大于22mm，孔的尺寸小而数量多，主要用于承重部位的砖，简称多孔砖。目前多孔砖分为M型砖和P型砖。国家黏土空心砖标准推荐了3种规格，如图6-1、图6-2所示。

KM1外形尺寸为190mm×190mm×90mm及90mm×90mm×190mm两类。

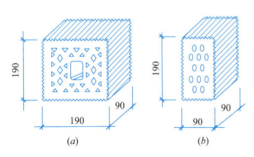

图6-1 KM1多孔砖规格

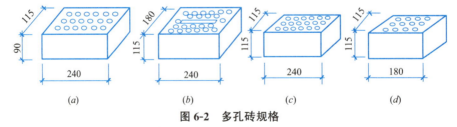

图6-2 多孔砖规格

（a）KP1型承重多孔砖；（b）KP2型承重多孔砖 240mm×180mm×115mm；
（c）KP2型承重多孔砖 240mm×115mm×115mm；（d）KP2型承重多孔砖 180mm×115mm×115mm

KP1 外形尺寸为 240mm×115mm×90mm。

KP2 外形尺寸为 240mm×180mm×115mm、240mm×115mm×115mm 及 180mm×115mm×115mm 三类。

另外，孔洞率大于或等于 15%，一般在 25% 以上，孔的尺寸大而数量少的砖称为空心砖，常用于非承重部位，往往作为填充墙使用，如图 6-3 所示。

③ 非烧结硅酸盐砖（蒸压灰砂砖、蒸压粉煤灰砖）

蒸压灰砂砖是以石英砂和石灰为主要原料，也可加入着色剂或掺合料，经坯料制备、压制成型、蒸压养护而成的砖；蒸压粉煤灰砖是以粉煤灰、石灰为主要原料，掺加适量的石膏和集料，经坯料制备、压制成型、高压蒸汽养护而成的砖。其规格与实心黏土砖相同，能基本满足一般建筑的使用要求，但这类砖不宜用于高温环境下的砌体，如不宜砌筑壁炉、烟囱等。

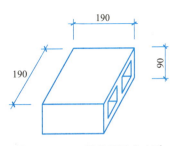

图 6-3 KM1 型非承重空心砖

确定这种砖的强度等级，与烧结普通砖一样，由抗压强度和抗折强度综合评定。对于蒸压灰砂砖、蒸压粉煤灰砖，其强度等级有 MU25、MU20、MU15 和 MU10 四个等级。

④ 混凝土普通砖和混凝土多孔砖

以水泥为胶结材料，以沙、石等为主要集料，经加水搅拌、成型、养护制成的实心砖或多孔砖，称为混凝土普通砖或混凝土多孔砖。

实心砖的主规格尺寸为 240mm×115mm×53mm、240mm×115mm×90mm 等。

多孔砖的主规格尺寸为 240mm×115mm×90mm、240mm×190mm×90mm、190mm×190mm×90mm 等。

混凝土普通砖和混凝土多孔砖的强度等级有 MU30、MU25、MU20 和 MU15 四个等级。

2）砌块

由普通混凝土或轻骨料混凝土制成的砌块，称为混凝土砌块或轻集料混凝土砌块。尺寸较大，用于砌筑砌体可减轻劳动量、加快施工进度、减轻结构自重。

砌块按尺寸可分为小型、中型和大型三种。一般把高度为 180～390mm 的砌块称为小型砌块，如图 6-4 所示，主要规格为 390mm×190mm×190mm；高度为 390～900mm 的砌块称为中型砌块；高度大于 900mm 的砌块称为大型砌块。

图 6-4 常见小型混凝土砌块

3）石材

在承重结构中，常用的天然石材有花岗岩、石灰岩、凝灰岩等。天然石材具有抗压强度高、抗冻性能好的优点。

天然石材按其加工后的外形规则程度，可分为料石和毛石两类。前者多用于墙体，后者主要用于地下结构及基础。料石因加工程度不同可分为细料石、半细料石、粗料石和毛料石四种。

石材的强度等级有 MU100、MU80、MU60、MU50、MU40、MU30 和 MU20 七个等级。

（2）砂浆

砂浆是由胶结料、细集料、掺加料和水配制而成的，砂浆将单块的块材粘结成为一个整体，铺平受力面，使应力均匀传递，填充块材间的缝隙，降低砌体的透风性，从而提高砌体的隔热、防水和抗冻性能。

砂浆的强度等级，是以边长为 70.7mm 的立方体试块，按标准条件养护至 28d，进行抗压试验所得的极限抗压强度确定的。烧结普通砖、烧结多孔砖、蒸压灰砂普通砖和蒸压粉煤灰普通砖砌体采用的普通砂浆强度等级：M15、M10、M7.5、M5 和 M2.5；蒸压灰砂普通砖和蒸压粉煤灰普通砖砌体采用的专用砌筑砂浆强度等级：Ms15、Ms10、Ms7.5、Ms5；混凝土普通砖、混凝土多孔砖、单排孔混凝土砌块和煤矸石混凝土砌块砌体采用的砂浆强度等级：Mb20、Mb15、Mb10、Mb7.5 和 Mb5；双排孔或多排孔轻集料混凝土砌块砌体采用的砂浆强度等级：Mb10、Mb7.5 和 Mb5；毛料石、毛石砌体采用的砂浆强度等级：M7.5、M5 和 M2.5。工程上由于块体的种类多，确定砂浆强度等级应采用同类块体为砂浆强度试块底模。

砂浆按其组成可分为 3 类：

1）水泥砂浆。水泥砂浆由水泥和砂加水拌合而成。其强度高、耐久性好，但其和易性和保水性差。适用于强度较高以及潮湿环境中的砌体。

2）混合砂浆。混合砂浆是掺加了塑性掺合料的水泥砂浆，如水泥石灰砂浆、水泥黏土砂浆等。它具有一定的强度和耐久性，和易性和保水性好，施工方便。一般墙体常用混合砂浆砌筑，但不宜用于砌筑潮湿环境下的砌体和重要建筑物砌体。

3）非水泥砂浆。非水泥砂浆是指不含水泥的石灰砂浆、黏土砂浆和石膏砂浆等。其强度不高，耐久性较差，通常用于地上简易建筑的砌体。

强度为 0 的砂浆是指施工阶段尚未凝结或用冻结法施工解冻阶段的砂浆。

（3）混凝土、钢筋

砌体结构中采用的混凝土和钢筋的强度等级及强度指标，可查阅《混凝土结构设计标准（2024 年版）》GB/T 50010—2010。

（4）砌体材料的选择

砌体材料的选用，应本着因地制宜、就地取材的原则，按照建筑物的使用要求、安全等级和耐久性，建筑物的层数和层高，受力特点和使用环境等因素综合考虑。

1）五层及五层以上房屋的墙，以及受振动或层高大于 6m 的墙、柱所用材料的最低强度等级：砖 MU10、砌块 MU7.5、石材 MU30、砌筑砂浆 M5。

2）地面以下或防潮层以下的砌体，潮湿房间的墙或环境类别 2 类的砌体，所用材料的最低强度等级应符合表 6-1 的要求。

地面以下或防潮层以下的砌体、潮湿房屋墙所用材料的最低强度等级					表 6-1
潮湿程度	烧结普通砖	混凝土普通砖、蒸压普通砖	混凝土砌块	石材	水泥砂浆
稍潮湿的	MU15	MU20	MU7.5	MU30	M5
很潮湿的	MU20	MU20	MU7.5	MU30	M7.5
含水饱和的	MU20	MU25	MU15	MU40	M10

注：1. 在冻胀地区，地面以下或防潮层以下的砌体，不宜采用多孔砖，如采用时，其孔洞应用强度等级不低于 M10 的水泥砂浆预先灌实。当采用混凝土砌块砌体时，其孔洞应采用强度等级不低于 Cb20 的混凝土预先灌实。

2. 对安全等级为一级或设计使用年限大于 50 年的房屋，表中材料强度等级应至少提高一级。

3）处于环境类别 3～5 类等有侵蚀性介质的砌体材料应符合下列规定：

① 不应采用蒸压灰砂普通砖、蒸压粉煤灰普通砖。

② 应采用实心砖，砖的强度等级不应低于 MU20，水泥砂浆的强度等级不应低于 M10。

③ 混凝土砌块的强度等级不应低于 MU15，灌孔混凝土的强度等级不应低于 Cb30，砂浆的强度等级不应低于 Mb10。

④ 应根据环境条件对砌体材料的抗冻指标，耐酸、碱性能提出要求，或符合有关规范的规定。

2. 砌体的种类

（1）无筋砌体

仅由块体和砂浆组成的砌体称为无筋砌体。无筋砌体包括砖砌体、砌块砌体和石砌体。

1）砖砌体

砖砌体包括实心黏土砖砌体、多孔砖砌体及各种硅酸盐砖砌体等。

① 砖墙厚度

普通实心砖可砌成厚度为 120mm（半砖）、240mm（一砖）、370mm（一砖半）、490mm（两砖）和 620mm（两砖半）墙体。

多孔砖可砌成 90mm、180mm、240mm、290mm 和 390mm 的墙体。

② 砌筑方法

为使砌体整体性好，砌筑时块体必须合理排列；相互搭接，竖向灰缝错开。

砖墙通常采用一顺一丁、梅花丁和三顺一丁的砌筑方法，如图 6-5 所示。

6-4 一顺一丁

6-5 三顺一丁

6-6 梅花丁

6-7 两平一侧

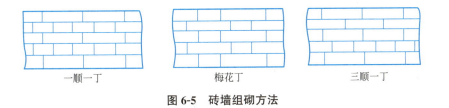

图 6-5 砖墙组砌方法

2）砌块砌体

根据砌块尺寸可分为小型砌块砌体、中型砌块砌体和大型砌块砌体。

按材料分为混凝土砌块砌体、加气混凝土砌块砌体、粉煤灰砌块砌体和轻骨料混凝土砌块砌体等。

3）石砌体

石砌体分为料石砌体、毛石砌体和毛石混凝土砌体。

（2）配筋砌体

为了提高砌体的抗压、抗弯和抗剪承载力，常在砌体中配置钢筋或钢筋混凝土，这样的砌体称为配筋砌体。通常有配筋砖砌体和配筋砌块砌体。常用的配筋砖砌体主要有两种类型，即横向配筋砖砌体和组合砖砌体。

1）配筋砖砌体。

① 横向配筋砖砌体。横向配筋砖砌体是指在砖砌体的水平灰缝内配置钢筋网片或水平钢筋形成的砌体，如图6-6所示。

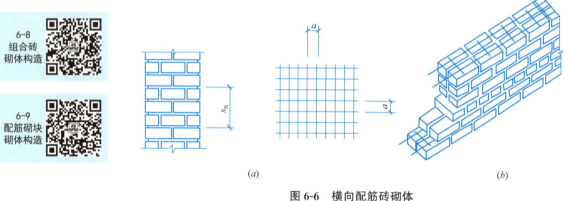

图6-6　横向配筋砖砌体
（a）横向配筋砖柱；（b）配置水平钢筋的砖墙

② 组合砖砌体。组合砖砌体是砌体外侧预留的竖向凹槽内或外侧配置纵向钢筋，再灌注混凝土或砂浆形成的砌体。

2）配筋砌块砌体。混凝土空心砌块在砌筑中，上下孔洞对齐，在竖向孔中配置钢筋、浇筑灌孔混凝土，在横肋凹槽中配置水平钢筋并浇筑灌孔混凝土或在水平灰缝配置水平钢筋，所形成的砌体结构称为配筋混凝土空心砌块砌体，简称配筋砌块砌体。

> **知识拓展**
>
> 组合砖砌体的分类：
>
> 1. 外包式组合砖砌体
>
> 外包式组合砖砌体指在砖砌体墙或柱外侧配有一定厚度的钢筋混凝土面层或钢筋砂浆面层，以提高砌体的抗压、抗弯和抗剪能力。
>
> 2. 内嵌式组合砖砌体
>
> 砖砌体和钢筋混凝土构造柱组合墙是一种常用的内嵌式组合砖砌体。在砌体墙的纵横墙交接处及大洞口边缘设置钢筋混凝土构造柱，不但可以提高构件的承载力，同时构造柱与房屋圈梁连接组成钢筋混凝土空间骨架，对增强房屋的变形能力和抗倒塌能力十分显著。

6.2 砌体结构的承载力计算概述

6.2.1 砌体的力学性能

1. 砌体轴心受压的破坏特征

砌体的受压工作性能与单一匀质材料有明显的区别，通过试验分析砖砌体轴心受压的破坏过程，结果表明，砌体的抗压强度明显低于单块砖的抗压强度，究其原因主要有3个方面：

（1）砌体虽然总体上处于均匀受压状态，但由于砖的表面不平整，砂浆铺砌又不可能十分均匀，这就造成了砌体中的每一块砖不是均匀受压，而是同时处于受压、受弯及受剪等复合应力状态。

（2）砖与砂浆的力学性能不一致。由于砂浆的弹性模量和剪切模量比砖小，故砂浆受压后横向应变比砖大。同时，由于砖与砂浆间的粘结和摩擦阻力的存在，从而阻止了砂浆的横向变形，因而砂浆对砖形成了水平拉力。

（3）砌体的竖向灰缝不可能完全填满，使该截面面积有所减损，造成了砌体的不连续性和块体中的应力集中，降低了砌体的抗压强度。

2. 影响砌体抗压强度的主要因素

（1）块材和砂浆的强度

块材和砂浆的强度是影响砌体强度的重要因素。块材的强度等级高，会提高砌体的强度。砂浆强度高，灰缝的横向应变小，砌体的强度高。

（2）砂浆的和易性与保水性

砂浆的和易性及保水性好，则灰缝厚度比较一致，砂浆饱满度高，块材受力均匀，复合应力的影响降低，砌体的强度有所提高。

（3）块体的规整程度和尺寸

块体表面愈规整、平整，愈能有利地改善砌体内的复杂应力状态，使砌体抗压强度提高。块体的尺寸，尤其是高度大的块体的抗弯、抗剪和抗拉强度增大，砌体抗压强度提高。

（4）砂浆灰缝厚度

灰缝愈厚，灰缝内砂浆横向变形愈大，加剧了砌体内复杂应力的不利影响，使块材拉应力增大；砂浆水平灰缝厚，灰缝不易饱满，块材也处于不利的复杂应力状态。因此，对于砖砌体，水平灰缝厚度应控制在8～12mm。

（5）砌筑质量

块材在砌筑时的含水率、工人技术水平、砂浆饱满度等都会影响砌体抗压强度。《砌体结构工程施工质量验收规范》GB 50203—2011规定，砖墙水平灰缝砂浆饱和度不得低于80%。

根据施工现场的质量管理、砂浆和混凝土的强度、砌筑工人技术等级的综合水平对砌体施工质量所作的分级称为砌体施工质量控制等级。砌体施工质量控制等级分为 A、B、C 三级。砌体强度设计值在 A 级时取值最高，B 级次之，C 级时最低。

3. 砌体的强度设计值

砌体的强度设计值是用砌体的强度标准值除以一个材料分项系数 γ_f，即：

$$f=\frac{f_k}{\gamma_f} \tag{6-1}$$

式中　f——砌体强度设计值；

　　　f_k——砌体强度标准值；

　　　γ_f——材料分项系数，一般情况下，宜按施工控制等级为 B 级考虑，取 1.6。

龄期为 28 天的以毛截面计算的砌体抗压强度设计值，各类砌体的抗压强度设计值，当施工质量等级为 B 级时，应根据块体和砂浆的强度等级分别查表采用，见表 6-2～表 6-8。

烧结普通砖和烧结多孔砖砌体的抗压强度设计值 f（MPa）　　　表 6-2

砖强度等级	砂浆强度等级					砂浆强度
	M15	M10	M7.5	M5	M2.5	0
MU30	3.94	3.27	2.93	2.59	2.26	1.15
MU25	3.60	2.98	2.68	2.37	2.06	1.05
MU20	3.22	2.67	2.39	2.12	1.84	0.94
MU15	2.79	2.31	2.07	1.83	1.60	0.82
MU10	—	1.89	1.69	1.50	1.30	0.67

注：当烧结多孔砖的孔洞率大于 30% 时，表中数值应乘以 0.9。

混凝土普通砖和混凝土多孔砖砌体的抗压强度设计值 f（MPa）　　　表 6-3

砖强度等级	砂浆强度等级					砂浆强度
	Mb20	Mb15	Mb10	Mb7.5	Mb5	0
MU30	4.61	3.94	3.27	2.93	2.59	1.15
MU25	4.21	3.60	2.98	2.68	2.37	1.05
MU20	3.77	3.22	2.67	2.39	2.12	0.94
MU15	—	2.79	2.31	2.07	1.89	0.82

蒸压灰砂砖和蒸压粉煤灰砖砌体的抗压强度设计值 f（MPa）　　　表 6-4

砌块强度等级	砂浆强度等级				砂浆强度
	M15	M10	M7.5	M5	0
MU25	3.60	2.98	2.68	2.37	1.05
MU20	3.22	2.67	2.39	2.12	0.94
MU15	2.79	2.31	2.07	1.83	0.82

注：当采用专用砂浆砌筑时，其抗压强度设计值按表中数值采用。

单排孔混凝土和轻骨料混凝土砌块砌体的抗压强度设计值 f（MPa） 表 6-5

砌块强度等级	砂浆强度等级					砂浆强度
	M20	M15	M10	M7.5	M5	0
MU20	6.30	5.68	4.95	4.44	3.94	2.33
MU15	—	4.61	4.02	3.61	3.20	1.89
MU10	—	—	2.79	2.50	2.22	1.31
MU7.5	—	—	—	1.93	1.71	1.01
MU5	—	—	—	—	1.19	0.70

注：1. 对独立柱或厚度为双排组砌的砌块砌体，应按表中数值乘以 0.7。
2. 对 T 形截面砌体，应按表中数值乘以 0.85。

双排孔或多排孔轻骨料混凝土砌块砌体的抗压强度设计值 f（MPa） 表 6-6

砌块强度等级	砂浆强度等级			砂浆强度
	Mb10	Mb7.5	Mb5	0
MU10	3.08	2.76	2.45	1.44
MU7.5	—	2.13	1.88	1.12
MU5	—	—	1.31	0.78

注：1. 表中的砌块为火山渣、浮石和陶粒轻骨料混凝土砌块。
2. 对厚度方向为双排组砌的轻骨料混凝土砌块砌体的抗压强度设计值，应按表中数值乘以 0.8。

块体高度为 180～350mm 的毛料石砌体的抗压强度设计值 f（MPa） 表 6-7

砌块强度等级	砂浆强度等级			砂浆强度
	M7.5	M5	M2.5	0
MU100	5.42	4.80	4.18	2.13
MU80	4.85	4.29	3.73	1.91
MU60	4.20	3.71	3.23	1.65
MU50	3.83	3.39	2.95	1.51
MU40	3.43	3.04	2.64	1.35
MU30	2.97	2.63	2.29	1.17
MU20	2.42	2.15	1.87	0.95

注：对下列各类料石砌体，应按表中数值分别乘以系数：细料石砌体为 1.4、粗料石砌体为 1.2、干砌勾缝石砌体为 0.8。

毛石砌体的抗压强度设计值 f（MPa） 表 6-8

砌块强度等级	砂浆强度等级			砂浆强度
	M7.5	M5	M2.5	0
MU100	1.27	1.12	0.98	0.34
MU80	1.13	1.00	0.87	0.30
MU60	0.98	0.87	0.76	0.26
MU50	0.90	0.80	0.69	0.23
MU40	0.80	0.71	0.62	0.21
MU30	0.69	0.61	0.53	0.18
MU20	0.56	0.51	0.44	0.15

4. 砌体的轴心受拉、受弯和受剪性能

（1）砌体轴心受拉

砌体在轴心拉力作用下，视拉力作用于砌体的方向，有 3 种破坏形式，如图 6-7 所示：

1) 齿缝破坏。力的作用方向平行于灰缝，当块材的强度较高，砂浆的强度较低，砂浆与块材间的切向粘结力低于块材的抗拉强度时，将沿灰缝的齿状发生破坏。

2) 块体破坏。力的作用方向平行于灰缝，当块材的强度低，砂浆的强度高，砂浆与块材的切向粘结力高于砖的抗拉强度时，将沿竖向灰缝砖面发生破坏。

3) 通缝破坏。力的作用方向垂直于水平灰缝，这时在水平灰缝中产生法向拉应力，由于砂浆与块材间的法向粘结强度一般较小，故砌体极易沿水平灰缝发生破坏。

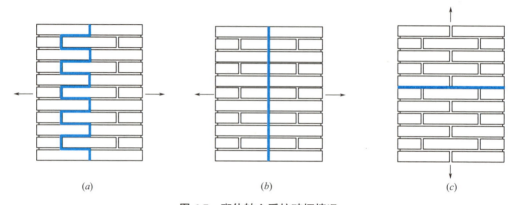

图 6-7 砌体轴心受拉破坏情况
（a）齿缝破坏；（b）块体破坏；（c）通缝破坏

(2) 砌体的弯曲受拉

用块材砌筑的挡土墙、砖过梁等砌体结构，在弯矩作用下，因受拉而破坏。砌体的弯曲受拉，也有 3 种破坏形式：弯矩作用产生的拉应力使砌体沿齿缝截面破坏，称作沿齿缝弯曲受拉破坏；沿块体截面破坏，称作沿块体弯曲受拉；沿通缝截面破坏，称作沿通缝弯曲受拉。

(3) 砌体受剪

由块材砌筑的挡土墙和砖过梁等构件，在荷载作用下，也会因受剪而破坏，如图 6-8

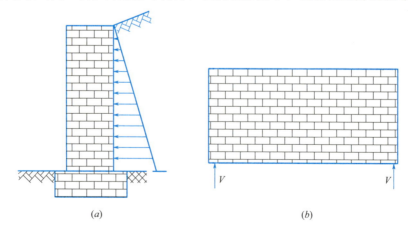

图 6-8 砌体的受剪

所示。砌体的受剪可分为沿通缝截面的剪切破坏;沿灰缝成阶梯形截面的剪切破坏。

各类砌体的轴心抗拉、弯曲抗拉和抗剪强度设计值见表 6-9。

沿砌体灰缝截面破坏时的轴心抗拉强度设计值、弯曲抗拉强度设计值和抗剪强度设计值(MPa)

表 6-9

强度类别	破坏特征及砌体种类	砂浆强度等级			
		≥M10	M7.5	M5	M2.5
轴心抗拉	沿齿缝 烧结普通砖、烧结多孔砖	0.19	0.16	0.13	0.09
	混凝土普通砖、混凝土多孔砖	0.19	0.16	0.13	—
	蒸压灰砂砖、蒸压粉煤灰砖	0.12	0.10	0.08	—
	混凝土和轻集料混凝土砌块	0.09	0.08	0.07	—
	毛石	—	0.07	0.06	0.04
弯曲抗拉	沿齿缝 烧结普通砖、烧结多孔砖	0.33	0.29	0.23	0.17
	混凝土普通砖、混凝土多孔砖	0.33	0.29	0.23	—
	蒸压灰砂砖、蒸压粉煤灰砖	0.24	0.20	0.16	—
	混凝土和轻集料混凝土砌块	0.11	0.09	0.08	—
	毛石	—	0.11	0.09	0.07
	沿通缝 烧结普通砖、烧结多孔砖	0.17	0.14	0.11	0.08
	混凝土普通砖、混凝土多孔砖	0.17	0.14	0.11	—
	蒸压灰砂砖、蒸压粉煤灰砖	0.12	0.10	0.08	—
	混凝土和轻集料混凝土砌块	0.08	0.06	0.05	—
抗剪	烧结普通砖、烧结多孔砖	0.17	0.14	0.11	0.08
	混凝土普通砖、混凝土多孔砖	0.17	0.14	0.11	—
	蒸压灰砂砖、蒸压粉煤灰砖	0.12	0.10	0.08	—
	混凝土和轻集料混凝土砌块	0.09	0.08	0.06	—
	毛石	0.21	0.19	0.16	0.11

注:1. 对于用形状规则的块体砌筑的砌体,当搭接长度与块体高度的比值小于1时,其轴心抗拉强度设计值 f_t 和弯曲抗拉强度设计值 f_{tm} 应按表中数值乘以搭接长度与块体高度比值后采用。

2. 表中数值是依据普通砂浆砌筑的砌体确定,采用经研究型试验且通过技术鉴定的专用砂浆砌筑的,对蒸压灰砂砖、蒸压粉煤灰砖砌体,其抗剪强度设计值按相应的普通砂浆强度等级砌筑的烧结砖砌体采用。

3. 对混凝土普通砖、混凝土多孔砖、混凝土和轻集料混凝土砌块砌体,表中的砂浆强度等级分别为≥Mb10、Mb7.5 及 Mb5。

5. 砌体强度设计值调整系数

在实际工程中,影响砌体强度设计值的因素很多,有些情况将砌体强度设计值乘以调整系数 γ_a,见表 6-10。

砌体强度设计值调整系数 γ_a

表 6-10

序号	使用情况	γ_a
1	对无筋砌块构件,其截面积小于 0.3m² 时,构件截面面积以 m² 计	0.7+A
	对配筋砌块构件,其截面积小于 0.2m² 时,构件截面面积以 m² 计	0.8+A

续表

序号	使用情况		γ_a
2	小于 M5.0 的水泥砂浆砌筑	抗压强度	0.9
		轴心抗拉、弯曲抗拉、抗剪强度	0.8
3	当施工质量控制等级为 C 级时		0.89
4	当验算施工中房屋的构件时		1.1

6.2.2 无筋砌体受压构件承载力计算

在试验研究和理论分析的基础上，规范规定，无筋砌体受压构件承载力应按下式计算：

$$N \leqslant \varphi A f \tag{6-2}$$

式中　N——轴向力设计值；
　　　A——受压构件的截面面积；
　　　f——砌体的抗压强度设计值；
　　　φ——高厚比 β 和轴向力的偏心距 e 对受压构件承载力的影响系数。无筋砌体矩形截面单向偏心受压构件承载力的影响系数 φ 可以查表 6-11。

在应用式（6-2）时，应注意以下几点：

（1）轴向力偏心距限值应满足要求。轴向力偏心距不应过大，应满足 $e \leqslant 0.6y$，y 为截面重心到轴向力所在偏心方向截面边缘的距离。

影响系数 φ（砂浆强度等级≥M5）　　　表 6-11

β	$\dfrac{e}{h}$ 或 $\dfrac{e}{h_T}$						
	0	0.025	0.05	0.075	0.1	0.125	0.15
≤3	1	0.99	0.97	0.94	0.89	0.84	0.79
4	0.98	0.95	0.90	0.85	0.80	0.74	0.69
6	0.95	0.91	0.86	0.81	0.75	0.69	0.64
8	0.91	0.86	0.81	0.76	0.70	0.64	0.59
10	0.87	0.82	0.76	0.71	0.65	0.60	0.55
12	0.82	0.77	0.71	0.66	0.60	0.55	0.51
14	0.77	0.72	0.66	0.61	0.56	0.51	0.47
16	0.72	0.67	0.61	0.56	0.52	0.47	0.44
18	0.67	0.62	0.57	0.52	0.48	0.44	0.40
20	0.62	0.57	0.53	0.48	0.44	0.40	0.37
22	0.58	0.53	0.49	0.45	0.41	0.38	0.35
24	0.54	0.49	0.45	0.41	0.38	0.35	0.32
26	0.50	0.46	0.42	0.38	0.35	0.33	0.30
28	0.46	0.42	0.39	0.36	0.33	0.30	0.28
30	0.42	0.39	0.36	0.33	0.31	0.28	0.26

续表

β	$\dfrac{e}{h}$ 或 $\dfrac{e}{h_T}$					
	0.175	0.2	0.225	0.25	0.275	0.3
≤3	0.73	0.68	0.62	0.57	0.52	0.48
4	0.64	0.58	0.53	0.49	0.45	0.41
6	0.59	0.54	0.49	0.45	0.42	0.38
8	0.54	0.50	0.46	0.42	0.39	0.36
10	0.50	0.46	0.42	0.39	0.36	0.33
12	0.47	0.43	0.39	0.36	0.33	0.31
14	0.43	0.40	0.36	0.34	0.31	0.29
16	0.40	0.37	0.34	0.31	0.29	0.27
18	0.37	0.34	0.31	0.29	0.27	0.25
20	0.34	0.32	0.29	0.27	0.25	0.23
22	0.32	0.30	0.27	0.25	0.24	0.22
24	0.30	0.28	0.26	0.24	0.22	0.21
26	0.28	0.26	0.24	0.22	0.21	0.19
28	0.26	0.24	0.22	0.21	0.19	0.18
30	0.24	0.22	0.21	0.20	0.18	0.17

（2）不同种类砌体在受压性能上存在差异，因此在计算影响系数或查表时应先对高厚比按下式加以修正：

对矩形截面：
$$\beta = \gamma_\beta \frac{H_0}{h} \tag{6-3}$$

对 T 形截面：
$$\beta = \gamma_\beta \frac{H_0}{h_T} \tag{6-4}$$

式中 β——砌体高厚比；

γ_β——不同材料砌体构件的高厚比修正系数，按表 6-12 采用；

H_0——受压构件的计算高度；

h——矩形截面轴向力偏心方向的边长，当轴向受压时为截面较小边长；

h_T——T 形截面的折算厚度，可近似按 $3.5i$ 计算，i 为截面回转半径。

高厚比修正系数 γ_β　　　　表 6-12

砌体材料类别	γ_β
烧结普通砖、烧结多孔砖	1.0
混凝土普通砖、混凝土多孔砖、混凝土及轻骨料混凝土砌块	1.1
蒸压灰砂普通砖、蒸压粉煤灰砖、细料石	1.2
粗料石、毛石	1.5

注：对灌孔混凝土砌块砌体，γ_β 取 1.0。

（3）对于矩形截面构件，当轴向力偏心方向的截面边长大于另一方向的边长时，除了按偏心受压计算平面内承载力外，尚应按轴向受压验算平面外承载力。

> **工程应用6-1**
>
> 一轴心受压砖柱,截面为370mm×490mm,采用烧结普通砖M10、混合砂浆M5砌筑,柱高4m,其上下端视为铰接。在柱顶上作用轴向压力设计值$N=75$kN,普通砖的密度为18kN/m³。试计算:柱的承载力是否符合要求?
>
> 解:
>
> (1) 砖柱自重设计值
> $$N_G=0.37\times0.49\times4\times18\times1.3=16.97\text{kN}$$
>
> (2) 柱底截面轴向力设计值
> $$N=75+16.97=91.97\text{kN}$$
>
> 由于柱的上下端铰接,故计算高度$H_0=H=4$m。
>
> 柱的高厚比: $\beta=\gamma_\beta\dfrac{H_0}{h}=1\times\dfrac{4.0}{0.37}=10.8$
>
> 由于轴心受压,$e=0$,即$\dfrac{e}{h}=0$,查表6-11得:$\varphi=0.87+\dfrac{0.82-0.87}{12-10}\times(10.8-10)=0.85$。
>
> 柱的截面面积: $A=0.37\times0.49=0.181\text{m}^2<0.3\text{m}^2$
>
> 砌体强度设计值调整系数$\gamma_a=0.7+0.181=0.881$,则$f=0.881\times1.5=1.3215\text{N/mm}^2$。
>
> (3) 受压承载力计算
> $$\varphi fA=0.85\times1.3215\times0.181\times10^3=203\text{kN}>N=91.97\text{kN}$$
>
> 故承载力足够。

6.2.3 无筋砌体局部受压承载力计算

砌体在局部压力作用下,直接位于局部受压面积下的砌体横向应变受到周围砌体的约束,使该处的砌体处于双向或三向受力状态,由于上述"套箍效应"以及应力扩散效应因而大大提高了局部受压面积处砌体的抗压强度。砌体抗压强度为f时,砌体的局部抗压强度可取为γf,其中$\gamma>1$,称为砌体局部抗压强度提高系数。

1. 砌体截面局部均匀受压承载力计算

砌体截面中受局部均匀压力时的承载力应按下式计算:

$$N_l \leqslant \gamma f A_l \tag{6-5}$$

式中 N_l——局部受压面积上的轴向力设计值;

f——砌体的抗压强度设计值。局部面积小于0.3m^2时,可不考虑强度调整系数γ_a的影响;

A_l——局部受压面积;

γ——砌体局部抗压强度提高系数,应按式(6-6)计算。

$$\gamma=1+0.35\sqrt{\dfrac{A_0}{A_l}-1} \tag{6-6}$$

式中 A_0——影响砌体局部抗压强度的计算面积，根据局部受压面积在构件截面上的位置，按图 6-9 取用。

对图 6-9（a）的情况：如 $c<h$，$A_0=(a+c+h)h$；$c\geqslant h$，$A_0=(a+2h)h$；

对图 6-9（b）的情况：$A_0=(b+2h)h$；

对图 6-9（c）的情况：$A_0=(a+h)h+(b+h_1-h)h$；

对图 6-9（d）的情况：$A_0=(a+h)h$。

试验表明，当 $\dfrac{A_0}{A_l}$ 较大时，有可能沿竖向突然劈裂，发生劈裂破坏。为了防止这种破坏，按式（6-6）算得的局部抗压强度提高系数应当加以限制。其限制值已列于图 6-9 中。

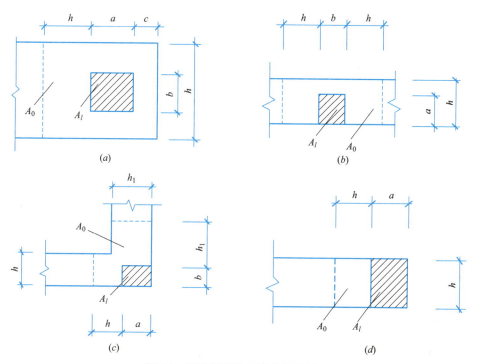

图 6-9 影响局部抗压强度的面积 A_0
（a）$\gamma\leqslant2.5$；（b）$\gamma\leqslant2$；（c）$\gamma\leqslant1.5$；（d）$\gamma\leqslant1.25$

工程应用6-2

作用于毛石基础角上的钢筋混凝土柱，如图 6-10 所示。柱的轴向压力设计值 $N=70\text{kN}$，若基础采用毛石 MU30、水泥砂浆 M5 砌筑，柱的截面为 300mm×300mm，试验算毛石砌体的局部受压承载力是否满足要求？

解：

查表 6-8 得 $f=0.61\text{N/mm}^2$。

由图 6-9（c）可知：

$$A_0=(0.3+0.49)\times0.49+(0.3+0.49-0.49)\times0.49=0.534\text{m}^2$$

$$A_l=0.3\times0.3=0.09\text{m}^2$$

$$\gamma = 1 + 0.35\sqrt{\frac{A_0}{A_l} - 1} = 1 + 0.35 \times \sqrt{\frac{0.534}{0.09} - 1} = 1.78 > 1.5$$

按规定，取 $\gamma = 1.5$。

$$\gamma f A_l = 1.5 \times 0.61 \times 0.09 \times 10^3 = 82.35 \text{kN} > N = 70 \text{kN}$$

承载力足够。

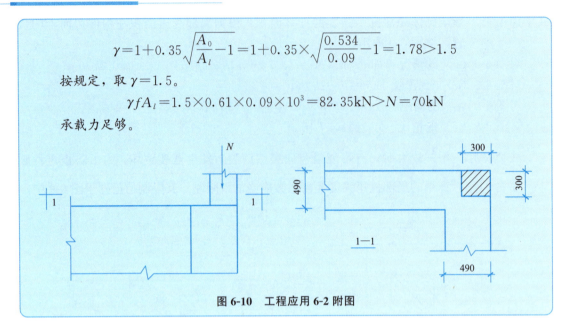

图 6-10 工程应用 6-2 附图

2. 梁端支承处砌体的局部受压

（1）梁端有效支承长度

由于承受荷载的梁发生弯曲，梁端将要转动，由于梁的刚度大于砌体刚度，当梁发生转动时，梁的尽端将要离开砌体，因此，梁端在砌体上的实际支承长度将由 a 减少到 a_0，将砌体受压后梁端与砌体的实际支承长度称作梁端有效支承长度，可用下式计算：

$$a_0 = 10\sqrt{\frac{h_c}{f}} \tag{6-7}$$

式中　a_0——梁端有效支承长度。当 $a_0 > a$ 时，应取 $a_0 = a$，a 为梁端实际支承长度；

　　　h_c——梁的截面高度；

　　　f——砌体的抗压强度设计值。

（2）梁端支承处砌体局部受压承载力计算

当梁端砌体有上部压力时，梁端支承处砌体的局部受压承载力应按下式计算：

$$\psi N_0 + N_l \leqslant \eta \gamma f A_l \tag{6-8}$$

$$\psi = 1.5 - 0.5 \frac{A_0}{A_l} \tag{6-9}$$

式中　ψ——上部荷载考虑拱的卸载作用的折减系数。当 $\frac{A_0}{A_l} \geqslant 3$ 时，取 $\psi = 0$；

　　　N_0——局部受压面积内上部轴向力设计值。$N_0 = \sigma_0 A_l$，σ_0 为上部平均压应力设计值；

　　　N_l——梁端支承压力设计值；

　　　η——梁端底面压应力图形的完整系数。可取 0.7，对于过梁和墙梁可取 1.0；

　　　γ——砌体局部抗压强度提高系数；

　　　f——砌体的抗压强度设计值；

　　　A_l——局部受压面积。$A_l = a_0 b$，b 为梁的截面宽度。

6.2.4　无筋砌体受拉、受弯、受剪构件承载力计算

1. 轴心受拉构件

由于砌体的抗拉强度很低，因此工程上很少采用砌体作轴向受拉构件。容积较小的水池、筒仓，在液体或松散力的侧压力作用下，壁内产生环向拉力，可视为砌体轴心受拉。砌体轴心受拉构件的承载力按下式计算：

$$N_t \leqslant f_t A \tag{6-10}$$

式中　N_t——轴心拉力设计值；

　　　f_t——砌体轴心抗拉强度设计值。

2. 受弯构件

工程中的砖砌平拱过梁、挡土墙等结构均属受弯构件。对受弯构件除进行受弯计算外，还应进行抗剪计算。

1）受弯构件的承载力计算

$$M \leqslant f_{tm} W \tag{6-11}$$

式中　M——弯矩设计值；

　　　f_{tm}——砌体弯曲抗拉强度设计值；

　　　W——截面抵抗矩。

2）受弯构件的受剪承载力计算

$$V \leqslant f_v bz \tag{6-12}$$

式中　V——剪力设计值；

　　　f_v——砌体的抗剪强度设计值；

　　　b——截面宽度；

　　　z——内力臂，$z=\dfrac{I}{S}$。当截面为矩形时，$z=\dfrac{2h}{3}$（h 为截面高度）；

　　　I——截面惯性矩；

　　　S——截面面积矩。

3. 受剪构件的承载力计算

沿通缝或沿阶梯形截面破坏时受剪构件的承载力应按下列公式计算：

$$V \leqslant (f_v + \alpha\mu\sigma_0)A \tag{6-13}$$

当 $\gamma_G = 1.2$ 时，　　　$\mu = 0.26 - 0.082 \dfrac{\sigma_0}{f}$ (6-14)

当 $\gamma_G = 1.35$ 时，　　$\mu = 0.23 - 0.065 \dfrac{\sigma_0}{f}$ (6-15)

式中　V——截面剪力设计值；

　　　A——水平截面面积。当有孔洞时，取净截面面积；

　　　f_v——砌体抗剪强度设计值；

　　　α——修正系数。当 $\gamma_G=1.2$ 时，砖（含多孔砖）砌体取 0.60，混凝土砌块砌体取 0.64；当 $\gamma_G=1.35$ 时，砖砌（含多孔砖）体取 0.64，混凝土砌块砌体取 0.66；

μ——剪压复合受力影响系数;

σ_0——永久荷载设计值产生的水平截面平均压应力,其值不应大于 $0.8f$;

f——砌体的抗压强度设计值;

$\dfrac{\sigma_0}{f}$——轴压比,不大于 0.8。

> **知识拓展**
>
> 梁端设有刚性垫块时砌体局部受压承载力计算:$N_0+N_l \leqslant \varphi \gamma f A_b$。
>
> 梁下设有垫梁的砌体局部受压承载力计算:$N_0+N_l = 2.4\delta_2 f b_b h_0$。

6.3 混合结构房屋墙体设计

6.3.1 混合结构房屋的组成及结构布置方案

1. 混合结构房屋的组成

混合结构房屋通常是指主要承重构件由不同材料组成的房屋。如水平承重构件(房屋的楼盖和屋盖)采用钢筋混凝土结构(或木结构),而墙、柱、基础等竖向承重构件采用砌体(砖、石、砌块)材料,如图 6-11 所示。

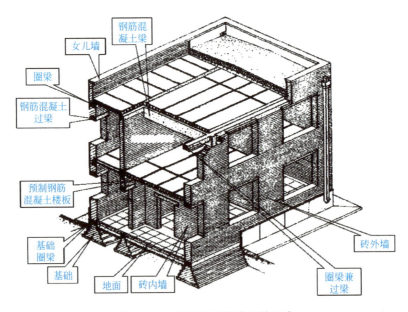

图 6-11 一般混合结构房屋的组成

2. 混合结构房屋的结构布置方案

从结构的承重方案来看，按其荷载传递路线的不同，可以概括为四种不同的类型：纵墙承重方案、横墙承重方案、纵横墙承重方案和内框架承重方案。

（1）纵墙承重方案。由纵墙直接承受楼面、屋面荷载的结构布置方案即为纵墙承重方案。这类房屋竖向荷载的主要传递路线是：楼面（或屋面）板→梁（或屋架）→纵向承重墙→基础→地基。

纵墙承重方案适用于使用上要求有较大空间的房屋，如食堂、仓库或中小型工业厂房等。

（2）横墙承重方案。当房间的开间不大（一般为 3～4.5m），横墙间距较小，将楼面（或屋面）板直接搁置在横墙上的结构布置方案称为横墙承重方案。横墙承重方案荷载的主要传递路线是：楼面（或屋面）板→承重横墙→基础→地基。

横墙承重方案适用于宿舍、住宅、旅馆等居住建筑和由小房间组成的办公楼等。

（3）纵横墙承重方案。当建筑物的功能要求房间的大小变化较多时，为了结构布置的合理性，通常采用纵横墙承重方案。其荷载传递路线为：楼面（或屋面）板→横墙及纵墙→基础→地基。

纵横墙承重方案既可保证有灵活布置的房间，又具有较大的空间刚度和整体性，适用于教学楼、办公楼、医院、图书馆等建筑。

（4）内框架承重方案。对于工业厂房的车间和底层为商店上部为住宅的建筑，可采用外墙与内柱同时承重的方案。其荷载传递路线为：楼面（屋面）板→梁→外墙及框架柱→基础→地基。

内框架承重方案一般用于多层工业车间、商店等建筑。

在混合结构房屋中采用哪种承重体系，应根据建筑、结构、施工的具体情况综合考虑，并要结合当地的地质条件和抗震设防要求，以使整个结构安全适用、经济合理。

6.3.2　混合结构房屋的静力计算方案

1. 混合结构房屋的空间工作情况

在水平荷载作用下，屋盖和楼盖的工作相当于一根在水平方向受弯的梁，将产生水平位移，而房屋的墙、柱和楼、屋盖连接在一起，因此，墙柱顶端也将产生水平位移。由此可见，混合结构房屋在荷载作用下，各种构件互相联系，互相影响，处在空间工作情况，因此，在静力计算中，必须考虑房屋的空间工作。

2. 房屋静力计算方案的分类

按照房屋空间作用的大小，在进行混合结构房屋静力计算时可划分为三种方案：

（1）刚性方案。若房屋的空间刚度不是很大，这时屋盖可视为纵向墙体上端的不动铰支座，墙柱内力可按上端有不动铰支座的竖向构件进行计算，这类房屋称为刚性方案房屋。一般来说，砌体房屋均应设计成刚性方案，其计算简图如图 6-12（a）所示。

（2）弹性方案。若房屋的空间刚度很小，即墙顶的最大水平位移接近于平面结构体系，这时墙柱内力可按不考虑空间作用的平面排架或框架计算，这类房屋称为弹性方案房屋，其计算简图如图 6-12（c）所示。

（3）刚弹性方案。若房屋的空间刚度介于上述两种方案之间，纵墙顶端水平位移比弹性方案要小，其受力状态介于刚性方案和刚弹性方案之间，这时墙柱内力可按考虑空间作用的平面排架或框架计算，这类房屋称为刚弹性方案房屋，其计算简图如图 6-12（b）所示。

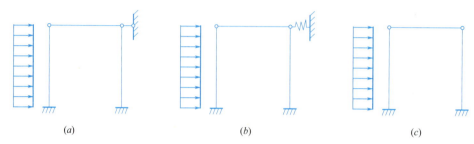

图 6-12　混合结构房屋静力计算方案计算简图
（a）刚性方案；（b）刚弹性方案；（c）弹性方案

在《砌体结构设计规范》GB 50003—2011 中，将房屋按屋盖或楼盖的刚度划分为三种类型，并按房屋的横墙间距 s 来确定其静力计算方案，见表 6-13。

房屋的静力计算方案　　　　　　　　　　表 6-13

屋盖或楼盖类别	刚性方案	刚弹性方案	弹性方案
整体式、装配整体和装配式无檩体系钢筋混凝土屋盖或钢筋混凝土楼盖	$s<32$	$32\leqslant s\leqslant 72$	$s>72$
装配式有檩体系钢筋混凝土屋盖、轻钢屋盖和有密铺望板的木屋盖或木楼盖	$s<20$	$20\leqslant s\leqslant 48$	$s>48$
瓦材屋面的木屋盖和轻钢屋盖	$s<16$	$16\leqslant s\leqslant 36$	$s>36$

注：1. 表中 s 为房屋横墙间距，其长度单位 m。
　　2. 当多层房屋的屋盖、楼盖类别不同或横墙间距不同时，可按本表规定分别确定各层（底层或顶部各层）房屋的静力计算方案。
　　3. 对无山墙或伸缩缝处无横墙的房屋，应按弹性方案考虑。

6.3.3　墙柱高厚比验算

混合结构房屋中的墙体是受压构件，除满足强度要求外，还必须有足够的稳定性。高厚比的验算是保证墙体稳定性的一项重要构造措施，高厚比系指墙、柱的计算高度 H_0 与墙厚或柱截面边长 h 的比值 H_0/h。高厚比验算主要包括两个方面的问题：一是墙、柱允许高厚比的限值；二是墙、柱实际高厚比的确定。

1. 一般墙柱高厚比验算

$$\beta=\frac{H_0}{h}\leqslant \mu_1\mu_2[\beta] \quad (6\text{-}16)$$

式中　H_0——墙、柱计算高度，按表 6-14 采用；
　　　h——墙厚或矩形柱与 H_0 相对应的边长；

μ_1——自承重墙允许高厚比的修正系数。按下列规定采用：$h=240\text{mm}$，$\mu_1=1.2$；$h=90\text{mm}$，$\mu_1=1.5$；$240\text{mm}>h>90\text{mm}$，$\mu_1$ 可按插入法取值；

μ_2——有门窗洞口的墙允许高厚比修正系数，按式（6-17）计算。

$$\mu_2 = 1 - 0.4 \frac{b_s}{s} \tag{6-17}$$

式中　b_s——在宽度 s 范围内的门窗洞口总宽度；

s——相邻窗间墙、壁柱或构造柱间的距离，如图 6-13 所示。

当按式（6-17）算得 $\mu_2<0.7$ 时，应采用 0.7；当洞口的高度小于或等于墙高的 1/5 时，可取 $\mu_2=1.0$。

在进行墙、柱的高厚比验算时应注意：

（1）当与墙连接的相邻横墙间的距离 $s \leqslant \mu_1\mu_2 [\beta]h$ 时，墙的高度可不受式（6-16）的限制；

（2）变截面柱的高厚比可按上、下截面分别验算，且验算上柱的高厚比时，墙、柱的允许高厚比可按表 6-15 的数值乘以 1.3 后采用。

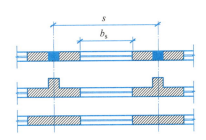

图 6-13　门窗洞口宽度示意图

受压构件的计算高度 H_0　　　　表 6-14

房屋类型			柱		带壁柱墙或周边拉结的墙		
			排架方向	垂直排架方向	$s>2H$	$2H \geqslant s>H$	$s \leqslant H$
有吊车的单层房屋	变截面柱上段	弹性方案	$2.5H_u$	$1.25H_u$	$2.5H_u$		
		刚性、刚弹性方案	$2.0H_u$	$1.25H_u$	$2.0H_u$		
	变截面柱下段		$1.0H_l$	$0.8H_l$	$1.0H_l$		
无吊车的单层和多层房屋	单跨	弹性方案	$1.5H$	$1.0H$	$1.5H$		
		刚弹性方案	$1.2H$	$1.0H$	$1.2H$		
	多跨	弹性方案	$1.25H$	$1.0H$	$1.25H$		
		刚弹性方案	$1.10H$	$1.0H$	$1.1H$		
	刚性方案		$1.0H$	$1.0H$	$1.0H$	$0.4s+0.2H$	$0.6s$

注：1. 表中 H_u 为变截面柱的上端高度，H_l 为变截面柱的下端高度。

2. 对于上端为自由端的构件，$H_0=2H$。

3. 独立砖柱，当无柱间支撑时，柱在垂直排架方向的 H_0 应按表中数值乘以 1.25 后采用。

4. s 为房屋横墙间距。

5. 自承重墙的计算高度应根据周边支承或拉接条件确定。

6. 表中的构件高度 H 按下列规定采用：在房屋底层，为楼板顶面到构件下端支点的距离，下端支点的位置可取在基础顶面，当埋置较深且有刚性地坪时，可取室外地面下的 500mm 处；在房屋的其他层，为楼板或其他水平支点间的距离；对于无壁柱的山墙，可取层高加山墙尖高度的 1/2；对于带壁柱山墙可取壁柱处的山墙高度。

《砌体结构设计规范》GB 50003—2011 规定的墙、柱的允许高厚比见表 6-15。

墙、柱的允许高厚比 [β] 值　　　　　　　　表 6-15

砌体类型	砂浆强度等级	墙	柱
无筋砌体	M2.5	22	15
	M5.0 或 Mb5.0、Ms5.0	24	16
	≥M7.5 或 Mb7.5、Ms7.5	26	17
配筋砌块砌体	—	30	21

注：1. 毛石墙、柱允许高厚比应按表中数值降低 20%。
　　2. 带有混凝土或砂浆面层的组合砖砌体的允许高厚比，可按表中数值提高 20%，但不得大于 28。
　　3. 验算施工阶段砂浆尚未硬化的新砌砌体高厚比时，允许高厚比对墙取 14，对柱取 11。

2. 带壁柱墙或带构造柱墙的高厚比验算

（1）整片墙高厚比验算

1）带壁柱墙

$$\beta = \frac{H_0}{h_\mathrm{T}} \leqslant \mu_1 \mu_2 [\beta] \tag{6-18}$$

式中　h_T——带壁柱墙截面的折算厚度，$h_\mathrm{T} = 3.5i$；

　　　i——带壁柱墙截面的回转半径，$i = \sqrt{\dfrac{I}{A}}$；

　　　I、A——分别为带壁柱墙截面的惯性矩和截面面积。

2）带构造柱墙

$$\beta = \frac{H_0}{h} \leqslant \mu_1 \mu_2 \mu_\mathrm{c} [\beta] \tag{6-19}$$

式中　μ_c——带构造柱墙允许高厚比 [β] 的提高系数，可按式（6-20）计算。

$$\mu_\mathrm{c} = 1 + \gamma \frac{b_\mathrm{c}}{l} \tag{6-20}$$

式中　γ——系数。对细料石、半细料石砌体，$\gamma = 0$；对混凝土砌块、粗料石、毛料石及毛石砌体，$\gamma = 1.0$；其他砌体，$\gamma = 1.5$；

　　　b_c——构造柱沿墙长方向的宽度；

　　　l——构造柱的间距。

当 $b_\mathrm{c}/l > 0.25$ 时，取 $b_\mathrm{c}/l = 0.25$；当 $b_\mathrm{c}/l < 0.05$ 时，取 $b_\mathrm{c}/l = 0$。

当确定带壁柱或带构造柱墙的计算高度 H_0 时，s 应取相邻横墙间距 s_w。

（2）壁柱间墙或构造柱间墙的高厚比验算

壁柱间墙或构造柱间墙的高厚比可按公式（6-16）进行验算。验算时注意以下规定：

1）在确定计算高度 H_0 时，s 应取相邻壁柱间墙或相邻构造柱的距离；

2）不论带壁柱墙或带构造柱墙的静力计算采用何种方案，壁柱间墙或构造柱间墙 H_0 的计算，可一律按刚性方案考虑。

6.3.4　墙体的一般构造要求

1. 墙体一般构造要求

（1）砌体材料的最低强度等级

块材和砂浆的强度等级愈高，砌体结构和构件的承载力愈大，房屋的耐久性也愈好。

（2）墙、柱的截面最小尺寸及连接构造要求

1）墙、柱的最小截面尺寸。承重的独立砖柱截面尺寸不应小于 240mm×370mm；毛石墙的厚度不宜小于 350mm；毛料石柱较小边长不宜小于 400mm。

2）墙体连接处构造。墙体转角处和纵横墙交接处应沿竖向每隔 400～500mm 设拉结钢筋，其数量为每 120mm 墙厚不小于 1 根直径 6mm 的钢筋或采用焊接钢筋网片，埋入长度从墙的转角或交接处算起，对实心砖墙每边不小于 500mm，对多孔砖墙和砌块墙不小于 700mm。

（3）混凝土砌块墙体的构造要求

1）砌块砌体应分皮错缝搭砌，上下皮搭砌长度不应小于 90mm。当搭砌长度不满足上述要求时，应在水平灰缝内设置不少于 2 根直径不小于 4mm 的焊接钢筋网片（横向钢筋的间距不应大于 200mm，网片每端应伸出该垂直缝不小于 300mm）。

2）砌块墙与后砌隔墙交接处，应沿墙高每 400mm 在水平灰缝内设置不少于 2 根、直径不小于 4mm、横筋间距不应大于 200mm 的焊接钢筋网片。

3）混凝土砌块房屋，宜将纵横墙交接处，距墙中心线每边不小于 300mm 范围内的孔洞，采用不低于 Cb20 混凝土沿全墙高灌实。

（4）砌体中留槽洞及埋设管道时的构造要求

1）不应在截面长边小于 500mm 的承重墙体、独立柱内埋设管线。

2）不宜在墙体中穿行暗线或预留、开凿沟槽，当无法避免时应采取必要的措施或按削弱后的截面验算墙体的承载力。对受力较小或未灌孔的砌块砌体，允许在墙体的竖向孔洞中设置管线。

（5）夹心墙的构造要求

1）夹心墙应符合下列规定：混凝土砌块的强度等级不应低于 MU10；夹心墙的夹层厚度不宜大于 100mm；夹心墙外叶墙的最大横向支承间距不宜大于 9m。

2）夹心墙叶墙间的连接应符合下列规定：叶墙应用经防腐处理的拉结件或钢筋网片连接；当采用环形拉结件时，钢筋直径不应小于 4mm，当为 Z 形拉结件时，钢筋直径不应小于 6mm；拉结件的水平和竖向最大间距分别不宜大于 800mm 和 600mm；对有振动或有抗震设防要求时，其水平和竖向最大间距分别不宜大于 800mm 和 400mm。

3）当采用钢筋网片作拉结件时，网片横向钢筋的直径不应小于 4mm；其间距不应大于 400mm；网片的竖向间距不宜大于 600mm；对有振动或有抗震设防要求时，不宜大于 400mm。

4）拉结件在叶墙上的搁置长度，不应小于叶墙厚度的 2/3，并不应小于 60mm。

5）门窗洞口周边 300mm 范围内应附加间距不大于 600mm 的拉结件。

2. 防止或减轻墙体开裂的主要措施

（1）设置伸缩缝，将过长的房屋分成长度较小的独立伸缩区段，是防止房屋在正常使用条件下由温度和收缩引起的墙体竖向裂缝的有效措施。在伸缩缝处只须将上部结构断开，而不必将基础断开。伸缩缝的间距可按表 6-16 采用。

砌体房屋伸缩缝的最大间距（m）　　　　　　　　　　　　　　表 6-16

屋盖或楼盖类别		间距
整体式或装配整体式钢筋混凝土结构	有保温层或隔热层的屋盖、楼盖	50
	无保温层或隔热层的屋盖	40
装配式无檩体系钢筋混凝土结构	有保温层或隔热层的屋盖、楼盖	60
	无保温层或隔热层的屋盖	50
装配式有檩体系钢筋混凝土结构	有保温层或隔热层的屋盖	75
	无保温层或隔热层的屋盖	60
瓦材屋盖、木屋盖或楼盖、砖石屋盖或楼盖		100

注：1. 对烧结普通砖、烧结多孔砖、配筋砌块砌体房屋，取表中数值；对石砌体、蒸压灰砂普通砖、蒸压粉煤灰普通砖、混凝土砌块、混凝土普通砖和混凝土多孔砖房屋，取表中数值乘以 0.8 的系数；当墙体有可靠外保温措施时，其间距可取表中数值。
2. 在钢筋混凝土屋面上挂瓦的屋盖应按钢筋混凝土屋盖采用。
3. 层高大于 5m 的烧结普通砖、烧结多孔砖、配筋砌块砌体结构单层房屋，其伸缩缝间距可按表中数值乘以 1.3。
4. 温差较大且变化频繁地区和严寒地区不采暖的房屋及构筑物墙体的伸缩缝最大间距，应按表中数值予以适当减小。
5. 墙体的伸缩缝应与结构的其他变形缝相重合，缝宽度应满足各种变形缝的变形要求；在进行立面处理时，必须保证缝隙的变形作用。

（2）为了防止或减轻房屋顶层墙体的裂缝，可根据情况采取下列措施：

1）屋面应设置保温、隔热层。

2）屋面保温（隔热）层或屋面刚性面层及砂浆找平层应设置分隔缝，分隔缝间距不宜大于 6m，并与女儿墙隔开，其缝宽不小于 30mm。

3）采用装配式有檩体系钢筋混凝土屋盖和瓦材屋盖。

4）在钢筋混凝土屋面板与墙体圈梁的接触面处设置水平滑动层，滑动层可采用两层油毡夹滑石粉或橡胶片等；对于长纵墙，可只在其两端的 2～3 个开间内设置，对于横墙可只在两端各 $l/4$ 范围内设置（l 为横墙长度）。

5）顶层屋面板下设置现浇钢筋混凝土圈梁，并沿内外墙拉通，房屋两端圈梁下的墙体内宜设置水平钢筋。

6）顶层挑梁末端下墙体灰缝内设置 3 道焊接钢筋网片（纵筋不宜少于 $2\phi4$，横筋间距不宜大于 200mm）或 $2\phi6$ 钢筋，钢筋网片或钢筋应自挑梁末端伸入两边墙体不小于 1m。

7）顶层墙体有门窗等洞口时，在过梁上的水平灰缝内设置 2～3 道焊接钢筋网片或 $2\phi6$ 钢筋，并深入过梁两端墙内不小于 600mm。

8）顶层及女儿墙砂浆强度等级不低于 M7.5。

9）女儿墙应设置构造柱，构造柱间距不宜大于 4m，构造柱应伸至女儿墙顶并与现浇钢筋混凝土压顶整浇在一起。

10）房屋顶层端部墙体内适当增设构造柱。

（3）为防止或减轻房屋底层墙体裂缝，可根据情况采取下列措施：

1）增大基础圈梁的刚度。

2）在底层的窗台下墙体灰缝内设置 3 道焊接钢筋网片或 $2\phi6$ 钢筋，并伸入两边窗间墙内不小于 600mm。

3) 采用钢筋混凝土窗台板，窗台板嵌入窗间墙内不小于 600mm。

(4) 墙体交接处的主要防裂措施：墙体转角处和纵横墙交接处宜沿竖向每隔 400～500mm 设拉结钢筋，其数量为每 120mm 墙厚不少于 1ϕ6 或焊接钢筋网片，埋入长度从墙的转角或交接处算起，每边不小于 600mm。

(5) 非烧结块材的主要防裂措施：对灰砂砖、粉煤灰砖、混凝土砌块或其他非烧结砖，宜在各层门、窗过梁上方的水平灰缝内及窗台下第一和第二道水平灰缝内设置焊接钢筋网片或 2ϕ6 钢筋，焊接钢筋网片或钢筋应伸入两边窗间墙内不小于 600mm。

当灰砂砖、粉煤灰砖、混凝土砌块或其他非烧结砖实体墙长大于 5m 时，宜在每层墙高度中部设置 2～3 道焊接钢筋网片或 3ϕ6 的通长水平钢筋，竖向间距宜为 500mm。

(6) 为防止或减轻混凝土砌块房屋顶层两端和底层第一、第二开间门窗洞处的裂缝，可采取下列措施：

1) 在门窗洞口两侧不少于一个孔洞中设置不小于 1ϕ12 钢筋，钢筋应在楼层圈梁或基础锚固，并采用不低于 Cb20 灌孔混凝土灌实。

2) 在门窗洞口两边砌体的水平灰缝中，设置长度不小于 900mm、竖向间距为 400mm 的 2ϕ4 的焊接钢筋网片。

3) 在顶层和底层设置通长钢筋混凝土窗台梁，窗台梁的高度宜为砌体块材高的模数，纵筋不少于 4ϕ10，箍筋 ϕ6@200，C20 混凝土。

6.4 过梁、挑梁及圈梁

6.4.1 过梁

1. 过梁的分类及其适用范围

过梁是设在门窗洞口上方的横梁，用于承受洞口上部墙体和楼（屋）盖传来的荷载。工程上使用最多的有砖砌平拱过梁、钢筋砖过梁及钢筋混凝土过梁等几种形式，如图 6-14 所示。

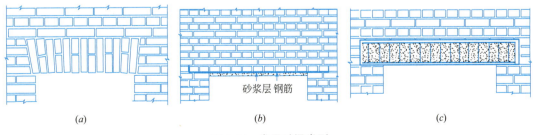

图 6-14　常见过梁类型
(a) 砖砌平拱过梁；(b) 钢筋砖过梁；(c) 钢筋混凝土过梁

砖砌平拱过梁是将砖竖立侧砌而成，过梁宽度与墙厚相同，竖立砌筑部分的高度不小于 240mm，净跨不应超过 1.2m。钢筋砖过梁是在过梁底部水平灰缝内配置纵向受力钢筋而成，其净跨不应超过 1.5m。对于有较大振动荷载或可能产生地基不均匀沉降的房屋，或跨度较大、荷载较大的情况应采用钢筋混凝土过梁。

2. 过梁的计算

(1) 过梁上的荷载取值

过梁承受的荷载包括两部分，一部分为墙体及过梁本身自重，另一部分为过梁上部的梁板传来的荷载。过梁上的墙体和梁板荷载应按表 6-17 的规定采用。

过梁上的荷载取值表　　　　　　　　　　　　　　表 6-17

荷载类型	简图	砌体种类		荷载取值
墙体荷载	注：h_w 为过梁上墙体高度	砖砌体	$h_w < \dfrac{l_n}{3}$	应按墙体的均布自重采用
			$h_w \geq \dfrac{l_n}{3}$	应按高度为 $\dfrac{l_n}{3}$ 墙体的均布自重采用
		混凝土砌块砌体	$h_w < \dfrac{l_n}{2}$	应按墙体的均布自重采用
			$h_w \geq \dfrac{l_n}{2}$	应按高度为 $\dfrac{l_n}{2}$ 的墙体的均布自重采用
梁板荷载	注：h_w 为梁、板下墙体高度	砖砌体 混凝土砌块砌体	$h_w < l_n$	应计入梁、板传来的荷载
			$h_w \geq l_n$	可不考虑梁、板荷载

注：1. 墙体荷载的取值与梁、板的位置无关。
　　2. l_n 为过梁的净跨。

(2) 过梁承载力计算

1) 砖砌平拱过梁

应对砖砌过梁进行受弯、受剪承载力验算。砖砌过梁的内力按简支梁计算，计算跨度取过梁的净跨，即洞口宽度 l_n，过梁宽度 b 取与墙厚相同。砖砌过梁截面计算高度 h 的取值：当不考虑梁板荷载时，取过梁底面以上的墙体高度，但不超过 $l_n/3$；当考虑梁板荷载时，取过梁底面到梁板底面的墙体高度。

受弯承载力可按式 (6-11) 计算；受剪承载力计算可按式 (6-12) 计算。

2) 钢筋砖过梁

① 受弯承载力可按下式计算：

$$M \leq 0.85 h_0 f_y A_s \tag{6-21}$$

式中　M——按简支梁计算的跨中弯矩设计值；

　　　f_y——钢筋的抗拉强度设计值；

　　　A_s——受拉钢筋的截面面积；

　　　h_0——过梁截面的有效高度，$h_0=h-a_s$；

　　　a_s——受拉钢筋重心至截面下边缘的距离；

　　　h——过梁的截面计算高度。取过梁底面以上的墙体高度，但不大于$l_n/3$；当考虑梁、板传来的荷载时，则按梁、板下的高度采用。

② 受剪承载力计算同砖砌平拱过梁，采用式（6-12）计算。

3）钢筋混凝土过梁

钢筋混凝土过梁的荷载取值方法与砖砌过梁相同，应按钢筋混凝土受弯构件进行承载力计算。过梁的弯矩按简支梁计算，计算跨度取（l_n+a）和$1.05l_n$二者中的较小值，其中a为过梁在支座上的支承长度，a不应小于240mm。其他配筋构造要求同一般钢筋混凝土梁。钢筋混凝土过梁还应验算过梁下砌体局部受压承载力，可不考虑上层荷载的影响；梁端底面压应力图形完整系数可取1.0，梁端有效支承长度可取实际支承长度，但不应大于墙厚，即取$\psi=0$且$\eta=1.0$，$\gamma=1.25$，$a_0=a$。

(3) 过梁的构造要求

1）砖砌过梁截面计算高度内的砂浆不宜低于M5（Mb5.0、Ms5.0）。

2）砖砌平拱用竖砖砌筑部分的高度不应小于240mm。

3）钢筋砖过梁底面砂浆层处的钢筋，其直径不应小于5mm，间距不宜大于120mm，钢筋伸入支座砌体内的长度不宜小于240mm，砂浆层的厚度不宜小于30mm。

工程应用6-3

已知某砖砌平拱过梁净跨$l_n=1.2$m，墙厚240mm，双面粉刷，垂直投影面自重为5.24kN/m²，过梁上墙高500mm，用烧结普通砖MU10、混合砂浆M5砌筑，试验算该过梁的承载力。

解：

查表得$f_{tm}=0.23$N/mm²，$f_v=0.11$N/mm²。

由于过梁上墙高$h_w=0.5$m$>l_n/3=1.2/3=0.4$m，故过梁上墙重取0.4m计算，即：

$$q=1.3\times0.4\times5.24=2.72\text{kN/m}$$

跨中弯矩：$M=\dfrac{1}{8}ql_n^2=\dfrac{1}{8}\times2.52\times1.2^2=0.45$kN·m

过梁截面计算高度：　　　$h=0.4$m

过梁截面抵抗矩：　　$W=\dfrac{1}{6}bh^2=\dfrac{1}{6}\times0.24\times0.4^2=6.4\times10^{-3}/\text{m}^3$

$Wf_{tm}=6.4\times10^{-3}\times0.23\times10^3=1.472$kN·m$>M=0.45$kN·m

受弯承载力满足要求。

支座剪力：　　　$V=\dfrac{1}{2}ql_n=\dfrac{1}{2}\times2.72\times1.3=1.77$kN

$$\frac{2}{3}bhf_v = \frac{2}{3}\times 0.24\times 0.4\times 0.11\times 10^3 = 7\text{kN} > V = 1.77\text{kN}$$

受剪承载力满足要求。

6.4.2 挑梁

挑梁是指一端嵌固在砌体墙内，另一端悬挑出墙外的钢筋混凝土悬挑构件。在混合结构房屋中，由于使用功能和建筑艺术的要求，挑梁多用作房屋的阳台、雨篷、悬挑外廊和悬挑楼梯中。

1. 挑梁的破坏形态

挑梁在荷载的作用下可能出现以下三种破坏形态，如图 6-15 所示。

（1）挑梁中的钢筋混凝土梁受弯或受剪破坏。在外挑部分的荷载作用下，挑梁根部产生弯矩和剪力，当挑梁的抗弯或抗剪承载力不足时将导致挑梁产生弯曲破坏或剪切破坏。

（2）挑梁倾覆破坏。当挑梁入墙部分的长度不足，其上部墙体对它的嵌固作用不足以抵抗外挑部分荷载引起的倾覆力矩时，挑梁会发生倾覆破坏。

（3）挑梁下砌体的局部受压破坏。荷载作用下，挑梁入墙部分的尾部梁底逐渐与砌体分离，使挑梁入墙部分砌体的有效受压面积减小，最后在悬挑部分根部处，梁下砌体因压应力超过砌体局部抗压强度而产生局部受压破坏。

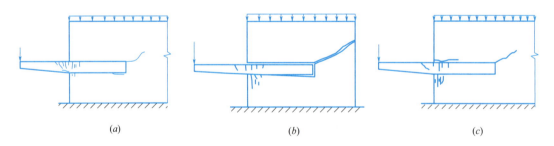

图 6-15 挑梁的破坏形态
(a) 挑梁受弯或受剪破坏；(b) 挑梁倾覆破坏；(c) 挑梁下砌体的局部受压破坏

2. 挑梁的计算

对于挑梁，需要进行抗倾覆验算、挑梁下砌体的局部承压验算以及挑梁本身的承载力计算。

（1）挑梁的抗倾覆验算

砌体墙中钢筋混凝土挑梁的抗倾覆应按下式计算：

$$M_{ov} \leqslant M_r \tag{6-22}$$

式中　M_{ov}——挑梁的荷载设计值对计算倾覆点产生的倾覆力矩；

　　　M_r——挑梁的抗倾覆力矩设计值。

（2）挑梁下砌体的局部受压承载力验算

挑梁下砌体局部受压承载力可按下式验算：

$$N_l \leqslant \eta\gamma f A_l \tag{6-23}$$

式中 N_l ——挑梁下的支承压力。可取 $N_l = 2R$，R 为挑梁的倾覆荷载设计值；

η ——梁端底面压应力图形的完整系数，可取 $\eta = 0.7$；

γ ——砌体局部抗压强度提高系数。当挑梁支承在一字墙上时，取 $\gamma = 1.25$；当挑梁支承在丁字墙时，取 $\gamma = 1.5$；

A_l ——挑梁下砌体局部受压面积。可取 $A_l = 1.2bh_b$，b 为挑梁的截面宽度，h_b 为挑梁的截面高度。

（3）钢筋混凝土挑梁本身的承载力计算

设计时挑梁的内力按下式计算：

$$M_{\max} = M_{ov} \tag{6-24}$$
$$V_{\max} = V_0 \tag{6-25}$$

式中 $M_{\max}$ ——挑梁的最大弯矩设计值；

M_{ov} ——挑梁的荷载设计值对计算倾覆点产生的倾覆力矩；

$V_{\max}$ ——挑梁的最大剪力设计值；

V_0 ——挑梁的荷载设计值在挑梁墙体外边缘截面产生的剪力。

3. 挑梁的构造要求

挑梁除要满足《混凝土结构设计标准（2024年版）》GB/T 50010—2010 的有关构造规定外，还需满足以下构造要求：

（1）纵向受力钢筋至少应有 1/2 的钢筋面积伸入梁尾端，且不少于 $2\phi12$；其余钢筋伸入支座的长度不应小于 $2l_1/3$。

（2）挑梁埋入砌体的长度 l_1 与挑梁挑出长度 l 之比宜大于 1.2；当挑梁上无砌体时，l_1 与 l 之比宜大于 2。

6.4.3 圈梁

在砌体结构房屋中，在同一高度处，沿外墙四周及内墙水平方向设置的连续封闭的钢筋混凝土梁或钢筋砖梁称为圈梁。在墙中设置现浇钢筋混凝土圈梁，可增强房屋的整体刚度，加强纵横墙之间的联系，减轻由于地基的不均匀沉降或较大振动荷载对房屋引起的不利影响。在墙、柱高厚比的验算中，圈梁在满足一定的侧向刚度的要求时，可视为墙或柱的不动铰支座，从而减小墙、柱的计算高度，提高其稳定性。

6-13
圈梁施工
要求

1. 圈梁的设置

（1）空旷的单层房屋，如车间、仓库、食堂等，应按下列规定设置圈梁：

1）砖砌体房屋，檐口标高为 5～8m 时，应在檐口标高处设置圈梁一道，檐口标高大于 8m 时，应增加设置数目。

2）砌块及料石砌体房屋，檐口标高为 4～5m 时，应在檐口标高处设置圈梁一道，檐口标高大于 5m 时，应增加设置数量。

3）对有吊车或较大振动设备的单层工业房屋，除在檐口或窗顶标高处设置现浇钢筋混凝土圈梁外，尚应增加设置圈梁。

(2) 多层砌体房屋,应按下列规定设置圈梁:

1) 多层砌体民用房屋,如宿舍、办公楼等,且层数为 3~4 层时,应在底层和檐口标高处各设置一道圈梁。当层高超过 4 层时,除应在底层和檐口标高处各设置一道圈梁外,至少应在所有纵、横墙上隔层设置。

2) 多层砌体工业房屋,应每层设置现浇钢筋混凝土圈梁。

3) 设置墙梁的多层砌体房屋应在托梁、墙梁顶面和檐口标高处设置钢筋混凝土圈梁。

4) 采用现浇钢筋混凝土楼(屋)盖的多层砌体房屋,当层数超过 5 层时,除在檐口标高处设置一道圈梁外,可隔层设置圈梁,并与楼(屋)面板一起现浇。

2. 圈梁的构造要求

(1) 圈梁宜连续地设在同一水平面上,并形成封闭状;当圈梁被门窗洞口截断时,应在洞口上部增设相同截面的附加圈梁。附加圈梁与圈梁的搭接长度不应小于其中到中垂直间距 H 的 2 倍,且不得小于 1m(图 6-16)。

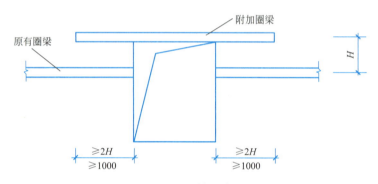

图 6-16 附加圈梁

(2) 纵横墙交接处的圈梁应有可靠的连接,其配筋构造如图 6-17 所示。刚弹性和弹性方案房屋,圈梁应与屋架、大梁等构件可靠连接。

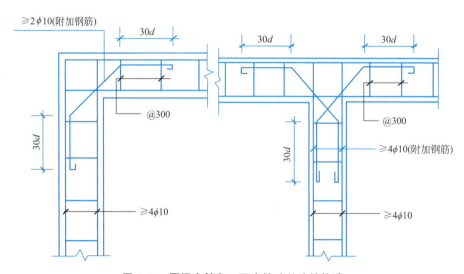

图 6-17 圈梁在转角、丁字接头处连接构造

(3) 钢筋混凝土圈梁的宽度宜与墙厚相同，当墙厚 $h \geqslant 240\text{mm}$ 时，其宽度不宜小于 $2h/3$，圈梁高度不应小于 120mm。纵向钢筋不应少于 $4\phi10$，绑扎接头的搭接长度按受拉钢筋考虑，箍筋间距不应大于 300mm。

(4) 圈梁兼作过梁时，过梁部分的钢筋应按计算用量另行增配。

(5) 未设置圈梁的楼面板嵌入墙内的长度不应小于 120mm，并沿墙长配置不少于 $2\phi10$ 的纵向钢筋。

6.5 砌体结构房屋的抗震构造措施

6.5.1 砖砌体房屋抗震设计一般规定

1. 平立面布置规则

当房屋的平面和立面布置不规则，以及平面上凹凸曲折或立面上高低错落时，震害往往比较严重，所以房屋的平立面布置应尽可能简单，平面最好为矩形，立面上应避免局部突出和错层。

2. 多层砖砌体房屋层数和高度

一般情况下，多层砌体房屋的层数和总高不应超过表 6-18 的规定。

房屋的层数和总高度限值（m）　　　　表 6-18

房屋类型		最小抗震墙厚度（mm）	烈度和设计基本地震加速度										
			6		7				8				9	
			0.05g		0.10g		0.15g		0.20g		0.30g		0.40g	
			高度	层数	高度	层数	高度	层数	高度	层数	高度	层数	高度	层数
多层砌体房屋	普通砖	240	21	7	21	7	21	7	18	6	15	5	12	4
	多孔砖	240	21	7	21	7	18	6	18	6	15	5	9	3
	多孔砖	190	21	7	18	6	15	5	15	5	12	4	—	—
	小型砌块	190	21	7	21	7	18	6	18	6	15	5	9	3

注：1. 房屋的总高度指室外地面到主要屋面板板顶或檐口的高度。半地下室从地下室室内地面算起；全地下室和嵌固条件好的半地下室应允许从室外地面算起；对带阁楼的坡屋面应算到山尖墙的 1/2 高度处。
2. 室内外高差大于 0.6m 时，房屋总高度应允许比表中的数据适当增加，但增加量应小于 1.0m。
3. 乙类的多层砌体房屋仍按本地区设防烈度查表，其层数应减少一层且总高度应降低 3m；不应采用底部框架—抗震墙砌体房屋。
4. 本表小型砌块砌体房屋不包括配筋混凝土小型空心砌块砌体房屋。

3. 砌体房屋最大高宽比

为了保证砌体建筑物整体受弯承载力，多层砌体房屋总高度与总宽度的最大比值宜符合表 6-19 的要求。

房屋最大高宽比　　　　　　　　　　　　表 6-19

烈度	6	7	8	9
最大高宽比	2.5	2.5	2	1.5

注：1. 单面走廊房屋的总宽度不包括走廊宽度。
　　2. 建筑平面接近正方形时，其高宽比宜适当减小。

4. 多层砌体房屋的建筑布置和结构体系

应符合下列要求：

（1）应优先采用横墙承重或纵横墙共同承重的结构体系。不应采用砌体墙和混凝土墙混合承重的结构体系。

（2）纵横向砌体抗震墙的布置应符合下列要求：

1）宜均匀对称，沿平面内宜对齐，沿竖向应上下连续，且纵横向墙体的数量不宜相差过大。

2）平面轮廓凹凸尺寸，不应超过典型尺寸的 50%，当超过典型尺寸的 25% 时，房屋转角处应采取加强措施。

3）楼板局部大洞口的尺寸不宜超过楼板宽度的 30%，且不应在墙体两侧同时开洞。

4）房屋错层的楼板高差超过 500mm 时，应按两层计算，错层部位的墙体应采取加强措施。

5）同一轴线上的窗间墙宽度宜均匀，墙面洞口的面积，地震烈度 6 度、7 度时不宜大于墙面总面积的 55%，地震烈度 8 度、9 度时不宜大于 50%。

6）在房屋宽度方向的中部应设置内纵墙，其累计长度不宜小于房屋总长度的 60%（高宽比大于 4 的墙段不计入）。

（3）房屋有下列情况之一时宜设置防震缝，缝两侧均应设置墙体，缝宽应根据烈度和房屋高度确定，可采用 70～100mm：

1）房屋立面高差在 6m 以上。

2）房屋有错层，且楼板高差大于层高的 1/4。

3）各部分结构刚度、质量截然不同。

（4）楼梯间不宜设置在房屋的尽端或转角处。

（5）不应在房屋转角处设置转角窗。

（6）横墙较少、跨度较大的房屋，宜采用现浇钢筋混凝土楼盖和屋盖。

6.5.2 多层砖砌体房屋抗震构造措施

1. 多层砖砌体房屋构造柱的设置及构造要求

构造柱是指在砌体房屋墙体的规定部位，按构造配筋，并按先砌墙后浇灌混凝土柱的施工顺序制成的混凝土柱。震害分析和大量试验研究表明，多层砌体结构建筑物中设置钢筋混凝土构造柱（以下简称构造柱）与圈梁连接共同作用，可以增加建筑物延性，提高房屋的抗侧移能力，减轻建筑物在大震下破坏程度和防止建筑物突然倒塌。

（1）构造柱设置位置

各类砖砌体房屋的现浇钢筋混凝土构造柱，其设置应符合现行国家标准《建筑抗震设计标准（2024 年版）》GB/T 50011—2010 的有关规定，各项规定如下：

1) 构造柱设置部位应符合表 6-20 的规定。

2) 外廊式和单面走廊式的房屋，应根据房屋增加一层的层数，按表 6-20 的要求设置构造柱，且单面走廊两侧的纵墙均应按外墙处理。

3) 横墙较少的房屋，应根据房屋增加一层的层数，按表 6-20 的要求设置构造柱。当横墙较少的房屋为外廊式或单面走廊式时，应按上面条款要求设置构造柱；但 6 度不超过四层、7 度不超过三层和 8 度不超过二层时，应按增加二层的层数对待。

多层砖砌体房屋构造柱设置要求　　　　　　　　表 6-20

房屋层数				设置部位	
6 度	7 度	8 度	9 度		
4、5	3、4	2、3	—	楼、电梯间四角、楼梯斜梯段上下端对应的墙体处；外墙四角和对应转角；错层部位横墙与外纵墙交接处；较大洞口两侧	隔 12m 或单元横墙与外纵墙交接处；楼梯间对应的另一侧内横墙与外纵墙交接处
6	5	4	2		隔开间横墙(轴线)与外纵墙交接处；山墙与内纵墙交接处
7	≥6	≥5	≥3		内墙(轴线)与外墙交接处；内横墙的局部较小墙垛处；内纵墙与横墙(轴线)交接处

注：较大洞口，内墙指不小于 2.1m 的洞口；外墙在内外墙交接处已设置构造柱时应允许适当放宽，但洞侧墙体应加强。

4) 各层横墙很少的房屋，应按增加二层的层数设置构造柱。

5) 采用蒸压灰砂普通砖和蒸压粉煤灰普通砖的砌体房屋，当砌体的抗剪强度仅达到普通黏土砖砌体的 70% 时，应根据增加一层的层数按上述 1）～4）条要求设置构造柱；但 6 度不超过四层、7 度不超过三层和 8 度不超过二层时，应按增加二层的层数对待。

(2) 多层砖砌体房屋的构造柱应符合的构造要求

1) 构造柱最小截面可采用 180mm×240mm（墙厚 190mm 时为 180mm×190mm），纵向钢筋宜采用 4ϕ12，箍筋间距不宜大于 250mm，且在柱上下端应适当加密；6 度、7 度时超过六层、8 度时超过五层和 9 度时，构造柱纵向钢筋宜采用 4ϕ14，箍筋间距不应大于 200mm；房屋四角的构造柱应适当加大截面及配筋。

2) 构造柱与墙连接处应砌成马牙槎，沿墙高每隔 500mm 设 2ϕ6 水平钢筋和 ϕ4 分布短筋平面内点焊组成的拉结网片或 ϕ4 点焊钢筋网片，每边伸入墙内不宜小于 1m。6 度、7 度时底部 1/3 楼层，8 度时底部 1/2 楼层，9 度时全部楼层，上述拉结钢筋网片应沿墙体水平通长设置。

3) 构造柱与圈梁连接处，构造柱的纵筋应在圈梁纵筋内侧穿过，保证构造柱纵筋上下贯通。

4) 构造柱可不单独设置基础，但应伸入室外地面下 500mm，或与埋深小于 500mm 的基础圈梁相连。

5) 房屋高度和层数接近表 6-18 的限值时，纵、横墙内构造柱间距尚应符合下列要求：①横墙内的构造柱间距不宜大于层高的二倍，下部 1/3 楼层的构造柱间距适当减小；②当外纵墙开间大于 3.9m 时，应另设加强措施，内纵墙的构造柱间距不宜大于 4.2m。

2. 多层砖砌体房屋现浇钢筋混凝土圈梁的设置要求

（1）各类多层砖砌体房屋，应按下列要求设置现浇钢筋混凝土圈梁，其设置应符合现行国家标准《建筑抗震设计标准（2024 年版）》GB/T 50011—2010 的有关规定，各项规定如下：

1）装配式钢筋混凝土楼、屋盖或木屋盖的砖房，应按表 6-21 的要求设置圈梁；纵墙承重时，抗震横墙上的圈梁间距应比表内要求适当加密。

2）现浇或装配整体式钢筋混凝土楼、屋盖与墙体有可靠连接的房屋，应允许不另设圈梁，但楼板沿抗震墙体周边均应加强配筋并应与相应的构造柱钢筋可靠连接。

多层砖砌体房屋现浇钢筋混凝土圈梁设置要求　　　　　　　表 6-21

墙类	烈度		
	6，7	8	9
外墙和内纵墙	屋盖处及每层楼盖处	屋盖处及每层楼盖处	屋盖处及每层楼盖处
内横墙	同上；屋盖处间距不应大于 4.5m；楼盖处间距不应大于 7.2m；构造柱对应部位	同上；各层所有横墙，且间距不应大于 4.5m；构造柱对应部位	同上；各层所有横墙

（2）多层砖砌体房屋现浇混凝土圈梁的构造要求：

1）圈梁应闭合，遇有洞口圈梁应上下搭接。圈梁宜与预制板设在同一标高处或紧靠板底。

2）圈梁在表 6-21 要求的间距内无横墙时，应利用梁或板缝中配筋替代圈梁。

3）圈梁的截面高度不应小于 120mm，配筋应符合表 6-22 的要求；地基为软弱黏性土、液化土、新近填土呈严重不均匀土时，应根据地震时地基不均匀沉降和其他不利影响，设置基础圈梁，且截面高度不应小于 180mm，配筋不应少于 4ϕ12。

多层砖砌体房屋圈梁配筋要求　　　　　　　表 6-22

配筋	烈度		
	6，7	8	9
最小纵筋	4ϕ10	4ϕ12	4ϕ14
箍筋最大间距(mm)	250	200	150

3. 楼盖、屋盖构件具有足够的搭接长度和可靠的连接

（1）现浇钢筋混凝土楼板或屋面板伸进纵、横墙内的长度，均不宜小于 120mm。

（2）装配式钢筋混凝土楼板或屋面板，当圈梁未设在板的同一标高时，板端伸进外墙的长度不应小于 120mm，伸进内墙的长度不应小于 100mm 或采用硬架支模连接，在梁上不应小于 80mm 或采用硬架支模连接。

（3）当板的跨度大于 4.8m 并与外墙平行时，靠外墙的预制板侧边与墙或圈梁拉结。

(4) 房屋端部大房间的楼盖,6 度时房屋的屋盖和 7~9 度时房屋的楼盖、屋盖,当圈梁设在板底时,钢筋混凝土预制板应相互拉结,并应与梁、墙或圈梁拉结。

(5) 楼、屋盖的钢筋混凝土梁或屋架,应与墙、柱(包括构造柱)或圈梁可靠连接,不得采用独立砖柱。跨度不小于 6m 大梁的支承构件应采用组合砌体等加强措施,并满足承载力要求。

(6) 坡屋顶房屋的屋架应与顶层圈梁可靠连接,檩条或屋面板应与墙、屋架可靠连接,房屋出入口的檐口瓦应与屋面构件锚固;采用硬山搁檩时,顶层内纵墙顶宜增砌支撑端山墙的踏步式墙垛,并设置构造柱。

4. 横墙较少砖房的有关规定与加强措施

丙类的多层砖砌体房屋,当横墙较少且总高度和层数接近或达到规定限制,应采取下列加强措施:

(1) 房屋的最大开间尺寸不宜大于 6.6m。

(2) 同一个结构单元内横墙错位数量不宜超过横墙总数的 1/3,且连续错位不宜多于两道;错位的墙体交接处均应增设构造柱,且楼、屋面板应采用现浇钢筋混凝土板。

6-15
砖墙质量
验收标准

(3) 横墙和内纵墙上洞口的宽度不宜大于 1.5m;外纵墙上洞口的宽度不宜大于 2.1m 或开间尺寸的一半;内外墙上洞口位置不应影响外纵墙和横墙的整体连接。

(4) 所有纵横墙均应在楼、屋盖标高处设置加强的现浇钢筋混凝土圈梁,圈梁的截面高度不小于 150mm,上下纵筋各不应少于 3ϕ10,箍筋不小于 ϕ6,间距不大于 300mm。

(5) 所有纵横墙交接处及横墙的中部,均应增设构造柱;在纵、横墙内的柱距不宜大于 3.0m,最小截面尺寸不宜小于 240mm×240mm(墙厚 190mm 时为 240mm×190mm),配筋宜符合表 6-23 的要求。

增设构造柱的纵筋和箍筋设置要求　　表 6-23

位置	纵向钢筋			箍筋		
	最大配筋率(%)	最小配筋率(%)	最小直径(mm)	加密区范围(mm)	加密区间距(mm)	最小直径(mm)
角柱	1.8	0.8	14	全高	100	6
边柱			14	上端 700 下端 500		
中柱	1.4	0.6	12			

(6) 同一结构单元的楼板、屋面板应设在同一标高处。

(7) 房屋的底层和顶层,在窗台标高处宜设置沿纵横墙通长的水平现浇钢筋混凝土带,其截面高度不小于 60mm,宽度不小于墙厚,纵向钢筋不少于 2ϕ10,横向分布筋的直径不小于 ϕ6 且其间距不大于 200mm。

5. 墙体之间的连接

(1) 6 度、7 度时长度大于 7.2m 的大房间及 8 度、9 度时,外墙转角及内外墙交接处,应沿墙高每隔 500mm 配置 2ϕ6 通长钢筋和 ϕ4 分布短筋平面内点焊组成的拉结网片或 ϕ4 点焊网片。

(2) 后砌的非承重砌体隔墙应沿墙高每隔 500~600mm 配置 2ϕ6 拉结钢筋与承重墙或

柱拉结，并每边深入墙内不宜小于500mm；8度和9度时长度大于5m的后砌隔墙的墙顶，尚应与楼板或梁拉结，独立墙肢端部及大门洞边宜设钢筋混凝土构造柱。

6. 楼梯间破坏及抗震构造措施

楼梯间是建筑物中消防疏散的重要位置，在历次地震中，砌体结构楼梯间由于比较空旷，其破坏程度一般比其他部位严重。楼梯间应符合下列要求：

（1）顶层楼梯间墙体应沿墙高每隔500mm设2φ6通长钢筋和φ4分布短钢筋平面内点焊组成的拉结网片或φ4点焊网片；7～9度时其他各层楼梯间墙体应在休息平台或楼层半高处设置60mm厚、纵向钢筋不应少于2φ10的钢筋混凝土带或配筋砖带，配筋砖带不少于3皮，每皮的配筋不少于2φ6，砂浆强度等级不应低于M7.5且不低于同层墙体的砂浆强度等级。

（2）楼梯间及门厅内墙阳角处的大梁支承长度不应小于500mm，并应与圈梁连接。

（3）装配式楼梯段应与平台板的梁可靠连接，8度、9度时不应采用装配式楼梯段；不应采用墙中悬挑式踏步或踏步竖肋插入墙体的楼梯，不应采用无筋砖砌栏板。

（4）突出屋顶的楼、电梯间，构造柱应伸到顶部，并与顶部圈梁连接，所有墙体应沿墙高每隔500mm设2φ6通长钢筋和φ4分布短筋平面内点焊组成的拉结网片或φ4点焊网片。

7. 采用同一类型的基础

同一结构单元的基础（或桩承台），宜采用同一类型的基础，底面宜埋在同一标高上，否则应增设基础圈梁并应按1：2的台阶逐步放坡。

单元总结

本单元主要讲述了砌体结构的基本概念，砌体材料的基本力学性能，受压构件的应力状态，受压构件强度分析及承载力计算方法，混合结构房屋的组成，混合结构房屋的结构布置方案，房屋静力计算方案的分类，一般墙、柱高厚比验算方法，允许高厚比及影响高厚比的主要因素，过梁的分类、受力特性和构造要求，过梁上的荷载及设计计算方法，挑梁上的设计计算方法与构造要求，墙体一般构造要求和圈梁的作用，框架填充墙的构造要求，圈梁的设置和圈梁的构造要求，构造柱的设置要求，砌体结构的抗震构造措施一般规定。为砌体结构的知识普及以及砌体结构设计提供理论支持，并在具体设计过程中理解掌握砌体结构的基本理论、设计方法以及计算机理。

思考及练习

一、填空题

1. 砌体结构中，常见的块材为_____、_____和_____。
2. 根据砌体内部是否配有钢筋，它分为_____和_____两类。

3. 砌体的抗压强度明显_____单块砖的抗压强度。

4. 砌体的弯曲受拉破坏形式有_____、_____、_____。

5. 砌体受压构件按压力是否作用于构件截面形心,分为_____构件和_____构件。

6. 砌体结构的局部受压强度将比一般砌体抗压强度有不同程度的提高,其提高的主要原因是由于_____和_____的作用。

7. 当梁端支承处砌体局部受压承载力不满足要求时,一般采用设置_____的方法,提高局部受压承载力。

8. 混合结构房屋中,一般楼盖和屋盖采用_____材料,而墙、柱、基础等采用_____材料。

9. 在混合结构房屋设计中,按结构承重体系和荷载传递路线,房屋的承重墙体的布置可分为_____、_____、_____和_____。

10. 按照房屋的_____,混合结构房屋的静力计算方案划分为_____、_____、_____。

11. 砌体结构在进行墙体设计时必须限制其_____,保证墙体的稳定性和刚度。

12. 过梁按照所采用材料的不同可分为_____过梁、_____过梁和_____过梁。

13. 过梁上的荷载分两种情况:一种仅有_____荷载;另一种除_____荷载外,还有过梁上_____传来的荷载。

14. 砌体结构中常见的_____、_____以及_____等构件为挑梁。

15. 在砖混结构中,圈梁的作用是增强_____,并减轻_____和_____的不利影响。

16. 构造柱的纵向钢筋宜采用_____,箍筋间距不宜大于_____,且柱上下端应适当_____。

二、选择题

1. 下列哪项不是砌体结构的优点?(　　)
 A. 容易就地取材　　　　　　　　　B. 强度高
 C. 具有良好的耐久性　　　　　　　D. 具有良好的耐火性

2. 关于砌体抗震性能的说法,以下说法正确的是(　　)。
 A. 砌体抗震性能是好,因砌体自重大
 B. 砌体灰缝多,延性差,有利于地震产生的变形,因此抗震性能很好
 C. 砌体转角处,因刚度发生变化,故抗震性能好
 D. 砌体自重大,强度低,灰缝多,延性差,抗震性能很差

3. 砖的强度等级是根据(　　)确定的。
 A. 抗压强度　　　　　　　　　　　B. 抗压强度及抗拉强度
 C. 抗压强度及抗折强度　　　　　　D. 抗剪强度及抗折强度

4. 与混合砂浆相比,水泥砂浆的(　　)。
 A. 流动性较差、保水性较差　　　　B. 流动性较好、保水性较差
 C. 流动性较差、保水性较好　　　　D. 流动性较好、保水性较好

5. 按块材的种类砌体可分为三类，即（　　）。
   A. 无筋砌体、配筋砌体和预应力砌体
   B. 砖砌体、石砌体和砌块砌体
   C. 无筋砌体、网状配筋砖砌体和组合砖砌体
   D. 砖砌体、网状配筋砖砌体和组合砖墙

6. 提高砖砌体轴心抗压强度的最有效方法是（　　）。
   A. 提高砂浆的强度等级
   B. 加大砖的尺寸
   C. 提高施工质量
   D. 提高砖的强度等级

7. 对于砌体受压构件的承载力计算公式 $N \leqslant \varphi f A$ 下面说法正确的是（　　）。
   ① A——毛截面面积；② A——扣除孔洞的净截面面积；③ φ——考虑高厚比和轴向力的偏心距对受压构件强度的影响；④ φ——仅考虑初始偏心距的受压构件强度的影响。
   A. ②、③　　　　B. ①、④　　　　C. ②、④　　　　D. ①、③

8. 对于矩形截面构件，当轴向力偏心方向的截面边长大于另一方向的边长时，下列说法正确的是（　　）。
   A. 除了按偏心受压计算平面内承载力外，尚应按轴向受压验算平面外承载力
   B. 只需按偏心受压计算平面内承载力
   C. 只需按轴向受压验算平面外承载力
   D. 只需按偏心受压计算平面内承载力

9. 计算砌体受压构件承载力时，引入影响系数 φ 是为了考虑（　　）。
   A. 砌体砌筑质量和轴向力扩散的影响
   B. 构件高厚比和轴向力扩散的影响
   C. 砌体砌筑质量和轴向力偏心距的影响
   D. 构件高厚比和轴向力偏心距的影响

10. 当梁在砌体上的实际支承长度 a 小于计算的有效支承长度 a_0 时，梁端砌体局部受压计算中取（　　）。
    A. a_0　　　　B. a　　　　C. $(a+a_0)/2$　　　　D. a 或 a_0

11. （　　）空间刚度大，整体性好，对抵抗风、地震等水平作用和调整地基不均匀沉降等方面都较为有利。
    A. 纵墙承重体系　　　　B. 横墙承重体系
    C. 内框架承重体系　　　　D. 以上都不对

12. 多层砌体房屋应避免采用以下哪种方案？（　　）
    A. 刚性方案　　　B. 刚弹性方案　　　C. 弹性方案　　　D. 不能确定

13. 墙体作为受压构件，保证稳定性，应通过（　　）验算。
    A. 高宽比　　　B. 长宽比　　　C. 高厚比　　　D. 高长比

14. 在砌体结构房屋中，确定承重墙厚度的主要依据是（　　）。
    A. 承载力和高厚比　　　　B. 适用性和耐久性

C. 高厚比和耐久性　　　　　　　　D. 承载力和适用性

15. 砌体结构中钢筋混凝土挑梁，当挑梁上无砌体时，埋入砌体内的长度与其挑出长度之比，以下哪项为适宜？（　　）

A. $L_1/L>1.2$　　B. $L_1/L>1.5$　　C. $L_1/L>1.8$　　D. $L_1/L>2.0$

16. 挑梁下砌体局部受压承载力计算时，梁端底面压应力图形完整系数应取（　　）。

A. 0.7　　B. 0.8　　C. 0.9　　D. 1.0

17. 钢筋混凝土圈梁中的纵向钢筋不应少于（　　）。

A. 4φ12　　B. 4φ10　　C. 3φ10　　D. 3φ12

18. 下列哪种情况下的梁在其支撑处宜加设壁柱或采取其他加强措施？（　　）

A. 240mm 的砖墙上梁跨为 4.8m　　B. 180mm 的砖墙上梁跨为 4.5m

C. 砌块墙上梁跨为 4.8m　　D. 料石墙上梁跨为 4.5m

19. 多层砌体承重房屋的层高，不应超过（　　）。

A. 3.2m　　B. 3.8m　　C. 3.6m　　D. 3.0m

三、简答题

1. 砌体的种类有哪些？
2. 影响砌体抗压强度的因素有哪些？
3. 如何采用砌体抗压强度的调整系数？
4. 如何确定砌体房屋的静力计算方案？
5. 为什么要验算砌体墙、柱的高厚比？如何验算？
6. 常用砌体过梁的种类及适用范围？
7. 过梁上的荷载如何计算？
8. 在一般砌体结构房屋中，圈梁的作用是什么？
9. 简述构造柱在抗震中的作用及构造要求。

教学单元 7
钢结构

Chapter 07

教学目标

1. 知识目标
(1) 了解钢材的种类和类型；
(2) 了解钢结构的常用形式和基本构件类型；
(3) 理解钢结构的连接方法和构造要求；
(4) 掌握对接焊缝和角焊缝的计算方法；
(5) 掌握普通螺栓和高强螺栓的计算方法。

2. 能力目标
(1) 能够根据结构功能要求合理选用材料；
(2) 能够进行对接焊缝和角焊缝连接计算；
(3) 能够进行普通螺栓和高强螺栓的连接计算。

3. 素质目标
(1) 通过学习本教学单元涉及的钢结构设计标准和钢结构焊接规范，能够熟悉并掌握规范中对不同钢结构连接形式的构造要求及计算方法。使学生养成严格遵守各种标准、规范的习惯，培养良好的职业道德素养。

(2) 能够综合运用钢结构基本知识或通过查阅文献、规范、图集等资料，对实际钢结构工程问题进行分析，并能得出有效结论。培养学生的工匠精神、可持续发展意识和事业心。

(3) 以实际工程为例，帮助学生养成严肃、认真对待结构设计的职业态度，树立安全意识，培养学生的责任感和使命感。

思维导图

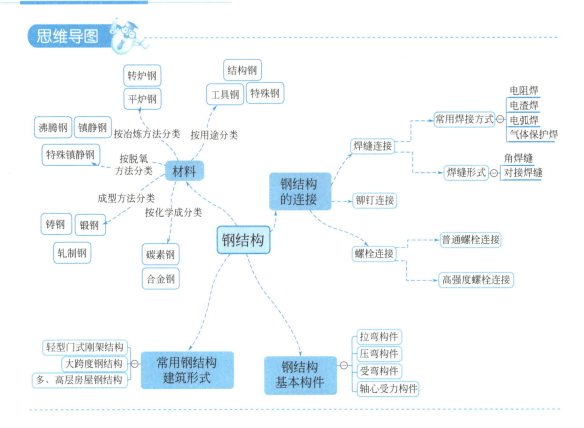

7.1 钢结构的特点

组成钢结构的钢材,由于其内部组织均匀,各向同性,是较理想的匀质材料,因而与其他结构材料相比有一系列优点。

(1) 钢材的材质均匀,和力学计算的假定较为符合,故材料力学的计算假定和计算公式较适于钢结构的应力分析和有关计算。

(2) 钢材的强度高,抗拉和抗压性能都好,因此采用钢结构可以大大减轻自重。与同样跨度、同样受力的钢筋混凝土屋架相比,钢屋架的重量仅为钢筋混凝土屋架的 1/4~1/3。

(3) 钢材的塑性好、抗冲击韧性强,适宜于承受动力荷载和对抗震能力要求高的结构。

(4) 钢结构加工制造简便、构件精确度高、施工周期短。钢材在冶炼和轧制过程中的质量易于控制,材质的波动范围小。

相对而言,钢材的耐腐蚀性能较差,故钢结构必须注意经常性的维护。此外,钢材虽然耐热,但当温度达到 150℃ 以上时,就需采取隔热措施。总之,选用合适的钢材牌号和材性,是保证承重结构的承载能力和防止在一定条件下出现脆性破坏的重要措施。

知识拓展

2019年9月北京大兴国际机场正式投入运营，该机场总投资约800亿元，是世界上规模最大的机场之一，其便捷性、先进性居世界一流。航站楼呈独特的六角星形状，面积约78万 m²，设计高度约5m，屋盖最大跨度约188m，最大悬挑约47m（图7-1）。由约6.5万根钢结构组成巨大的穹顶，周围分布着8根巨大的C形柱，撑起整个航站楼的屋盖。航站楼由中心区、中央南和东北、东南、西北、西南5个指廊组成。5个指廊呈放射状分布，构成世界最大的单体航站楼。航站楼可抵抗12级台风，是世界上最大的减、隔震建筑之一。大兴国际机场能够在不到5年的时间里就完成预定的建设任务，顺利投入运营，充分展现了中国工程建筑的雄厚实力，体现了中国精神和中国力量，体现了中国人民的雄心壮志和世界眼光、战略眼光，体现了民族精神和现代水平的大国工匠风范。

7-1 钢部件（梁或柱）加工工艺

图7-1 北京大兴国际机场

7.2 钢结构的连接方法、形式和构造要求

钢结构通常是由钢板、型钢等组合连接制成基本构件后，再运送到工地，通过现场安装连接组成整体结构。连接在钢结构中占有很重要的地位，其直接影响钢结构的制造安

装、经济指标以及使用性能。连接的设计应符合安全可靠、节省钢材、构造简单、安装方便等原则。

7.2.1 钢结构的连接方法

钢结构是由钢板、型钢通过必要的连接组成构件，各构件再通过一定的安装连接而形成的整体结构。连接部位应有足够的强度、刚度及延性。常用的钢结构连接方法可分为焊缝连接和螺栓连接，如图 7-2 所示。

7-2 焊接变形示意

7-3 焊后消除应力处理

图 7-2 常用的钢结构连接方法
（a）焊缝连接；（b）螺栓连接

1. 焊缝连接

焊缝连接是钢结构最主要的连接方法。目前，在钢结构中应用最多的是电弧焊和自动（或半自动）埋弧焊；《钢结构通用规范》GB 55006—2021 中规定，当钢结构承受动荷载且需进行疲劳验算时严禁使用塞焊、槽焊、电渣焊和气电立焊接头。

焊缝连接的优点：焊接件间可以直接相连，构造简单；不需要在钢材上开孔，不削弱构件截面，节省材料；易于实现自动化操作，提高生产效率；焊缝连接的刚度较大，密闭性较好。

焊缝连接的缺点：焊缝附近的钢材因焊接的高温作用而形成热影响区，其金相组织和机械性能发生了变化，导致局部材质变脆；焊接残余应力和残余变形对结构的承载力、刚度和使用性能产生不利的影响；焊缝连接对裂纹较为敏感，局部裂纹一经发生便容易扩展到整体；与铆钉连接和高强螺栓连接相比，焊缝连接的塑性和韧性较差，脆性较大，疲劳强度较低。

2. 螺栓连接

螺栓连接可分为普通螺栓连接和高强度螺栓连接。螺栓连接的优点是施工简单、拆装方便，适用于工地安装连接以及需要经常拆装结构的连接。其缺点是需要在钢材上开孔，削弱构件截面，且被连接的板材需要相互搭接或另加其他零件用于连接，因此用钢量大。

（1）普通螺栓连接

普通螺栓又可以分为 A、B、C 三级。其中，A、B 级为精制螺栓，C 级为粗制螺栓。按照材料性能等级的不同，C 级螺栓分为 4.6 级和 4.8 级，A 级和 B 级螺栓分为 5.6 级和 8.8 级。螺栓的材料性能等级通常用"$m.n$"表示，小数点前面的数字 m 表示螺栓成品的抗拉强度不小于 $m \times 100\text{N/mm}^2$，小数点及小数点后的数字 n 表示螺栓材料的屈强比，即屈服点与抗拉强度之比。

（2）高强螺栓连接

高强螺栓一般采用45号钢和20MnTiB钢等加工制作而成，具有很高的强度。常用的高强螺栓有8.8级和10.9级两种，两者的抗拉强度分别不低于800N/mm^{2}和1000N/mm^2，屈强比分别为0.8和0.9。

与普通螺栓连接相比，高强度螺栓除了其材料强度高以外，在施工时还要给螺栓杆施加很大的预拉力，使被连接构件的接触面之间产生挤压力。当高强螺栓受拉时，外拉力主要靠构件间挤压力的减小来承受，但两者之间始终保持夹紧状态。当受剪力时，依靠连接构件接触面之间的摩擦力来阻止两者产生相对滑移，因而变形较小。高强螺栓抗剪连接可分为摩擦型连接和承压型连接两种。前者依靠被连接板件间强大摩擦力来承受外力，以剪力达到板件接触面间的最大摩擦力为承载能力极限状态。后者的极限状态和普通螺栓连接相同，即当受到的剪力不超过板件接触面间的最大摩擦力时，其受力性能和摩擦型相同；当超过时，依靠螺栓杆的抗剪以及孔壁的承压能力承担外荷载。

7.2.2 焊缝和焊缝连接形式

1. 焊缝形式

钢结构中，焊缝主要有两种形式：角焊缝和对接焊缝。角焊缝的基本形式如图7-3所示。采用角焊缝连接的板件其边缘无需加工成坡口，焊缝金属填充在被连接板件接触边缘的直角或斜角区域内。

图7-3 角焊缝的基本形式

如图7-4所示，角焊缝按照其受力方向与位置的关系可以分为正面角焊缝、侧面角焊缝和斜焊缝。正面角焊缝的焊缝长度方向与作用力方向垂直，侧面角焊缝的焊缝长度方向与作用力方向平行，斜焊缝的焊缝长度方向与作用力方向斜交。

图7-5所示的为由正面角焊缝、侧面角焊缝及斜焊缝共同组成的混合焊缝，通常称为围焊缝。

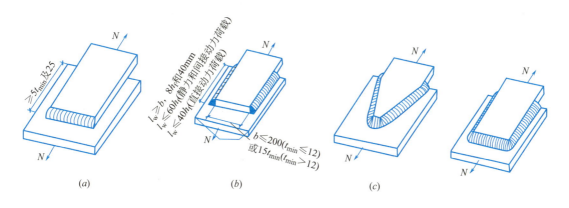

图7-4 直角角焊缝的形式　　　　　　　　　图7-5 围焊缝
(a) 正面角焊缝；(b) 侧面角焊缝；(c) 斜焊缝

对接焊缝的基本形式如图 7-6 所示。采用对接焊缝时，焊件边缘应加工成适当形式和尺寸的坡口，以便焊接时有必要的焊条运转的空间，焊缝金属填充在坡口内。对接焊缝按照其受力方向与位置的关系可以分为对接正焊缝和对接斜焊缝。

图 7-6　对接焊缝的基本形式

对接正焊缝的焊缝长度方向与作用力方向垂直，对接斜焊缝的焊缝长度方向与作用力方向斜交，如图 7-7 所示。

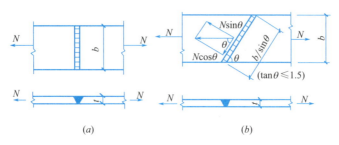

图 7-7　对接焊缝形式
（a）对接正焊缝；（b）对接斜焊缝

2. 焊缝连接的形式

焊缝的连接形式按照被连接构件间的相对位置分为平接、搭接、T 形连接和角接四种，如图 7-8 所示。这些连接所采用的焊缝形式主要有对接焊缝和角焊缝。

平接连接主要用于厚度相同或相近的两构件的连接。图 7-8（a）所示为采用对接焊缝的平接连接，由于相互连接的两板件位于同一平面内，因而传力均匀平缓，没有明显的应力集中。图 7-8（b）所示为采用双层拼接板和角焊缝的平接连接，这种连接传力不均匀、费料，但施工简便，对所被连接两板的间隙大小无需严格控制。图 7-8（c）所示为采用顶板和角焊缝的平接连接，施工简便，用于受压构件时连接性能较好；而在受拉构件中，为了避免层间撕裂，不宜采用。图 7-8（d）所示为采用角焊缝的搭接连接，这种连接传力不均匀、费料，但构造简单、施工方便，目前仍被广泛应用。

图 7-8（e）所示为采用角焊缝的 T 形连接，由于焊件间存在缝隙，且存在截面突变，因而应力集中现象较严重，受力性能较差，疲劳强度较低，但构造简单，在不直接承受动力荷载的结构中应用较广泛。图 7-8（f）所示为焊透的 T 形连接，其性能与对接焊缝相同。对于重要的结构以及直接承受动力荷载的结构，用它来代替图 7-8（e）的连接。长期实践证明，这种要求焊透的 T 形连接焊缝即使有未焊透现象，但因腹板边缘经过加工，焊缝收缩后使翼缘和腹板连接十分紧密，焊缝受力状况大为改善，一般情况下仍能保证使用要求。

图 7-8（g）、（h）所示为采用角焊缝和对接焊缝的角接连接，主要用于箱形截面构件的制作。

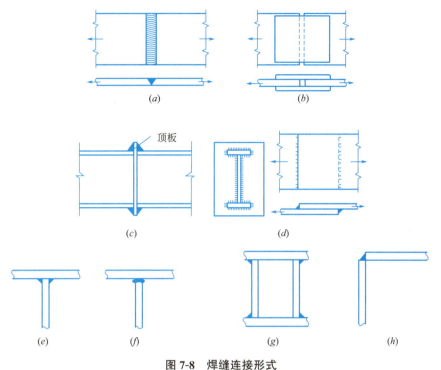

图 7-8 焊缝连接形式

7.2.3 焊缝连接的构造与计算

1. 角焊缝的构造与受力性能

按照两个焊脚边夹角 α 的不同,角焊缝可以分为直角角焊缝和斜角角焊缝,如图 7-9、图 7-10 所示。

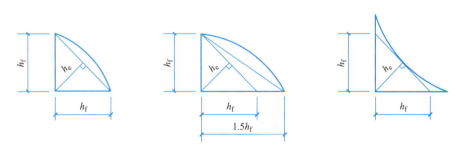

图 7-9 直角角焊缝截面

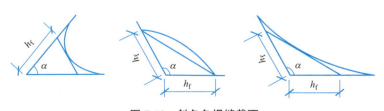

图 7-10 斜角角焊缝截面

当两焊脚间的夹角 $\alpha=90°$ 时称为直角角焊缝。普通的直角角焊缝截面为表面微凸或者微凹的等腰直角三角形，两个直角边长 h_f 称为角焊缝的焊脚尺寸，不计凸出部分的斜高 $h_e=0.7h_f$ 称为直角角焊缝的有效厚度。在直接承受动力荷载的结构中，为了改善焊缝的受力性能，角焊缝表面应做成凹形。

当两焊脚间的夹角 $\alpha\neq90°$ 时称为斜角角焊缝。斜角角焊缝通常用于钢管结构的连接中，对于 $\alpha>135°$ 或 $\alpha<60°$ 的斜角角焊缝，除钢管结构外不宜用作受力焊缝。各种角焊缝的焊脚尺寸 h_f 均示于图 7-8。直角角焊缝两个焊脚边的长度也可以不相等，对正面角焊缝焊脚尺寸比例宜为 1∶1.5。

2. 角焊缝的尺寸限制

（1）角焊缝的最小计算长度

1）对于焊脚尺寸大而长度小的焊缝，焊件局部加热严重且起落弧坑相距太近，可能还会产生缺陷，使焊缝不可靠。故为了使焊缝具有一定的承载力，规范规定：角焊缝的最小计算长度应为其焊脚尺寸 h_f 的 8 倍，且不应小于 40mm；即 $l_w\geq 8h_f$，且不得小于 40mm。焊缝计算长度应为扣除引弧、收弧长度后的焊缝长度。

2）断续角焊缝焊段的最小长度不应小于最小计算长度。

（2）焊脚尺寸

1）为了避免在焊缝金属中由于冷却速度过快而产生淬硬组织，导致母材开裂，角焊缝最小焊脚尺寸应满足表 7-1 要求。

角焊缝最小焊脚尺寸（mm）　　　　　　　表 7-1

母材厚度 t	角焊缝最小焊脚尺寸 h_f
$t\leq 6$	3
$6<t\leq 12$	5
$12<t\leq 20$	6
$t>20$	8

注：1. 采用不预热的非低氢焊接方法进行焊接时，t 等于焊接连接部位中较厚件厚度，宜采用单道焊缝；采用预热的非低氢焊接方法或低氢焊接方法进行焊接时，t 等于焊接连接部位中较薄件厚度。
2. 焊缝尺寸 h_f 不要求超过焊接连接部位中较薄件厚度的情况除外。

2）承受动力荷载时，角焊缝焊脚尺寸不宜小于 5mm。

（3）其他限制

1）被焊构件中较薄板厚度不小于 25mm 时，宜采用开局部坡口的角焊缝。

2）采用角焊缝焊接连接时，不宜将厚板焊接到较薄板上。

7.2.4　角焊缝强度计算基本公式

如图 7-11 所示的角焊缝连接，大量试验表明，其破坏通常发生在沿 45°方向厚度最小的截面，此截面称为角焊缝的有效截面。如图 7-11 所示，作用于有效截面 $BCDE$ 上的应力包括垂直于焊缝长度方向的正应力 $\sigma_\perp$、垂直于焊缝长度方向的剪应力 $\tau_\perp$ 以及沿焊缝长度方向的剪应力 $\tau_{/\!/}$。

此外，角焊缝在复杂应力作用下的强度条件可以和母材一样用式（7-1）表示：

$$\sqrt{\sigma_\perp^2 + 3(\tau_\perp^2 + \tau_{/\!/}^2)} \leqslant \sqrt{3} f_f^w \qquad (7-1)$$

其中，角焊缝的强度设计值 f_f^w 是根据抗剪条件确定的，乘以 $\sqrt{3}$ 后视为角焊缝的抗拉强度设计值。

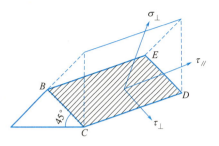

图 7-11 角焊缝有效截面上的应力分布

我国《钢结构设计标准》GB 50017—2017 给出了以下直角角焊缝的强度计算公式：

1. 在通过焊缝形心的拉力、压力或剪力作用下，当力垂直于焊缝长度方向时 [即 σ_{fx}（或 σ_{fy}）= τ_f = 0 时，为正面角焊缝受力情况]：

$$\sigma_f = \frac{N}{h_e l_w} \leqslant \beta_f f_f^w \qquad (7-2)$$

当力平行于焊缝长度方向时（即 $\sigma_{fx} = \sigma_{fy} = 0$ 时，为侧面角焊缝受力情况）：

$$\tau_f = \frac{N}{h_e l_w} \leqslant f_f^w \qquad (7-3)$$

2. 在各种力的综合作用下，σ_f 和 τ_f 共同作用时：

$$\sqrt{\left(\frac{\sigma_f}{\beta_f}\right)^2 + \tau_f^2} \leqslant f_f^w \qquad (7-4)$$

式中　β_f——正面角焊缝的强度设计值增大系数。对承受静力荷载和间接承受动力荷载的直角角焊缝取 $\beta_f = 1.22$；对直接承受动力荷载的直角角焊缝，鉴于正面角焊缝的刚度较大，变形能力低，把它和侧面角焊缝一样看待，取 $\beta_f = 1.0$；对斜角角焊缝，不论静力荷载或动力荷载，一律取 $\beta_f = 1.0$；

　　　l_w——角焊缝的计算长度。每条焊缝取实际长度减去 $2h_f$，以考虑施焊时起弧和灭弧处形成的弧坑缺陷影响。对圆孔或槽孔内的焊缝，取有效厚度中心线实际长度；

　　　h_e——角焊缝的有效厚度。对于直角角焊缝取 $0.7h_f$，其中 h_f 为较小焊脚尺寸；对于斜角角焊缝，当 $60° \leqslant \alpha \leqslant 135°$ 时，$h_e = h_f \cos\frac{\alpha}{2}$（根部间隙 b、b_1 或 b_2 $\leqslant 15mm$）或 $h_e = \left[h_f - \frac{b(\text{或} b_1, b_2)}{\sin\alpha}\right]\cos\frac{\alpha}{2}$（根部间隙 b、b_1 或 $b_2 > 15mm$ 但 $\leqslant 5mm$）。α 为两焊脚边的夹角；b、b_1 和 b_2，如图 7-12 所示。其中，斜角角焊缝的计算厚度 h_e 应按照图 7-12 中的 h_{e1} 或 h_{e2} 取用。

由图 7-12 中的几何关系可知，得出斜角角焊缝计算厚度 h_{ei} 的通式如下：

$$h_{ei} = \left[h_{fi} - \frac{b(\text{或} b_1, b_2)}{\sin\alpha_i}\right]\cos\frac{\alpha_i}{2}$$

当根部间隙 $b_i \leqslant 1.5mm$，可取 $b_i = 0$，代入上式得 $h_{ei} = h_{fi}\cos\frac{\alpha_i}{2}$。

当根部间隙 $b_i \geqslant 5mm$，焊缝质量不能保证，应采取措施解决。通常当图 7-12（a）中的 $b_1 \geqslant 5mm$ 时，按照图 7-12（b）所示的形式，将板切边，使得 $b \leqslant 5mm$。

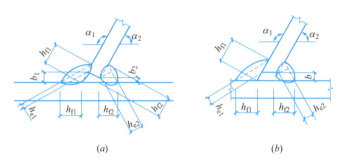

图 7-12 斜角角焊缝根部间隙和焊缝截面

圆钢与平板、圆钢与圆钢之间的焊缝（图 7-13），其有效厚度 h_e 可按如下计算：

图 7-13 圆钢与平板、圆钢与圆钢之间的焊缝

圆钢与平板：$h_e = 0.7 h_f$。

圆钢与圆钢：$h_e = 0.1(d_1 + 2d_2) - a$。式中，$d_1$ 和 d_2 为大、小圆钢直径；a 为焊缝表面至两个圆钢公切线距离。

7.2.5　常用的角焊缝连接计算

1. 轴心力作用下的角焊缝连接计算

（1）采用拼接板连接时的角焊缝计算

当焊件受轴心力作用且轴力通过连接焊缝群的形心时，焊缝有效截面上的应力可认为是均匀分布的。用拼接板将两焊件连成整体，需要计算拼接板和连接一侧的角焊缝强度。拼接板连接通常采用以下四种方式：①侧面角焊缝连接；②正面角焊缝连接；③采用矩形拼接板三面围焊连接；④采用菱形拼接板三面围焊连接。此处仅考虑前三种连接方式，如图 7-14 所示。

1）图 7-14（a）所示为采用矩形拼接板将两焊件通过侧面角焊缝进行连接的形式。此时，外力与焊缝长度方向平行，可按式（7-5）计算：

$$\tau_f = \frac{N}{h_e \sum l_w} \leqslant f_f^w \tag{7-5}$$

式中　f_f^w——角焊缝的强度设计值，见附表 6-1；

　　　h_e——角焊缝的有效厚度；

　　　$\sum l_w$——连接一侧角焊缝的计算长度之和。在图 7-14（a）中，需要注意连接一侧正反面共有 4 条焊缝，角焊缝的计算长度要考虑起弧和灭弧的影响，焊缝的计算长度不能超过规定的最大限值。

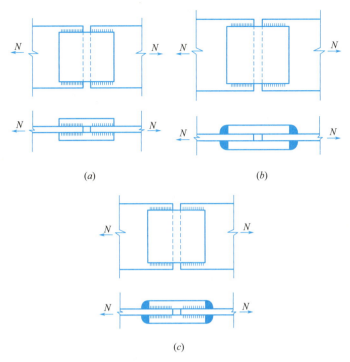

图 7-14 轴心力作用下的角焊缝连接

2）图 7-14（b）所示为采用矩形拼接板将两焊件通过正面角焊缝进行连接的形式。此时，外力与焊缝长度方向垂直，可按式（7-6）计算：

$$\sigma_f = \frac{N}{h_e \sum l_w} \leqslant \beta_f f_f^w \tag{7-6}$$

3）图 7-14（c）所示为采用矩形拼接板将两焊件通过三面围焊进行连接的形式。可先按式（7-6）计算出正面角焊缝所承担的荷载 N_1，剩余的荷载 $N_2 = N - N_1$ 由侧面角焊缝承担，并按式（7-5）计算侧面角焊缝的强度。

如三面围焊受直接动力荷载，由于 $\beta_f = 1.0$，则按轴力由连接一侧角焊缝有效截面面积平均承担计算，即：

$$\frac{N}{h_e \sum l_w} \leqslant f_f^w \tag{7-7}$$

式中 $\sum l_w$——连接一侧所有角焊缝的计算长度之和。

工程应用7-1

某钢结构厂房工程，屋架下弦拉杆采用矩形拼接板对接连接，如图 7-15 所示的两块钢板。已知钢板宽度 $B = 270$mm，厚度 $t_1 = 26$mm，拼接板厚度 $t_2 = 16$mm，该连接承受设计值为 1400kN 的轴向拉力 N 作用，钢材为 Q235，采用手工电弧焊，焊条为 E43 型。试对该连接进行设计。

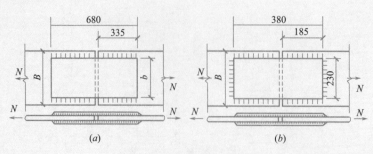

图 7-15 工程应用 7-1 图

解：

对采用拼接板的对接连接进行设计，主要有两种方法：一种方法是根据尺寸限制和构造要求假定焊脚尺寸，求出焊缝长度，再由焊缝长度确定拼接板的尺寸；另一种方法是对焊脚尺寸和拼接板的尺寸均预先假定，然后利用相应的公式对焊缝的承载力进行验算。如果假定的焊缝尺寸不能满足承载力要求时，则应调整焊缝尺寸后再进行验算，直到满足承载力要求为止。

（1）采用侧面角焊缝连接时，如图 7-15（a）所示

角焊缝的焊脚尺寸 h_f 应根据构造要求确定。由于焊缝在板件边缘施焊，且拼接板厚度 $t_2=16\text{mm}>6\text{mm}$，$t_2<t_1=26\text{mm}$，故：

$N_2=N-N_1$，$h_{f\max}=t_2-(1\sim 2)\text{mm}=14\sim 15\text{mm}$，这里取 $h_f=10\text{mm}$，查附表 7-1 得角焊缝强度 $f_f^w=160\text{N}/\text{mm}^2$。

连接一侧所需要的焊缝总计算长度按式（7-5）计算得到：

$$\sum l_w=\frac{N}{h_e f_f^w}=\frac{1400\times 10^3}{0.7\times 10\times 160}=1250\text{mm}$$

此对接连接中，采用了上下两块拼接板，一侧共有 4 条侧面角焊缝，考虑起弧和灭弧的影响，一条侧面角焊缝的实际长度为：

$$l_1=\frac{\sum l_w}{4}+2h_f=\frac{1250}{4}+2\times 10=332.5\text{mm}<60h_f=60\times 10=600\text{mm}$$

且 $l_1>\max(8h_f,40\text{mm})$，所需拼接板长度：

$$L=2l_1+10=2\times 332.5+10=675\text{mm}，取 680\text{mm}。$$

式中，10mm 为两块被连接钢板之间的间隙。拼接板的宽度 b 就是两条侧面角焊缝之间的距离，应根据强度条件和构造要求确定。根据强度条件，在钢材种类相同的情况下，拼接板的截面积 A' 不应小于被连接钢板的截面积。

选定拼接板宽度 $b=230\text{mm}$，则拼接板的截面积 A' 为：

$$A'=230\times 2\times 16=7360\text{mm}^2>A=270\times 26=7020\text{mm}^2$$

根据构造要求，拼接板尺寸应满足 $b=230\text{mm}<l_w=\dfrac{1250}{4}=312.5\text{mm}$，且 $b=230\text{mm}<16t_2=16\times 16=256\text{mm}$，满足要求。

根据强度条件，拼接板的强度设计值 $f=215\text{N}/\text{mm}^2$（$t_2=16\text{mm}\leqslant 16\text{mm}$）。

$$\sigma = \frac{N}{A'} = \frac{1400 \times 10^3}{7360} = 190.2 \text{N/mm}^2 < f = 215 \text{N/mm}^2$$

满足要求，故选定拼接板尺寸为 680mm×230mm×16mm。

（2）采用矩形拼接板三面围焊连接时，如图 7-15（b）所示

与仅用两条侧面角焊缝连接的方式相比，采用三面围焊可以减小两侧侧面角焊缝的长度，进而减小拼接板的尺寸。假设拼接板的宽度和厚度与采用侧面角焊缝时相同，仅需要重新设计拼接板的长度。

已知正面角焊缝的长度 $l_w = b = 230$mm，则一侧正面角焊缝所能承受的内力为：

$$N_1 = 2h_e l_w \beta_f f_f^w = 2 \times 0.7 \times 10 \times 230 \times 1.22 \times 160 = 628544 \text{N}$$

剩余的荷载 $N_2 = N - N_1$ 由侧面角焊缝承担，则连接一侧所需要的侧面角焊缝总计算长度为：

$$\sum l_w = \frac{N_2}{h_e f_f^w} = \frac{N - N_1}{h_e f_f^w} = \frac{1400 \times 10^3 - 628544}{0.7 \times 10 \times 160} = 688.8 \text{mm}$$

连接一侧共有四条侧面角焊缝，且在三面围焊转角处必须连续施焊，每条侧面角焊缝只有一端可能起弧或灭弧，因此，每条侧面角焊缝的实际长度为：

$$l_1 = \frac{\sum l_w}{4} + h_f = \frac{688.8}{4} + 10 = 182.2 \text{mm}，取 185 \text{mm}。$$

拼接板的长度为：

$$L = 2l_1 + 10 = 2 \times 185 + 10 = 380 \text{mm}$$

2. 弯矩作用下的角焊缝连接计算

当仅有弯矩作用且弯矩作用平面与角焊缝所在平面垂直时，如图 7-16 所示，在焊缝有效截面上产生应力 σ_f，其方向与焊缝长度方向垂直并呈三角形分布，边缘处应力最大，其焊缝强度计算公式为：

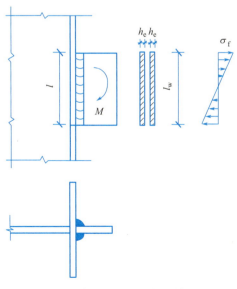

图 7-16 弯矩作用下的角焊缝应力

$$\sigma_f = \frac{M}{W_e} \leqslant \beta_f f_f^w \tag{7-8}$$

式中　W_e——角焊缝有效截面的截面模量。

3. 扭矩作用下的角焊缝连接计算

（1）焊缝群受扭

当角焊缝受到如图 7-17 所示的扭矩作用时，在计算角焊缝强度时采取下述假定：

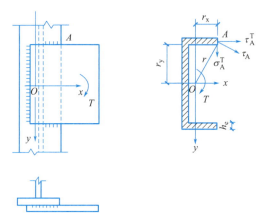

图 7-17　扭矩作用下的角焊缝应力

被连接件在扭矩作用下绕焊缝的有效截面形心 O 旋转，焊缝有效截面上任一点的应力方向垂直于该点与形心 O 的连线，应力大小与其到形心距离 r 成正比。按上述假定，焊缝有效截面上距形心 O 最远点 A 处的应力最大，为：

$$\tau_A = \frac{T \times r}{I_p} \tag{7-9}$$

式中　I_p——角焊缝有效截面绕形心 O 的极惯性矩。$I_p = I_x + I_y$，其中 I_x、I_y 分别为角焊缝有效截面绕 x 轴、y 轴的惯性矩；

　　　T——扭矩设计值；

　　　r——计算点与形心 O 的距离。

通过式（7-9）计算得到的角焊缝应力与焊缝长度方向成斜角，需要把它分解成 x 轴方向（沿焊缝长度方向）和 y 轴方向（垂直焊缝长度方向）的分应力，分别为：

$$\tau_A^T = \frac{T \times r_y}{I_p} \tag{7-10}$$

$$\sigma_A^T = \frac{T \times r_x}{I_p} \tag{7-11}$$

将式（7-10）、式（7-11）代入角焊缝强度验算公式，得到：

$$\sqrt{\left(\frac{\sigma_A^T}{\beta_f}\right)^2 + (\tau_A^T)^2} \leqslant f_f^w \tag{7-12}$$

（2）环形角焊缝受扭

如图 7-18 所示，在扭矩作用下，环形角焊缝有效截面上沿切线方向（环向）上的剪应力按照下式进行计算：

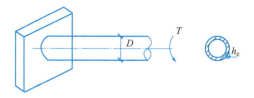

图 7-18　扭矩作用下的环形角焊缝

$$\tau_f = \frac{T \times D}{2I_p} \tag{7-13}$$

式中　I_p——环形角焊缝有效截面的极惯性矩。当焊缝的有效厚度 $h_e < 0.1D$ 时，$I_p = \frac{1}{4}\pi h_e D^3$；

　　　D——可近似地取为圆环的外径。

7.2.6　对接焊缝的构造与计算

对接焊缝包括焊透的对接焊缝、部分焊透的对接焊缝、T 形对接与角接组合焊缝、部分焊透的 T 形对接与角接焊缝等。按坡口的形式不同，对接焊缝可分为 I 形缝、V 形缝、带钝边单边 V 形缝，带钝边 V 形缝（也叫 Y 形缝）、带钝边 U 形缝、带钝边双单边 V 形缝和双 Y 形缝等，各种不同坡口形式的对接焊缝如图 7-19 所示。

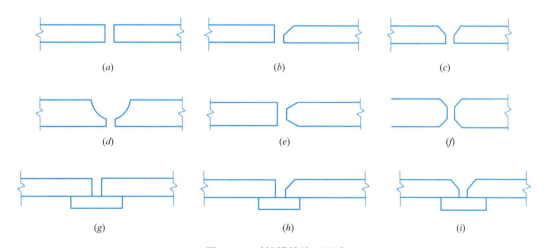

图 7-19　对接焊缝坡口形式

(a) I 形缝；(b) 带钝边单边 V 形缝；(c) Y 形缝；
(d) 带钝边 U 形缝；(e) 带钝边双单边 V 形缝；(f) 双 Y 形缝；
(g) 加垫板的 I 形缝；(h) 加垫板的带钝边单边 V 形缝；(i) 加垫板的 Y 形缝

1. 对接焊缝的构造要求

（1）对接焊缝的焊件常做坡口，坡口形式宜根据板厚和施工条件按现行国家标准《钢结构焊接规范》GB 50661—2011 要求选用。对于厚度为 t 的焊件，当 $t < 6$mm 且采用手工焊、$t < 10$mm 且采用埋弧焊时，可不做坡口，采用直边缝；当 $t = 7 \sim 20$mm 时，宜采

用单边 V 形和双边 V 形坡口；当 $t>20\text{mm}$ 时，宜采用 U 形、K 形、X 形坡口。

(2) V 形、U 形坡口焊缝单面施焊，但背面需进行补焊。

(3) 对接焊缝的起、灭弧点易出现缺陷，故一般用引弧板引出，焊完后将其切去；不能做引弧板时，每条焊缝的计算长度等于实际长度减去 $2t_1$，t_1 为较薄焊件的厚度。

(4) 当板件厚度或宽度在一侧相差大于 4mm 时，应做坡度不大于 1∶2.5（静载）或 1∶4（动载）的斜角，以平缓过渡，减小应力集中。

2. 对接焊缝计算

(1) 轴心力作用下的对接焊缝计算

对于如图 7-20 所示，受轴心力作用下的对接直焊缝，应按下式计算其强度：

$$\sigma=\frac{N}{l_w t}\leqslant f_t^w \text{ 或 } f_c^w \quad (7-14)$$

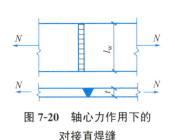

图 7-20　轴心力作用下的对接直焊缝

式中　N——轴心拉力或压力的设计值；
　　　l_w——焊缝的计算长度；
　　　t——在对接连接中为较薄连接件的厚度，在 T 形连接中为腹板厚度；
　　　f_t^w、f_c^w——对接焊缝的抗拉、抗压强度设计值（见附表 6-1）。

(2) 弯矩、剪力共同作用下的对接焊缝计算

矩形截面的对接焊缝，承受弯矩、剪力的共同作用，截面上的正应力与剪应力的分布状态如图 7-21（b）所示。

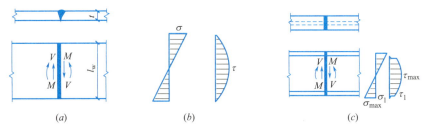

图 7-21　弯矩、剪力共同作用下的对接焊缝

应分别按照下式计算最大正应力和剪应力，并满足强度条件：

$$\sigma=\frac{M}{W_w}\leqslant f_t^w \quad (7-15)$$

$$\tau=\frac{VS_w}{I_w t}\leqslant f_v^w \quad (7-16)$$

式中　W_w——焊缝截面的截面模量；
　　　I_w——焊缝截面对其中和轴的惯性矩；
　　　S_w——焊缝截面在计算点处以上部分对中和轴的面积矩；
　　　f_v^w——对接焊缝的抗剪强度设计值（见附表 6-1）。

如图 7-21（c）所示的工字形或 H 形构件，当采用对接焊缝时，在腹板与翼缘交接处，焊缝截面同时承受较大正应力 σ_1 和剪应力 τ_1。对于此种截面形式的对接焊缝，除应

按式（7-15）、式（7-16）分别验算焊缝截面最大正应力和剪应力是否满足要求外，还应按照下式验算截面的折算应力：

$$\sqrt{\sigma_1^2+3\tau_1^2}\leqslant 1.1f_t^w \tag{7-17}$$

式中　σ_1、τ_1——焊缝截面验算处的正应力和剪应力。

（3）弯矩、剪力、轴心力共同作用下的对接焊缝计算

当弯矩、剪力、轴心力共同作用时，对接焊缝的最大正应力应为轴力和弯矩引起的应力之和，按式（7-18）计算，剪应力按式（7-16）验算，折算应力仍按式（7-17）验算。

$$\sigma=\frac{N}{l_w t}+\frac{M}{W_w}\leqslant f_t^w \tag{7-18}$$

工程案例1

北京大兴国际机场旅客航站楼及综合换乘中心（指廊）工程钢结构主要由钢管柱、箱形幕墙柱、H型钢组成的钢浮岛、圆钢管及方钢管组成的钢屋盖等构成，最大板厚达50 mm。现场焊缝主要包括钢管柱的对接焊缝、钢托座的连接焊缝、幕墙柱的对接焊缝、幕墙梁与幕墙柱的连接焊缝、钢浮岛梁与柱的连接焊缝、C形柱的连接焊缝等。焊缝形式多样，焊接位置也不同，钢管柱采用横焊，钢托座为平焊、立焊，幕墙柱为横焊，幕墙梁与幕墙柱为平焊、立焊、仰焊，钢浮岛梁与柱的焊接为平焊，C形柱为平焊、立焊、仰焊。

本工程大量采用Q460GJC和Q345GJC钢材，材质强度高，节点和构件的壁厚较厚，焊接要求高，所有与支座节点的连接焊缝、支座节点与埋件的连接焊缝、钢管与空心球的连接焊缝、空心球的对接焊缝及钢管等强对接焊缝均为一级焊缝；C形柱、钢管柱钢结构构件、支承屋面钢结构的幕墙结构（含钢梁和钢支撑）的工厂、现场拼接焊缝均为全熔透一级焊缝；与支承钢结构连接的两个节间范围内的屋顶钢结构构件工厂、现场拼接焊缝均为全熔透一级焊缝。

7-5 焊缝无损探伤

7-6 焊接连接施工质量通病与防治

7.2.7　螺栓连接构造

1. 螺栓及螺栓孔符号

在钢结构的施工图中，需要对螺栓种类以及螺栓孔的施工要求正确标示，以便施工人员能够按照图纸正确施工。常用的螺栓和螺栓孔的制图符号如图7-22所示。图中，"+"表示中心点的定位线，另在图中还应标注或统一说明螺栓的直径和孔径。

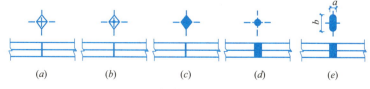

图7-22　螺栓及螺栓孔的符号

(a) 永久普通螺栓；(b) 安装普通螺栓；(c) 高强度螺栓；(d) 螺栓圆孔；(e) 长圆孔

2. 螺栓的排列和构造要求

螺栓在构件上的排列可以分为并列和错列两种方式,如图 7-23 所示。螺栓在排列时应考虑下列要求:

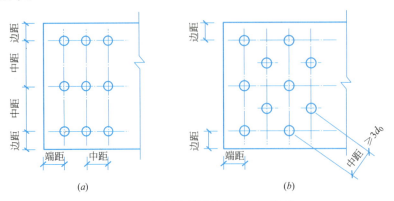

图 7-23　钢板上的螺栓(铆钉)排列
(a)并列;(b)错列

(1) 受力要求:为避免钢板端部发生剪断破坏,在顺内力作用的方向上,螺栓的端距不应小于 $2d_0$,d_0 为螺栓的孔径。在垂直于内力作用的方向上,对于最小端距的规定,依照钢板边缘采用的切割方式以及所采用螺栓的种类不同而有所差别,详见附表 6-2。此外,对于受拉构件,各排螺栓的中距不应过小,否则螺栓周围应力集中相互影响较大,且对钢板的截面削弱过多,从而降低其承载力。对于受压构件,沿作用力方向的螺栓的中距不宜过大,否则被连接板件间容易出现张口或鼓曲现象。

7-7
普通螺栓
紧固与检验

7-8
螺栓连接
施工质量
通病与防治

(2) 构造要求:若螺栓中距或边距过大,被连接构件间接触面不够紧密,潮气容易从接触面间的缝隙入侵,使钢材发生锈蚀。

(3) 施工要求:要保证有一定的操作空间,便于转动扳手拧紧螺母。根据以上要求,规范规定钢板上螺栓的容许距离如图 7-23 及附表 6-2 所示。角钢、普通 I 字钢、槽钢上螺栓的线距应满足图 7-24、图 7-25 以及附表 6-3~附表 6-5 的要求。H 型钢腹板上的 c 值可参照普通 I 字钢,翼缘上 e 值或 e_1、e_2 值可根据外伸宽度参照角钢。

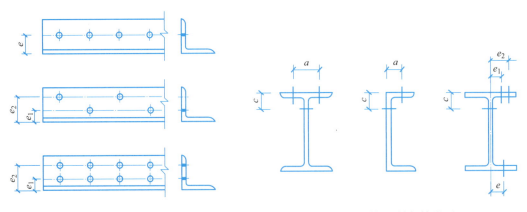

图 7-24　角钢上的螺栓排列　　　图 7-25　型钢上的螺栓排列

7.2.8 普通螺栓连接的计算

(1) 抗剪螺栓连接

普通螺栓连接按力的传递方式不同,可分为抗剪螺栓连接和抗拉螺栓连接。在抗剪螺栓连接中,由于板件间的摩擦力很小,剪力主要依靠螺栓杆的抗剪以及螺栓杆对孔壁的承压传递垂直于螺栓杆方向的剪力。图 7-26 给出了抗剪螺栓连接的几种常见的破坏形式。

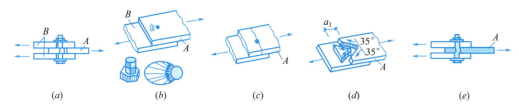

图 7-26 螺栓连接的破坏情况

(a) 螺栓杆剪断;(b) 孔壁挤压;(c) 钢板被拉断;(d) 钢板剪断;(e) 螺栓弯曲

图 7-26 (a) 为螺栓杆被剪断,当被连接板件厚度较大且螺栓杆直径较小时,多出现此种破坏形式。图 7-26 (b) 为钢板孔壁承压破坏,当被连接板件较薄而螺栓杆直径较大时,容易出现此种破坏形式。图 7-26 (c) 为被连接板件沿螺栓孔中心被拉断,出现这种现象主要是由于螺栓孔的设置使得板件截面削弱过多。图 7-26 (d) 为钢板端部受剪撕裂,这种破坏模式主要是由于布置螺栓时端距过小造成的,这种情况可以通过使得螺栓的排列满足构造要求即螺栓端距 $a_1 \geqslant 2d_0$ 来避免。图 7-26 (e) 为螺栓弯曲破坏,通常限制当被连接板件总厚度不超过螺栓直径的 5 倍时,此种破坏模式就可避免。

综上所述,在抗剪螺栓连接的五种常见破坏形式中,前三种需要通过强度计算予以避免,而后两种破坏形式则可以通过构造措施予以避免。因此,在抗剪螺栓连接中主要进行以下三个方面的强度计算:①保证螺栓杆不发生剪切破坏;②保证螺栓孔不会由于承压能力不足而发生挤压破坏;③要求构件具有足够的净截面积,防止板件被拉断。

1) 单个螺栓的受剪承载力

一个螺栓的受剪承载力由螺栓杆横截面的抗剪承载力及螺栓与孔壁之间的承压承载力共同决定,因此,单个螺栓的受剪承载力应按下面两式分别计算,并取两者中的较小值:

抗剪承载力设计值:

$$N_v^b = n_v \frac{\pi d^2}{4} f_v^b \tag{7-19}$$

承压承载力设计值:

$$N_c^b = d \sum t f_c^b \tag{7-20}$$

单个螺栓的受剪承载力取 N_v^b 和 N_c^b 中的最小值,即:

$$N_{\min}^b = \min\{N_v^b, N_c^b\} \tag{7-21}$$

式中 n_v ——螺栓受剪面数目,其取值方法如图 7-27 所示;

 d ——螺栓杆直径,对铆钉连接取孔径 d_0;

 $\sum t$ ——在同一方向承压构件总厚度的较小值,如图 7-27 所示;

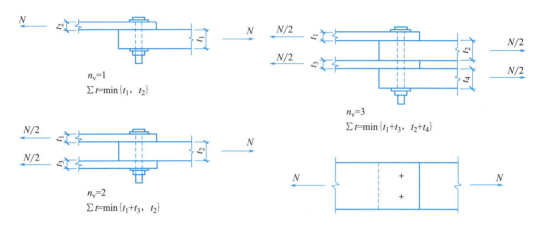

图 7-27 螺栓的受剪面数和承压厚度

f_v^b、f_c^b——螺栓的抗剪、承压强度设计值,对铆钉连接取 f_v^r、f_c^r。

2）被连接板件的承载力计算

下面以图 7-28 所示的连接形式来说明如何对被连接板件进行承载力的计算。图中左边板件承受轴向拉力 N,通过左侧螺栓群将拉力传至上、下两块拼接板,再由两块拼接板通过右侧螺栓群将拉力传至右边板件。在力传递的过程中,各部分构件受力情况如图 7-28（c）所示。从图中可以看出,被连接板件在截面 1-1 处承受全部轴向拉力 N,在截面 1-1 和 2-2 之间只承受 $2N/3$ 的轴向拉力,其余 $N/3$ 的拉力已经通过第一排螺栓传给了拼接板。

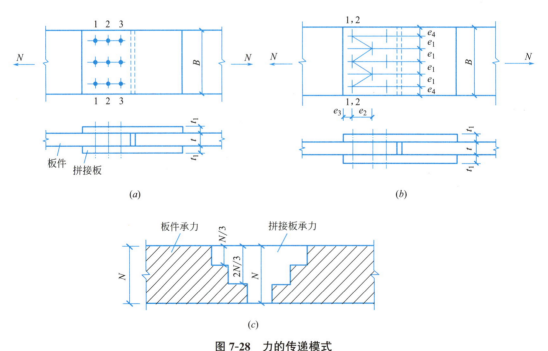

图 7-28 力的传递模式
（a）并列螺栓群连接；（b）错列螺栓群连接；（c）传力模式

由于螺栓孔削弱了被连接板件的横截面，因此，为了防止被连接板件发生拉断破坏，需要采用下式验算板件净截面的强度：

$$\sigma = \frac{N}{A_n} \leqslant f \tag{7-22}$$

式中　σ——板件截面应力值；
　　　N——板件截面承受的轴向拉力；
　　　f——作用于螺栓群的设计值。

如图 7-28（a）所示采用并列螺栓连接的板件，以左半部分为例，截面 1-1、2-2 和 3-3 的净截面面积均相同。通过对被连接板件进行受力分析，截面 1-1 承受的拉力为 N，截面 2-2 承受的拉力为 $\left(1 - \frac{n_1}{n}\right)N$，截面 3-3 承受的拉力为 $\left(1 - \frac{n_1 + n_2}{n}\right)N$，截面 1-1 受力最大，其净截面面积为：

$$A_n = t(B - n_1 d_0) \tag{7-23}$$

对拼接板进行受力分析，可以发现截面 3-3 受力最大，其净截面面积为：

$$A_n = 2t_1(B - n_3 d_0) \tag{7-24}$$

式中　A_n——被连接板件或拼接板的净截面面积；
　　　n——为左半部分螺栓总数；
　n_1、n_2、n_3——分别为 1-1、2-2 和 3-3 截面处的螺栓数目；
　　　d_0——螺栓孔直径。

对于如图 7-28（b）所示的错列螺栓群连接，被连接板件不仅需要考虑沿截面 1-1（正交截面）有发生断裂破坏的可能，其净截面面积按式（7-23）计算。同时，还要考虑沿截面 2-2（折线截面）也可能发生断裂破坏。此时折线截面 2-2 的净截面面积为：

$$A_n = t\left[2e_4 + (n_2 - 1)\sqrt{e_1^2 + e_2^2} - n_2 d_0\right] \tag{7-25}$$

式中　n_2——折线截面 2-2 上的螺栓数目。

3）普通螺栓群的受剪计算

① 轴心力作用下的抗剪计算

试验表明，普通螺栓群在轴心剪力作用下，当连接处于弹性阶段时，螺栓群中的各螺栓受力不相等，两端的螺栓受力大而中间的受力小。当超过弹性阶段进入弹塑性阶段后，因内力发生了重分布而使得各螺栓受力趋于均匀。因此，当沿受力方向的连接长度 $l_1 \leqslant 15d_0$（螺栓孔直径）时，可以认为由于内力重分布而使得剪力由各个螺栓平均分担，即受轴心剪力作用下的普通螺栓群所需要的最少螺栓数目按下式计算：

$$n = \frac{N}{N_{\min}^b} \tag{7-26}$$

式中　N——作用于螺栓群的轴心剪力设计值；
　　$N_{\min}^b$——一个螺栓的抗剪承载力设计值。

但当构件节点处或拼接缝一侧的螺栓很多，且沿受力方向的连接长度过长时，由于各螺栓受力不均匀，两端大而中间小，如图 7-29 所示。这将导致端部的螺栓因受力过大而首先破坏，随后依次向内发展逐个破坏。为防止端部螺栓过早发生破坏，规范规定当螺栓沿受力方向的连接长度 $l_1 > 15d_0$ 时，应将螺栓的承载力乘以下折减系数：

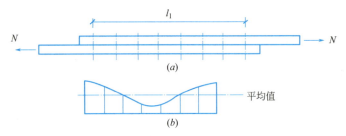

图 7-29 长螺栓连接中各螺栓的受力大小
(a) 长螺栓连接；(b) 各螺栓受力大小示意图

$$\beta = 1.1 - \frac{l_1}{150 d_0} \tag{7-27}$$

式中 d_0——螺栓孔的孔径。当 $l_1 > 60 d_0$，取上述折减系数 $\beta = 0.7$。

在此种情况下，普通螺栓群所需要的最少螺栓数目：

$$n = \frac{N}{\beta N_{\min}^{b}} \tag{7-28}$$

② 扭矩作用下的抗剪计算

如图 7-30 所示，普通螺栓群承受扭矩 T 的作用。在此种受力情况下对于螺栓群抗剪计算步骤与前述轴心剪力作用下的不同，通常事先假定所需螺栓数目并确定螺栓的排列位置，再验算受力最大的螺栓强度是否满足要求。此外，计算扭矩 T 对螺栓群的作用力时，采用弹性分析法，并假定被连接板件为绝对刚性，而螺栓则为弹性。并且，在扭矩作用下，每个螺栓所承受剪力的大小 N_i^T 与该螺栓中心到螺栓群形心 O 的距离 r_i 成正比，力的方向垂直于此螺栓中心至螺栓群形心 O 的连线。

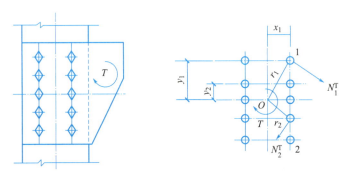

图 7-30 扭矩作用下的普通螺栓群

由力的平衡条件可知：各螺栓承担的剪力 N_i^T 对螺栓群形心的力矩总和应等于外扭矩 T，故有：

$$T = N_1^T r_1 + N_2^T r_2 + N_3^T r_3 + \cdots\cdots + N_n^T r_n \tag{7-29}$$

且由每个螺栓所承受剪力的大小 N_i^T 与该螺栓中心到螺栓群形心 O 的距离 r_i 成正比，得到：

$$\frac{N_1^T}{r_1} = \frac{N_2^T}{r_2} = \frac{N_3^T}{r_3} = \cdots\cdots = \frac{N_n^T}{r_n} \tag{7-30}$$

因而：

$$N_2^T = N_1^T \frac{r_2}{r_1}, \quad N_3^T = N_1^T \frac{r_3}{r_1}, \quad \cdots\cdots, \quad N_n^T = N_1^T \frac{r_n}{r_1} \tag{7-31}$$

将式（7-31）代入式（7-29），为了计算简便，得出简化公式为：

$$N_1^T = \frac{Ty_1}{\sum y_i^2} \tag{7-32}$$

设计时，受力最大的一个螺栓所承受的剪力设计值对应不大于螺栓的抗剪承载力设计值 N_{min}^b，即：

$$N_1^T \leqslant N_{min}^b \tag{7-33}$$

③ 轴心力、扭矩、剪力共同作用下的抗剪计算

如图 7-31 所示，普通螺栓群承受轴心力 N、扭矩 T 以及剪力 V 的共同作用。同前述螺栓群仅承受扭矩作用下的计算步骤相同，需事先假定所需螺栓数目并确定螺栓的排列位置，再进行相应螺栓强度验算。

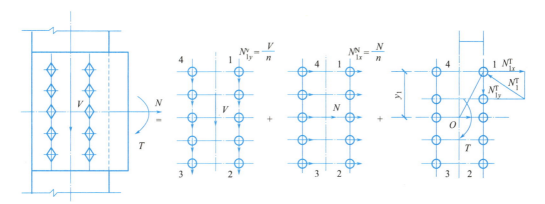

图 7-31 轴心力、扭矩、剪力共同作用下的普通螺栓群

对此螺栓群进行受力分析，可以发现，在扭矩 T 作用下，离螺栓群形心 O 距离最远的 1、2、3、4 号螺栓受力最大，设为 N_1^T，其在 x 轴、y 轴方向上的分力分别为：

$$N_{1x}^T = N_1^T \frac{y_1}{r_1} = \frac{Ty_1}{\sum x_i^2 + \sum y_i^2} \tag{7-34}$$

$$N_{1y}^T = N_1^T \frac{x_1}{r_1} = \frac{Tx_1}{\sum x_i^2 + \sum y_i^2} \tag{7-35}$$

在轴心力 N 和剪力 V 的作用下，各螺栓均匀受力，每个螺栓承受的力为：

$$N_{1y}^V = \frac{V}{n} \tag{7-36}$$

$$N_{1x}^N = \frac{N}{n} \tag{7-37}$$

以上各外力的作用效果都是使螺栓受剪，因此，将上述螺栓内力进行叠加，叠加过程中需要注意力的方向，故受力最大的螺栓 1 承受的合力 N_1 应满足其数值不超过螺栓的受剪承载力设计值，即：

$$N_1 = \sqrt{(N_{1x}^T + N_{1x}^N)^2 + (N_{1y}^T + N_{1y}^V)^2} \leqslant N_{min}^b \tag{7-38}$$

(2) 抗拉螺栓连接

1) 单个螺栓的抗拉承载力

在抗拉螺栓连接中，拉力使得构件之间有逐步脱开的趋势，由于螺栓的存在阻止其脱开，从而拉力即通过被连接板件传递给了螺栓，使得螺栓受到了沿螺栓杆轴线方向的拉力作用，最终的破坏形式为螺栓杆被拉断。据此，可以得到单个普通螺栓的抗拉承载力设计值为：

$$N_t^b = \frac{\pi d_e^2}{4} f_t^b \tag{7-39}$$

式中　d_e——普通螺栓的有效直径；

　　　f_t^b——普通螺栓抗拉强度设计值。

在如图 7-32 所示的采用普通螺栓的 T 形连接中，若被连接板件的刚度较小，受到拉力 $2N$ 作用时，在垂直于拉力作用方向上板件将产生较大的弯曲变形，使得螺栓受拉时犹如杠杆一样会在端板外角点附近产生撬力 Q，螺栓杆实际所受到的总拉力将增加到 $N_t = N + Q$。

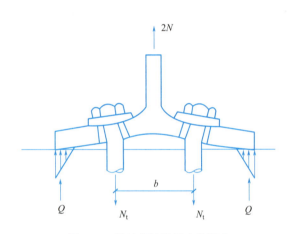

图 7-32　抗拉螺栓连接中的撬力

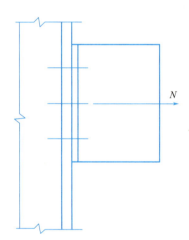

图 7-33　普通螺栓群承受轴心拉力

撬力的大小与板件厚度、螺栓直径及螺栓位置等因素相关，很难精确计算。为了简化起见，《钢结构设计标准》GB 50017—2017 规定将普通螺栓抗拉强度设计值 f_t^b 取为钢材抗拉强度设计值 f 的 0.8 倍（$f_t^b = 0.8f$），即通过将螺栓抗拉强度设计值降低 20% 的方法以近似考虑撬力的不利影响。

此外，在实际施工中，可以在构造上采取一些措施，例如设置加劲肋或增加端板厚度等方式减小或消除撬力的影响。

2) 普通螺栓群的抗拉计算

① 轴心力作用下的抗拉计算

如图 7-33 所示，轴心力 N 通过螺栓群的形心并使螺栓受拉，假定各螺栓平均承担外力，则每个螺栓承受的拉力应满足：

$$N_1 = \frac{N}{n} \leqslant N_t^b \tag{7-40}$$

式中 N——作用于螺栓群形心的轴心拉力设计值；

N_1——每个螺栓所承受的拉力；

n——螺栓群中的螺栓个数。

② 弯矩作用下的抗拉计算

如图 7-34 所示为牛腿与柱之间通过普通螺栓连接。在牛腿（T 形板）底部与柱连接处设置承托板，承托板与 T 形板之间采用刨平顶紧的连接方式。在此种情况下，螺栓群仅承受弯矩 M 的作用，而剪力 V 则通过承托板传递给柱身。按照弹性设计方法，在弯矩作用下，离中和轴越远的螺栓受到的拉力越大，而压力则由弯矩指向一侧的部分端板承受。设中和轴至端板受压边缘的距离为 c（图 7-34）。分析此类连接的特点，可以发现：拉力仅由几个孤立的螺栓承受，而压力则由具有较大宽度、矩形截面的一部分端板承受。当以螺栓群的形心位置作为中和轴时，所求得的端板受压区高度 c 总是很小，中和轴通常在弯矩指向的一侧（受压区）最外排螺栓附近的某个位置。因此，在实际计算中，可近似地认为中和轴位于最下排螺栓 O 处，即认为连接变形为绕 O 处水平轴的转动，螺栓拉力与从 O 点算起的纵坐标 y 成正比，即：

$$\frac{N_1}{y_1}=\frac{N_2}{y_2}=\frac{N_3}{y_3}=\cdots\cdots=\frac{N_n}{y_n} \tag{7-41}$$

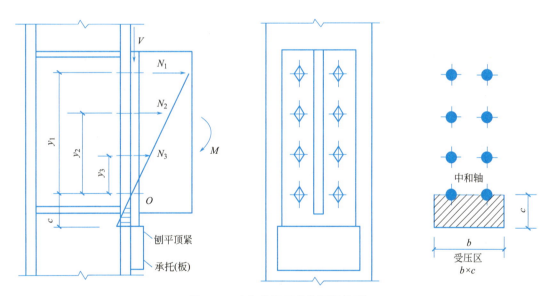

图 7-34 弯矩作用下的普通螺栓群

列弯矩平衡方程，由于端板受压区部分对 O 处水平轴的力臂很小，可以偏于安全地忽略此部分压力所产生的力矩，则可以得到：

$$\begin{aligned}M&=N_1y_1+N_2y_2+N_3y_3+\cdots\cdots+N_ny_n\\&=\frac{N_1}{y_1}y_1^2+\frac{N_1}{y_1}y_2^2+\frac{N_1}{y_1}y_3^2+\cdots\cdots+\frac{N_1}{y_1}y_n^2=\frac{N_1}{y_1}\sum y_i^2\end{aligned} \tag{7-42}$$

第 i 个螺栓的拉力为：

$$N_i = \frac{My_i}{\sum y_i^2} \tag{7-43}$$

离 O 处水平轴距离最远的最外排螺栓 1 所受的拉力最大，设计时要求其不能超过单个螺栓的抗拉承载力设计值，即：

$$N_1 = \frac{My_1}{\sum y_i^2} \leqslant N_t^b \tag{7-44}$$

③ 轴心力、弯矩共同作用下的抗拉计算

如图 7-35 所示的牛腿与柱的连接，螺栓群连接承受偏心拉力的作用，将拉力移至螺栓群的形心，则可以看出此螺栓群承受轴心拉力 N 和弯矩 $M=Ne$ 的共同作用。按照弹性设计法，根据轴心拉力 N 对形心偏心距的大小，可以出现小偏心受拉和大偏心受拉两种工况，下面分别进行分析和计算：

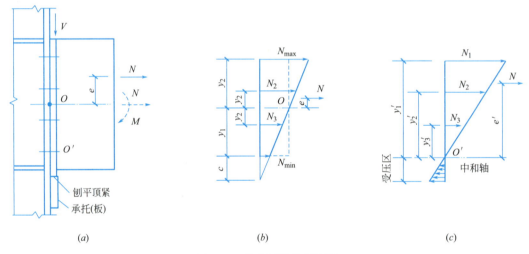

图 7-35 偏心受拉的螺栓群
（a）轴心力、弯矩共同作用下的螺栓群；（b）小偏心受拉；（c）大偏心受拉

① 小偏心受拉

在小偏心受拉工况下，所有螺栓均受拉，但各螺栓所承受的拉力不同。轴心拉力 N 由各个螺栓平均承担，而弯矩 M 则引起以螺栓群形心 O 处水平轴为中和轴的三角形应力分布，如图 7-35（b）所示。将上述两应力叠加后，受力最小的螺栓仍承受拉力作用，则受力最大和最小的螺栓拉力应当满足如下条件：

$$N_{max} = \frac{N}{n} + \frac{Ney_1}{\sum y_i^2} \leqslant N_t^b \tag{7-45}$$

$$N_{min} = \frac{N}{n} - \frac{Ney_1}{\sum y_i^2} \geqslant 0 \tag{7-46}$$

式（7-45）表示对于受力最大的螺栓，其承受的拉力不超过单个螺栓的抗拉承载力设计值；式（7-46）则表示全部螺栓均受拉，不存在受压区，这是式（7-45）成立的前提条件。由式（7-46）可以得到在小偏心受拉工况下，拉力的偏心距应满足：

$$e \leqslant \frac{\sum y_i^2}{n y_1} \tag{7-47}$$

② 大偏心受拉

当拉力的偏心距较大，即 $e > \frac{\sum y_i^2}{n y_1}$ 时，端板底部将出现受压区，如图 7-33（c）所示。为了计算方便，偏于安全地认为中和轴位于最下排螺栓 O'，此时需按照新的中和轴位置重新计算螺栓群承受的 $M = Ne'$ 以及各个螺栓与 O' 的距离 y_i'，并列出相应的弯矩平衡方程：

$$\frac{N_1}{y_1'} = \frac{N_2}{y_2'} = \frac{N_3}{y_3'} = \cdots\cdots = \frac{N_n}{y_n'} \tag{7-48}$$

$$M = N_1 y_1' + N_2 y_2' + N_3 y_3' + \cdots\cdots + N_n y_n'$$

$$= \frac{N_1}{y_1'} y_1'^2 + \frac{N_2}{y_2'} y_2'^2 + \frac{N_3}{y_3'} y_3'^2 + \cdots\cdots + \frac{N_n}{y_n'} y_n'^2 = \frac{N_1}{y_1'} \sum y_i'^2 \tag{7-49}$$

则受力最大的最上排 1 号螺栓的拉力为：

$$N_1 = \frac{Ne' y_1'}{\sum y_i'^2} \leqslant N_t^b \tag{7-50}$$

工程应用7-2

如图 7-36 所示，一刚接屋架下弦节点，竖向力由承托板承受，采用 C 级螺栓连接，此连接承受设计值 $N = 250\text{kN}$ 的偏心拉力，其偏心距 $e = 50\text{mm}$，螺栓布置如图所示，请设计此连接。

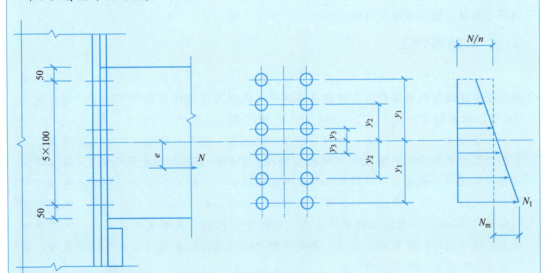

图 7-36　工程应用 7-2 图

解：

$$\frac{\sum y_i^2}{n y_1} = \frac{4 \times (50^2 + 150^2 + 250^2)}{12 \times 250} = 116.7\text{mm} > e = 50\text{mm}$$

属于小偏心受拉工况。

$$N_{\max}=\frac{N}{n}+\frac{Ney_1}{\sum y_i^2}=\frac{300}{12}+\frac{300\times50\times250}{4\times(50^2+150^2+250^2)}=35.7\text{kN}$$

需要的螺栓有效截面面积：

$$A_e=\frac{N_1}{f_t^b}=\frac{35.7\times10^3}{170}=210\text{mm}^2$$

采用 M20 螺栓，其有效截面面积 $A_e=245\text{mm}^2>210\text{mm}^2$。

7.2.9 高强度螺栓连接的计算

1. 高强度螺栓连接的工作性能及构造要求

按照受力特性的不同，高强度螺栓连接可以分为摩擦型连接和承压型连接。高强度螺栓摩擦型连接仅依靠被连接板件间的摩擦力传递剪力，当剪力等于摩擦力时即达到了承载能力的极限状态《钢结构通用规范》GB 55006—2021 中规定，高强度螺栓承压型连接不可应用于直接承受动力荷载重复作用且需要进行疲劳计算的构件连接。在高强度螺栓承压型连接中，当剪力超过被连接板件间的摩擦力时，板件间将发生相对滑移，螺栓杆与螺栓孔壁接触，并通过与孔壁间的挤压作用承担剪力，最终以螺栓杆被剪断或孔壁发生承压破坏作为承载力极限状态，其可能出现的破坏形式与普通螺栓连接相同。对于同一规格的螺栓，高强度螺栓承压型连接的抗剪承载力高于高强度螺栓摩擦型连接。

7-9 高强度螺栓构造

工程案例2

上海环球金融中心位于上海市浦东新区陆家嘴金融贸易区，与金茂大厦相邻，是一幢具有先进智能系统的综合型超高层建筑。大楼总建筑面积约 38 万 m^2，塔楼地上 101 层，地面以上高度为 492m，该工程于 2008 年 8 月竣工。

大楼主体采用巨型框架—核心筒组合结构体系。巨型框架结构系统包括外围位于角部的巨型柱和位于巨型柱之间的巨型斜撑、带状桁架（相当于巨型梁）。核心筒系统竖向不连续，由底筒、中筒和上部筒共同组成。外围的巨型框架结构体系与核心筒体系之间通过 3 道 3 层楼高的伸臂桁架系统连接在一起。上海环球金融中心工程总用钢量超过 6 万 t，它采用五种接头方式，通过预制化高强度螺栓连接完成，大幅度缩短了其建造时间，提高工作效率。该建筑的外观呈现出优美的线条和精湛的设计，成为上海市的标志性建筑之一。

（1）高强度螺栓预拉力值的计算

高强度螺栓的设计预拉力值由材料强度和螺栓的有效截面两者共同确定，此外还需要考虑以下因素的影响：①拧紧螺栓时，扭矩使螺栓中产生的剪应力将降低螺栓的承拉能力，因此对材料的抗拉强度除以系数 1.2 以考虑扭矩对螺杆的不利影响；②施工时为了补偿预拉力的松弛，通常要对高强度螺栓超张拉 5%～10%，故乘以一个超张拉系数 0.9；③考虑螺栓材料抗力的离散性，引入一个折减系数 0.9；④由于以螺栓的抗拉强度为准，偏于安全地再引入一个附加的安全系数0.9。这样，高强度螺栓预拉力设计值由下式计算：

$$P = 0.9 \times 0.9 \times 0.9 \times \frac{f_u A_e}{1.2} = 0.608 f_u A_e \tag{7-51}$$

式中　f_u——高强度螺栓的抗拉强度；

　　　A_e——高强度螺栓的有效截面面积。

对于8.8级的高强度螺栓，$f_u = 830\text{N/mm}^2$；对于10.9级的高强度螺栓，$f_u = 1040\text{N/mm}^2$。各种规格的高强度螺栓预拉力P取值见附表6-8。

(2) 高强度螺栓摩擦面抗滑移系数

高强度螺栓摩擦型连接完全依靠被连接构件间的摩擦阻力传力。为了增加被连接构件之间的摩擦阻力，应设法提高接触面的抗滑移系数μ。抗滑移系数μ的大小与被连接构件接触面的处理方法和钢材的强度有关。《钢结构设计标准》GB 50017—2017 推荐采用的接触面处理方法主要有喷硬质石英砂或铸钢棱角砂、喷砂、抛丸等。各种处理方法相应的抗滑移系数μ的数值详见附表6-7。

国内外研究表明，当被连接板件间设有涂层时，摩擦型连接的抗滑移系数μ与构件表面处理工艺和涂层厚度有关。《钢结构设计标准》GB 50017—2017中给出了不同表面处理方法和涂层类别下的抗滑移系数值，详见附表6-9。

2. 单个高强度螺栓的抗剪承载力

(1) 高强度螺栓摩擦型连接

如前所述，高强度螺栓摩擦型连接以剪力等于摩擦力作为抗剪承载能力的极限状态。而摩擦阻力的大小与施加在螺栓上的预拉力P、被连接构件接触面间抗滑移系数μ、传力的摩擦面数量以及螺栓孔型有关。因此，一个高强度螺栓摩擦型连接的抗剪承载力设计值应按下式计算：

$$N_v^b = 0.9 k n_f \mu P \tag{7-52}$$

式中　k——孔型系数。标准孔取1.0，大圆孔取0.85，当内力与槽孔长向垂直时取0.7，平行时取0.6；

　　　n_f——传力的摩擦面数量；

　　　μ——被连接构件接触面间抗滑移系数，按附表6-7和附表6-9取值；

　　　P——一个高强度螺栓上的预拉力设计值，按附表6-8取值。

(2) 高强度螺栓承压型连接

高强度螺栓承压型连接受剪时，被连接构件间的摩擦力只起延缓滑动的作用，其极限承载力由杆身抗剪和孔壁承压决定，最后破坏形式与普通螺栓相同，即螺栓杆被剪断或螺栓孔处发生挤压破坏，因此其计算方法也与普通螺栓连接相同。一个高强度螺栓承压型连接的抗剪承载力设计值仍按式（7-19）计算，只是f_v^b、f_c^b采用高强度螺栓的强度设计值，详见附表6-10。此外，还需注意的是，对于高强度螺栓承压型连接，当剪切面在螺纹处时，其抗剪承载力设计值应按螺纹处的有效面积计算。但对于普通螺栓连接，其抗剪强度设计值是根据试验数据统计得到的，试验中不分剪切面是否在螺纹处，故不存在此问题，计算时均采用公称直径。

3. 单个高强度螺栓的抗拉承载力

（1）高强度螺栓摩擦型连接

图 7-38 所示为高强度螺栓抗拉连接的受力状况。从图 7-37（a）中可以看出，高强度螺栓在受外拉力作用前，螺杆中受到预拉力 P，根据平衡条件可知，其与被连接构件接触面间的总压力 C 相平衡，即：

$$P = C \tag{7-53}$$

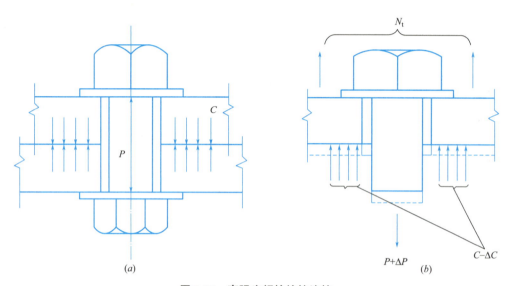

图 7-37 高强度螺栓抗拉连接
（a）拉力作用前；（b）拉力作用后

从图 7-37（b）中可以看出当在螺栓上施加外力 N_t 时，螺栓伸长 Δ_t，被连接构件所受压力减小，变形恢复量为 Δ_e。若螺栓杆中拉力增量为 ΔP，则被连接板件所受压力 C 减小 ΔC。

根据平衡条件可得：

$$P + \Delta P = N_t + C - \Delta C \tag{7-54}$$

将式（7-54）代入式（7-53），有：

$$\Delta P = N_t - \Delta C \tag{7-55}$$

由于螺栓的伸长量和被连接构件的压缩变形恢复量相同，则有：

$$\Delta_t = \Delta_e \tag{7-56}$$

假定螺栓和被连接构件的弹性模量均为 E，有效面积分别为 A_b 和 A_p，被连接构件的厚度为 t，则有：

$$\Delta_t = \frac{\Delta P}{A_b E} t \tag{7-57}$$

$$\Delta_e = \frac{\Delta C}{A_p E} t \tag{7-58}$$

将式（7-57）、式（7-58）分别代入式（7-56），有：

$$\frac{\Delta P}{A_b E} t = \frac{\Delta C}{A_p E} t \tag{7-59}$$

由于被连接构件间的接触面积远大于螺栓的面积，即 $A_p \gg A_b$，如取 $A_p = 10A_b$，则有：
$$\Delta P = 0.09 N_t$$

分析结果表明，只要被连接构件间的接触压力没有完全消失，螺栓中的拉力只能增加 5%～10%。因此，在受拉连接中，外拉力的增加几乎只能使得被连接构件间的压力减小，而对螺栓杆的预拉力影响不大。但当外拉力过大（$N_t > 0.8P$）时，螺栓将发生松弛现象，螺栓中的预拉力减小，不利于螺栓的抗剪性能。因此，为了避免螺栓松弛并留有一定的预紧力，规范规定施加于螺栓的外拉力 N_t 不得大于 $0.8P$，即单个高强度螺栓的抗拉承载力设计值应按下式计算：

$$N_t^b = 0.8P \tag{7-60}$$

(2) 高强度螺栓承压型连接

单个承压型高强度螺栓的抗拉承载力设计值的计算方法与前述普通螺栓相同，仍按式 (7-39) 计算，只是公式中的 f_t^b 采用高强度螺栓的抗拉强度设计值。

4. 受剪力、拉力共同作用的高强螺栓

(1) 高强度螺栓摩擦型连接

如前所述，当螺栓所受的外拉力 $N_t \leq 0.8P$ 时，虽然螺杆中的预拉力 P 基本不变，但被连接构件间的预压力 C 将减小，此外，被连接构件接触面的抗滑移系数 μ 也有所降低，而且 μ 值随 N_t 的增大而减小。试验研究表明，$\dfrac{N_v}{N_v^b}$ 和 $\dfrac{N_t}{N_t^b}$ 两者呈线性关系。考虑以上因素，对同时承受剪力、拉力共同作用的高强螺栓摩擦型连接，单个螺栓的承载力应符合下式要求：

$$\frac{N_v}{N_v^b} + \frac{N_t}{N_t^b} \leq 1 \tag{7-61}$$

式中　N_v、N_t——单个螺栓所承受的剪力和拉力；
　　　N_v^b、N_t^b——单个螺栓的抗剪、抗拉承载力设计值。

(2) 高强度螺栓承压型连接

对同时承受剪力、拉力共同作用的高强螺栓承压型连接，单个螺栓的承载力应符合下列公式的要求：

$$\sqrt{\left(\frac{N_v}{N_v^b}\right)^2 + \left(\frac{N_t}{N_t^b}\right)^2} \leq 1 \tag{7-62}$$

$$N_v \leq \frac{N_c^b}{1.2} \tag{7-63}$$

式中　N_v、N_t——单个螺栓所承受的剪力和拉力；
　　　N_v^b、N_t^b、N_c^b——单个螺栓的抗剪、抗拉、承压承载力设计值。

高强度螺栓承压型连接在施加预拉力后，被连接构件的孔前就有较高的三向应力，使其承压强度大大提高，因而其承压承载力设计值 N_c^b 比普通螺栓高很多。但当施加外拉力后，板件间的挤压力 C 随拉力增大而减小，螺栓的承压强度 N_c^b 也随之降低，且随外力而变化。为计算简便，规范规定当螺栓受到外拉力作用时，将承压强度设计值 N_c^b 除以降低系数 1.2 以考虑其影响。

5. 高强螺栓群的连接计算

(1) 受剪力作用下的螺栓群计算

1) 高强度螺栓抗剪承载力计算

高强度螺栓群受轴心剪力作用时,其承载力应按下式计算:

$$N_1 = \frac{N}{n} \leqslant N_{\min}^b \tag{7-64}$$

式中 $N_{\min}^b$——不同连接类型的单个高强度螺栓抗剪承载力最小值。对于摩擦型连接,$N_{\min}^b$ 应按照式(7-52)计算;对于承压型连接,$N_{\min}^b$ 应分别按照式(7-19)、式(7-20)计算,并取两者中的最小值;

N——作用于连接上的轴心剪力;

n——连接一侧的高强度螺栓个数;

N_1——单个螺栓受到的剪力。

2) 被连接构件净截面的强度验算

对承压型连接,构件净截面强度验算和普通螺栓连接的相同。对摩擦型连接,可以认为由于摩擦阻力均匀分布于螺栓孔的四周,一半剪力已经由孔前接触面传递了,如图7-38所示。因此,最外排螺栓截面1-1处净截面传递的剪力为:

$$N' = N\left(1 - \frac{0.5 n_1}{n}\right) \tag{7-65}$$

式中 n_1——所计算截面处的螺栓数量;

n——连接一侧的螺栓总数。

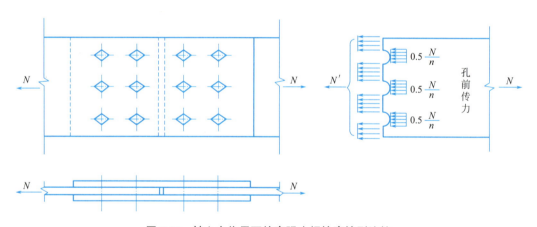

图 7-38 轴心力作用下的高强度螺栓摩擦型连接

则截面1-1处的净截面强度应按下式计算:

$$\sigma = \frac{N'}{A_n} \leqslant f \tag{7-66}$$

高强度螺栓摩擦型连接,除了需要按照上式计算净截面强度外,还应按下式验算毛截面强度:

$$\sigma = \frac{N}{A} \leqslant f \tag{7-67}$$

式中 A——毛截面面积。

(2) 扭矩或扭矩、剪力共同作用

高强度螺栓群在扭矩、剪力及轴心力共同作用时的抗剪承载力计算，其方法与普通螺栓群相同，即计算出受力最大的单个螺栓所受的总剪力，其数值应不超过高强度螺栓的抗剪承载力设计值。

(3) 受拉力作用下的螺栓群计算

1) 轴心拉力作用

高强度螺栓群受轴心拉力作用时，其承载力应按下式计算：

$$N_1 = \frac{N}{n} \leqslant N_t^b \tag{7-68}$$

式中 N——作用在连接上的拉力；

n——连接一侧的螺栓总数；

N_1——单个螺栓受到的拉力；

N_t^b——单个高强度螺栓抗拉承载力设计值。

2) 弯矩作用

在弯矩作用下，每个高强度螺栓中受到的外力均小于最初施加给螺栓的预紧力 P，因此，被连接构件接触面之间一直保持紧密贴合。由此可以认为高强度螺栓连接的中和轴位于螺栓群的形心轴上，如图 7-39 所示。

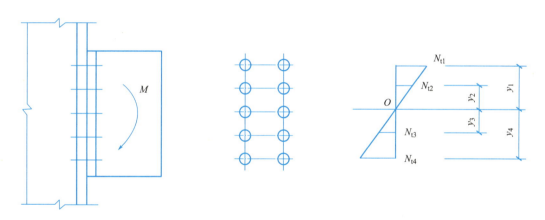

图 7-39 弯矩作用下的高强度螺栓连接

此时，最外排螺栓受力最大，应按下式对其进行受拉承载力的计算：

$$N_{t1} = \frac{M y_1}{\sum y_i^2} \leqslant N_t^b \tag{7-69}$$

式中 N_{t1}——受力最大的螺栓所承受的拉力设计值；

y_1——最外排螺栓到中和轴的距离；

y_i——第 i 排螺栓到中和轴的距离；

M——作用在高强度螺栓群上的弯矩设计值；

N_t^b——单个高强度螺栓抗拉承载力设计值。

3) 弯矩、轴心拉力共同作用

在弯矩和轴心力共同作用下，同样由于每个高强度螺栓中受到的外力均小于最初施加

给螺栓的预紧力 P，被连接构件在受力过程中始终保持紧密接触，不会产生分离现象，仍然可以认为中和轴位于螺栓群的形心轴上。对于高强度螺栓摩擦型及承压型连接，均按照普通螺栓群在小偏心受拉工况下的计算公式进行计算，即受力最大的螺栓其承载力应满足下式：

$$N_{t1} = \frac{N}{n} + \frac{My_1}{\sum y_i^2} \leqslant N_t^b \tag{7-70}$$

式中　N——螺栓群所承受的轴心拉力设计值；

　　　N_{t1}——受力最大的螺栓所承受的拉力设计值；

　　　y_1——最外排螺栓到中和轴的距离；

　　　y_i——第 i 排螺栓到中和轴的距离；

　　　M——作用在高强度螺栓群上的弯矩设计值。

4) 拉力、弯矩、剪力共同作用

① 高强度螺栓摩擦型连接

对于高强度螺栓摩擦型连接，被连接构件间的压紧力和接触面间的抗滑移系数 μ 与连接所承受的拉力大小有关，且随着拉力的增加而减小。单个螺栓在受到拉力和剪力的共同作用下，可采用式（7-61）进行计算，公式可以进一步转化为下式：

$$N_v \leqslant N_v^b \left(1 - \frac{N_t}{N_t^v}\right) \tag{7-71}$$

将 $N_v^b = 0.9n_f\mu P$、$N_t^v = 0.8P$ 代入上式，即可以得到考虑拉力作用下的高强度螺栓摩擦型连接的抗剪承载力计算公式：

$$N_v \leqslant 0.9n_f\mu(P - 1.25N_t) \tag{7-72}$$

在弯矩和拉力的共同作用下，高强度螺栓群中的各螺栓受到的拉力各不相同，与中和轴距离越远的螺栓，其受到的拉力最大：

$$N_{ti} = \frac{N}{n} \pm \frac{My_1}{\sum y_i^2} \tag{7-73}$$

拉力的存在将会对高强度螺栓的抗剪承载力产生影响，因此，还应对螺栓群的抗剪承载力进行验算，即其抗剪承载力应满足：

$$V \leqslant \sum_{i=1}^{n} 0.9n_f\mu(P - 1.25N_{ti}) \tag{7-74}$$

或

$$V \leqslant 0.9n_f\mu\left(nP - 1.25\sum_{i=1}^{n} N_{ti}\right) \tag{7-75}$$

式中，当 $N_{ti} < 0$ 时，取 $N_{ti} = 0$。

上式的计算中只考虑了螺栓的拉力对其抗剪承载力的不利影响，并未考虑被连接构件间的压紧力对抗剪承载力的有利影响，故按上式进行计算是偏于安全的。此外，螺栓受到的最大拉力应满足：

$$N_{ti} \leqslant N_t^b \tag{7-76}$$

② 高强度螺栓承压型连接

对于高强度螺栓承压型连接，螺栓的极限承载力以螺栓杆被剪断或被连接构件在螺栓孔处发生承压破坏作为承载力的极限状态。螺栓群形心处承受拉力、弯矩和剪力的共同作用时，按照普通螺栓群在小偏心受拉工况下的计算公式计算得到受力最大的螺栓所承受的拉力，利用式（7-62）验算螺栓在剪力和拉力共同作用下的承载力是否满足要求，此外，还应利用式（7-63）验算被连接构件在螺栓孔处的承压强度。

  工程应用7-3

如图7-40所示为某钢结构工程中柱翼缘与T形板间采用高强度螺栓摩擦型连接，被连接构件的钢材型号为Q235B，采用M20的10.9级螺栓，螺栓的预拉力$P=155$kN，抗滑移系数$\mu=0.45$。被连接构件接触面间采用喷砂处理，节点承受的荷载：剪力$V=750$kN，弯矩$M=106$kN·m，轴力$N=400$kN，试验算此连接的承载力是否满足要求。

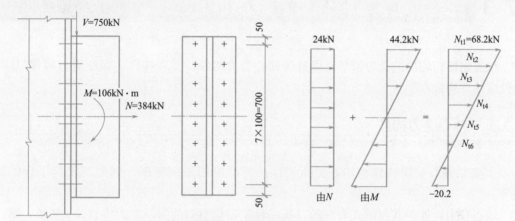

图7-40　工程应用7-3图

解：

受力最大的螺栓所承受的拉力为：

$$N_{t1}=\frac{N}{n}+\frac{My_1}{\sum y_i^2}=\frac{400}{16}+\frac{106\times 10^3\times 350}{4\times(350^2+250^2+150^2+50^2)}=25+44.2=69.2\text{kN}<0.8P=124\text{kN}$$

其余各排螺栓承受的拉力N_{ti}可以按照比例关系求得：

$$N_{t2}=\frac{400}{16}+\frac{44.2\times 250}{350}=25+31.6=56.6\text{kN}$$

$$N_{t3}=\frac{400}{16}+\frac{44.2\times 150}{350}=25+18.9=43.9\text{kN}$$

$$N_{t4}=\frac{400}{16}+\frac{44.2\times 50}{350}=25+6.3=31.3\text{kN}$$

$$N_{t5}=\frac{400}{16}+\frac{44.2\times 50}{350}=25-6.3=18.7\text{kN}$$

$$N_{t6}=\frac{400}{16}+\frac{44.2\times 150}{350}=25-18.9=6.1\text{kN}$$

N_{t7}、N_{t8} 均小于 0，故取 N_{t7}、$N_{t8}=0$。

则：

$$\sum_{i=1}^{n} N_{ti} = (69.2 + 56.6 + 43.9 + 31.3 + 18.7 + 6.1) \times 2 = 451.6 \text{kN}$$

按照式（7-77）验算螺栓群的抗剪承载力：

$$0.9 n_f \mu \left(nP - 1.25 \sum_{i=1}^{n} N_{ti}\right)$$
$$= 0.9 \times 1 \times 0.45 \times (16 \times 155 - 1.25 \times 451.6)$$
$$= 775.8 \text{kN} > V = 750 \text{kN}，满足要求。$$

7.3 钢结构基本构件及其截面形式

根据钢结构构件的受力情形，可分为轴心受力构件、受弯构件、偏心受力构件（压弯构件或拉弯构件）等。

7.3.1 轴心受力构件

其包括轴心受拉构件和轴心受压构件，广泛应用于钢屋架、网架、工作平台的支柱等。

轴心受力构件的截面形式有三种：第一种是热轧型钢截面，如图 7-41(a) 所示；第二种是冷弯薄壁型钢截面，如图 7-41(b) 所示；第三种是用型钢和钢板或钢板和钢板连接而成的组合截面，如图 7-41(c) 所示的实腹式组合截面和如图 7-41(d) 所示的格构式组合截面等。

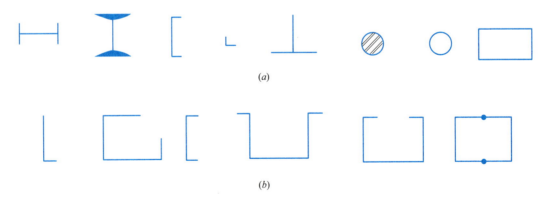

图 7-41 轴心受力构件的截面形式（一）
(a) 热轧型钢截面；(b) 冷弯薄壁型钢截面

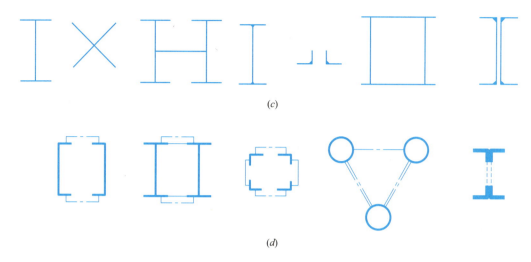

图 7-41 轴心受力构件的截面形式（二）
(c) 实腹式组合截面；(d) 格构式组合截面

7.3.2 受弯构件

钢梁是钢结构中应用最广泛的受弯构件。有热轧型钢梁，如图 7-42（a～c）所示；冷弯薄壁型钢梁，如图 7-42（d～f）所示；以及采用焊接和栓接的 I 字形和箱形组合梁，如图 7-42（g～j）所示；还有钢和混凝土的组合梁，如图 7-42（k）所示。

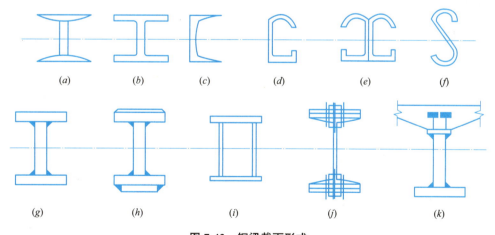

图 7-42 钢梁截面形式

7.3.3 偏心受力构件

拉弯构件和压弯构件即偏心受拉或偏心受压构件。其截面形式可以是实腹式也可以是格构式。当弯矩有正有负且大小接近时，宜采用双轴对称截面，如图 7-43（a）所示，否

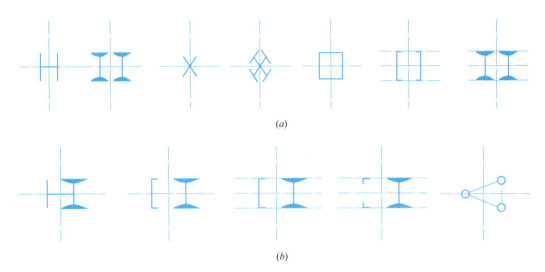

图 7-43 拉弯和压弯构件的截面形式

则宜采用单独对称截面以节省钢材，此时截面受力较大的一侧适当加大，如图 7-43（b）所示。在这两种情形下，都应使弯矩作用在最大刚度平面内。

拓展知识

资源名称	钢材表面锈蚀清除	单层厂房钢结构安装工艺	外露式刚接柱脚节点构造
资源类型	视频	视频	视频
资源二维码			
资源名称	钢柱吊装	钢屋架安装	BIM 技术在构件检验中应用
资源类型	视频	视频	视频
资源二维码			
资源名称	BIM 技术在构件预拼装中应用		
资源类型	视频		
资源二维码			

单元总结

钢结构的材料包括钢材和连接材料。根据分类依据不同可分为多种类型钢材。

钢结构的连接方法可分为焊缝连接和螺栓连接。其中焊接连接是钢结构中最主要的连接方法。焊缝的连接形式按照被连接构件间的相对位置分为平接、搭接、T形连接和角接。这些连接所采用的焊缝形式主要有对接焊缝和角焊缝。

螺栓连接可分为普通螺栓连接和高强度螺栓连接。高强螺栓抗剪连接可分为摩擦型连接和承压型连接两种。前者依靠被连接板件间的强大摩擦力来承受外力,以剪力达到板件接触面间的最大摩擦力为承载能力极限状态。后者的极限状态和普通螺栓连接相同,即当受到的剪力不超过板件接触面间的最大摩擦力时,其受力性能和摩擦型相同;当超过时,依靠螺栓杆的抗剪以及孔壁的承压能力承担外荷载。普通螺栓连接的合理排列是根据受力要求、构造要求和施工要求而确定的。高强螺栓的构造排列与承压型高强螺栓的计算方法均与普通螺栓相同。

根据钢结构构件的受力情形,可分为轴心受力构件、受弯构件、偏心受力构件。

思考及练习

一、填空题

1. 钢结构的连接方法可分为_____、_____、_____。
2. 螺栓的排列通常分为_____、_____。
3. 焊缝主要有两种形式:_____和_____。
4. 焊缝的连接形式按照被连接构件间的相对位置分为_____、_____、_____、_____。
5. 根据钢结构构件的受力情形,可分为_____、_____、_____。

二、选择题

1. 高强度螺栓摩擦型连接靠(　　)来传递外力。
   A. 钢板挤压　　　　　　　　B. 螺栓剪切
   C. 摩擦力　　　　　　　　　D. 钢板挤压和螺栓剪切

2. 抗剪螺栓连接的破坏形式中螺栓杆剪断是(　　)。

三、简答题

1. 简述钢结构连接类型。
2. 简述焊缝连接的优缺点。
3. 对接焊缝按坡口形式分为哪几种？

四、计算题

1. 如图 7-44 所示，一刚接屋架下弦节点，竖向力由承托板承受，采用的是 C 级 M22 螺栓，所承受的偏心拉力设计值 $N=200\text{kN}$，其偏心距 $e=300\text{mm}$，试验算螺栓的承载力是否满足要求。

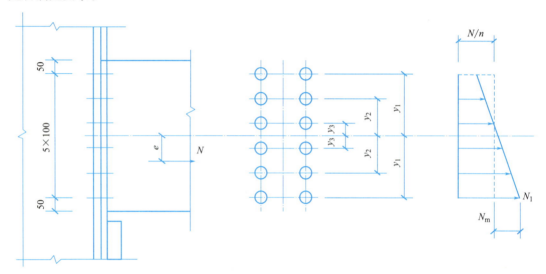

图 7-44 习题 1 图

2. 如图 7-45 所示，两个工字形梁通过端板使用高强度螺栓承压型连接，端板的钢材型号为 Q235B，厚度均为 22mm，$f_c^b=470\text{N/mm}^2$。采用 M20 的 10.9 级螺栓，其有效面积 $A_e=245\text{mm}^2$，$f_v^b=310\text{N/mm}^2$，$f_t^b=500\text{N/mm}^2$，已知承受的荷载设计值：剪力 $V=300\text{kN}$，弯矩 $M=90\text{kN·m}$，试验算高强度螺栓连接的承载力是否满足要求。

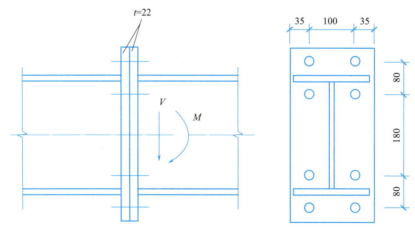

图 7-45 习题 2 图

教学单元 8
结构施工图

Chapter 08

教学目标

1. 知识目标
（1）掌握结构施工图的内容和图示方法；
（2）掌握常见结构施工图的识读顺序和方法；
（3）掌握混凝土结构平面整体表示方法（平法）的制图规则；
（4）掌握装配式混凝土结构基本制图规则。

2. 能力目标
（1）能够正确识读结构施工图，具体识读钢筋混凝土框架结构、装配式混凝土剪力墙结构施工图及钢结构施工图；
（2）能够完成结构施工图自审与会审。

3. 素质目标
（1）我国著名建筑典籍《营造法式》是我国历史上集建筑技术、艺术和制图为一体的著名建筑典籍，也是世界上很早印刊的建筑图书。通过简单介绍该著作，说明我国古代建筑成就及图学发展的地位，以此来激发学生的文化自信。

（2）《天工开物》系统地总结了明末以前农业、手工业的技术经验和科学方法，其作者宋应星以其广博的"实学"知识，严谨的研究精神，精心地记录着生产技艺，并以技术数据作定量描述，阐发了17世纪中国学者们在探究自然和文化时求理、求真、求信的"工匠精神"，以此来激发学生热爱科学，崇尚科学，培养科技报国的思想和工匠精神。

（3）结合本课程的课程设计，通过学习结构施工图纸的绘图，培养学生敬业、精益、专注、创新等方面的工匠精神，以及认真负责、踏实敬业的工作态度和严谨求实、一丝不苟的工作作风，学会用唯物辩证法的思想看待和处理问题，掌握正确的思维方法，养成科学的思维习惯，培养学生逻辑思维与辩证思维能力，以利于形成科学的世界观和方法论，提高职业道德修养和精神境界，促进学生身心和人格健康发展。

思维导图

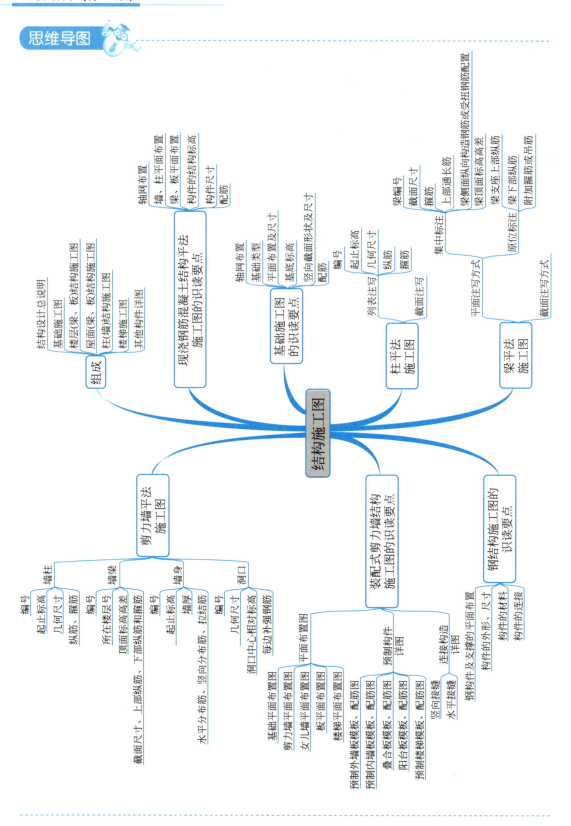

教学单元 8　结构施工图

> **引入**
>
> 图 8-1 为某二层框架结构办公楼的建筑效果图，实际工程中我们见到的都是施工图。一幢房屋从施工到建成，需要有全套房屋施工图（即建筑施工图、结构施工图、给水排水施工图、电气施工图、暖通施工图等）作指导。在整套施工图中，建筑施工图处于主导地位，结构施工图是施工的重要依据。如何读懂结构施工图呢？
>
>
>
> 图 8-1　建筑效果图
>
> 前导课程《建筑制图与识图》中已经讲过了建筑施工图，建筑施工图只表达了建筑的外形、大小、功能、内部布置、内外装修和细部结构的构造做法。而建筑物的各承重构件如基础、柱、梁、板等结构构件的布置和配筋并没有表达出来。因此在进行房屋设计时除了画出建筑施工图外，还要进行结构设计，画出结构施工图。本单元将介绍结构施工图的相关内容。

8.1　结构施工图概述

8.1.1　结构施工图简介

结构施工图的重点是表达承重构件的布置和形状。结构施工图是根据建筑要求，经过结构选型和构件布置并进行力学计算，确定各承重构件（基础、承重墙、梁、板、屋架、屋面板等）的布置、形状、大小、数量、类型、材料以及内部构造等，把这些承重构件的位置、大小、形状、连接方式绘制成图样，用来指导施工，这样的图样称为结构施工图，简称结施。

1. 结构施工图的作用

结构施工图主要作为施工放线，开挖基槽，安装梁、板构件，浇筑混凝土，编制施工预算，进行施工备料及做施工组织计划等的依据。

2. 结构施工图的组成及图示方法

（1）结构设计总说明

结构设计说明是带有全局性的说明，包括建筑的结构类型，耐久年限，抗震设防烈度，防火要求，地基状况，钢筋混凝土各种构件，砖砌体，施工缝等部分选用材料类型、规格、强度等级，施工注意事项，选用的标准图集，新结构与新工艺及特殊部位的施工顺序、方法及质量验收标准等。

（2）结构平面布置图

结构平面布置图是表达结构构件总体平面布置的图样，包括基础平面布置图（工业建筑还包括设备基础布置图），楼层结构平面布置图（工业建筑还包括柱网、吊车梁、柱间支撑、连系梁等），屋顶结构平面布置图（工业建筑还包括屋面板，天沟板屋架，天窗架及支撑布置等）。

基础平面布置图是将建筑从室内±0.000标高以下水平剖切，向下水平投影形成的图样。为了突出表现基础的位置和形状，将基础上部的构件和土看作透明体。

结构平面布置图是假想沿楼板面将房屋水平剖切后所作的水平投影图。为了突出重点将混凝土看作透明体。

（3）构件详图

构件详图是局部性的图纸，表达构件的形状、大小、所用材料的强度等级和制作安装等。在构件详图中，应详细表达构件的标高、截面尺寸、材料规格、数量和形状，构件的连接方式等。

8.1.2 常用结构构件代号

房屋结构中的承重构件往往是种类多、数量多，而且布置复杂，为了图面清晰，把不同的构件表达清楚，也为了便于施工，在结构施工图中，结构构件的位置用其代号表示，每种构件都有一个代号。《建筑结构制图标准》GB/T 50105—2010中规定构件代号用构件名称汉语拼音的第一个大写字母表示。要识读结构施工图，必须熟悉各类构件代号，常用构件代号见表8-1。

常用结构构件代号　　　　　　　　　表8-1

序号	名称	代号	序号	名称	代号
1	板	B	15	楼梯梁	TL
2	屋面板	WB	16	框支梁	KZL
3	空心板	KB	17	框架梁	KL
4	槽形板	CB	18	屋面框架梁	WKL
5	折板	ZB	19	框架	KJ
6	楼梯板	TB	20	刚架	GJ
7	预应力空心板	YKB	21	柱	Z
8	屋面梁	WL	22	构造柱	GZ
9	吊车梁	DL	23	承台	CT
10	梁	L	24	桩	ZH
11	圈梁	QL	25	雨篷	YP
12	过梁	GL	26	阳台	YT
13	连系梁	LL	27	预埋件	M-
14	基础梁	JL	28	基础	J

8.1.3 结构施工图的识读

1. 结构施工图的识读要领

在识读结构施工图前，必须先识读建筑施工图，由此建立起建筑物的轮廓，并且在识读结构施工图期间，还应反复对照结构图与建筑图对同一部位的表示，这样才能准确地理解结构图中所表示的内容。

识读结构施工图也是一个由浅入深、由粗到细的渐进过程。在识读结构施工图时，要养成做记录的习惯，要学会统筹全局，这样才能不断提高读图能力。

2. 结构施工图的识读顺序及要求

（1）结构施工图的识读顺序

识读结构施工图顺序为：结构设计说明、基础布置图、结构布置图、结构详图。

（2）结构设计说明的识读要求

了解对结构的特殊要求，了解说明中强调的内容。掌握材料质量要求以及要采取的技术措施，了解所采用的技术标准和构造，了解所采用的标准图。

（3）基础布置图的识读要求

基础布置图一般由基础平面图和基础详图组成，识读时要注意基础的标高和定位轴线的数值，了解基础的形式和区别，注意其他专业图中在基础上的预埋件和预留洞。

1）识读建筑施工图，核对所有的轴线是否和基础一一对应，了解是否有的墙下无基础而用基础梁替代，基础的形式有无变化，有无设备基础。

2）对照基础的平面图和剖面图，了解基础底面标高和基础顶面标高有无变化，有变化时是如何处理的。如果有设备基础时，还应了解设备基础与设备标高的相对关系，避免因标高有误造成严重的责任事故。

3）了解基础中预留洞和预埋件的平面位置、标高、数量，必要时应与负责预留洞和埋件的工种进行核对，落实其相互配合的操作方法。

4）了解基础的形式和做法。

5）了解各个部位的尺寸和配筋。

（4）结构布置图的识读要求

结构布置图一般由结构平面图和剖面图或标准图组成。

1）了解结构的类型和主要构件的平面位置与标高，并与建筑施工图结合，了解各构件的位置和标高的对应情况。

2）结合剖面图、标准图和详图对主要构件进行分类，了解它们的相同点和不同点。

3）了解各构件节点构造与预埋件的相同点和不同点。

4）了解整个平面内洞口的位置和做法以及与相关工种的配合要求。

5）了解各主要构件的细部要求和做法，反复以上步骤，逐步深入了解，遇到不清楚的地方在记录中标出，并进一步详细查找相关的图纸，结合结构设计说明认定核实。

（5）结构详图的识读要求

1）首先应将构件对号入座，即核对结构平面上构件的位置、标高、数量是否与详图有无标高位置和尺寸的矛盾。

2）了解构件与主要构件的连接方法，看能否保证其位置或标高，是否存在与其他构件相抵触的情况。

3）了解构件中配件或钢筋的细部情况，掌握其主要内容。

8.2 现浇钢筋混凝土结构施工图的组成与识读要点

现浇钢筋混凝土结构从结构体系可以分为框架结构、剪力墙结构、框架—剪力墙结构及筒体结构。本教材只介绍现浇框架结构和剪力墙结构施工图的识读。目前，结构施工图的编制需遵循《混凝土结构施工图平面整体表示方法制图规则和构造详图》（22G101-1、2、3），以下简称平法。

8.2.1 现浇钢筋混凝土框架结构施工图

1. 现浇钢筋混凝土框架结构施工图的组成

现浇框架结构是指建筑物中竖向承重结构采用钢筋混凝土柱，水平承重结构采用钢筋混凝土梁和板，所有受力构件现浇而成的结构体系。描述框架结构的施工图称为框架结构施工图。

框架结构施工图主要包括：
（1）结构设计总说明和图纸目录。
（2）基础平面图和基础详图。
（3）柱平法配筋图。
（4）楼面板模板配筋图。
（5）楼面梁平法施工图。
（6）屋面板模板配筋图。
（7）屋面梁平法施工图。
（8）楼梯结构详图。

2. 结构设计总说明的阅读

结构设计总说明一般放在第一页，内容包括：结构类型，抗震设防情况，地基情况，结构选用材料的类型、规格、强度等级，构造要求，施工注意事项，选用标准图集情况等。

3. 基础平面图和基础详图的识读

基础是建筑物地面以下承受建筑全部荷载的构件，基础的形式取决于上部承重结构的形式和地基情况。框架结构常采用的基础形式包括柱下独立基础、柱下条形基础、十字交叉基础、筏板基础等。

（1）基础平面图的主要内容包括：
1）图名、比例。
2）纵横向定位轴线及编号、轴线尺寸。
3）基础墙、柱的平面布置，基础底面形状、大小及其与轴线的关系。
4）基础梁的位置、代号。
5）基础编号、基础断面图的剖切位置线及其编号。
6）施工说明，即所用材料的强度等级、防潮层做法、设计依据以及施工注意事项等。

（2）基础详图的主要内容包括：

1) 图名、比例。
2) 轴线及其编号。
3) 基础断面形状、大小、材料以及配筋。
4) 基础断面的详细尺寸和室内外地面标高及基础底面的标高。
5) 防潮层的位置和做法。
6) 施工说明等。

(3) 基础施工图的识读顺序及要点

1) 了解图名、比例。
2) 了解轴线编号及轴网尺寸。
3) 了解基础构件及基础类型。
4) 了解基础构件的代号、平面位置及尺寸。
5) 了解基础构件的基底标高、竖向截面形状及尺寸、基础配筋。

【案例分析】图 8-2 为某现浇框架结构施工图中基础平面图和基础详图的局部。

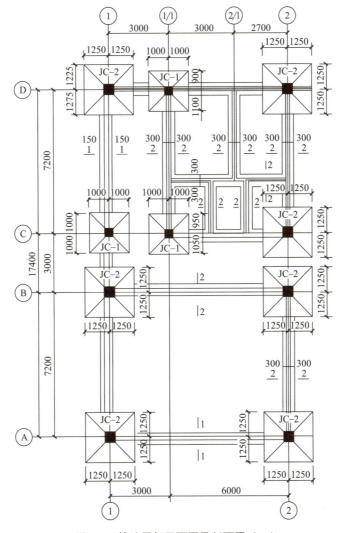

图 8-2 基础局部平面图及剖面图（一）

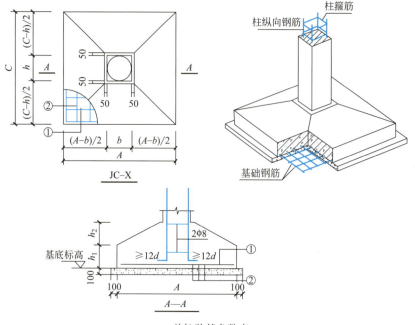

单柱独基参数表

独立基底编号	柱截面/mm	基底标高/m	A/mm	C/mm	h_1/mm	h_2/mm	①	②
JC–1	400×400/500×500	−1.500	2000	2000	300	300	⌽12@150	⌽12@150
JC–2	500×550/500×500	−1.500	2500	2500	300	350	⌽12@150	⌽12@150
JC–3	直径500	−1.500	2200	2200	300	300	⌽12@150	⌽12@150

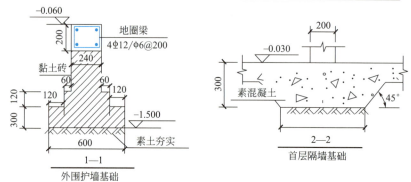

图 8-2 基础局部平面图及剖面图（二）

由图可知，基础类型为柱下独立基础，共有三种基础形式，JC-1、JC-2、JC-3，基底标高为−1.5m，平面图中表示了各自的尺寸、定位。JC1~JC3 的基础详图和配筋见 JCX、A-A 剖面、单柱柱基参数表。JC-3 为圆柱（直径 500mm）下的基础，尺寸为 2200mm×2200mm；JC-2 为正方形，尺寸为 2500mm×2500mm、板底钢筋网片为⌽12@150，钢筋直径 12mm，间距 150mm；JC-1 为正方形，尺寸为 2000mm×2000mm，板底钢筋网片为⌽12@150，两个方向钢筋直径均为 12mm，间距为 150mm。

墙下基础分布在各道轴线上，外墙剖面 1-1，墙下条形基础定位轴线两侧的线是基础墙的断面轮廓线，墙线外侧的细线是可见的墙下基础底部轮廓线，宽度 600m。所有墙的墙体厚度均为 240mm，轴线居中（距内、外侧均为 120mm）。内墙剖面 2-2，宽度 600mm，为元宝基础。

4. 柱平法施工图

柱平法施工图是指在柱平面布置图上采用列表注写方式或截面注写方式表达柱构件的截面形状、几何尺寸、配筋等设计内容，并用表格或其他方式注明包括地下和地上各层的结构层楼（地）面标高、结构层高及相应的结构层号（与建筑楼层号一致）。

（1）柱编号（表 8-2）

柱编号　　　　　　　　　　　　　　　　　　　　表 8-2

柱类型	代号	序号
框架柱	KZ	××
框支柱	KZZ	××
芯柱	XZ	××

注：编号时当柱的总高、分段截面尺寸和配筋均对应相同，仅分段截面与轴线的关系不同时，仍可将其编为同一柱号，但应在图中注明截面与轴线的关系。

（2）截面注写方式

截面注写方式，是在分标准层绘制的柱平面布置图的柱截面上，分别在同一编号的柱中选择一个截面，以直接注写截面尺寸和配筋具体数值的方式来表达柱平法施工图（图 8-3）。

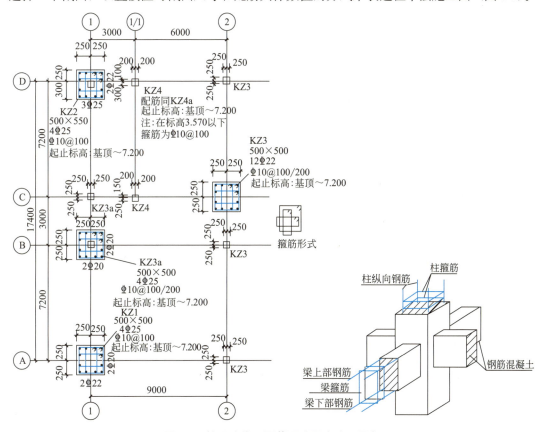

图 8-3　柱平法施工图截面注写方式（局部）

首先对所有柱截面进行编号,从相同编号的柱中选择一个截面,按另一种比例在原位放大绘制柱截面配筋图,并在各配筋图上继其编号后再注写截面尺寸 $b \times h$、角筋或全部纵筋、箍筋的具体数值,并在柱截面配筋图上标注柱截面与轴线关系的具体数值。当纵筋采用两种直径时,须再注写截面各边中部筋的具体数值,如图 8-3 中 KZ3。

(3) 列表注写方式

列表注写方式,就是在柱平面布置图上,分别在不同编号的柱中各选择一个(有时需几个)截面,标注柱的几何参数代号;另在柱表中注写柱号、柱段起止标高、几何尺寸与配筋具体数值;同时配以各种柱截面形状及其箍筋类型图的方式,来表达柱平法施工图。一般情况下,一张图纸便可以将本工程所有柱的设计内容(构造要求除外)一次性表达清楚。

1) 柱平面布置图。在柱平面布置图上,分别在不同编号的柱中各选择一个(或几个)截面,标注柱的几何参数代号 b_1、b_2、h_1、h_2,用以表示柱截面形状及与轴线的关系。

2) 柱表。柱表内容包含以下六部分:

① 编号:由柱类型代号(如:KZ……)和序号(如:1、2……)组成,应符合表 8-2 的规定。给柱编号一方面使设计和施工人员对柱的种类、数量一目了然;另一方面,在必须与之配套使用的标准构造详图中,也按构件类型统一编制代号,这些代号与平法图中相同类型的构件的代号完全一致,使二者之间建立明确的对应互补关系,从而保证结构设计的完整性。

② 各段柱的起止标高:自柱根部往上,以变截面位置或截面未变但配筋改变处为界分段注写。框架柱和框支柱的根部标高系指基础顶面标高;梁上起框架柱的根部标高系指梁顶面标高,当屋面框架梁上翻时,框架柱顶标高应为梁顶面标高;剪力墙上起框架柱的根部标高分两种:当柱纵筋锚固在墙顶部时,其根部标高为墙顶面标高;当柱与剪力墙重叠一层时,其根部标高为墙顶面往下一层的结构层楼面标高,如图 8-4 所示。

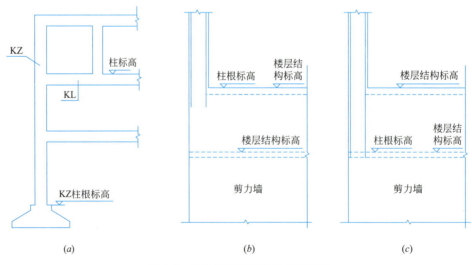

图 8-4 柱的根部标高起始点示意图

③ 柱截面尺寸 $b \times h$ 及与轴线关系的几何参数代号：b_1、b_2 和 h_1、h_2 的具体数值，须对应各段柱分别注写。其中 $b=b_1+b_2$，$h=h_1+h_2$。当截面的某一边收缩变化至与轴线重合或偏离轴线的另一侧时，b_1、b_2、h_1、h_2 中的某项为零或为负值，如图 8-5 所示。

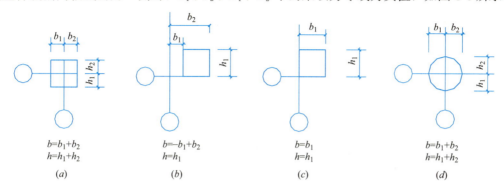

图 8-5 柱截面尺寸与轴线关系

④ 柱纵筋：分角筋、截面 b 边中部筋和 h 边中部筋三项。当柱纵筋直径相同，各边根数也相同时，可将纵筋写在"全部纵筋"一栏中。采用对称配筋的矩形柱，可仅注写一侧中部筋，对称边省略。

⑤ 箍筋种类型号及箍筋肢数：在箍筋类型栏内注写。具体工程所设计的箍筋类型图及箍筋复合的具体方式，须画在表的上部或图中的适当位置，并在其上标注与表中相对应的 b、h 和类型号。

⑥ 柱箍筋：包括钢筋级别、直径与间距。当为抗震设计时，用斜线"/"区分柱端箍筋加密区与柱身非加密区长度范围内箍筋的不同间距。例如：Φ8@100/200，表示箍筋为 HRB400 级钢筋，直径 8mm，加密区间距为 100mm，非加密区间距为 200mm。

【案例分析】

上述框架若用柱列表注写方式表达如图 8-6 所示。

(4) 柱平法施工图的识读顺序及要点

1) 了解图名、比例。

2) 了解轴线编号及轴网尺寸。

柱号	标高/m	$b \times h$/mm D/mm	b_1/mm	b_2/mm	h_1/mm	h_2/mm	角筋	b 边一侧	h 边一侧	箍筋类型号	箍筋	备注
KZ1	基顶~7.200	500×500	250	250	250	250	4Φ25	2Φ22	2Φ20	1(4×4)	Φ10@100	起止标高：基顶~7.200
KZ2	基顶~7.200	500×550	250	250	300	250	4Φ25	3Φ25	2Φ22	1(4×4)	Φ10@100	起止标高：基顶~7.200
KZ3	基顶~7.200	500×500	250	250	250	250	4Φ22	2Φ22	2Φ22	1(4×4)	Φ10@100/200	起止标高：基顶~7.200
KZ3a	基顶~7.200	500×500	250	250	250	150	4Φ25	2Φ20	2Φ20	1(4×4)	Φ10@100/200	起止标高：基顶~7.200

图 8-6 柱平法施工图列表注写方式（一）

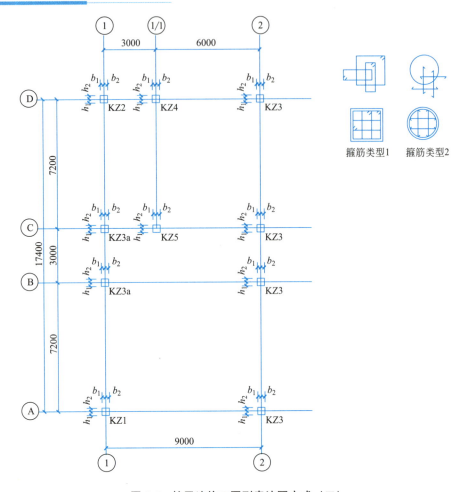

图 8-6　柱平法施工图列表注写方式（二）

3）了解框架柱的代号、标高起止范围。
4）了解每一根框架柱的平面位置、平面尺寸及配筋。

【案例分析】

现以 KZ3 为例进行解读，由图可知：KZ3 为框架柱 3，位于 2 号轴线，共有 4 根；标高起止范围是基顶～7.200m；平面尺寸为 500mm×500mm，轴线居中；12 根 HRB400 直径为 16mm 的纵向钢筋，沿四周均匀分布；箍筋类型为 4×4 的复合箍筋，具体数值为 HRB400 级别直径为 10mm，加密区间距为 100mm，非加密区为 200mm。

5. 楼面（屋面）板施工图

结施 4 和结施 6 为楼面板、屋面板模板配筋图，局部如图 8-7 所示。

【案例分析】

如图 8-7 所示，板下部短边方向钢筋为⑫号钢筋⌀8@200，长边方向钢筋为⑬号钢筋⌀8@200；板上部短边方向一边支座钢筋为①号钢筋⌀8@200，中间支座钢筋为②号钢筋⌀8@200，梁边缘伸出长度为 750mm；板上部沿长边方向边支座钢筋为③号钢筋⌀8@200，梁边缘伸出长度 750mm，中间支座钢筋为④号钢筋⌀8@200，梁边缘伸出长度为 750mm。

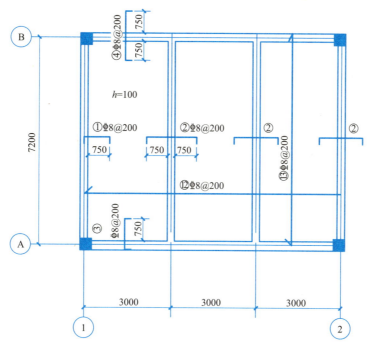

图 8-7 楼面板局部配筋图

6. 梁平法施工图

梁平法施工图,系在梁平面布置图上采用平面注写方式或截面注写方式表达。在梁平法施工图中,也应注明结构层的顶面标高及相应的结构层号(同柱平法标注)。通常情况下,梁平法施工图的图纸数量与结构楼层的数量相同,图纸清晰简明,便于施工。

平面注写方式,系在梁平面布置图上,分别在不同编号的梁中各选一根梁,在其上注写截面尺寸和配筋具体数值的方式来表达梁平法施工图,如图 8-8 所示。

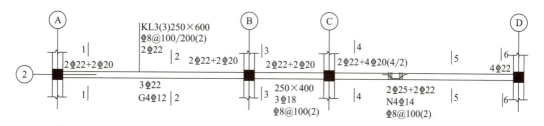

图 8-8 平法 KL3 梁平面注写方式对比示例(一)

(注:本图中六个梁截面采用传统方法绘制,用于对比按平面注写方式表达的同样内容,实际采用平面注写方式表达方式时,不需要绘制梁截面配筋图和相应截面号)

平面注写包括集中标注和原位标注。集中标注表达梁的通用数值,即梁多数跨都相同的数值;原位标注表达梁的特殊数值,即梁个别截面与其不同的数值。

(1) 梁集中标注的内容,有五项必注值及一项选注值,规定如下

1) 梁编号,该项为必注值。由梁类型代号、序号,跨数及有无悬挑代号组成。根据梁的受力状态和节点构造的不同,将梁类型代号归纳为八种,见表 8-3 的规定。

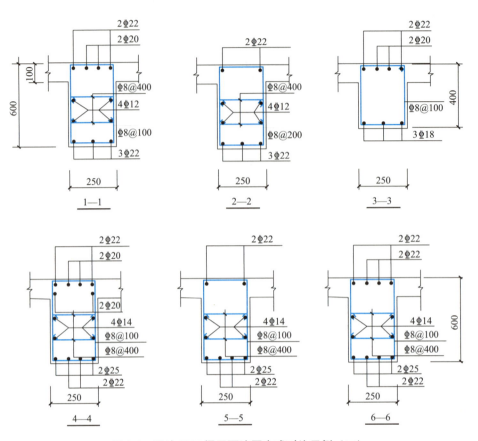

图 8-8　平法 KL3 梁平面注写方式对比示例（二）

（注：本图中六个梁截面采用传统方法绘制，用于对比按平面注写方式表达的同样内容，实际采用平面注写方式表达方式时，不需要绘制梁截面配筋图和相应截面号）

梁编号　　表 8-3

梁类型	代号	序号	跨数、是否带悬挑
楼层框架梁	KL	××	(××)、(××A)或(××B)
楼层框架扁梁	KBL	××	(××)、(××A)或(××B)
屋面框架梁	WKL	××	(××)、(××A)或(××B)
框支梁	KZL	××	(××)、(××A)或(××B)
托柱转换梁	TZL	××	(××)、(××A)或(××B)
非框架梁	L	××	(××)、(××A)或(××B)
悬挑梁	XL	××	(××)、(××A)或(××B)
井字梁	JZL	××	(××)、(××A)或(××B)

注：1.（××A）为一端有悬挑，（××B）为两端有悬挑，悬挑不计入跨内。
　　2. 非框架梁 L、井字梁 JZL 表示端支座为铰接；当非框架梁、井字梁端支座上部纵向钢筋为充分利用钢筋的抗拉强度时，在梁代号后加"g"。
　　3. 楼层框架扁梁节点核心区代号为 KBH。
　　4. 当非框架梁受扭设计时，在梁代号后加"N"。

2) 梁截面尺寸，该项为必注值。等截面梁时，用 $b×h$ 表示；当为竖向加腋梁时，用 $b×h$、$Yc_1×c_2$ 表示，其中 c_1 为腋长，c_2 为腋高，如图 8-9（a）所示；当为水平加腋梁时，用 $b×h$、$PYc_1×c_2$ 表示，其中 c_1 为腋长，c_2 为腋宽，加腋部位应在平面图中绘制，如图 8-9（b）所示；当有悬挑梁且根部和端部的高度不同时，用斜线分隔根部与端部的高度值，即 $b×h_1/h_2$，如图 8-10 所示。

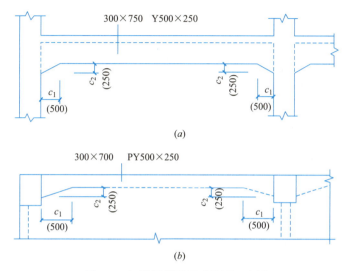

图 8-9 加腋梁截面尺寸注写示意图

（a）竖向加腋梁截面尺寸注写示意图；（b）水平加腋梁截面尺寸注写示意图

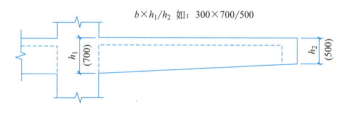

图 8-10 悬挑梁不等高截面尺寸注写示意图

3) 梁箍筋，包括钢筋级别、直径、加密区与非加密区间距及肢数，该项为必注值。箍筋加密区与非加密区的不同间距及肢数需用斜线"/"分隔；当梁箍筋为同一种间距及肢数时，则不需用斜线；当加密区与非加密区的箍筋肢数相同时，则将肢数注写一次；箍筋肢数应写在括号内。

4) 梁上部通长筋或架立筋配置（通长筋可为相同或不同直径采用搭接连接、机械连接或对焊连接的钢筋），该项为必注值。应根据结构受力要求及箍筋肢数等构造要求而定。当同排纵筋中既有通长筋又有架立筋时，应采用加号"+"将通长筋和架立筋相联。注写时须将角部纵筋写在加号的前面，架立筋写在加号后面的括号内，以示不同直径及与通长筋的区别。当全部采用架立筋时，则将其写入括号内。

当梁的上部和下部纵筋均为通长筋，且各跨配筋相同时，此项可加注下部纵筋的配筋值，用分号"；"将上部与下部纵筋的配筋值分隔开来，少数跨不同者，可取原位标注。

5) 梁侧面纵向构造钢筋或受扭钢筋配置，该项为必注值。

当梁腹板高度 $h_w \geqslant 450mm$ 时，须配置纵向构造钢筋，所注规格与根数应符合规范规定。此项注写值以大写字母 G 打头，接续注写设置在梁两个侧面的总配筋值，且对称配置。

当梁侧面需配置受扭纵向钢筋时，此项注写值以大写字母 N 打头，接续注写配置在梁两个侧面的总配筋值，且对称配置。受扭纵向钢筋应满足梁侧面纵向构造钢筋的间距要求，且不再重复配置纵向构造钢筋。

6) 梁顶面标高高差，该项为选注值。梁顶面标高高差，系指相对于该结构层楼面标高的高差值，有高差时，须将其写入括号内，无高差时不注。一般情况下，需要注写梁顶面高差的梁如：洗手间梁、楼梯平台梁、楼梯平台板边梁等。

(2) 梁原位标注的内容规定如下

1) 梁支座上部纵筋，应包含通长筋在内的所有纵筋

① 当上部纵筋多于一排时，用斜线"/"将各排纵筋自上而下分开。如 KL3 梁支座上部纵筋注写为 2⏀22+4⏀20 (4/2)，则表示上一排纵筋为 2⏀22 (两侧) +2⏀20 (中间)，第二排纵筋为 2⏀20 (两侧)。

② 当同排纵筋有两种直径时，用加号"+"将两种直径的纵筋相连，注写时将角部纵筋放在前面。如 KL3 梁 A 支座上部纵筋注写为：2⏀22+2⏀20，表示有四根纵筋，2⏀22 放在角部，2⏀20 放在中部，应在梁支座上部注写。

③ 当梁中间支座两边的上部纵筋不同时，须在支座两边分别标注；当梁中间支座两边的上部纵筋相同时，可仅在支座的一边标注配筋值，另一边省去不注。

2) 梁下部纵筋

① 当下部纵筋多于一排时，用斜线"/"将各排纵筋自上而下分开。如梁下部纵筋注写为 6⏀25 2/4，则表示上一排纵筋为 2⏀25，下一排纵筋为 4⏀25，全部伸入支座锚固。

② 当同排纵筋有两种直径时，用加号"+"将两种直径的纵筋相联，注写时角筋写在前面。如 KL3 梁右跨下部纵筋注写为 2⏀25+2⏀22，表示 2⏀25 放在角部，2⏀22 放在中部。

③ 当梁下部纵筋不全部伸入支座时，将梁支座下部纵筋减少的数量写在括号内。例如：下部纵筋注写为 6⏀25 2(-2)/4，表示上一排纵筋为 2⏀25，且不伸入支座；下一排纵筋为 4⏀25，全部伸入支座。又如：梁下部纵筋注写为 2⏀25+3⏀22 (-3)/5⏀25，则表示上一排纵筋为 2⏀25 和 3⏀22，其中 3⏀22 不伸入支座；下一排纵筋为 5⏀25，全部伸入支座。

3) 附加箍筋或吊筋，将其直接画在平面图中的主梁上，用线引注总配筋值（附加箍筋的肢数注在括号内），如图 8-11 所示。当多数附加箍筋或吊筋相同时，可在施工图中统一注明，少数不同值原位标注。

如 KL3，在支撑处设 2⏀25 吊筋和附加箍筋（每侧 3 根直径 8mm 间距 50mm 的箍筋），如图 8-11 所示中类型为图示 A 类。

4) 其他

当在梁上集中标注的内容如：截面尺寸、箍筋、通长筋、架立筋、梁侧构造筋、受扭

主次梁相交处主梁各类型附加横向钢筋配置示意图

图 8-11　附加箍筋和吊筋的画法示例

注：D 为附加横向钢筋所在主梁下部下排较粗钢筋直径，$D \leqslant 20$mm。
d 为附加箍筋所在主梁箍筋直径，n 为附加箍筋所在主梁箍筋肢数。

筋或梁顶面高差等，不适用某跨或某悬挑部分时，则将其不同数值原位标注在该跨或该悬挑部位，施工时应按原位标注数值取用。

（3）梁平法施工图（平面注写）的识读要点

1）了解图名、比例。
2）了解轴网布置及尺寸。
3）了解柱网布置。
4）了解框架梁及非框架梁的平面布置及编号。
5）了解每一根梁的梁顶标高。
6）了解每一根梁的截面形状及尺寸。
7）了解每一根梁的截面配筋。

【案例分析】

以 KL3 为例，其平法施工图及其对应绘制的相应传统结构施工图如图 8-12 所示。

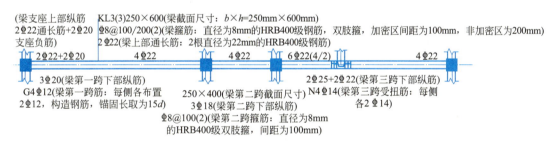

图 8-12　KL3 平法图解读

7. 楼梯结构施工图

（1）楼梯结构施工图的组成

1）楼梯结构平面图，主要表明楼梯各构件，如楼梯梁、梯段板、平台板的平面布置，代号，尺寸大小，平台板的配筋及结构标高。

2）楼梯结构剖面图，主要表明构件的竖向布置与构造，梯段板和楼梯梁的配筋，截面尺寸等。

楼梯从施工方法上可以分为现浇楼梯和预制楼梯，从受力上可以分为板式楼梯和梁式楼梯。目前，现浇混凝土结构施工图主要采用平面整体表示方法（《22G101-2》图集）标注，此处只介绍现浇混凝土板式楼梯平法施工图的识读。

板式楼梯由楼梯梁、平台板和梯段板组成，楼梯梁和平台板的平法标注可参考 8.2 节中梁、板的制图规则和构造详图（《22G101-1》图集）。梯段板的平法注写方式，主要有平面注写方式、剖面注写方式及列表注写方式，实际工程中常用前两种。

（2）现浇混凝土板式楼梯平面整体表示方法制图规则

1）楼梯的类型

根据板式楼梯中梯板的组成、支承分成14种类型：AT～GT、ATa、ATb、ATc等。AT、BT型梯板截面形状和支座示意图如图8-13所示。

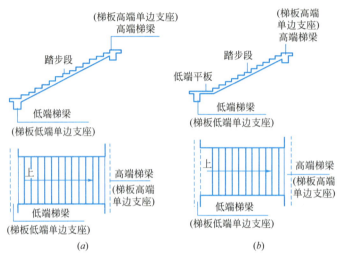

图8-13　AT、BT型楼梯的类型
（a）AT型；（b）BT型

梯梁、梯柱的平法标注可参考梁、柱的制图规则和构造详图。下面简单介绍梯板的平法注写方式，实际工程中常用平面注写方式、剖面注写方式，列表注写方式就不再叙述。

2）平面注写方式

平面注写方式，是指在楼梯平面布置图上注写截面尺寸和配筋具体数值的方式表达楼梯施工图，包括集中标注和外围标注。

① 集中标注内容

a．梯板类型代号与序号，如AT××。

b．梯板厚度，注写为$h=××$。当为带平板的梯板，梯段板和平板厚度不同时，可在梯段板厚度后面括号内字母P打头注写平板厚度。如$h=130$（P150），130表示梯段板厚度，150表示梯段平板的厚度。

c．踏步板总高度和踏步级数，之间以"/"分隔。

d．梯板支座上部纵筋，下部纵筋，之间以"："分隔。

e．梯板分布筋，以F打头注写分布钢筋具体值，该项也可在图中统一说明。

② 楼梯外围标注的内容，包括楼梯间的平面尺寸、楼层结构标高、层间结构标高、楼梯的上下方向、梯板的平面几何尺寸、平台板配筋、梯梁及梯柱的配筋。

3）剖面注写方式

剖面注写方式需在楼梯平法施工图中绘制楼梯平面布置图和楼梯剖面图，注写方式分平面注写、剖面注写两部分。

① 楼梯平面布置图注写内容，包括楼梯间的平面尺寸、楼层结构标高、层间结构标高、楼梯的上下方向、梯板的平面几何尺寸、梯板类型及编号、平台板配筋、梯梁及梯柱的配筋。

② 楼梯剖面图注写内容，包括梯板集中标注、梯梁、梯柱编号、梯板水平及竖向尺寸、楼层结构标高、层间结构标高等。

③ 梯板集中标注的内容有四项，同平面注写方式中集中标注 a、b、d、e 项。

（3）现浇混凝土板式楼梯平法施工图的识读要点

1) 了解图名、比例。
2) 了解楼梯的结构形式、楼梯梁、梯段板、平台板的平面布置。
3) 了解楼梯梁、梯段板、平台板的代号、尺寸、配筋，平台板的配筋及结构标高。

【案例分析】

解读图 8-14 所示的楼梯配筋图。

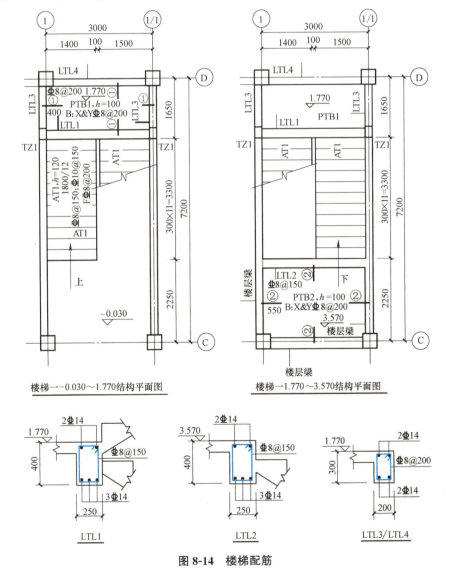

图 8-14 楼梯配筋

由图 8-14 可知：梯段板 AT1，平台梁 LTL1、LTL2、LTL3、LTL4（另有配筋图）。底层结构标高为-0.03m，休息平台结构标高为 1.77m，二层结构标高为 3.57m。

楼梯为板式楼梯，梯段板是 AT1，踏步宽 300mm，高 150mm，13 步，斜板厚 120mm，板下部受力筋为Φ10@150，支座上部负钢筋为Φ8@150，梯板分布筋为Φ8@200。图中楼梯基础梁、楼层是 LTL1，平台梁是 LTL2、LTL3 及 LTL4。

平台板有 PTB1 和 PTB2 两种，PTB1 结构标高为 1.77m，尺寸为 1650mm×3000mm，板厚 h=100mm，上部支座配筋是①号筋Φ8@200 且从梁边伸出 400mm，下部双向配筋是Φ8@200；PTB2 结构标高分别为 3.57m，尺寸为 2250mm×3000mm，板厚为 100mm，上部支座配筋是②号筋Φ8@150 且从梁边伸出 550mm，下部双向配筋是Φ8@200。

LTL1、LTL2 截面尺寸是 250mm×400mm，上部钢筋为 2Φ14，下部钢筋为 3Φ14，箍筋为Φ8@150，LTL1 梁顶标高是 1.77m，LTL2 梁顶标高是 3.57m。LTL3、LTL4 截面尺寸是 200mm×300mm，上部钢筋为 2Φ14，下部钢筋为 2Φ14，箍筋为Φ8@200，LTL3、LTL4 梁顶标高是 1.77m。

8.2.2 现浇钢筋混凝土剪力墙结构施工图

1. 现浇钢筋混凝土剪力墙结构施工图的组成

现浇剪力墙结构是指建筑物中竖向承重结构采用钢筋混凝土墙，水平承重结构采用钢筋混凝土梁和板，所有受力构件为现浇而成的结构体系。描述剪力墙结构的施工图称为剪力墙结构施工图，大致包括：

（1）结构设计总说明。
（2）基础布置图。
（3）剪力墙施工图。
（4）梁平法施工图。
（5）板配筋图。
（6）楼梯施工图。

结构设计总说明、基础布置图、梁平法施工图、板配筋图、楼梯施工图的识读与框架结构施工图的识读相似，此处不再赘述，只介绍剪力墙平法施工图的识读。

2. 剪力墙平法施工图的表示方式

在剪力墙内部，由于受力和配筋构造的不同，为方便表达，将剪力墙分为剪力墙身、剪力墙梁和剪力墙柱三部分。剪力墙平法施工图指的是在剪力墙平面布置图上采用列表注写方式或截面注写方式。

列表注写方式指分别在剪力墙柱表、剪力墙身表和剪力墙梁表中，对应于剪力墙平面布置图编号，用绘制截面配筋图并注写几何尺寸与配筋具体数值的方式。

截面注写方式是指，直接在剪力墙平面布置图上注写墙柱、墙梁、墙身的编号、几何尺寸与配筋具体数值的方式。此处不再赘述，可参阅《22G101-1》图集。

3. 剪力墙平法施工图的识读顺序及要点

（1）剪力墙平面布置图

1) 了解结构层高表,结构层号、结构层标高和层高,上部结构嵌固部位。
2) 了解图名、比例。
3) 了解剪力墙的起始标高。
4) 了解剪力墙柱、墙梁、墙身、洞口的编号及平面位置。

【案例分析】

解读图 8-15 所示的剪力墙平面布置图。

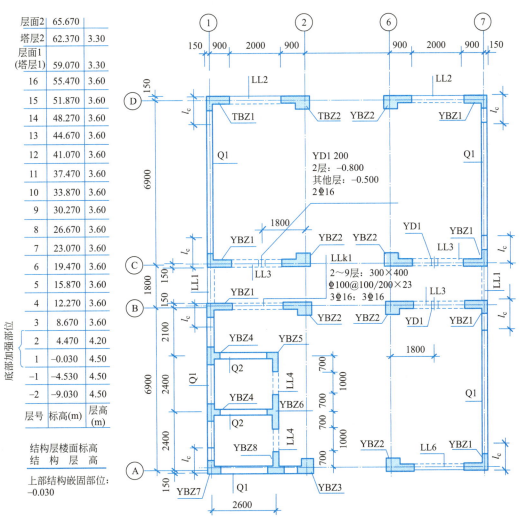

图 8-15 —0.030~12.670 剪力墙平面布置图

由图 8-15 可知:

① 结构层高表:剪力墙结构地下 2 层,主楼 16 层,塔楼高于主楼 2 层;主屋面标高 59.070m,塔楼顶标高 65.670m;地下室及首层层高 4.5m,主楼层高 3.6m,塔楼层高 3.3m。上层结构嵌固部位—0.030m。

② 图名为—0.030~12.670m 剪力墙平面布置图,比例未标。

③ 剪力墙的起始标高:—0.030~12.670m。

④ 剪力墙平面布置图：约束边缘构件 YBZ1～8 及其平面位置，连梁 LL1～LL6 及其平面位置，墙身 Q1～Q2 及其平面位置，圆形洞口 YD1 的平面位置、洞口几何尺寸、洞口中心相对标高。

（2）剪力墙墙身、墙柱、墙梁

对应于剪力墙平面布置图编号，在剪力墙柱表、墙身表、墙梁表中，识读每一个构件的结构标高、几何尺寸与配筋具体数值。

4. 剪力墙柱

（1）墙柱的编号

由墙柱类型代号和序号组成，表达形式应符合表 8-4 规定。

（2）墙柱列表的内容

1）注写墙柱编号以及绘制截面配筋图，标注墙柱几何尺寸。

墙柱编号　　　　　　　　　　　　　　　　　表 8-4

墙柱类型	代号	序号
约束边缘构件	YBZ	××
构造边缘构件	GBZ	××
非边缘暗柱	AZ	××
扶壁柱	FBZ	××

2）注写各段墙柱的起止标高，自墙柱根部往上以变截面位置或截面未变但配筋改变处为界分段注写。墙柱根部标高一般指基础顶面标高（如为框支剪力墙结构则为框支梁顶面标高）。

应注意，约束边缘构件包括约束边缘暗柱、约束边缘端柱、约束边缘翼墙、约束边缘转角墙四种，如图 8-16 所示。构造边缘构件包括构造边缘暗柱、构造边缘端柱、构造边缘翼墙、构造边缘转角墙四种，如图 8-17 所示。

3）注写各段墙柱的纵向钢筋和箍筋，注写值应与表中绘制的截面配筋图对应一致。纵向钢筋注写总配筋值，箍筋注写方式与柱箍筋相同。对于约束边缘构件，除注写相应标准构造详图中所示阴影部位内的箍筋外，尚需注写非阴影区内布置的拉筋（或箍筋）。

【案例分析】

解读图 8-18 所示的剪力墙柱。

由图可知：YBZ1 代表序号为 1 的约束边缘构件；YBZ1 的平面尺寸、箍筋见截面配筋图；标高起始范围是 −0.030～12.670m；纵筋为 24 根级别为 HRB400、直径为 20mm 的钢筋，布置见配筋图；箍筋级别为 HPB300，直径为 10mm，间距为 100mm，形式及布置见配筋图。

5. 剪力墙梁

（1）编号

墙梁编号，由墙梁类型代号和序号组成，见表 8-5。

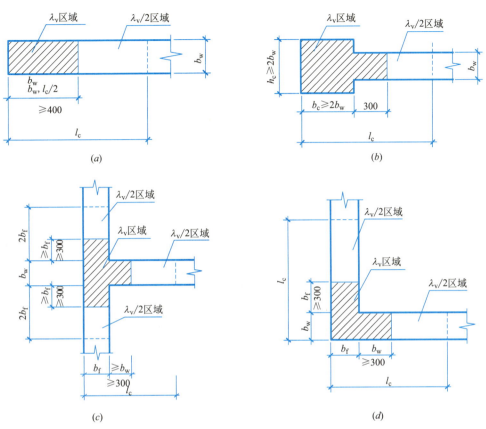

图 8-16 约束边缘构件

（a）约束边缘暗柱；（b）约束边缘端柱；（c）约束边缘翼墙；（d）约束边缘转角墙

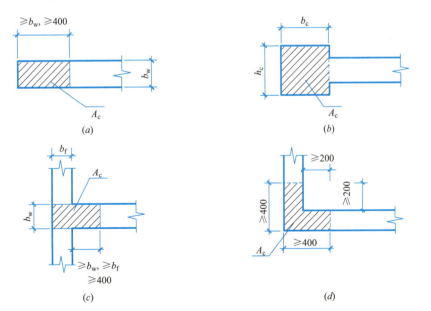

图 8-17 构造边缘构件

（a）构造边缘暗柱；（b）构造边缘端柱；（c）构造边缘翼墙；（d）构造边缘转角墙

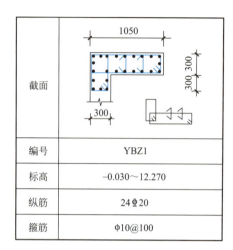

图 8-18 剪力墙柱列表示意图

剪力墙梁编号　　　　　　　　　　　　　　　　表 8-5

墙梁类型	代号	序号
连梁	LL	××
连梁（跨高比不小于 5）	LLk	××
连梁（对角暗撑配筋）	LL（JC）	××
连梁（对角斜筋配筋）	LL（JX）	××
连梁（集中对角斜筋配筋）	LL（DX）	××
暗梁	AL	××
边框梁	BKL	××

（2）墙梁列表的内容

1）注写梁编号。

2）注写墙梁所在楼层号。

3）注写墙梁顶面标高高差，指相对于墙梁所在结构层楼面标高的高差值，墙梁标高大于楼面标高为正值，反之为负值，当无高差时不注写。

4）注写墙梁截面尺寸、上部纵筋、下部纵筋和箍筋的具体数值。

【案例分析】

剪力墙梁列表示意图　　　　　　　　　　　　　　表 8-6

编号	所在楼层号	梁顶相对标高高差/m	梁截面/mm	上部纵筋	下部纵筋	箍筋
LL1	2～9	0.800	300×2000	4⊈25	4⊈25	φ10@100(2)
	10～16	0.800	250×2000	4⊈22	4⊈22	φ10@100(2)
	屋面 1		250×1200	4⊈20	4⊈20	φ10@100(2)

解读表 8-6 的连梁。

由表可知：LL1 表示序号为 1 的连梁。2～9 层：梁顶相对结构层高 0.8m，梁的截面尺寸为 300mm×2000mm，上部纵筋是 4 根级别为 HRB400、直径为 25mm 的钢筋，下部纵筋是 4 根级别为 HRB400、直径为 25mm 的钢筋，箍筋是级别为 HPB300、直径为 10mm、间距为 100mm 的双肢箍。10～16 层：梁顶相对结构层高 0.8m，梁的截面尺寸为 250mm×2000mm，上部纵筋是 4 根级别为 HRB400、直径为 22mm 的钢筋，下部纵筋是 4 根级别为 HRB400、直径为 22mm 的钢筋，箍筋是级别为 HPB300、直径为 10mm、间距为 100mm 的双肢箍。屋面层：梁的截面尺寸为 250mm×1200mm，上部纵筋是 4 根级别为 HRB400、直径为 20mm 的钢筋，下部纵筋是 4 根级别为 HRB400、直径为 20mm 的钢筋，箍筋是级别为 HPB300、直径为 10mm、间距为 100mm 的双肢箍。

6. 剪力墙身

（1）编号

墙身编号，由墙身代号、序号以及墙身所配置的水平与竖向分布钢筋的排数组成，其中排数注写在括号内。如 Q1（2 排）中 1 为墙身编号，括号中 2 代表钢筋排数。

（2）墙身列表的内容

1）注写墙身编号，含水平与竖向分布钢筋的排数。

2）注写各段墙身起止标高，自墙身根部往上以变截面位置或截面未变但配筋改变处为界分段注写。墙身根部标高一般指基础顶面标高（框支剪力墙结构则为框支梁的顶面标高）。

3）注写墙身厚度、水平分布钢筋、竖向分布钢筋和拉筋的具体数值。

【案例分析】

剪力墙墙身列表　　表 8-7

编号	标高/m	墙厚/mm	水平分布筋	垂直分布筋	拉筋（矩形）
Q1	−0.030～30.270	300	⌀12@200	⌀12@200	ϕ6@600@600
	30.270～59.070	250	⌀10@200	⌀10@200	ϕ6@600@600

解读表 8-7 所示的墙身 1。

由表可知：Q1 表示序号为 1 的墙身。−0.030～30.270m 标高段：墙厚 300mm，水平及垂直分布筋均是级别为 HRB400、直径为 12mm、间距为 200mm 的钢筋，拉筋的级别是 HPB300、水平和竖向间距为 600mm，且呈矩形分布。

7. 剪力墙洞口

无论采用列表注写方式还是截面注写方式，剪力墙上的洞口均可在剪力墙平面布置图上原位表达洞口的具体表示方法。

（1）在剪力墙平面布置图上绘制洞口示意，并标注洞口中心的平面定位尺寸。

（2）在洞口中心位置引注：洞口编号、洞口几何尺寸、洞口中心相对标高、洞口每边补强钢筋。具体规定如下：

1）洞口编号：矩形洞口为 JD××（××为序号），圆形洞口为 YD××（××为序号）。

2）洞口几何尺寸：矩形洞口为洞宽×洞高，圆形洞口为洞口直径 D。

3)洞口所在层及洞口中心相对标高:相对于结构层楼(地)面标高的洞口中心高度。当其高于结构层楼面时为正值,低于结构层楼面时为负值。

4)洞口每边补强钢筋:

① 当矩形洞口的洞宽、洞高均不大于 800mm 时,如果设置补强纵筋大于构造配筋,此项注写为洞口每边补强钢筋的数值。

② 当矩形洞口的洞宽大于 800mm 时,在洞口的上、下需设置补强暗梁,此项注写为洞口上、下每边暗梁的纵筋与箍筋的具体数值;当洞口上、下边为剪力墙连梁时,此项免注;洞口竖向两侧按边缘构件配筋,亦不在此项表达。

③ 当圆形洞口设置在连梁中部 1/3 范围(且圆洞直径不应大于 1/3 梁高)时,需注写在圆洞上下水平设置的每边补强纵筋与箍筋。

④ 当圆形洞口设置在墙身或暗梁、边框梁位置,且洞口直径不大于 300mm 时,此项注写洞口上下左右每边布置的补强纵筋的数值。

⑤ 圆形洞口直径大于 300mm,但不大于 800mm 时,其加强钢筋在标准构造详图中系按照圆外切正六边形的边长方向布置,设计仅需注写六边形中一边补强钢筋的具体数值。

【案例分析】

解读图 8-15 所示的剪力墙平面布置图中洞口。

由图 8-15 可知:YD1 表示序号为 1 的圆形洞口。洞口中心距定位轴线 1800mm;洞口直径 200mm;2 层洞口中心相对结构层低 0.8m,其他层相对于结构层低 0.5m;洞口尺寸小于 800mm 且未标注补强钢筋则按标准构造设置。

8.3 装配式混凝土剪力墙结构施工图识读

8.3.1 装配式混凝土结构施工图的组成与图例

1. 装配式混凝土结构施工图组成

装配式混凝土结构施工图是指在结构平面图上采用平面表示方法,表达各结构构件的布置,与构件详图、构造详图相配合,并与《装配式混凝土结构表示方法及示例(剪力墙结构)》15G107-1 等国家建筑标准设计系列图集相配套形成一套完整的装配式混凝土结构设计文件。

以装配式混凝土剪力墙结构施工图为例,其结构施工图主要包括结构平面布置图、各类预制构件详图和连接节点详图。其中,结构平面布置图主要包括基础平面布置图、剪力墙平面布置图、屋面层女儿墙平面布置图、板结构平面布置图、楼梯平面布置图等;预制构件详图包括预制外墙板模板图和配筋图、预制内墙板模板图和配筋图、叠合板模板图和配筋图、阳台板模板图和配筋图、预制楼梯模板图和配筋图等;连接节点详图包括预制墙竖向接缝构造、预制墙水平接缝构造、连梁及楼(屋)面梁与预制墙的连接构造、叠合板连接构造、叠合梁连接构造和预制楼梯连接构造等。

2. 装配式混凝土剪力墙结构施工图图例（表 8-8）

装配式混凝土剪力墙结构施工图图例　　　　　　　　表 8-8

名称	图例	名称	图例
预制钢筋混凝土（包括内墙、内叶墙、外叶墙）		后浇段、边缘构件	
保温层		夹心保温外墙	
现浇钢筋混凝土墙体		预制外墙模板	

8.3.2　装配式混凝土剪力墙结构施工图表示方法制图规则

1. 预制混凝土剪力墙结构施工图制图规则

装配式剪力墙墙体结构可视为预制剪力墙、后浇段、现浇剪力墙身、现浇剪力墙柱、现浇剪力墙梁构成，因此考虑连接构造和楼盖组成后，装配式剪力墙结构可以看成由预制剪力墙、现浇剪力墙、后浇段、现浇梁、楼面梁、水平后浇带和圈梁等构件构成。

1）预制混凝土剪力墙编号及示例

① 预制剪力墙编号由墙板代号、序号组成，表达形式应符合表 8-9 的规定。

预制混凝土剪力墙编号　　　　　　　　表 8-9

预制墙板类型	代号	序号	示例
预制外墙	YWQ	××	YWQ1 表示预制外墙，序号为 1
预制内墙	YNQ	××	YNQ3a 表示预制内墙板，序号为 3a

注：1. 在编号中，如若预制剪力墙的模板、配筋、各类预埋件完全一致，仅墙厚与轴线的关系不同，也可将其编为同一预制剪力墙编号，但应在图中注明与轴线的几何关系。
　　2. 序号可为数字，或数字加字母。

② 标准图集中外墙板编号及示例

当选用标准图集的预制混凝土外墙板时，可选类型详见《预制混凝土剪力墙外墙板》15G365-1。标准图集的预制混凝土剪力墙外墙由内叶墙板、保温层和外叶墙板组成。内叶墙板共有五种类型，编号规则见表 8-10；外叶墙板共有两种类型，见图 8-19。当选用标准图集的预制混凝土内墙板时，可选类型详见《预制混凝土剪力墙内墙板》15G365-2。预制内墙板共有四种类型，编号规则及墙板示意图见表 8-11。

标准图集中预制内叶墙板编号　　　　　　　　　　　　　　　　　　　　　　　　　　　　　表 8-10

类型	示意图	编号	示例
无洞口外墙	□	WQ-××× 无洞口外墙／层高／标志宽度	WQ-1828 表示无洞口外墙，宽度1800mm，层高2.8m
一个窗洞高窗台外墙	◩	WQC1-××××-×××× 一窗洞外墙（高窗台）／标志宽度／层高／窗宽／窗高	WQC1-3028-1514 表示一个窗洞高窗台外墙，宽度3000mm，层高2.8m；窗宽1500mm，窗高1400mm
一个窗洞矮窗台外墙	◩	WQCA-××××-×××× 一窗洞外墙（矮窗台）／标志宽度／层高／窗宽／窗高	WQCA-3028-1518 表示一个窗洞矮窗台外墙，宽度3000mm，层高2.8m；窗宽1500mm，窗高1800mm
两窗洞外墙	◪	WQC2-××××-××××-×××× 两窗洞外墙／标志宽度／层高／左窗宽／左窗高／右窗宽／右窗高	WQC2-4828-0614-1514 表示两窗洞外墙，宽度4800mm，层高2.8m；左窗宽600mm，左窗高1400mm；右窗宽1500mm，右窗高1400mm
一个门洞外墙	⊓	WQM-××××-×××× 一门洞外墙／标志宽度／层高／门宽／门高	WQM-3628-1823 表示一个门洞外墙，宽度3600mm，层高2.8m，门宽1800mm，门高2300mm

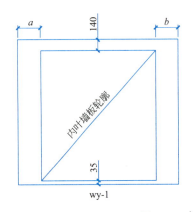
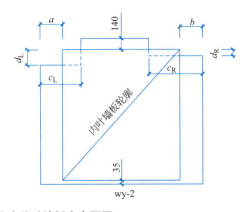

图 8-19　标准图集中外叶墙板内表面图

注：wy-1 表示标准外叶墙板，wy-2 表示带阳台板外叶墙板，a、b 分别是外叶墙板与内叶墙板左右两侧的尺寸差值，c_L 或 c_R、d_L 或 d_R 分别是阳台板处外叶墙板缺口尺寸。

标准图集中内墙板编号　　　　　　　　　　　　　　　　　　　　　　　　　　　　　　表 8-11

类型	示意图	编号	示例
无洞口内墙	□	NQ-××× 无洞口内墙／标志宽度／层高	NQ-2128 表示无洞口内墙，宽度2100mm，层高2.8m

续表

类型	示意图	编号	示例
固定门垛内墙		NQM1-××××-×××× 一门洞内墙（固定门垛） / 标志宽度 / 层高 / 门宽 / 门高	NQM1-3028-0921 表示固定门垛内墙，宽度3000mm，层高2.8m；门宽900mm，门高2100mm
中间门洞内墙		NQM2-××××-×××× 一门洞内墙（中间门洞） / 标志宽度 / 层高 / 门宽 / 门高	NQM2-3029-1022 表示中间门洞内墙，宽度3000mm，层高2.9m；门宽1000mm，门高2200mm
刀把内墙		NQM3-××××-×××× 一门洞内墙（刀把内墙） / 标志宽度 / 层高 / 门宽 / 门高	NQM3-3329-1022 表示刀把内墙，宽度3300mm，层高2.9m；门宽1000mm，门高2200mm

2）后浇段编号及示例

后浇段编号由后浇段类型代号和序号组成，表达形式应符合表8-12的规定。

后浇段编号　　　　　　　　　　　　　　　　　表8-12

后浇段类型	代号	序号	示例
约束边缘构件后浇段	YHJ	××	YHJ1 表示约束边缘构件后浇段，编号为1
构造边缘构件后浇段	GHJ	××	GHJ5 表示构造边缘构件后浇段，编号为5
非边缘构件后浇段	AHJ	××	AHJ3 表示非边缘暗柱后浇段，编号为3

注：在编号中，如若后浇段的截面尺寸与配筋均相同，仅截面与轴线关系不同时，可将其编为同一后浇段号；约束边缘构件后浇段包括有翼墙和转角墙两种；构造边缘构件后浇段包括构造边缘翼墙、构造边缘转角墙、边缘暗柱三种。

3）预制混凝土叠合梁编号及示例

预制混凝土叠合梁编号由代号和序号组成，表达形式应符合表8-13的规定。

预制混凝土叠合梁编号　　　　　　　　　　　　表8-13

名称	代号	序号	示例
预制叠合梁	DL	××	DL1 表示预制叠合梁，编号为1
预制叠合连梁	DLL	××	DLL3 表示预制叠合连梁，编号为3

注：在编号中，如若预制叠合梁的截面尺寸与配筋均相同，仅梁与轴线关系不同时，可将其编为同一叠合梁编号，但应在图中注明与轴线的几何关系。

4）预制外墙模板编号及示例

当预制外墙节点处需设置连接模板时，可采用预制外墙模板。预制外墙模板编号由类型代号和序号组成，表达形式应符合表 8-14 的规定。

预制外墙模板编号　　　　　　　　　　　　　　　　表 8-14

名称	代号	序号	示例
预制外墙模板	JM	××	JM1 表示预制外墙模板，编号为 1

注：序号可为数字，或数字加字母。

2. 叠合楼盖施工图制图规则

当以剪力墙、梁为支座时，叠合楼（屋）盖施工图主要包括预制底板平面布置图、现浇层配筋图、水平后浇带或圈梁布置图。

1）叠合板编号及示例

叠合板编号由叠合板代号和序号组成，表达形式应符合表 8-15 的规定。

叠合板编号　　　　　　　　　　　　　　　　表 8-15

名称	代号	序号	示例
叠合楼面板	DLB	××	DLB3 表示楼板为叠合板，编号为 3
叠合屋面板	DWB	××	DWB2 表示屋面板为叠合板，编号为 2
叠合悬挑板	DXB	××	DXB1 表示悬挑板为叠合板，编号为 1

注：序号可为数字，或数字加字母；当板面标高不同时，在板编号的斜线下标注标高高差，下降为负（－）。

2）标准图集中叠合板底板编号

当选用标准图集中的预制底板时，可选类型详见《桁架钢筋混凝土叠合板（60mm 厚底板）》15G366-1，可直接在板块上标注标准图集中的底板编号，见表 8-16～表 8-18。

标准图集中叠合板底板编号　　　　　　　　　　　　表 8-16

类型	编号	示例
单向板	DBD××-××××-× 桁架钢筋混凝土叠合板用底板(单向板) 预制底板厚度(cm) 后浇叠合层厚度(cm) 底板跨度方向钢筋代号：1～4 标志宽度(dm) 标志跨度(dm)	DBD67-3324-2 表示单向受力叠合用底板。预制底板厚度为 60mm，后浇叠合层厚度为 70m，预制底板的标志跨度为 3300mm，标志宽度为 2400mm，底板跨度方向配筋为 $\Phi 8@150$，分布钢筋 $\Phi 6@200$
双向板	DBS×-××-××××-××-δ 桁架钢筋混凝土叠合板用底板(双向板) 叠合板类别(1为边板，2为中板) 预制底板厚度(cm) 后浇叠合层厚度(cm) 底板跨度方向及宽度方向钢筋代号 标志宽度(dm) 标志跨度(dm) 调整宽度	DBS1-67-3924-22 表示双向受力叠合板用底板、拼装位置为边板。预制底板厚度为 60mm，后浇叠合层厚度为 70mm，预制底板的标志跨度为 3900mm，标志宽度为 2400mm，跨度方向、宽度方向配筋均为 $\Phi 8@150$

单向板底板钢筋代号　　　　　　　　　　　　　　　　　表 8-17

代号	1	2	3	4
受力钢筋规格及间距	⌀8@200	⌀8@150	⌀10@200	⌀10@150
分布钢筋规格及间距	⌀6@200	⌀6@200	⌀6@200	⌀6@200

双向板底板跨度、宽度方向钢筋代号组合　　　　　　　表 8-18

跨度方向钢筋 \ 宽度方向钢筋	⌀8@200	⌀8@150	⌀10@200	⌀10@150
⌀8@200	11	21	31	41
⌀8@150		22	32	42
⌀8@100				43

3) 叠合底板接缝

叠合楼盖预制底板接缝需要在平面布置图上标注其编号、尺寸和位置，并需给出接缝的详图，接缝编号规则见表 8-19。当叠合楼盖预制底板接缝选用标准图集时，可在接缝选用表中写明节点选用图集号、页码、节点号和相关参数。

叠合板底板接缝编号　　　　　　　　　　　　　　　　表 8-19

名称	代号	序号	示例
叠合板底板接缝	JF	××	JF1 表示叠合板之间的接缝，编号为 1
叠合板底板密拼接缝	MF	—	

4) 水平后浇带和圈梁标注

平面布置图上标注水平后浇带或圈梁位置，水平后浇带编号由代号和序号组成（表 8-20）。水平后浇带信息可集中注写在水平后浇带表中，表的内容包括编号、所在平面位置、所在楼层及配筋。

水平后浇带编号　　　　　　　　　　　　　　　　　　表 8-20

类型	代号	序号	示例
水平后浇带	SHJD	××	SHJD1 表示水平后浇带，编号为 1

3. 预制钢筋混凝土板式楼梯施工图制图规则

预制楼梯可选类型和详图见《预制钢筋混凝土板式楼梯》15G367-1，其适用范围为：层高 2.8m、2.9m 和 3.0m；楼梯间净宽：双跑楼梯 2.4m、2.5m，剪刀楼梯 2.5m、2.6m；建筑面层做法厚度：楼梯入户处建筑面层厚度 50mm，楼梯平台板处建筑面层厚度 30mm。当选用标准图集中的预制楼梯时，在楼梯平面布置图上直接标注标准图集中楼梯编号，编号规则见表 8-21。

预制楼梯编号　　　　　　　　　　　　　　　　　　　　　　　　表 8-21

类型	编号	示例
双跑楼梯	ST-××-×× 预制钢筋混凝土双跑楼梯 层高(dm) 楼梯间净宽(dm)	ST-28-25 表示预制钢筋混凝土板式楼梯为双跑楼梯，层高为 2800mm，楼梯间净宽为 2500mm
剪刀楼梯	JT-××-×× 预制钢筋混凝土剪刀楼梯 层高(dm) 楼梯间净宽(dm)	JT-28-26 改 表示预制钢筋混凝土板式楼梯为剪刀楼梯，层高为 2800mm，楼梯间净宽为 2600mm，其设计构件尺寸与 JT-28-26 相同，但配筋有区别

4. 预制钢筋混凝土阳台板、空调板和女儿墙施工图制图规则

1）预制阳台板、空调板及女儿墙的编号

预制阳台板、空调板及女儿墙的编号由构件代号、序号组成，编号规则见表 8-22。

预制阳台板、空调板及女儿墙的编号　　　　　　　　　　　　　　表 8-22

类型	代号	序号	示例
预制阳台板	YYTB	××	YYTB3a 表示预制阳台板，编号为 3a
预制空调板	YKTB	××	YKTB2 表示预制空调板，编号为 2
预制女儿墙	YNEQ	××	YNEQ5 表示预制女儿墙，编号为 5

注：在女儿墙编号中，如若女儿墙的厚度尺寸和配筋均相同，仅墙厚与轴线关系不同时，可将其编为同一墙身号，但应在图中注明与轴线的位置关系。序号可为数字，或数字加字母。

2）标准图集中预制阳台板、空调板及女儿墙的表达方法

当选用标准图集中的预制阳台板、空调板及女儿墙时，可选型号参见《预制钢筋混凝土阳台板、空调板及女儿墙》15G368-1，见表 8-23。

标准图集中预制阳台板、空调板及女儿墙的表达方法　　　　　　　表 8-23

类型	编号	示例
预制阳台板	YTB-×-××××-×× 预制阳台板 预制阳台板类型：D、B、L 预制阳台板挑出长度(dm) 预制阳台板宽度(dm) 预制阳台板封边高度	YTB-D-1024-08 表示预制叠合板式阳台，挑出长度为 1000mm，阳台开间为 2400mm，封边高度为 800mm
预制空调板	KTB-××-××× 预制空调板 预制空调板挑出长度(cm) 预制空调板宽度(cm)	KTB-84-130 表示预制空调板，构件长度为 840mm，宽度为 1300mm

续表

类型	编号	示例
预制女儿墙	NEQ-××-×××× 预制女儿墙类型：J1、J2、Q1、Q2 预制女儿墙高度(dm) 预制女儿墙长度(dm)	NEQ-J1-3614 表示夹心保温式女儿墙，长度为3600mm，高度为1400mm

注：1. 预制阳台板中，D表示叠合板式阳台，B表示全预制板式阳台，L表示全预制梁式阳台。
  2. 预制女儿墙有J1、J2、Q1和Q2型。J1型代表夹心保温式女儿墙（直板）、J2型代表夹心保温式女儿墙（转角板）、Q1型代表非保温式女儿墙（直板）、Q2型代表非保温式女儿墙（转角板）。

8.3.3 装配式混凝土剪力墙结构施工图识读案例

由前所述，装配式混凝土剪力墙结构施工图包括基础平面布置图、剪力墙平面布置图、女儿墙平面布置图、板结构平面布置图、楼梯平面布置图等平面布置图，预制外墙板模板图和配筋图、预制内墙板模板图和配筋图、叠合板模板图和配筋图、阳台板模板图和配筋图、预制楼梯模板图和配筋图等预制构件详图，以及预制墙竖向接缝构造、预制墙水平接缝构造等连接构造详图。现浇部分的施工图识读可参考《22G101-2》图集，本节只识读剪力墙平面布置图、预制剪力墙详图、叠合板平面布置图及叠合板详图，其余施工图的识读可参考相关图集。

1. 剪力墙平面布置图及预制剪力墙详图识读

【案例解读】识读剪力墙平面布置图

1）由剪力墙平面布置图（图8-20）可知：在结构标高8.300～55.900m范围内，预制外墙板有6种，分别为YWQ1、YWQ2、YWQ3L、YWQ4L、YWQ5L、YWQ6L（L表示左侧构件，与镜像的右侧构件相区分），6种编号墙体的尺寸、配筋等不相同；预制内墙板有4种，分别为YNQ1L、YNQ2L、YNQ3、YNQ1a（L表示左侧构件，与镜像的右侧构件相区分），其中序号不同的墙体尺寸和配筋均不相同，而YNQ1L和YNQ1a则是仅线盒位置不同，其他参数均相同，4种墙体的斜支撑位置均在右侧，在图中用三角形示意；后浇段有9种，其中构造边缘构件后浇带有8个，分别是GHJ1～GHJ8，非边缘构件后浇段有1个，为AHJ1；预制外墙模板仅1种，为JM1，平面形状为L形。

2）由预制墙板表可知：YWQ3L为夹心保温外墙板，由内叶墙板、保温板和外叶墙板组成。其中内叶墙板编号为WQC1-3328-1514，是一个窗洞外墙，标志宽度为3300mm，层高为2800mm，窗宽为1500mm，窗高为1400mm，内叶墙板厚度为200mm，外叶墙板为标准外叶墙板，外叶墙板与内叶墙板左右两侧的尺寸差值分别是190mm、20mm，构件详图参考《15G365-1》图集第60、61页；内墙板YNQ1的编号为NQ-2728，是无洞口内墙，标志宽度为2700mm，层高为2800mm，墙厚为200mm，构件详图参考《15G365-1》图集第14、15页。

3）由预制外墙模板表可知：预制外墙模板JM1厚度为60mm，构件详图参考《15G365-1》图集第228页。

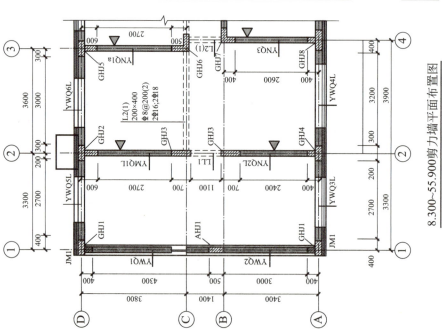

图 8-20 剪力墙平面布置图

【案例解读】识读预制剪力墙详图

下面以无洞口内墙板 NQ—1828 为例,通过模板图(图 8-21)和配筋图识读其基本尺寸和配筋情况。

1)由模板图主视图可知:墙板宽 1800mm,高 2640mm;墙板中预埋有两种埋件,分别为 MJ1 两个、MJ2 四个;墙板内侧面有 3 个预埋电气线盒;墙板底部预埋 5 个灌浆套筒。

2)由模板图俯视图和仰视图可知:墙板厚度为 200mm,墙板两侧边出筋长度均为 200mm;墙板顶部的埋件 MJ1 在墙板厚度上居中布置。

3)由模板图右视图可知:墙板底部预留 20mm 高灌浆区,顶部预留 140mm 高后浇区,合计层高为 2800mm。

4)由模板图的预埋配筋明细表可知:埋件 MJ1 是预埋吊件,数量有 2 个;埋件 MJ2 为临时支撑预埋螺母,数量有 4 个。

5)由 NQ—1828 钢筋图(图 8-22)可知:墙板配筋的基本形式为内外两层钢筋网片,水平分布筋在外,竖向分布筋在内;水平分布钢筋为矩形封闭筋形式,在墙体两侧各外伸 200mm,同高度处的 2 根水平分布筋外伸后形成预留外伸 U 形筋的形式,分布间距为 200mm,规格有两种,在套筒处规格为 3e,仅 1 根,其他区域均为 3d,有 13 根,在套筒顶部以上 300mm 范围内,有 2 根不外伸的水平筋 3f,形成 100mm 的加密区;竖向钢筋有三种规格,一种为与套筒连接的竖向筋 3a,下端套丝,与本墙板中的灌浆套筒机械连接,上端外伸,与上一层墙板中的灌浆套筒连接,间距 300mm,两侧"隔一设一",共 5 根;第二种为与 3a 对应的竖向分布筋 3b,不外伸,沿墙板通长布置,与 3a 间隔布置,也是 5 根;第三种为两端部竖向构造筋 3c,距墙板边 50mm,沿墙板高度通长布置,每端设置 2 根,共计 4 根;拉筋的布置规则为,墙体处矩形布置,间距 600mm,共计 10 根,端部竖向构造筋节点处每节点均设置,两端共计 26 根,灌浆套筒水平分布筋节点处自端节点起"隔一布一",共计 4 根。

2. 叠合板平面布置图及叠合板详图识读

当以剪力墙、梁为支座时,叠合楼(屋)盖施工图主要包括预制底板平面布置图、现浇层配筋图、水平后浇带或圈梁布置图。现浇层配筋图此处略,仅识读底板平面布置图、后浇带平面布置图、接缝构造及叠合板详图。

【案例解读】识读板结构平面布置图和接缝构造

1)由结构平面图和预制底板表(图 8-23)可知:在结构标高 5.500～55.900m(结构层 3～21)范围内,叠合板有三个类型:DLB1、DLB2、DLB3。其中,DLB1 水平位置处于定位轴线①、②、Ⓐ和Ⓓ围成的区格内,从前往后由标准图集中的 DBD67-3320-2、DBD67-3315-2、DBS2-67-3317、DBD67-3324-2 组成,DBS2-67-3317 相对于板底标高低 120mm,DBD67-3320-2 与 DBD67-3315-2 的接缝构造为 MF,DBS2-67-3317 与 DBD67-3315-2 和 DBD67-3324-2 之间为 JF1,沿着轴线①、Ⓐ和Ⓓ的叠合板板顶设置①号附加构造钢筋(⌀8@200,从墙边伸出长度为 950mm),沿着轴线②的叠合板板顶设置③号附加构造钢筋。

2)由平面图和 JF1 详图可知:叠合板接缝 1 的宽为 400mm,高为 250mm,纵筋为 6⌀10,箍筋为⌀8@200(三肢箍),低处叠合板现浇部分纵筋伸入接缝端部向下锚固,高处叠合板结合处设置⌀8@200 的构造筋并伸入接缝锚固。

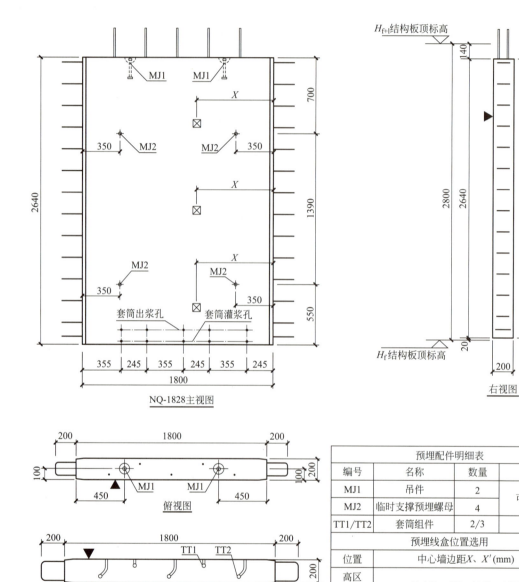

图 8-21　NQ—1828 模板图

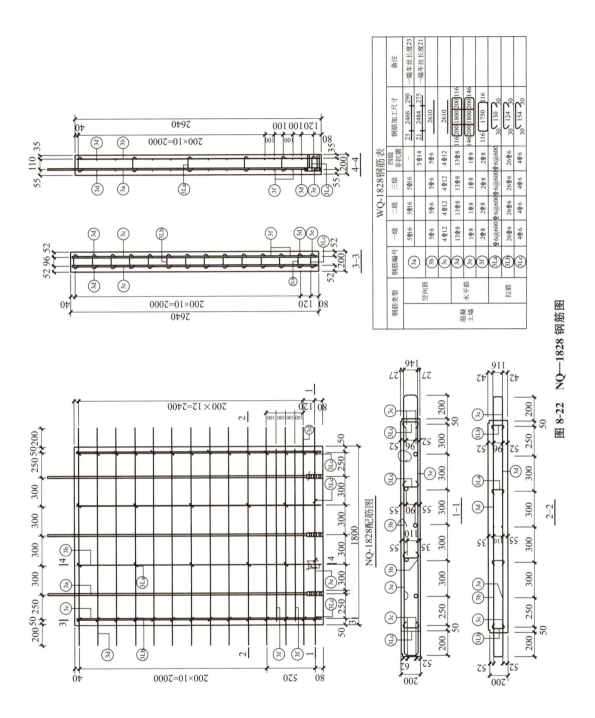

图 8-22 NQ—1828 钢筋图

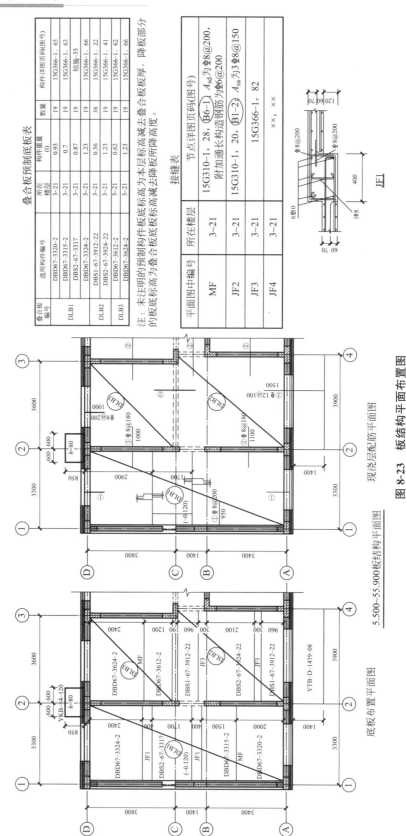

图 8-23 板结构平面布置图

【案例解读】识读后浇带平面布置图

由后浇带平面布置图（图 8-24）可知：在结构标高 5.500～55.900m（结构层 3～21）范围内，沿每层外墙设置水平后浇带 SHJD1，沿每层内墙设置水平后浇带 SHJD2。SHJD1 的水平纵筋为 2⌀14，拉筋为 1⌀8；SHJD2 的水平纵筋为 2⌀12，拉筋为 1⌀8；按构造要求，水平接缝设置在楼面标高处，厚度为 20mm。

【案例解读】识读预制单向板详图

预制板详图由模板图、配筋图、剖面详图、底板参数表和配筋表构成。下面以 DBD67-2712-1 为例进行叠合板单向板详图的识读。

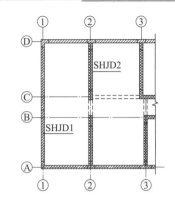

5.500～55.900水平后浇带平面布置图
注：▨ 表示外墙部分水平现浇带，编号为SHJD1；
▥ 表示内墙部分水平现浇带，编号为SHJD2。

水平后浇带表

平面中编号	平面所在位置	所在楼层	配筋	箍筋/拉筋
SHJD1	外墙	3～21	2⌀14	1⌀8
SHJD2	内墙	3～21	2⌀12	1⌀8

图 8-24 后浇带平面布置图

由模板图、参数表和 1-1、2-2 详图（图 8-25）可知：预制板混凝土底面宽度为 1200m，长度为 2520mm。两个方向侧边及顶面均设置粗糙面，预制板底面为模板面；预制混凝土层厚度为 60mm。

由配筋图及配筋表可知：单向板配筋包括沿长度方向布置两道桁架钢筋和板底钢筋。桁架钢筋的桁架中心线距离板边 300mm，桁架中心线间距 600mm，桁架钢筋端部距离板边 5mm。板底沿长度方向设置②号受力筋，6⌀8，加工尺寸 2700mm；具体是以桁架钢筋为基准，间距 200mm 布置，在桁架钢筋之间布置 2 道，桁架钢筋外侧 200mm 各布置 1 道，距板边 25mm 处各布置 1 道，共 6 道，长度方向板筋在两侧支座处均外伸 90mm。板底沿宽度方向设置①号和③号分布筋，③号分布筋，2⌀6，加工尺寸 1170mm，距板边 25mm；①号分布筋，13⌀6，加工尺寸 1170mm，距板边 60mm。①号和③号分布筋在外侧，②号受力筋在内侧且与桁架下弦钢筋同层。

【案例解读】识读预制双向板模板和配筋图

下面以 DBS2-67-3012-11 为例进行叠合板单向板详图的识读。

由模板图、参数表和 1-1、2-2 详图（图 8-26）可知：预制板用做中板，混凝土底面宽度为 900m，长度为 2820mm。宽度方向上，两侧板边至拼缝定位线均为 150mm，长度方向上，两侧板边至支座中线均为 90mm。四个侧边及顶面均设置粗糙面，预制板底面为模板面；预制混凝土层厚度为 60mm。

由配筋图及配筋表可知：双向板配筋包括沿长度方向布置两道桁架钢筋和板底钢筋。桁架中心线距离板边 150mm，桁架中心线间距 600mm，桁架钢筋端部距离板边 50mm。板底沿长度方向设置②号受力筋，4⌀8，加工尺寸 3000mm；具体是以桁架钢筋为基准，间距 200mm 布置，在桁架钢筋之间布置 2 道，距板边 25mm 处各布置 1 道，共 4 道，长度方向板筋在两侧支座处均外伸 90mm。板底沿宽度方向设置①号和③号钢筋，③号分布筋，2⌀6，两端不外伸，加工尺寸 850mm，距板边 25mm；①号受力筋，14⌀8，沿长度

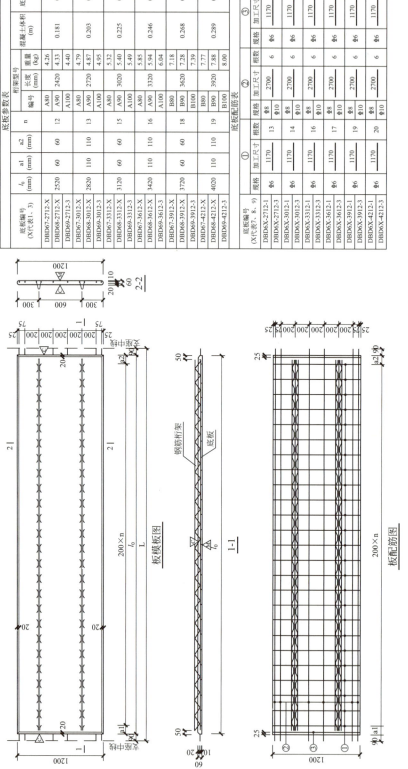

图 8-25 宽 1200mm 单向板底板模板及配筋图

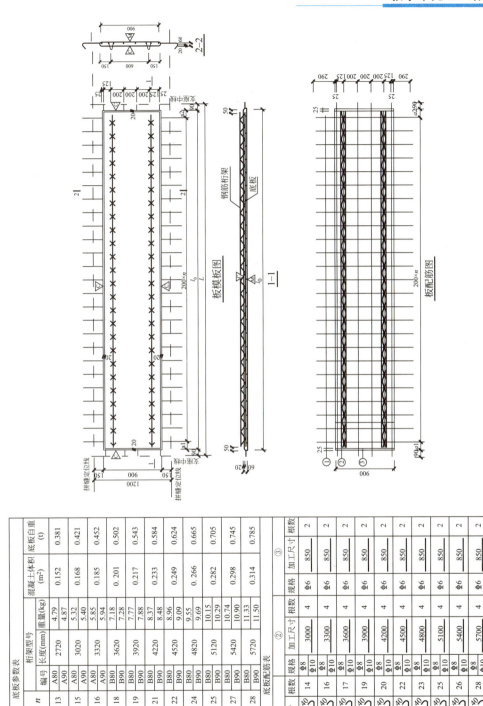

图 8-26 宽 1200mm 双向板底板中板模板及配筋图

方向间距 200mm 布置，其中，最左侧的宽度方向板筋距板边 150mm，最右侧的宽度方向板筋距板边 70mm，沿宽度方向外伸 290mm 后做 135°弯钩，弯钩平直段长度 40mm。①号和③号钢筋在外侧，②号钢筋在内侧且与桁架下弦钢筋同层。

8.4 钢结构施工图的组成与识读要点

8.4.1 钢结构施工图基本知识

在建筑钢结构工程设计中，通常将结构施工图的设计分为设计图设计和施工详图设计两个阶段。

设计图是根据工艺、建筑和初步设计等要求，经设计和计算编制而成的较高阶段的施工设计图。它的目的和深度以及所包含的内容是作为施工详图编制的依据，它由设计单位编制完成，图纸表达简明，图纸量少。内容一般包括：设计总说明、结构布置图、构件图、节点图和钢材订货表等。

施工详图是根据设计图编制的工厂施工和安装详图，也包含少量的连接和构造计算，它是对设计图的进一步深化设计，目的是为制造工厂或施工单位提供制造、加工和安装的施工详图，它一般由制造工厂或施工单位编制完成。施工详图图纸表示详细，数量多，其内容包括：构件安装布置图、构件详图等。

8.4.2 常用型钢的标注方法

常用型钢的标注方法　　　　　　　　　表 8-24

序号	名称	截面	标注	说明
1	等边角钢	∟	∟ $b \times t$	b 为肢宽 t 为肢厚
2	不等边角钢	∟ B	∟ $B \times b \times t$	B 为长肢宽 b 为短肢宽 t 为肢厚
3	工字钢	I	I N　Q I N	轻型工字钢加注 Q 字
4	槽钢	[	[N　Q [N	轻型槽钢加注 Q 字
5	方钢	b	□ b	—

续表

序号	名称	截面	标注	说明
6	扁钢		$-b\times t$	—
7	钢板		$-\dfrac{-b\times t}{L}$	$\dfrac{宽\times 厚}{板长}$
8	圆钢		ϕd	—
9	钢管		$\phi d\times t$	d 为外径 t 为壁厚
10	薄壁方钢管		B $b\times t$	薄壁型钢加注 B 字 t 为壁厚
11	薄壁等肢角钢		B $b\times t$	
12	薄壁等肢卷边角钢		B $b\times a\times t$	
13	薄壁槽钢		B $h\times b\times t$	
14	薄壁卷边槽钢		B $h\times b\times a\times t$	
15	薄壁卷边 Z 型钢		B $h\times b\times a\times t$	
16	T 型钢		TW ×× TM ×× TN ××	TW 为宽翼缘 T 型钢 TM 为中翼缘 T 型钢 TN 为窄翼缘 T 型钢
17	H 型钢		HW ×× HM ×× HN ××	HW 为宽翼缘 H 型钢 HM 为中翼缘 H 型钢 HN 为窄翼缘 H 型钢
18	起重机钢轨		QU××	详细说明产品规格型号
19	轻轨及钢轨		××kg/m 钢轨	

8.4.3　焊缝符号及标注方法

《焊缝符号表示法》GB/T 324—2008 规定：焊缝代号由引出线、图形符号和辅助符号三部分组成。引出线由横线和带箭头的斜线组成。箭头指到图形上的相应焊缝处，横线的上面和下面用来标注图形符号和焊缝尺寸。当引出线的箭头指向焊缝所在的一面时，应将图形符号和焊缝尺寸标注在水平横线的上面；当引出线的箭头指向焊缝所在的另一面时，则应将图形符号和焊缝尺寸标注在水平横线的下面。必要时可在水平线的末端加一尾部作为其他说明之用。图形符号表示焊缝的基本形式，如用▲表示角焊缝，用 V 表示 V 形坡口的对接焊缝。

1. 对接焊缝的符号

对接焊缝的符号如图 8-27 所示。

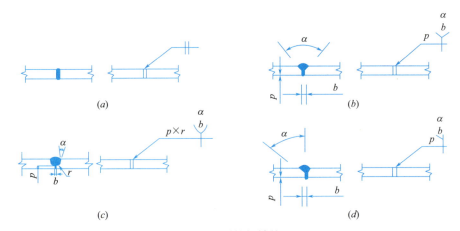

图 8-27 对接焊缝符号

（a）直焊缝；（b）V 形对接焊缝；（c）U 形对接焊缝；（d）单边 V 形对接焊缝

2. 角焊缝的符号

角焊缝的符号如图 8-28 所示。

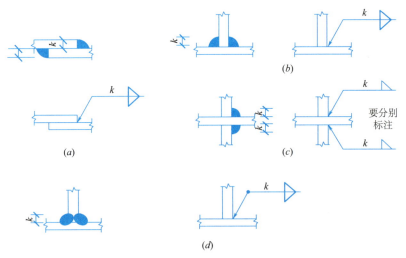

图 8-28 角焊缝符号

（a）搭接连接；（b）T 形连接；（c）十字连接；（d）熔透角焊缝

3. 不规则焊缝的标注

不规则焊缝的标注如图 8-29 所示。

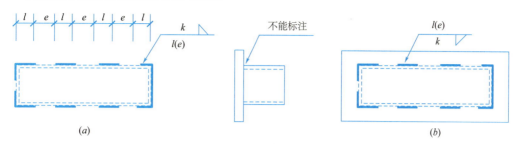

图 8-29 不规则焊缝的标注
（a）可见焊缝；（b）不可见焊缝

4. 相同焊缝的符号

在同一张图上，当焊缝的形式、断面尺寸和辅助要求均相同时，可只选择一处标注焊缝的符号和尺寸，并加注"相同焊缝符号"，相同焊缝符号为 3/4 圆弧，绘在引出线的转折处，如图 8-30 所示。

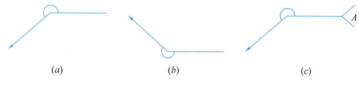

图 8-30 相同焊缝的符号

5. 现场安装焊缝的表示

现场安装焊缝表示如图 8-31 所示。

6. 较长角焊缝的标注

对较长的角焊缝，可直接在角焊缝旁标注焊缝尺寸 k，如图 8-32 所示。

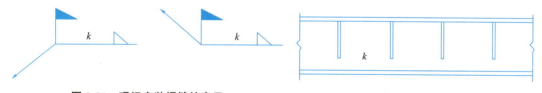

图 8-31 现场安装焊缝的表示　　　　　图 8-32 较长角焊缝的标注

7. 局部焊缝的表示

局部焊缝的表示如图 8-33 所示。

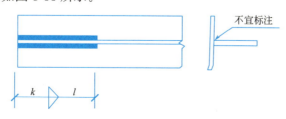

图 8-33 局部焊缝的表示

8.4.4 螺栓、孔、电焊铆钉的表示方法

螺栓、孔、电焊铆钉的表示方法　　　　　表 8-25

序号	名称	图例	说明
1	永久螺栓	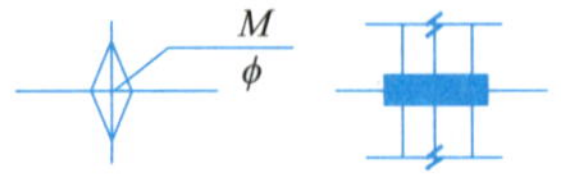	
2	高强螺栓	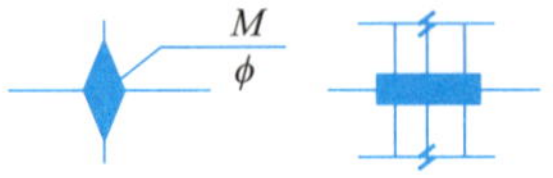	1. 细"+"线表示定位线； 2. M 表示螺栓型号； 3. ϕ 表示螺栓孔直径
3	安装螺栓	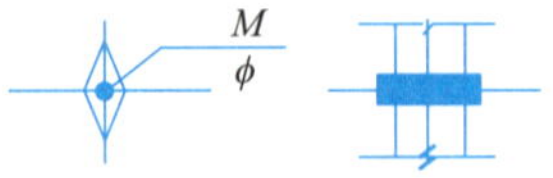	
4	膨胀螺栓	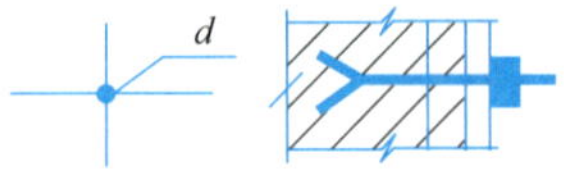	
5	圆形螺栓孔		1. d 表示膨胀螺栓、电焊铆钉直径； 2. 采用引出线标注螺栓时，横线上标注螺栓规格，横线下标注螺栓孔直径
6	长圆形螺栓孔		
7	电焊铆钉	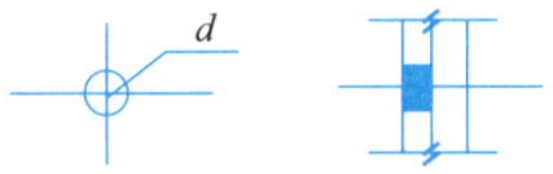	

8.4.5 钢结构节点详图

1. 节点详图识读

钢结构是由若干构件连接而成，钢构件又是由若干型钢或零件连接而成。钢结构的连接有焊缝连接、铆钉连接、普通螺栓连接和高强度螺栓连接，连接部位统称为节点。连接设计是否合理，直接影响到结构的使用安全、施工工艺和工程造价，所以钢结构节点设计同构件或结构本身的设计一样重要。钢结构节点设计的原则是安全可靠、构造简单、施工方便和经济合理。

2. 柱拼接连接详图

柱的拼接有多种形式，以连接方法分为螺栓和焊缝拼接，以构件截面分为等截面拼接和变截面拼接，以构件位置分为中心和偏心拼接。图 8-34 为柱螺栓拼接连接详图。

在此详图中，可知此钢柱为等截面拼接，HW452×417 表示立柱构件为热轧宽翼缘 H

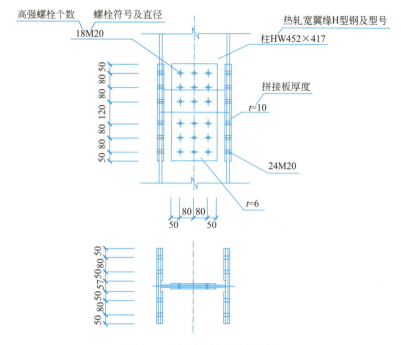

图 8-34 柱螺栓拼接连接详图

型钢，高为 452mm，宽为 417mm，截面特性可查型钢表；采用螺栓连接，18M20 表示腹板上排列 18 个直径为 20mm 的螺栓，24M20 表示每块翼板上排列 24 个直径为 20mm 的螺栓；由螺栓的图例可知为高强度螺栓；从立面图可知腹板上螺栓的排列；从立面图和平面图可知翼缘上螺栓的排列，栓距为 80mm，边距为 50mm；拼接板均采用双盖板连接，腹板上盖板长为 540mm，宽为 260mm，厚为 6mm，翼缘上外盖板长为 540mm，宽与柱翼宽相同，为 417mm，厚为 10mm，内盖板宽为 180mm。作为钢柱构件，在节点连接处要能传递弯矩、扭矩、剪力和轴力，柱的连接必须为刚性连接。

3. 梁拼接连接详图

梁的拼接形式与柱类同，不再赘述。

4. 梁柱刚性连接详图

图 8-35 为梁柱刚性连接详图。在此详图中，钢梁为 HN500×200 表示梁为热轧窄翼缘 H 型钢，截面高、宽为 500mm 和 200mm；钢梁为 HW400×300 表示梁为热轧宽翼缘 H 型钢，截面高、宽为 400mm 和 300mm。采用螺栓和焊缝混合连接，其中梁翼缘与柱为对接焊缝连接，▶表示焊缝为现场施焊；从焊缝标注可知为带坡口有垫块的对接焊缝，焊缝标注无数字时，表示焊缝按构造要求开口；梁腹板与柱用角钢采取高强螺栓连接；从螺栓图例可知为高强度螺栓，个数为 5 个，直径为 20mm，栓距为 80mm，边距为 50mm；角钢与柱采用双面角焊缝，▶表示焊缝为现场施焊，焊缝尺寸 10mm。

5. 铰接式柱脚

在此详图中，钢柱为 HW400×300，表示柱为热轧宽翼缘 H 型钢，截面高、宽为 400mm 和 300mm，底板长为 500mm、宽为 400mm，厚为 26mm，采用 2 根直径为 30mm 的锚栓，其位置从平面图中可确定。安装螺母前加垫厚为 10mm 的垫片，柱与底板用焊脚

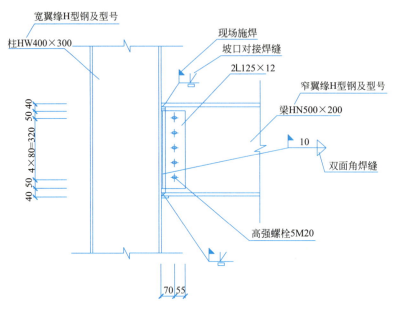

图 8-35 梁柱刚性连接详图

为 8mm 的角焊缝四面围焊连接。此柱脚连接几乎不能传递弯矩，为铰接柱脚，如图 8-36 所示。

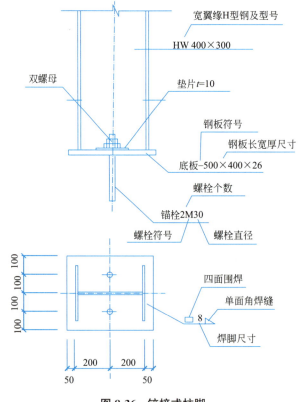

图 8-36 铰接式柱脚

8.5 结构施工图纸的自审与会审

图纸会审是指工程各参建单位（建设单位、监理单位、施工单位等相关单位）在收到施工图审查机构审查合格的施工图设计文件后，在设计交底后进行全面细致地熟悉和审查施工图纸的活动。图纸会审的深度和全面性将在一定程度上影响工程施工的质量、进度、成本、安全和工程施工的难易程度。因此，施工图纸会审是工程施工前的一项必不可少的重要工作。

同时为保证良好的图纸会审效果，在会审前参建各方参加的图纸审核、制定图纸会审计划并集中提出图纸遗留问题的过程，即图纸自审。

8.5.1 图纸自审

1. 图纸自审的要求

（1）图纸自审由单位技术负责人主持。

（2）单位技术负责人应组织项目部技术人员及有关职能部门的人员，以及主要工种班组长等进行图纸的自审，并作出自审的书面记录。

（3）对自审后发现的问题必须进行内部讨论，务必全面弄清设计意图和工程特点及特殊要求。

2. 图纸自审的内容

工程设计施工图纸，虽然经过设计单位和图审机构的层层把关，也难免出现错、漏、碰现象。施工技术人员为了保证施工的顺利进行，保证工程质量，在工程开工前，进行图纸自审是至关重要的。

（1）分专业自审

1）图面有没有错误，如轴线、尺寸、构件、钢筋直径、数量、混凝土强度等级等。

2）图面上表示是否清楚，有没有漏掉尺寸等现象。特别是轴线表示是否清楚，剖面图够不够，详图缺不缺。

3）图中选用的新材料、新技术、新工艺表示是否清楚。如新材料的技术标准、工艺参数、施工要求、质量标准等是否表示清楚，能否施工。

4）设计施工图纸能否符合实际情况，施工时有无困难，能否保证质量。

5）设计施工图纸中采用的材料、构（配）件能否购到。

6）图中选用的设备是否是淘汰产品。

（2）各专业互审

1）管道等其他专业需要在土建楼板、墙壁上预留的孔洞，在土建上表示了没有，尺寸、标高对不对。

2）各专业之间，尤其是设备专业和土建专业图纸上的轴线、标高、尺寸是否统一，有无矛盾之处。

3)其他专业需要在土建图纸中预埋的铁件、螺栓,在土建图纸里表示了没有,尺寸是否准确无误。

4)电气埋管布置和走向与土建图纸是否一致,是否合理恰当。

图纸自审完成后,由项目部负责整理并汇总,在图纸会审前交由建设(监理)单位送交设计单位,目的是让设计人员提早熟悉图纸存在的一些问题,做好设计交底准备,以节省时间,提高会审的质量。图纸自审之后,图纸会审也就接踵而来了。

8.5.2 图纸会审

1. 图纸会审的程序

图纸会审由建设单位召集进行,并由建设单位分别通知设计、监理、施工单位(分包施工单位)等参加。

图纸会审的一般程序:业主或监理方主持人发言→设计方图纸交底→施工方、监理方代表提问题→逐条研究→形成会审记录文件→签字、盖章后生效。

施工单位应专人对提出和解答的问题作好记录。经整理后成为图纸会审记录,由各方技术负责人签字并盖公章加以认可。

2. 图纸会审的内容

(1)专业图纸之间、平立剖面图之间有无矛盾,标注有无遗漏。

(2)总平面与施工图的几何尺寸、平面位置、标高等是否一致。

(3)防火、消防是否满足要求。

(4)建筑结构施工图与各专业图纸是否有差错及矛盾。

(5)结构施工图与建筑施工图的平面尺寸及标高是否一致。

(6)建筑施工图与结构施工图的表示方法是否清楚。

(7)预埋件是否表示清楚。

(8)钢筋的构造要求在图中是否表示清楚。

(9)材料来源有无保证;新材料、新技术的应用是否有问题。

(10)建筑与结构构造是否存在不便于施工的技术问题,或容易导致质量、安全、工程费用增加等方面的问题。

图纸会审后,由施工单位对会审中的问题进行归纳整理,建设、设计、监理及其他与会单位进行会签,形成正式会审记录,作为施工文件的组成部分。

3. 图纸会审记录的内容

图纸会审主要包括:工程项目名称、参加会审的单位(要全称)及其人员姓名、会审地点(地点要具体)、会审时间(年、月、日)及会审内容,图纸会审记录表见表8-26。其中,会审记录内容主要包括:

(1)建设单位、监理单位、施工单位对设计图纸提出的问题,已得到设计单位的解答或修改的内容。

(2)施工单位为便于施工,施工安全或建筑材料等问题要求设计单位修改部分设计的会商结果与解决方法(要注明图别、图号,必要时附图说明)。

(3)会审中尚未得到解决或需要进一步商讨的问题。

(4) 列出参加会审单位全称，并盖章后生效。

4. 图纸会审记录的发送
(1) 盖章生效的图纸会审记录由施工单位的项目资料员负责发送。
(2) 会审记录发送单位：建设单位、设计单位、监理单位及施工单位。

图纸会审记录　　　　　　　　　　表 8-26

工程名称					共　页　第　页	
会审地点			记录整理人		日期	
参加人员	建设单位					
	设计单位					
	监理单位					
	施工单位					
序号	图纸编号		提出图纸问题		图纸修订意见	
签字栏	建设单位		设计单位		监理单位	施工单位

单元总结

结构施工图是根据建筑要求，经过结构选型和构件布置并进行力学计算，确定各承重构件（基础、承重墙、梁、板、屋架、屋面板等）的布置、形状、大小、数量、类型、材料以及内部构造等，把这些承重构件的位置、大小、形状、连接方式绘制成图样，用来指导施工，这样的图样称为结构施工图，简称结施图。

结构施工图主要包括结构设计总说明、结构平面布置图及构件详图。

框架结构施工图包括：结构设计总说明、基础平面图和基础详图、柱平法配筋图、板模板配筋图、梁平法施工图、楼梯结构详图。

剪力墙结构施工图包括：结构设计总说明、基础布置图、剪力墙施工图、梁平法施工图、板配筋图、楼梯施工图。

现浇钢筋混凝土结构施工图平面整体表示方法（简称平法），是把结构构件的尺寸和钢筋等，按照平面整体表示方法制图规则，整体直接表达在各类构件的结构平面布置图上，再与标准构造详图相配合，即构成一套完整的结构施工图的方法。

基础施工图的识读要点：轴线编号及轴网尺寸、基础类型、基础构件的代号、平面位置及尺寸、基底标高、竖向截面形状及尺寸、基础配筋。

钢筋混凝土结构构件（墙、柱、梁、板、楼梯）平法施工图的识读要点：轴网布置、竖向构件布置（墙、柱）、水平构件（梁、板）布置、结构构件的标高、尺寸、具体配筋数值。

装配式混凝土剪力墙结构施工图主要包括：结构平面布置图、各类预制构件详图和连接节点详图。

钢结构施工图的识读要点：结构构件及支撑的平面布置、构件各零件的尺寸、外形、材料及连接。

图纸会审由建设单位召集进行，并由设计、监理、施工单位（含分包施工单位）等参加的施工图审查活动。

思考及练习

一、填空题

1. 在平法《22G101-1》图集中，剪力墙身的编号 Q1（2 排）表示_____，剪力墙梁的编号 AL3 表示_____。

2. 在平法《22G101-1》图集中，剪力墙梁的梁编号 LL2（JC）表示_____，剪力墙柱的编号 YBZ3 表示_____。

3. 某楼层框架柱箍筋为 $\phi 10@100$ 表示箍筋为_____、直径为_____、沿全高_____设置。

4. 某楼面框架梁的集中标注中有 N6ϕ18，其中 N 表示是_____，6ϕ18 表示梁的两侧面沿边配置_____根ϕ18 的钢筋。

5. 楼梯从施工方法上可以分为_____楼梯和_____楼梯，从受力上可以分为_____楼梯和_____楼梯。

6. 板式楼梯由_____、_____和_____组成。

7. 柱的拼接有多种形式，以连接方法分为_____拼接和_____拼接。

8. 框架梁加腋的标注 YC$_1$×C$_2$ 中，C$_1$ 表示_____，C$_2$ 表示_____。

9. 图纸会审由_____召集进行，并由_____分别通知_____、_____、_____单位参加。

二、简答题

1. 什么是建筑施工图、结构施工图？
2. 解释以下结构构件代号：GZ、QL、ZH、WL、LL、YKB。
3. 简述基础施工图的识读要点。
4. 简述梁平法施工图的识读要点。
5. 简述柱平法施工图的识读要点。
6. 简述剪力墙平法施工图的识读要点。
7. 简述图纸会审的程序和内容。

三、识图题

1. 试说明以下构件平法施工图截面注写方式的参数含义。

   KZ2
   500×550
   22⏀22
   ⏀10@100/200

2. 某剪力墙洞口的平法标注如下,试述标注中各项字符的含义。

   JD1 300×400
   2层：+0.900 3层：+1.500
   其他层：−0.500
   3⏀14

3. 某框架梁的平法集中标注如下,试述标注中各项字符的含义。

   KL8（5）300×600 Y500×250
   ⏀10@100/150（2）2⏀25
   N4⏀16
   (−0.100)

4. 某剪力墙连梁的平法集中标注如下,试述标注中各项字符的含义。

   LL1
   2层：250×2400（−1.200）
   其他层：250×1500（+0.900）
   ϕ10@150（2）
   4⏀22；4⏀20

5. 框架梁的平法标注如下,试述标注中各项字符的含义。

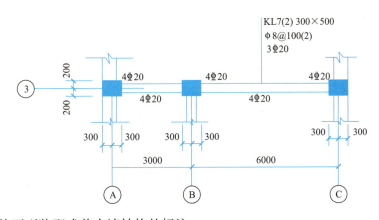

6. 请回答下列装配式剪力墙结构的标注。

   WQC2-4229-1209-1810 表示_____,宽度为_____,层高为_____；左窗宽_____,左窗高_____；右窗宽_____,右窗高_____。NQM2-3328-1223 表示_____,宽度为_____,层高为_____；门宽_____,

门高_____。DBD67-36214 表示_____，预制底板厚度为_____，后浇叠合层厚度为_____，预制底板的标志跨度为_____，标志宽度为_____，底板跨度方向配筋为_____。

教学单元 9
结构工程BIM应用

Chapter 09

1. 知识目标
(1) 了解主流结构 BIM 应用软件的功能；
(2) 理解 BIM 技术在结构工程中的应用形式；
(3) 掌握主流结构 BIM 应用软件的数据交互方法。

2. 能力目标
(1) 能够建立 BIM 结构模型；
(2) 能够进行 BIM 结构模型数据转换。

3. 素质目标
(1) 让学生了解武汉火神山、雷神山医院建造"中国速度"背后的"制度优势""中国精神"，为学生解读其中 BIM 技术的应用，激发学生认同感与民族自豪感，树立学生的行业使命感，加强学生的专业责任感。引导学生对武汉火神山、雷神山医院建造中采用的智能建造与大数据等其他土木工程前沿技术进行积极探索。

(2) 让学生了解目前我国国产 BIM 软件的应用情况，积极打破国外垄断，解决了我国关键核心技术"卡脖子"问题，建立了中国自主软件生态，保障行业发展可持续性与建筑行业的数据安全，为"数字中国"提供支撑，激发学生的爱国热情，增强民族自豪感，增加学生对我国发展道路的自信。

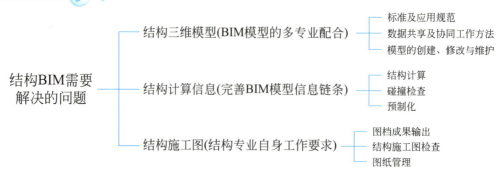

基于CAD的二维传统设计模式一直是建筑业的主流，大大提高了早期手绘和用图板年代的工作效率，把建筑设计带到了一个更高的层面。但是随着时间的推移，传统设计的弊端已经渐渐显露。面对现如今体量大，结构复杂的大型项目，二维设计缺乏必要的直观性，与信息交流阻碍多，难免在设计过程中产生错漏碰缺等问题。有些问题到施工阶段才能发现，造成了不必要的返工和浪费。更为严重的是有些差错甚至在运营期间才发现，给运维安全埋下极大的隐患。

将BIM技术引入结构工程就显得尤为重要了。结构工程的BIM模型应用主要包括结构建模和计算、规范校核、三维可视化辅助设计、工程造价信息统计、施工图文档，涵盖了包括结构构件以及整体结构两个层次的相关附属信息。可以通过建立BIM模型将工程实体中的结构构件以3D可视化的形式展现出来，还可以加入真实的数据，例如构件的尺寸、形状、特性、属性、材质等信息，这样BIM模型就具备了与实体项目1∶1的真实度，大大改善了传统设计的数据交流缺乏以及共享等问题。

除此之外，BIM技术还可以对项目的隐藏冲突点进行碰撞检查、工序与工法进行施工模拟等，减少设计变更、施工返工和错漏碰缺等现象。更加可贵的是，BIM除了可以帮助设计端提高工作效率之外，还可以通过对施工端的施工模拟、装配演示、物料跟踪、进度管理、成本把控等手段，提高施工管理的精细程度，改善传统的粗放型管理方法，减少成本浪费，并且可以作用于运维端实现科学化、智能化管理，对项目的全生命周期进行数字化模拟。

9.1 结构 BIM 应用知识与方法

BIM需要解决的不仅是模型（Model）的问题，而且最重要的是解决信息（Information）的问题。在建筑设计领域，结构专业模型的问题基本已经解决，而需要解决的是如何在模型的基础上附着信息。

在以往的建筑设计中，专业人员只负责本专业的技术设计，出具蓝图后，由施工企业委托概预算人员进行工程量及材料用量的统计，计算成本，评估项目的盈利情况。项目建成后，出具竣工图，由后续的物业公司进行管理。最终的结果是，项目的实际运作和最初的蓝图可能已经相差很远。而 BIM 就是要在设计阶段解决这些问题。

从结构专业来讲，以往的工作是根据建筑平面图，首先用结构计算软件建立整体模型进行计算分析，然后根据计算结果绘制平面施工图。传统的建筑结构设计多采取二维 CAD 绘图的方式，其设计一般在建筑初步设计过程中介入。工程师在建筑设计基础上，根据总体设计方案及规范规定进行结构选型、构件布置、分析计算优化、深化节点、绘制施工图文件。

将 BIM 模型引入结构设计后，BIM 模型作为一个信息平台能将上述过程中的各种数据统筹管理，BIM 模型中的结构构件同样也具有真实构件的属性和特性，记录了工程实施过程中的数据信息，也可被实时调用、统计分析、管理与共享。结构工程的 BIM 模型应用主要包括结构建模、计算、规范校核、三维可视化辅助设计、工程造价信息统计、施工图文档、其他有关的信息明细表等，包括构件及结构两个层次的相关附属信息。

9-1
BIM的概念

知识拓展

BIM 结构模型中的数据信息　　　　　　　　　　表 9-1

构件层次	BIM 模型可储存构件的材料信息、截面信息、方位信息和几何信息
整体结构层次	完整的三维实体信息模型提供基于虚拟现实的可视化信息，能对结构施工提供指导，能对施工中可能遇到的构件碰撞进行检测，能为软件提供结构用料信息的显示与查询，还包含提供结构整体分析计算的数据
应用层次	BIM 模型采用参数化的三维实体信息描述结构单元，以梁、柱等结构构件为基本对象，而不再是 CAD 中的点、线、面等几何元素。 BIM 模型的核心技术是参数化建模，涵盖所有构件的特征、节点的属性，对模型操作会保持构件在现实中的同步。 从三维 BIM 模型可以读取其中的结构计算所需的构件信息，绘制结构分析模型。三维实体模型在结构构件的布置上与结构计算分析模型完全一致，且同实际结构保持一致。同时 BIM 软件又可读取结构分析软件数据文件，转为自身的格式，实现建模过程中资源的共享，使项目管理共享协同能力得到提高

基于 BIM 技术的设计最大的优点在于对建筑数据信息的充分整合与分析，通过此环节可以得到一个量化的依据，项目参与各方可以通过此依据制定符合自身的规划与决策。当前，建筑工程项目逐渐向高层化、超高层以及大规模的方向发展，对于建筑产品用户的需求越来越多，要求也越来越高。用户既要求建筑整体的功能性，还要求建筑体型多样化、复杂化。所以建筑设计工作当中通常都会需要从各种渠道获取大量的信息。相关的数据信息是建筑结构设计当中关键的资源，若能够在建筑生产的过程当中合理运用，既能够帮助建筑企业缩短工期，降低企业的成本投入，还可以提升建筑工程施工过

程的安全管理与质量管理。因此，现代信息技术在建筑工程领域得到了广泛的应用，建筑行业也能够在信息技术的支撑下对各类信息进行快速地处理，对成本投入进行控制并对工期进行合理的安排。BIM 技术的应用，使建筑结构设计从二维实现了向三维转变，实现了数字模型的创建与应用，并对建筑工程结构进行设计以及建造、运营管理等。BIM 技术可以使建筑企业在设计期间、生产期间和经营管理期间的经营成本得到有效控制，有利于建筑行业的持续稳定发展。

BIM 技术将建设项目的预期结果在数字环境下提前实现，从而使设计意图和理念能在建设项目全生命周期中展示与应用，使结构选型、规范标准、设计要求、时间及成本控制等都能在 BIM 技术指导下得到清晰、准确、迅速、直观的表达。BIM 在建筑设计领域的应用主要体现在以下几个方面：

（1）参数化设计。包括了参数化图元和参数化修改引擎，支持对建筑形式的创新。作为建筑信息的主要来源，它也是建筑生命周期信息技术应用的重要基础，如建筑性能分析、建筑构件加工生产等。

（2）基于 BIM 的协同设计。指在设计企业内不同设计部门、不同专业方向或者同一项目的不同设计企业之间，基于 BIM 软件平台的协调和配合。协同设计可以提高设计质量，减少设计冲突与错误，缩短建筑设计周期。

（3）基于 BIM 的建筑模型检查。对 BIM 模型进行自动检查，在设计阶段发现问题，提高设计质量，减少返工。利用 BIM 模型还可以对一些建筑设计规范的执行情况进行检查。

（4）基于 BIM 模型的各种性能分析。基于 BIM 技术的发展为准确、高效的建筑物性能分析提供了可行性技术依据，包括利用 BIM 模型进行能耗分析、舒适度分析，以及日照、采光、通风、声音、视线等建筑环境分析、安全性分析等。

9.2 主流结构 BIM 应用软件功能、建模及数据交互概述

BIM 应用软件，按软件在应用中的作用分为基础软件（Revit、建模大师、PKPM-BIM 等）、工具软件（品茗、广联达、Navisworks Manage、YJK 等）和平台软件（BIM-Base、盈建科协同设计工具软件、BIM 360 等）；按软件支持 BIM 技术的程度分为 BIM 应用软件和准 BIM 应用软件。BIM 应用软件具有支持面向对象的操作、以 n 维模型为基础、支持参数化、提供更强大的功能、支持开放的数据模型标准等核心特征。

结构设计是一个复杂的动态过程，需要对结构或构件在不同荷载作用下的力学性能进行计算和分析。结构模型作为 BIM 模型的重要组成部分，在整个设计中占有重要地位。就 BIM 应用而言，结构模型的力学计算和分析一直是整个 BIM 信息集成链中重要的一环。当前，BIM 在结构阶段应用的研究和开发已呈逐渐上升趋势，这对实现 BIM 在整个设计阶段数据信息的互联和互通起到了关键作用。

BIM 技术应用成功与否，在一定程度上取决于其在不同阶段、不同专业所产生的模型信息能否顺利地在工程的整个生命周期中实现有效交换与共享。BIM 模型数据的定义采用

IFC 标准，IFC 为 BIM 提供了数据定义模式和信息交换格式，其中模型数据采用 EXPRESS 语言和 EXPRESS-G 图进行定义。IFC 是一种开放型的数据表达标准，使 BIM 应用过程中各参与学科能共享和交换不同阶段不同时期所产生的数据信息。

知识拓展

IFC（Industry Foundation Classes）标准　　　　表 9-2

定义		开放的建筑产品数据表达与交换的国际标准，是建筑工程软件交换和共享信息的基础
基本信息		IFC 4 版本，包含 766 个实体，59 个选择类型，206 个枚举类型，129 个定义类型，408 个预定义属性
体系架构	资源层	描述基础的信息资源
	核心层	描述建筑项目信息的整体框架
	共享层	解决领域之间的信息交互
	领域层	描述各领域的信息
说明		使用 IFC 标准不需要软件内部使用这套标准，只要求和其他系统交换信息时符合 IFC 标准

9.2.1　结构 BIM 软件

国际 BIM 联盟（Building SMART International），是全球最权威的 BIM 行业协会和 IFC 国际标准编制及维护组织，它所认证的约有 150 多个软件支持 BIM 标准，可以顺利实现输出和输入 IFC 格式的数据，如 Revit、Allplan Engineering、Bentley Suite、ETABS、Tekla 等均支持 IFC 格式的结构建模。国内应用最多的综合性结构设计软件 PKPM 和 YJK 也已建立与 BIM 的链接，二者的建模手段和应用类型大致相同，包括建模、计算分析、施工图绘制等主要设计流程。

用于结构计算及分析的主流有限元软件主要包括 ABAQUS、ETABS、MIDAS、ANSYS、SAP 2000、ADINA、DIANA 等。这些通用有限元软件在处理复杂结构分析方面具有其独特的优势，其可自定义程度高，基本涵盖了力学理论成熟的材料模型，如各向同性、各向异性、正交各向异性、不可压缩材料等，且内置单元种类众多，部分软件拥有的单元多达百余种，每种单元还有不同的功能选项，因此，具备庞大的求解规模和非线性力学分析功能。但是用于结构计算与分析的有限元软件数据建模格式相对独立，不支持输入或输出 IFC 格式模型数据，且不同软件公司之间的数据定义格式也互不相同，无法实现数据模型的顺利转换。

下面简单介绍国内外常用的 BIM 结构软件。

1. Revit

Revit 是 Autodesk 公司一套系列软件的名称，Revit 系列软件是专为建筑信息模型（BIM）构建的，支持 IFC 格式。Autodesk Revit 结合了 Revit Architecture、Revit MEP 和 Revit Structure 软件的功能。Revit Structure（结构工程设计）面向结构工程师提供 BIM 解决方案，可为结构设计、分析和文档编制提供专门定制的工具。Revit Structure 软件的标准建模对象包括墙、梁、柱、板和基础等，其他结构对象可被创建为参数化构件。

支持设计协调与协作、双向关联、参数化设计等功能。

2. PKPM

PKPM 是中国建筑行业的主流软件，尤其在结构分析计算方面与国家规范结合最为紧密。而 Revit 则是目前使用相对广泛的 BIM 软件，其侧重于 BIM 模型的建立，跨专业实现协调设计。PKPM 软件和 Revit 软件实现双向数据互连，即 Revit 的模型数据可导入 PKPM 进行结构计算，PKPM 模型数据也可导入 Revit 作为建筑设计、水暖电设计的参考。二者的数据互连，给各专业工程师的工作带来了很大的便利，进一步推动了 BIM 在中国工程建设行业的应用和普及，同时也是 Revit 满足中国本地设计人员需求的重要步骤，能进一步提高 Revit 软件使用者的设计效率，并使之更加符合本地化标准。

PKPM 是一款面向建筑工程全生命周期的集建筑、结构、设备设计于一体的集成化软件。Revit 软件与其数据互连，等同于把 PKPM 和 Revit 在 BIM 的整个流程中结合起来。这样可以让国内的设计人员在用 Revit 的同时也可以用到 PKPM 结构分析软件，同时解决了 BIM 流程中不同建筑模型数据间的相互转换问题，从而可以大大提高工作效率并降低出错率。PKPM 基于 BIM 技术的建筑工程协同设计系统架构，如图 9-1 所示。

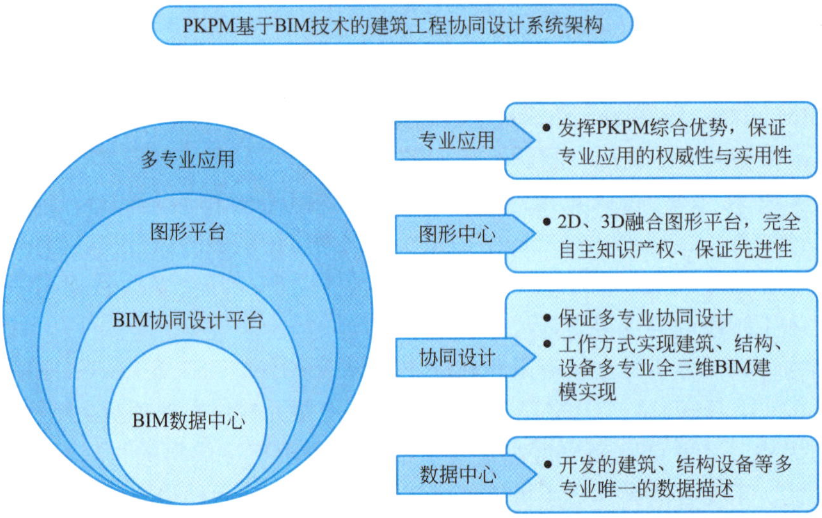

图 9-1 PKPM 基于 BIM 技术的建筑工程协同设计系统架构

PKPM 通过核心三维数据模型，将建筑项目的各个环节连接起来，率先实现了信息数据化、数据模型化、模型通用化的 BIM 理念，进而实现了建筑模型数据在全寿命周期的充分利用。

3. RStar CAD

RStar CAD 支持 PMCAD 数据格式、Revit 数据格式。Revit 和 PKPM 是目前国内在建筑结构设计领域应用最广泛的专业设计和分析软件，RStar CAD 解决了两个软件间的建筑模型数据的相互转换。RStar CAD 具有专门的接口程序软件，能够分别正确读出 Revit 和 PKPM 的文件格式或这两个软件可直接读取的无损的中间格式文件。在专门的接口程序软件中，提供了对数据的简单维护及处理能力。对于此软件接口程序也提供专门的软件操作界面，供设计人员使用。在转换中能够自动正确识别常用标准构件。

4. Allplan Engineering

Allplan Engineering 生产厂商为 Nemetschek，支持 IFC 格式，为结构提供建模和设计解决方案。主要功能为面向对象的三维结构设计、配筋设计和详图设计。

5. SATWE

SATWE 软件是 PKPM 系列软件中面向多层和高层建筑中采用框架或剪力墙结构的专用有限元分析软件，其主要优势是采用了通用有限元软件的计算模式和方法，同时解决了通用软件专业性不足的缺陷。比如，SATWE 采用空间杆单元模拟梁、柱及支撑等杆件，在壳元基础上采用静力凝聚原理构造通用墙元模拟剪力墙。墙元不仅具有平面内刚度，也具有平面外刚度，可以较好地模拟结构中剪力墙的实际受力状态。由于 SATWE 可以与 PKPM 或 YJK 无缝转换模型，因此，通过开发的数据转换接口，将 IFC 格式结构模型转换到 PKPM 或 YJK 中形成结构模型，并自动与 SATWE 对接进行结构计算与分析，从而实现 BIM 到 SATWE 的数据转换。

6. MIDAS

MIDAS 是由韩国迈达斯技术有限公司开发，适用于土木、机械等工程领域的通用有限元软件，该软件在体育场、车站等具有大跨度、复杂约束关系的空间结构分析与设计中具有较广泛的应用。由于 PKPM 或 YJK 中提供了大量空间结构的建模能力，且支持节点弹性约束、两点刚性或弹性连接、节点强制位移等功能，使其分析能力大大增强。因此，通过数据转换接口，先将 BIM 的 IFC 格式结构模型转换到 PKPM 或 YJK 中，再将提取的结构模型转换到 MIDAS 中，最终实现 BIM 到 MIDAS 的数据转换。同时，可以实现充分利用 PKPM 或 YJK 和 MIDAS 两类软件的计算和分析优势，对模型计算结果进行复核，并符合中国规范的要求。

7. ETABS

ETABS 是由美国 CSI 公司开发研制的集成化的建筑结构分析与设计软件，适用于各种建筑结构体系，包括框架体系、支撑框架体系、剪力墙体系、坡屋面、多塔建筑等。ETABS 软件以空间有限元分析为基础，针对建筑结构的特点，所有的构件按照几何形状以"对象"进行模拟。"对象"是将模型中真实的构件和作用在构件上的荷载等属性从空间角度上进行抽象，包含几何信息、指定属性、指定荷载信息等。采用数据转换接口，将 BIM 的 IFC 格式结构模型转换到 PKPM 或 YJK 中，再将提取的结构模型转换到 ETABS 中，最终实现 BIM 到 ETABS 的数据转换。

8. ABAQUS

ABAQUS 隶属于达索 SIMULIA 公司，其主要特征是具备丰富的、可模拟任意几何形状的单元库，并拥有各种类型的材料模型库，可以模拟典型工程材料的性能。作为通用的有限元分析软件，ABAQUS 在解决大量结构的应力和位移，以及热传导、质量扩散、热电耦合分析、振动与声学分析、岩土力学分析等方面具有其独特的优势，是世界上非线性分析整体功能最强的软件之一。同样，以 PKPM 或 YJK 为转换中介，通过数据转换接口，将 BIM 的 IFC 格式结构模型提取到 PKPM 或 YJK 中，再将该模型转换到 ABAQUS 中实现 BIM 到 ABAQUS 的数据转换。

9.2.2 数据转换方法

结构的计算与分析可能采用不同的有限元软件实现，而这些有限元软件数据格式的定义与 BIM 的 IFC 数据格式完全不同。由于 IFC 数据模型中包含大量的几何和非几何数据信息，且仍处于不断更新和发展的阶段，建立 BIM 与各类有限元软件建模转换的直接通道技术较繁杂，输出数据受限制，且意义不大。

针对 BIM 建筑模型特征和 IFC 格式模型的定义模式，采用一种间接转换的方法，即建立与支持 IFC 格式的主流软件（如 Revit）的联系，通过专用的结构设计软件（如 PKPM、YJK），提取由 Revit 生成的 IFC 格式结构模型，实现不同格式结构模型的相互转换；将 PKPM 或 YJK 中提取的 IFC 格式结构模型导入到有限元软件中实现对模型数据的提取，从而间接建立有限元软件与 BIM 之间模型数据的相互转换。

由于 PKPM 和 YJK 创建的结构模型已经支持与常用的有限元软件如 SATWE、MIDAS、ETABS、ABAQUS 的模型数据转换。因此数据转换接口开发重心集中在 PKPM 或 YJK 到 BIM 之间，实现二者之间的模型数据转换，再将转换的 BIM 模型通过转换接口提取到各类型有限元结构分析软件中，是实现 BIM 到各类结构分析软件数据信息共享的有效途径之一。通过工程实践，提出的数据转换方法和相应开发的转换接口具有较好的应用效果，如图 9-2 所示。

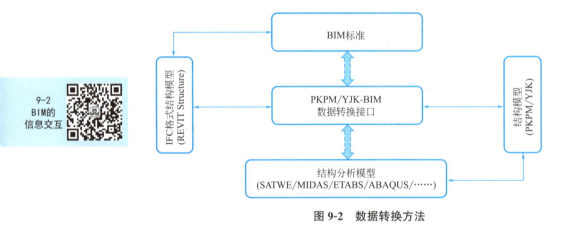

图 9-2 数据转换方法

9.3 结构计算、碰撞检查、预制化、施工布置等工程应用

9.3.1 BIM 结构设计分析计算

在当前建筑工程建设中，时常出现因建筑结构设计不合理致使建筑工程质量问题发生

的情况，应当将 BIM 技术有效地应用于建筑结构设计中，通过科学合理地进行建筑结构及场地的分析、建筑结构性能分析、建筑结构的协同分析等，及时发现建筑结构设计的不足，并提出整改意见，这对于提高建筑结构设计的有效性有很大帮助。所以，将 BIM 技术有效应用于结构设计分析计算中是非常有意义的。

1. 结构专业 BIM 设计流程

基于 BIM 技术的结构设计方式是，工程师将物理模型发送到结构分析软件，分析程序进行分析计算，随后返回设计信息，并动态更新物理模型和施工图文档。BIM 技术就结构设计本身而言，其基本理念就是要达到结构计算分析和施工图文档两者相互统一，即实现两者间的无缝链接，如图 9-3 所示。

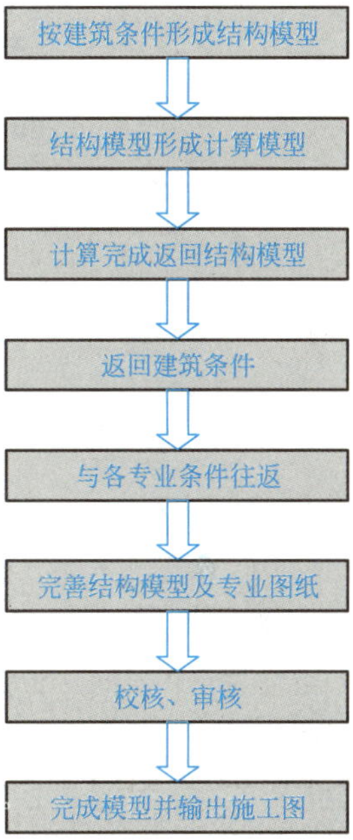

2. 结构模型创建

（1）模型信息分类

BIM 设计并不是简单地创建一个三维模型，它的重点是模型中的"信息"，结构模型信息分为几何信息和非几何信息。几何信息是模型中存在的实体，可以直接看到和编辑，如结构柱、梁、板、基础等。非几何信息是给这些构件的参数，如截面尺寸、标注、加固信息等。

（2）几何信息创建

几何信息（结构构件）的生成是 BIM 设计的基础。在此基础上，可以生成非几何信息，其中轴网也是几何信息。

图 9-3 结构专业 BIM 设计流程

（3）非几何信息创建

创建几何信息的同时，也要创建非几何信息。非几何信息的细节程度取决于建模的深度，这也决定了工作量的大小，在构件创建过程中需要给出一些参数。

9-3 结构BIM需要解决的问题

3. 结构模型数据交互

在收到建筑条件后，首先建立或转换为结构模型，然后进入结构计算阶段。经过计算，对结构模型进行改进。PKPM 作为我国主要的结构计算软件，与市场上主流的三维设计软件突破数据壁垒。PKPM 与 ISM 和 Bentley 的三维设计软件系统进行数据交互。Bentley 系统的 ISM 是针对结构特点而设计的一种交互模式，可以实现结构软件之间的双向协作，如图 9-4 所示。

9-4 YJK上部结构模型创建及计算分析出图

4. 结构计算

结构设计过程中最重要的环节是针对结构模型的力学计算和分析，这一环节的计算结果是结构施工图绘制的主要依据，会产生大量的数据信息。实现该环节对 BIM 技术的支持，对于打通整个结构设计阶段与其他上、下游学科之间数据信息的集成和共享具有重要的作用。

（1）进行结构计算分析之前的准备

在结构模型建好之后，就需要进行结构的分析计算。例如，项目是在 ETABS 结构有

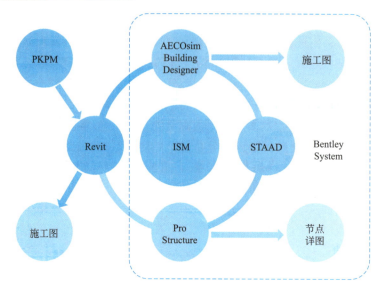

图 9-4 结构模型交互示意

限元分析软件里进行计算,把结构模型从 Revit Structure 导入到 ETABS 里,这个导入是双向的,在导入之前,需要做一些计算前的定义。

9-5 基于REVIT的BIM协作方法

9-6 REVIT结构模型创建及数据导出

给结构模型定义准确的荷载是保证计算结构正确的重要一步。在 Revit Structure 里虽然也可以定义荷载,但是很不方便,因为对荷载的修改,需要从计算软件返回到模型软件里去修改,导致工作量加大,并且很容易出错。ETABS 中荷载是直接在计算软件里定义的,这样更方便,定义的荷载也更稳定,因为计算软件里的荷载类型更多,而且可以直接修改,不需要返回到模型软件里去修改。计算之前还要做的一个准备是模型的一致性检查,在一个结构模型建立完成的同时,Revit 会生成一个相对应的分析模型,这个结构分析模型就是用来进行计算分析的,因为计算软件只接受分析模型,为了保证物理模型和分析模型的一致性,在计算之前必须要进行一致性检查。

(2)导入分析软件

ETABS 结构有限元分析软件自行开发了与 Revit 模型数据交换的应用程序,该应用程序既可通过 Revit 模型生成新的 ETABS 分析模型,也可以更新现有 ETABS 模型,反向亦可。鉴于规定的 BIM 结构设计流程和图纸绘制的要求,Revit Structure 模型作为主设计模型,原因是 Revit Structure 模型需要与外部专业的 BIM 模型保持一致,同时 Revit Structure 模型还有作为图纸绘制的基础作用。应用程序会将 Revit Structure 的分析模型导出为".exr"文件,打开 ETABS 软件导入生成的".exr"文件即可生成 ETABS 分析模型。在生成基础的 ETABS 模型后,结构设计师继续在分析软件中定义约束、荷载、抗震等分析参数,同时设计师应对导入的分析模型进行仔细检查。

9.3.2 BIM 碰撞检查

随着建筑物规模和使用功能复杂程度的增加,无论设计企业还是施工企业甚至是业主对机电管线综合的要求愈加强烈。利用 BIM 技术,通过搭建各专业的 BIM 模型,设计师能够在虚拟的三维环境下方便地发现设计中的碰撞冲突,从而大大提高了管线综合的设计能力和工作效率。这不仅能及时排除项目施工环节中可能遇到的碰撞冲突,显著减少由此产生的变更申请单,更大大提高了施工现场的生产效率,降低了由于施工协调造成的成本增长和工期延误,如图 9-5 所示。

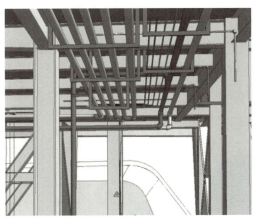

图 9-5　管线综合的模型和实体对比

应用 BIM 技术进行三维碰撞检查应用已经比较成熟,国内外都有一些软件可以实现。如设计阶段的 Navisworks、施工阶段的鲁班虚拟碰撞软件,都是应用 BIM 技术。在建造之前,对项目的土建、管线、工艺设备进行管线综合及碰撞检查,基本消除由于设计错漏碰缺而产生的隐患。在建造过程中,还可以应用 BIM 模型进行施工模拟和协助管理,如图 9-6 所示。

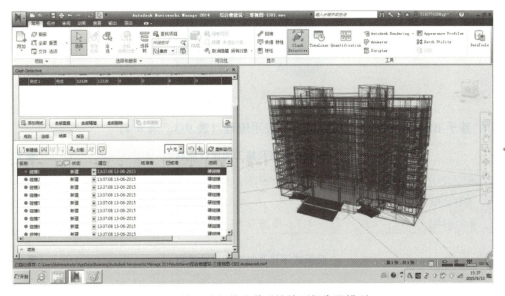

图 9-6　施工阶段的安装碰撞检测报告及模型

9.3.3 BIM 预制化工程应用

随着建筑工业化的发展，装配式建筑在全国范围内正在逐步广泛应用，相应的行业标准《装配式混凝土结构技术规程》JGJ 1—2014、国标图集、各地的地方标准图集也都纷纷编制与出版。装配式建筑适应工业化、节能、环保、绿色低碳的发展要求，必将是未来建筑领域的发展方向。

装配式建筑的设计要求，包含了两部分内容：第一部分为结构分析部分，在传统结构软件中，实现了装配式结构整体分析及相关内力调整、连接设计等部分内容；第二部分，在 BIM 平台下实现了装配式建筑的精细化设计，包括预制构件库的建立、三维拆分与预拼装、碰撞检查、预制率统计、构件加工详图、材料统计、BIM 数据接力到生产加工设备。如图 9-7 所示。

图 9-7 装配式设计内容

1. 基于 BIM 平台的装配式结构设计应用流程（表 9-3、表 9-4）

装配式方案及施工图设计流程　　　　　　表 9-3

建模与拆分	结构建模、预制指定、参数检查、指标统计、效果预览
整体计算	填充构件转荷载、整体计算
施工图设计	构建配筋、脱模吊装、构件编号、深化、施工图出图、计算书

装配式深化及加工图设计流程　　　　　　表 9-4

模型深化	拆分调整、设计调整、构件查看管理、专业协同、数量统计
模型检查	碰撞检查、模型检查
加工图纸	构件编号、工艺图纸、图纸管理、材料清单输出

2. 建立开放的预制构件库

按照模数化与标准化理念建立的标准构件库，为装配式设计与生产加工提供基础单元，包括各种结构体系的墙、板、楼梯、阳台等，如图 9-8 所示。

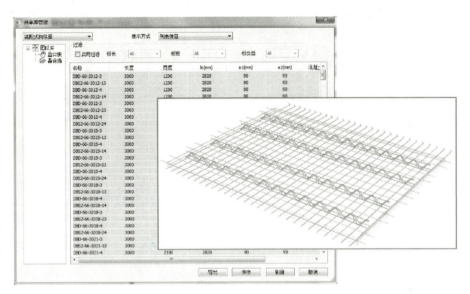

图 9-8　叠合板构件库

构件库选自《预制混凝土剪力墙外墙板》15G365-1、《预制混凝土剪力墙内墙板》15G365-2、《桁架钢筋混凝土叠合板（60mm 厚底板）》15G366-1、《预制钢筋混凝土板式楼梯》15G367-1、《预制钢筋混凝土阳台板、空调板及女儿墙》15G368-1、《装配式混凝土结构住宅建筑设计示例（剪力墙结构）》15J939-1、《装配式混凝土结构表示方法及示例（剪力墙结构）》15G107-1、《装配式混凝土结构连接节点构造（2015 年合订本）》G310-1~2。

3. 装配式方案确定

（1）建立装配式模型形式

1）导入建筑数据（建筑转结构）方式，例如 APM 转 PKPM-PC。

2）交互建模（现浇结构建模再拆分或构件库拼装）方式，例如 PKPM-PC 直接建模。

3）导入 PM 数据方式，例如 PMCAD 转 PKPM-PC。

（2）装配式设计指标

装配式结构设计主要依据规范是《装配式混凝土结构技术规程》JGJ 1—2014、《混凝土结构工程施工规范》GB 50666—2011、《混凝土结构工程施工质量验收规范》GB 50204—2015、《钢筋套筒灌浆连接应用技术规程（2023 年版）》JGJ 355—2015。

《装配式混凝土结构技术规程》JGJ 1—2014 对装配整体式混凝土结构采用的是等同现浇结构设计理念，在现浇设计的基础上完成以下设计内容：既有预制又有现浇时，现浇部分地震内力放大；现浇部分、预制部分承担的规定水平力地震剪力百分比统计；叠合梁纵向抗剪计算；预制梁端竖向接缝的受剪承载力计算；预制柱底水平连接缝的受剪承载力计算；预制剪力墙水平接缝的受剪承载力计算，如图 9-9 所示。

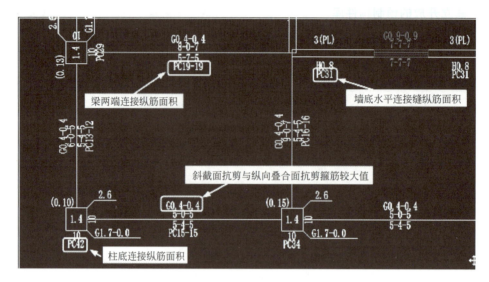

图 9-9 预制构件配筋简图输出

注：配筋简图标识内容（PC 表示预制构件）：

叠合梁：标识两段节点连接验算所需配筋；斜截面抗剪与纵向叠合面抗剪箍筋较大值。

预制柱：输出底部节点连接验算所需配筋。

预制墙：输出底部连接验算所需配筋，所输出的钢筋为整片墙计算所需要的连接钢筋（包含边缘构件现浇段）。

4. 装配式深化设计

（1）装配式在模型中的三维预拼装（包括围护墙、设备管线等）

通过三维预拼装，在设计阶段就能避免冲突或安装不上的问题，模拟施工，确定施工安装顺序，如图 9-10、图 9-11 所示。

9-8 基于BIM的装配整体式剪力墙深化设计

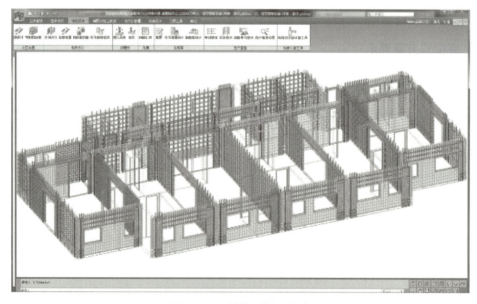

图 9-10 三维模型与预拼装

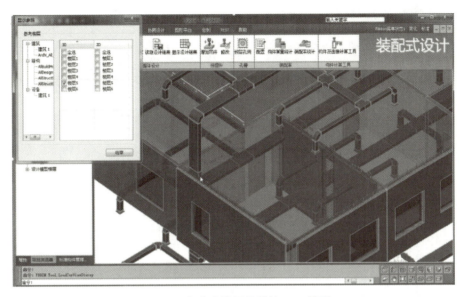

图 9-11　多专业协同设计的 BIM 模型

（2）拆分工具

根据运输尺寸、吊装重量、模数化要求，自动完成构件拆分。能根据相关国家标准、设计规范要求完成自动设计，如图 9-12 所示。

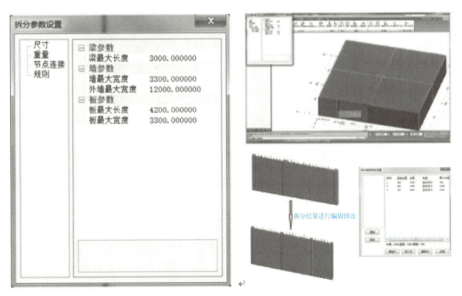

图 9-12　交互拆分及拆分修改

（3）交互布置

能交互布置构件、预埋件、预留孔洞等。

（4）装配率、算量统计

提供材料统计，并自动计算装配率，如图 9-13、图 9-14 所示。

图 9-13　材料统计内容配置界面

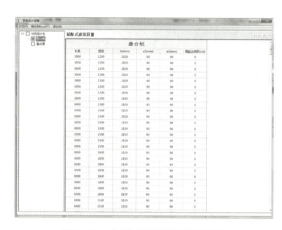
图 9-14　构件用量统计报表界面

（5）构件计算工具（图 9-15）

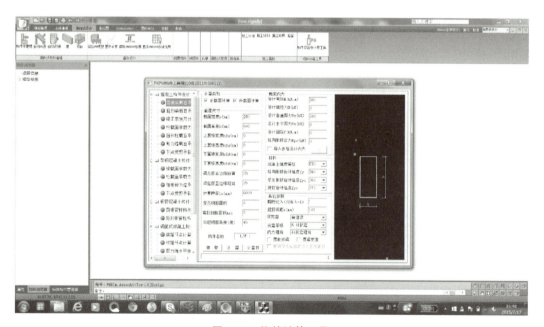

图 9-15　构件计算工具

5. 构件加工图

（1）图纸工程信息配置（图 9-16）

（2）自动出全楼构件加工图纸

装配式结构图要细化到每个构件的详图，详图工作量很大，BIM 平台下的详图自动化生成，保证模型与图纸的一致性，既能增加设计效率，又能提高构件详图图纸的精度，减少错误，如图 9-17、图 9-18 所示。

6. BIM 模型数据直接接力数控加工设计 CAM

装配式结构的 BIM 模型数据直接接力工厂加工生产信息化管理系统，预制构件模型信息直接接力数控加工设备，自动进行钢筋分类、钢筋机械加工、构件边模自动摆放、管

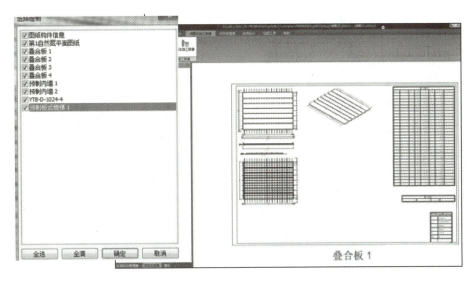

图 9-16　绘制叠合板详图

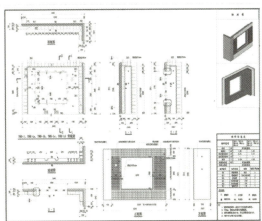

图 9-17　预制墙详图

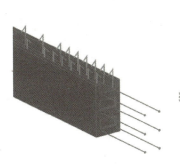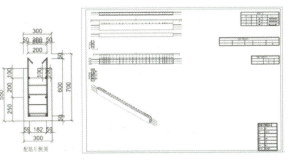

图 9-18　叠合梁详图

线开孔信息的自动化画线定位、浇筑混凝土量的自动计算与智能化浇筑，达到无纸化加工，也避免了加工时人工二次录入可能带来的错误，大大提高了工厂生产的效率，如图 9-19、图 9-20 所示。

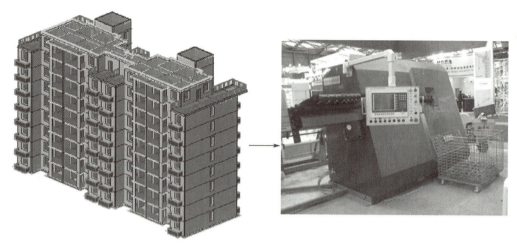

图 9-19　BIM 模型直接接力数控加工设备

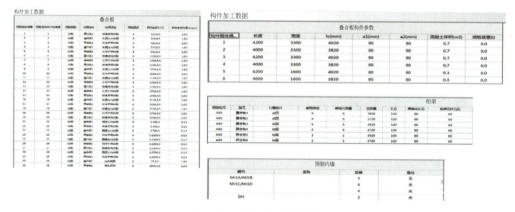

图 9-20　加工数据统计表

9.3.4　BIM 施工应用

施工组织是对施工活动实行科学管理的重要手段，它决定了各阶段的施工准备工作内容，协调了施工过程中各施工单位、各施工工种、各项资源之间的相互关系。施工组织设计是用来指导施工项目全过程各项活动的技术、经济和组织的综合性解决方案，是施工技术与施工项目管理有机结合的产物。

通过 BIM 可以对项目的重点或难点部分进行可建性模拟，按月、日、时进行施工安装方案的分析优化。对于一些重要的施工环节或采用新施工工艺的关键部位、施工现场平面布置等施工指导措施进行模拟和分析，以提高计划的可行性；也可以利用 BIM 技术结合施工组织计划进行预演以提高复杂建筑体系的构造。借助 BIM 对施工组织的模拟，项目管理方能够非常直观地了解整个施工安装环节的时间节点和安装工序，并清晰把握在安装过程中的难点和要点，施工方也可以进一步对原有安装方案进行优化和改善，以提高施工效率和施工方案的安全性。

建筑信息模型，首先要有模型，在施工阶段，模型的建立方式有两种。一是从设计的三维模型直接导进施工阶段相关软件，实现设计阶段 BIM 模型的有效利用，不需要重新建模。但是由于设计阶段的 BIM 软件与施工阶段的 BIM 软件不尽相同，需要数据接口的对接才能实现，现阶段国内的软件还无法完全实现。二是在施工阶段利用设计院提供的二维图纸重新建模，这是目前施工阶段应用 BIM 的现实情况，虽然是重复建模，但如果软件操作实用便捷，建模效率还是比较高的。即使重复建模需要一定成本投入，但相比 BIM 能够提供的价值是远超过这点建模成本的。无论哪种方式，施工阶段与设计阶段的数据信息要求是不尽相同的。例如施工阶段的钢筋数量与形式在设计阶段是没有的，施工阶段的单价、定额等信息是这个阶段特有的。因此，BIM 从设计阶段到施工阶段的转化，本身就是一个动态的过程。随着项目的进展，数据信息将更加丰富，更加详尽。见表 9-5。

9-9
BIM技术
应用案例

工程施工 BIM 应用　　　　　　　　　　　　　　　　　　　　　　　表 9-5

工程施工 BIM 应用	工程施工 BIM 应用价值分析
1. 支持施工投标的 BIM 应用	(1) 3D 施工工况展示 (2) 4D 虚拟建造
2. 支持施工管理和工艺改进的单向功能 BIM 应用	(1) 设计图纸审查和深化设计 (2) 4D 虚拟建造，工程可能性模拟（样板对象） (3) 基于 BIM 的可视化技术讨论和简单协同 (4) 施工方案论证、优化、展示以及技术交流 (5) 工程量自动计算 (6) 消除现场施工过程干扰或施工工艺冲突 (7) 施工场地科学布置和管理 (8) 有助于构配件预制生产、加工及安装
3. 支撑项目、企业和行业管理集成与提升的综合 BIM 应用	(1) 4D 计划管理和进度监控 (2) 施工方案验证和优化 (3) 施工资源管理和协调 (4) 施工预算和成本核算 (5) 质量安全管理 (6) 绿色施工 (7) 总承包、分包管理协同工作平台 (8) 施工企业服务功能和质量的拓展提升
4. 支撑基于模型的工程档案数字化和项目运维的 BIM 应用	(1) 施工资料数字化管理 (2) 工程数字化交付、验收和竣工资料数字化归档 (3) 业主项目运维服务

工程建设的施工阶段，是建设项目由规划设计变成现实的关键环节。传统的现场施

工协同管理虽然比较成熟,但在面对协调管理工作量大、场地平面布置复杂、施工机械组织难度大、分包众多且交叉作业面复杂等情况时,仍会遇到场地平面布置考虑不周全、机械运输窝工、材料进出场失控、分包管理混乱等问题,造成项目成本浪费以及工期拖延。

作为贯穿项目建设全生命周期的新技术模式,BIM 技术将彻底改变传统的建筑施工协同管理模式。BIM 技术具有可视化、参数化、标准化、协同性的特点,具有信息共享、协同工作的核心价值。施工企业建立以 BIM 技术应用为载体的信息化管理体系,能够提升施工建设水平,确保施工质量,提高经济效益,如图 9-21 所示。

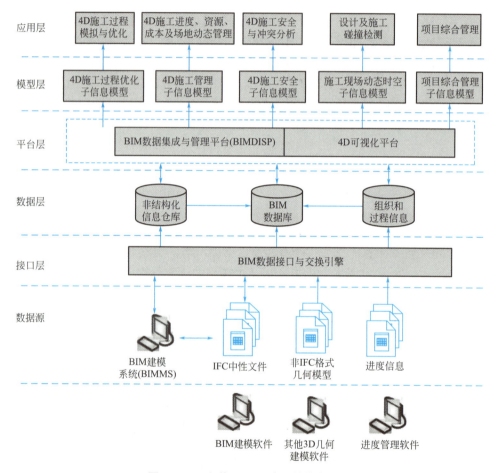

图 9-21 工程施工 BIM 应用的技术架构

BIM 施工方案应用流程:
(1) 施工现场场地布置、施工现场开挖与回填分析

可以利用 BIM 软件获取到三维场地模型或者利用既有二维场地 CAD 信息,在软件中生成最终的三维原始场地模型,然后在此基础上,通过 BIM 软件功能模块,对场地进行土地平整、施工区域划分、临建布置、场地排水分析等,得到更加合理的现场三维布置图。同时进行基坑开挖、道路填挖设计,对现场土方量进行分析计算,从而得到更优化的

土方运输计划、弃土方案等。

（2）施工进度可视化管理

利用 BIM 软件获取实景模型快捷方便的特点，可以定期获取施工现场的三维实景模型，作为施工进度计划管理的现场进展依据，可以让管理者和决策层更加形象直观地了解施工进度，更好地进行计划的调整，为整个项目的推进提供更好的依据。

（3）现场踏勘

在前期缺乏资料，或者现场暂不具备进场测量的条件下，可以利用 BIM 软件，通过无人机或者固定翼飞行器获取现场照片，然后在软件中生成场地实景模型，通过 BIM 协同平台将模型共享给建设方、设计方以及施工方，从而让项目参与各方无需到达现场，在项目的策划阶段就可以对整个现场有一个形象直观的了解，为后期的工作提供充分可靠的依据。

（4）总图

利用 BIM 软件生成的三维场地模型，可以将工程涉及的各专业模型参考进来，从而得到总装模型。该模型实质是三维数字化信息模型，通过 BIM 协同平台，可将该模型延展到各专业、各参与方以及项目全寿命周期的各阶段。

（5）场地前期规划

在项目开始的初期，往往资料不足或缺失，现场不具备勘测条件，或者既有现场勘测资料长久未更新，与实际情况相差较远，这就需要通过技术手段快速获取现场现况。BIM 软件可以快速方便地获取现场实景模型，该模型拥有精确的位置信息和尺寸信息，为项目前期规划提供可靠依据。

（6）施工模拟阶段

使用不同行业设计软件完成实际的工程模型后，可以导出模型进行后续的施工吊装模拟、施工进度管理、动态浏览及审批校核。

（7）施工管理阶段

在计划阶段，通过 BIM 4D 技术的用户自定义系统，用户可以在可视化的环境下快速重组三维模型，很方便地将模型进行自定义划分，划分施工区域以指导施工人员施工。在执行阶段对工作包进行排序。工作包创建完毕后，可以定义工作包的优先级，如某些关键系统需要优先施工，然后还需判断现场的场地、设备、材料配料、人力安排等因素，对工作包进行排序，合理分配资源，安排施工顺序。也可以利用这些信息进行材料采购状态、测试状态等可视化管理，便于业主或者 EPCM 管理公司实时把握掌控现场的施工进度。

基于 BIM 模型做可视化的施工指导、协助交底。空间虚拟漫游，指导施工人员提前了解建筑内、外部情况。用"施工现场三维布置软件"绘制该建筑在主体阶段的施工平面布置图，展现施工平面布置的合理性，并将施工现场以三维模型的形式直观、动态地展现出来。施工现场 4D、5D 管理，对施工方案和计划进行预演，在视觉上比较竣工进度与预测进度，项目管理人员可避免进度疏漏，在软件的支持下，BIM 模型还可用于管理成本、物流和消耗。如图 9-22～图 9-24 所示。

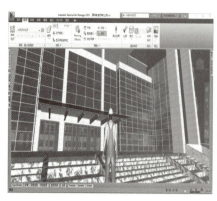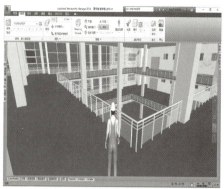

图 9-22　建筑空间漫游

9-10
图书馆
项目BIM
技术应用

9-11
图书馆
项目BIM
模型漫游

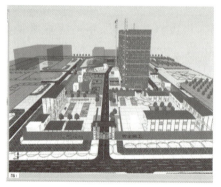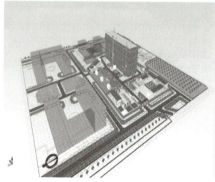

图 9-23　施工现场三维布置

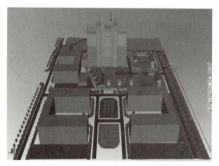

图 9-24　施工现场 5D 管理模拟

9.4 "1+X"建筑信息模型（BIM）结构工程类专业应用

全三维的设计模式、全专业的信息集成以及建筑全生命周期的数据管理让 Revit 在建筑行业迅速地普及，但是 Revit 提供的计算手段存在不能适应我国规范、无法详细统计计算结果等问题，并不能满足国内结构设计工程师的设计习惯和设计要求。因此 Revit 结构模块目前并不能完全代替结构计算软件的地位。

目前，国内 BIM 技术应用于建筑设计领域的案例越来越多，建筑、机电专业已经基本可以摆脱原有的设计手段而转向纯 BIM 设计和出图。但是结构专业鉴于目前软件发展的程度和专业特有的局限性，还不能完全摆脱结构计算软件单独进行设计，这样就造成了结构的 BIM 设计仍然是一套 BIM 软件和一套结构计算软件并行应用的局面。

当前的应用形势下，如何做到结构计算软件和结构 BIM 软件之间数据交流准确无损失，成为国内软件开发商关注的首要问题。目前，很多国内结构设计软件提供了 Revit 的数据转换接口，实现结构模型和 Revit 模型的互联互通，见表 9-6。

结构 BIM 应用现状　　　　　　　　　　　　　　表 9-6

专业应用	数据转换	设计现状
现有主流的 BIM 核心建模软件（国外），其无法解决国内结构设计中的计算问题和出图问题	由于国内结构软件的现状与 BIM 软件发展的阶段，结构数据在 BIM 软件中的交互，还不能完全满足专业间协同设计的要求	现阶段 BIM 软件与结构软件并行。我国的 BIM 应用软件多在国外图形软件上进行插件开发

国产软件 YJK 推出了基于 Revit 的三维结构设计软件 Revit-YJKS。从通用工具、辅助建模、结构模型、结构平面、施工图等方面给出了全套解决方案，有效地突破了 Revit 在结构专业应用的数据孤岛，最大限度地实现了 YJK 结构模型信息和 Revit 模型信息的实时共享，如图 9-25 所示。

图 9-25　基于 Revit 的数据转换

现基于"1＋X"建筑信息模型（BIM）中级结构工程类考评要求并结合 YJK 软件

（支持"1＋X"BIM 考评），对以下结构专业应用操作做出解析：①应用 BIM 软件进行结构建模及互导；②获取构件工程量、材质等明细，为工程项目预算提供基础数据；③结构体系的加载方法；④框架结构、剪力墙结构、框架—剪力墙结构等常见结构的计算分析方法；⑤结构内力配筋设计计算方法；⑥结构计算书的生成方法。见表 9-7。

"1＋X"建筑信息模型（BIM）中级结构操作步骤（以盈建科 Revit-YJKS 为例） 表 9-7

1. 正向 BIM 结构设计中导出模型	
操作步骤	图示
安装结构方向所用软件	
启动 Revit-YJKS 软件；打开 Revit 精细化模型	 

续表

操作步骤	图示
	1. 正向 BIM 结构设计中导出模型
切换到结构设计的结构模型界面	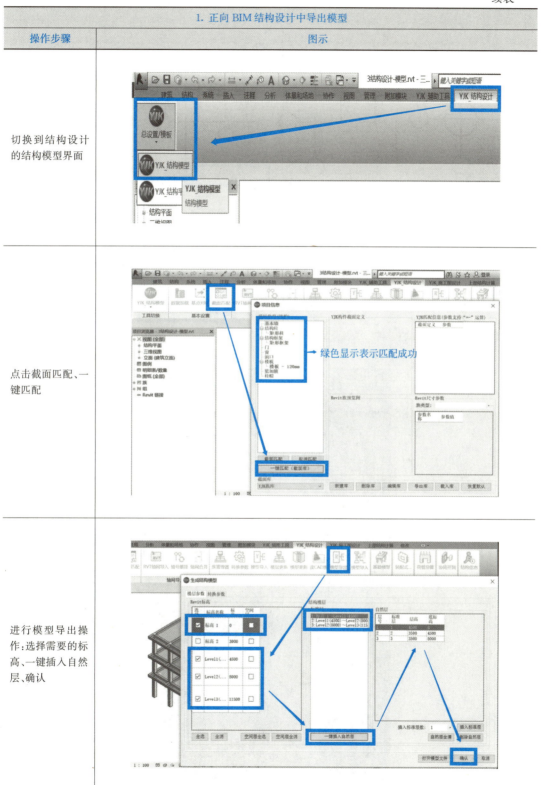
点击截面匹配、一键匹配	
进行模型导出操作:选择需要的标高、一键插入自然层、确认	

续表

	1. 正向 BIM 结构设计中导出模型
操作步骤	图示
导出成功后，打开模型文件，跳转到模型所在文件夹，把".yjk"格式的文件拷贝出来，放到新的文件夹中	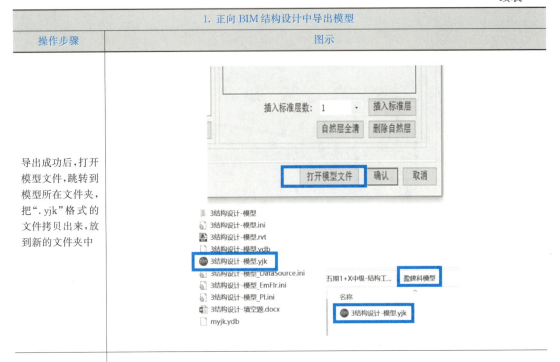
打开盈建科结构软件，在新创建的文件夹中打开上步生成的".yjk"格式的模型文件，全楼模型查看整体三维模型，即导入成功	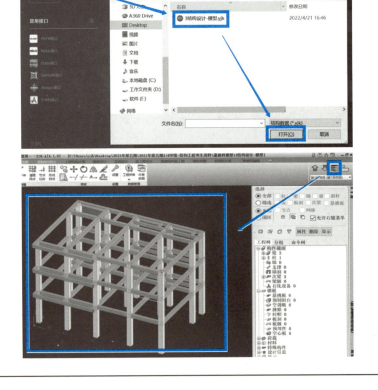

续表

2. 布置荷载和修改材料参数	
操作步骤	图示
根据房间属性,按房间属性,同时布置楼板附加恒载和活载。楼梯间板厚设置为0;在参数窗口输入相应的荷载值,点选相应的楼板位置即可完成布置	**房间属性** — 表1：结构荷载 | 荷载功能分区 || 楼面附加恒载（kN/m²）	楼面活荷载（kN/m²）
---	---	---	---
楼面荷载	商业	2.0	3.5
	楼梯（板厚定义为0）	8.0	3.5
屋面荷载	——	6.0	2.0
线荷载	外墙荷载	10.0kN/m	
	内墙荷载	8.5kN/m	
自重	程序自动计算 ||| 注：墙荷载不考虑门、窗的影响,全部按隔墙荷载考虑。
在楼板布置界面,采用删除洞口的操作,删除所有楼层的楼梯位置的楼板洞口	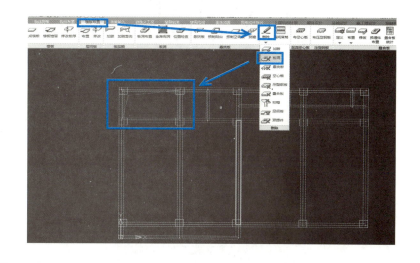
在单层平面图中,将楼梯间的板厚设置为0	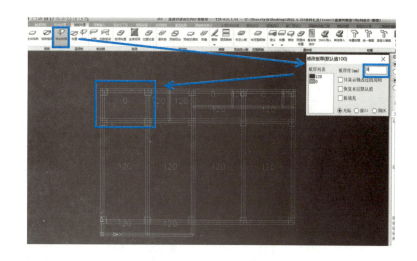

349

2. 布置荷载和修改材料参数	
操作步骤	图示
按房间属性分别定义恒、活荷载	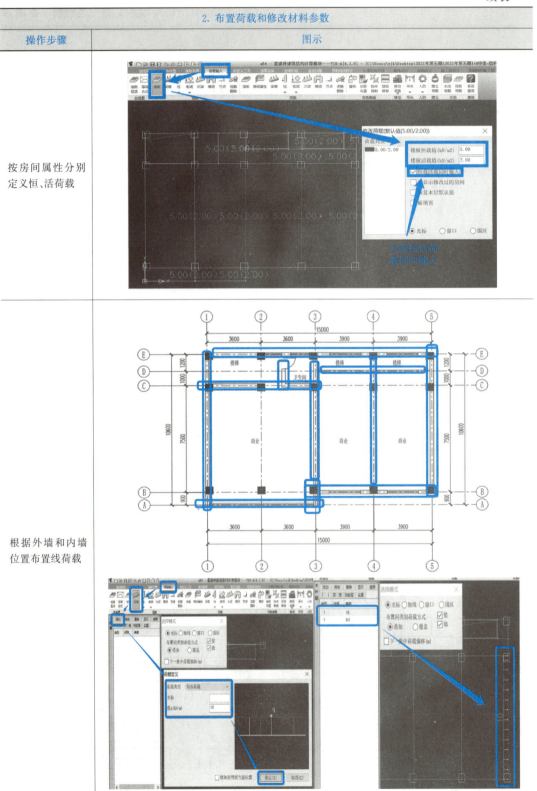
根据外墙和内墙位置布置线荷载	

续表

2. 布置荷载和修改材料参数	
操作步骤	图示
将布置好的第一标准层的荷载用层间复制命令,复制至其他标准层	
在楼层组装中的各层信息中进行混凝土强度等级、主筋(纵筋)等级、箍筋等级的修改	

3. 设置风荷载和地震作用参数	
操作步骤	图示
打开"风荷载信息→基本参数"对话框,依据要求进行相关参数设置	

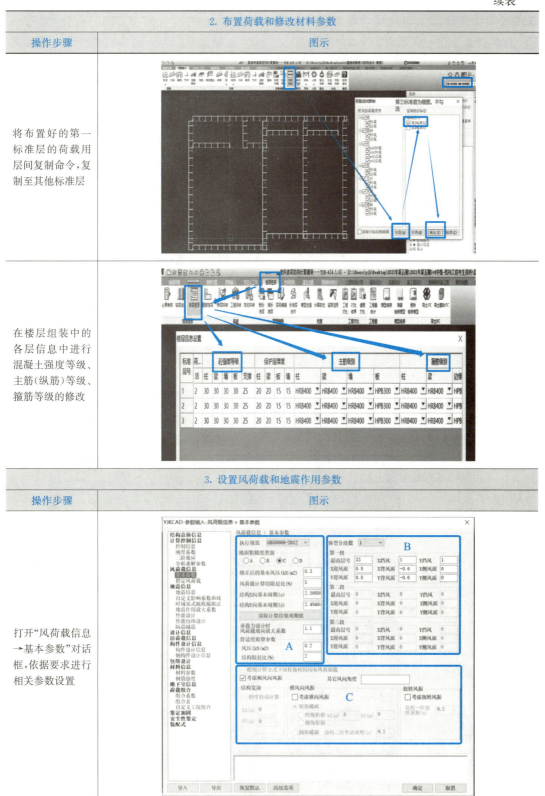

续表

3. 设置风荷载和地震作用参数	
操作步骤	图示
打开"地震信息"对话框,依据要求进行相关参数设置	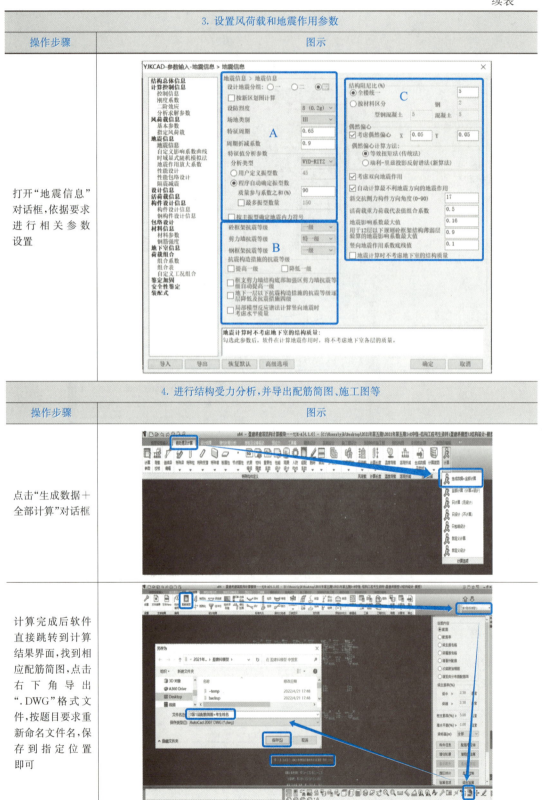

4. 进行结构受力分析,并导出配筋简图、施工图等	
操作步骤	图示
点击"生成数据+全部计算"对话框	
计算完成后软件直接跳转到计算结果界面,找到相应配筋简图,点击右下角导出".DWG"格式文件,按题目要求重新命名文件名,保存到指定位置即可	

教学单元 9　结构工程 BIM 应用

续表

操作步骤	图示
	4. 进行结构受力分析，并导出配筋简图、施工图等
选择梁施工图菜单，绘制梁施工图	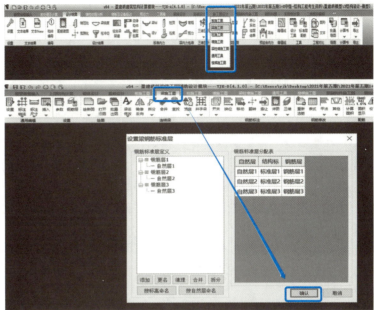 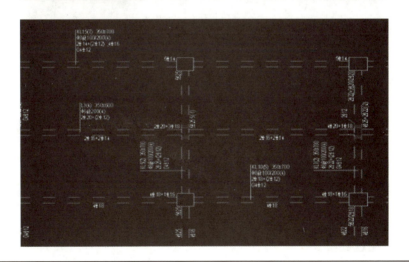

单元总结

　　BIM 即建筑信息模型，是基于三维数字技术的一种计算机技术，能够依据相应的工程数据，构建工程数据模型，并在工程项目建设的设计、施工等环节发挥重要作用。BIM 在建筑结构设计中应用，能够有效提高设计效率及质量。BIM 的运用，能够实现对建筑全面数据的展现，其具有动态更新管理的功能，不仅能够确保所有建筑数据的充分展现，同时能够对数据进行及时更新，对模型进行自动调整，大大提高工作效率及工作质量。

BIM 在建筑结构设计中的应用，能够实现建筑设计模型的充分还原，避免人工失误。BIM 的运用，则实现了建筑模型的三维可视化，模型数据十分全面，工作人员能够对模型进行全面的检查，更容易发现其中的问题，并进行及时处理。信息技术的运用，有效避免了因人工主观意识而造成的错漏问题，确保了设计质量。

结构分析软件与 BIM 工具软件对构件单元的定义方法的不同是 BIM 物理模型与结构分析模型实现真正双向链接的障碍。目前 BIM 和各类结构分析软件之间模型数据转换的间接方法，使用 IFC 标准不需要软件内部使用这套标准，只要求和其他系统交换信息时符合 IFC 标准。在结构分析方面，BIM 平台软件可双向无缝链接结构分析软件，基本可以适应在我国规范下进行结构设计和构件验算。

BIM 在住宅设计、预制构件深化设计和生产以及施工阶段的应用贯穿整个建设的各个环节，不但减少质量事故的发生，而且增加了项目的透明度和可控性。在未来，BIM 技术将全面改善建筑的建造、维护和后期管理的状况，它在建筑全寿命周期有着各方面的优越性。基于 BIM 技术的预制装配式建筑设计不同于传统设计，它包括建筑本身的设计以及后期的深化。

有效的碰撞分析能够减少设计变更，降低工程成本。BIM 在碰撞分析中的运用，实现了信息的充分共享和协同设计，能够将建筑中复杂的空间几何关系充分展现出来，实现有效的碰撞分析检查。

思考及练习

一、填空题

1. 结构工程的 BIM 模型应用主要包括＿＿＿＿、计算、规范校核、＿＿＿＿、工程造价信息统计、＿＿＿＿、其他有关的信息明细表等。
2. 利用 BIM 模型可以对＿＿＿＿的执行情况进行检查。
3. BIM 软件按支持 BIM 技术的程度分为＿＿＿＿和＿＿＿＿。
4. PKPM 是一款面向建筑工程全生命周期的集＿＿＿＿、＿＿＿＿、＿＿＿＿设计于一体的集成化软件。
5. 结构模型信息分为＿＿＿＿和＿＿＿＿。
6. BIM 技术具有＿＿＿＿、＿＿＿＿、＿＿＿＿、＿＿＿＿的特点。
7. 装配整体式混凝土结构采用的是＿＿＿＿设计理念。
8. 利用 BIM 软件定期获取施工现场的＿＿＿＿，作为施工进度计划管理的现场进展依据。
9. 利用 BIM 软件生成的＿＿＿＿，可以将工程涉及的各专业模型参考进来，从而得到总模型。
10. 施工现场 4D、5D 管理，对施工方案和计划进行预演，在视觉上比较竣工进度与预测进度，项目管理人员可避免＿＿＿＿，对＿＿＿＿、＿＿＿＿和＿＿＿＿进行管理。

二、选择题

1. 基于 BIM 技术的设计最大的优点在于（　　）。
   A. 对建筑数据信息的充分整合与分析　　B. 使设计更简单
   C. 节省了设计人员对结构的计算分析　　D. 可以进行虚拟漫游

2. BIM 技术的应用，实现了建筑结构设计从二维向（　　）的转变。
   A. 三维　　　　B. 四维　　　　C. 五维　　　　D. 六维

3. （　　）是建筑生命周期信息技术应用的重要基础。
   A. 标准化设计　　　　　　B. 模数化设计
   C. 一体化设计　　　　　　D. 参数化设计

4. 结构模型的（　　）是整个 BIM 信息集成链中重要的一环。
   A. 配筋计算　　　　　　　B. 结构计算
   C. 力学计算和分析　　　　D. 优化计算和分析

5. BIM 模型数据的定义采用（　　）标准。
   A. LEED　　　　B. IFC　　　　C. DGNB　　　　D. ISO

6. 以下属于几何信息的是（　　）。
   A. 结构柱　　　B. 截面尺寸　　C. 尺寸标注　　D. 结构说明

7. 在设计阶段进行三维碰撞检查应用以下哪个软件？（　　）
   A. Revit　　　　　　　　B. PKPM
   C. 广联达 BIM5D　　　　D. Navisworks

8. BIM 从设计阶段到施工阶段的转化是一个（　　）的过程。
   A. 静态　　　　B. 动态　　　　C. 变化　　　　D. 不变

9. （　　）的运用有效避免了因人工主观意识而造成的错漏问题，确保了设计质量。
   A. PKPM　　　　B. BIM　　　　C. Revit　　　　D. CAD

10. （　　）能够指导施工人员提前了解建筑内、外部情况。
    A. 虚拟仿真　　B. 碰撞检查　　C. 空间虚拟漫游　　D. 三维现场布置

三、简答题

1. 简述 BIM 结构软件分类、应用功能及模型转换方法。
2. 分析 BIM 技术在结构设计中应用的可行性。
3. 简述基于 BIM 的装配式结构深化设计应用流程。
4. 举例说明 BIM 技术在施工阶段中的应用。

附录 A 建筑结构相关资料

为了使读者更方便地查阅和学习，本教材提供了一些与建筑结构相关的资料，可以通过扫描对应位置的二维码查看相关内容，详见附录 1～附录 6。

序号	名称	二维码
附录 1	我国主要城镇抗震设防烈度、设计基本地震加速度和设计地震分组	
附录 2	内力系数表	
附录 3	钢筋混凝土构件及其性能参数表	
附录 4	砌体结构构件及其性能参数表	
附录 5	钢结构构件及其性能参数表	
附录 6	钢结构相关数据表	

附录 B　知识点数字资源索引

教学单元 4　混凝土结构			
4-1　柱的混凝土浇筑		4-7　楼梯的钢筋绑扎	
4-2　梁的混凝土浇筑		4-8　先张法施工工艺	
4-3　剪力墙的混凝土浇筑		4-9　先张法张拉及锚固钢筋	
4-4　柱的钢筋绑扎		4-10　后张法施工工艺	
4-5　梁的钢筋绑扎		4-11　后张法张拉及锚固钢筋	
4-6　墙板的钢筋绑扎			
教学单元 5　装配式混凝土结构			
5-1　PC 简介和项目设计思路		5-3　装配式结构-梁的安装	
5-2　装配式结构-柱的安装		5-4　装配式结构-板的安装	

续表

	教学单元5 装配式混凝土结构		
5-5 装配式结构-外挂墙板的安装		5-11 预制指定及和现浇差异	
5-6 结构模型创建		5-12 板的配筋设计	
5-7 参数定义和结果查看		5-13 预制梁设计	
5-8 梁板柱施工图的绘制		5-14 柱配筋及钢筋避让	
5-9 REVIT 接口		5-15 构件编号构件详图生成	
5-10 装配式模型补充建模		5-16 程序的多功能应用和总结	
	教学单元6 砌体结构		
6-1 砖砌体施工工艺		6-5 三顺一丁	
6-2 毛石基础施工要点		6-6 梅花丁	
6-3 砖基础施工要点		6-7 两平一侧	
6-4 一顺一丁		6-8 组合砖砌体构造	

续表

教学单元 6　砌体结构			
6-9　配筋砌块砌体构造		6-14　构造柱施工要求	
6-10　砖柱墙网状配筋构造		6-15　砖墙质量验收标准	
6-11　砖砌体和钢筋混凝土构造柱组合墙的构造		6-16　配筋砌体的施工工艺	
6-12　砌块砌筑工程		6-17　砌体工程质量验收标准	
6-13　圈梁施工要求			

教学单元 7　钢结构			
7-1　钢部件(梁或柱)加工工艺		7-6　焊接连接施工质量通病与防治	
7-2　焊接变形示意		7-7　普通螺栓紧固与检验	
7-3　焊后消除应力处理		7-8　螺栓连接施工质量通病与防治	
7-4　焊缝外观检验		7-9　高强度螺栓构造	
7-5　焊缝无损探伤		7-10　高强度螺栓连接施工	

续表

教学单元 7　钢结构			
7-11　高强度螺栓紧固与防松		7-15　钢柱吊装	
7-12　钢材表面锈蚀清除		7-16　钢屋架安装	
7-13　单层厂房钢结构安装工艺		7-17　BIM 技术在构件检验中应用	
7-14　外露式刚接柱脚节点构造		7-18　BIM 技术在构件预拼装中应用	

教学单元 9　结构工程 BIM 应用			
9-1　BIM 的概念		9-7　REVIT 结构构件配筋	
9-2　BIM 的信息交互		9-8　基于 BIM 的装配整体式剪力墙深化设计	
9-3　结构 BIM 需要解决的问题		9-9　BIM 技术应用案例	
9-4　YJK 上部结构模型创建及计算分析出图		9-10　图书馆项目 BIM 技术应用	
9-5　基于 REVIT 的 BIM 协作方法		9-11　图书馆项目 BIM 模型漫游	
9-6　REVIT 结构模型创建及数据导出			

参考文献

[1] 王艳．建筑结构［M］．北京：中国建筑工业出版社，2022．
[2] 沈蒲生．混凝土结构设计原理［M］．5 版．北京：高等教育出版社，2020．
[3] 沈蒲生．混凝土结构设计［M］．5 版．北京：高等教育出版社，2020．
[4] 赵玉霞．混凝土结构设计原理［M］．北京：冶金工业出版社，2014．
[5] 张季超，隋莉莉．混凝土结构设计原理［M］．北京：高等教育出版社，2016．
[6] 梁兴文，史庆轩．混凝土结构设计［M］．5 版．北京：中国建筑工业出版社，2022．
[7] 朱平华，夏群．混凝土结构设计［M］．2 版．北京：北京理工大学出版社，2017．
[8] 薛建阳，王威．混凝土结构设计［M］．2 版．北京：中国电力出版社，2017．
[9] 胡兴福．建筑结构［M］．5 版．北京：中国建筑工业出版社，2022．
[10] 吴承霞．建筑结构与识图［M］．3 版．北京：高等教育出版社，2012．
[11] 吴承霞，宋贵彩．混凝土与砌体结构［M］．4 版．北京：中国建筑工业出版社，2024．
[12] 吴琳，王光炎．BIM 建模及应用基础［M］．2 版．北京：北京理工大学出版社，2021．